U0218764

普通高等教育电子信息类系列教材

陕西理工学院教材建设经费资助出版

电子工艺实习教程

主编　郭云玲　颜　芳

参编　马永翔　张清勇

主审　曾孝平　姚缨英

机械工业出版社

本书是"电子工艺实习"课程的配套教材。全书共 9 章，内容分别为安全用电，电子元器件，常用电子仪器仪表的使用，焊接工艺技术，印制电路板的设计与制作，调试工艺、整机检验和防护，电子产品技术文件，Protel DXP 电路原理图与 PCB 设计和电子小制作等。

本书内容全面而精炼，实训操作准确规范，书中引用数据均参考专业书籍，含有大量来自生产实践的经验，可读性强，信息量大，兼有实用性、资料性和先进性。

本书既可作为理工科学生参加电子工艺实习与训练的教材，亦可作为电子科技创新实践、课程设计、电子设计竞赛等活动的实用指导书，同时也可供职业教育、技术培训及有关技术人员参考。

图书在版编目（CIP）数据

电子工艺实习教程/郭云玲，颜芳主编 .—北京：机械工业出版社，2015. 1 （2024. 1 重印）
普通高等教育电子信息类系列教材
ISBN 978-7-111-49099-9

Ⅰ.①电… Ⅱ.①郭…②颜… Ⅲ.①电子技术—高等学校—教材 Ⅳ.①TN

中国版本图书馆 CIP 数据核字（2015）第 000111 号

机械工业出版社（北京市百万庄大街 22 号 邮政编码 100037）
策划编辑：刘丽敏 责任编辑：刘丽敏 张利萍
版式设计：常天培 责任校对：闫玥红
封面设计：张 静 责任印制：郜 敏
北京富资园科技发展有限公司印刷
2024 年 1 月第 1 版第 5 次印刷
184mm×260mm · 20.5 印张 · 495 千字
标准书号：ISBN 978-7-111-49099-9
定价：43.00 元

电话服务　　　　　　　　　网络服务
客服电话：010-88361066　　机 工 官 网：www.cmpbook.com
　　　　　010-88379833　　机 工 官 博：weibo.com/cmp1952
　　　　　010-68326294　　金 书 网：www.golden-book.com
封底无防伪标均为盗版　机工教育服务网：www.cmpedu.com

前　言

电子工艺实习课程是一门以实际操作为主要内容的实践教学环节，以小型电子产品的装配、焊接、调试为教学载体，主要培养学生的工程实践能力。

本书在内容编排上主要考虑教学实践和工程实际的要求，结合目前电子产品的发展创新特点，兼顾高新技术与传统技术，规模生产与研制开发，机械化、自动化与手工操作等方面。主要突出以下几个方面的内容：

1. 安全用电部分引用电气专业知识，加强用电安全，从电流对人体的危害，分析了人体的触电方式及防止触电的安全措施，增加了触电急救常识、电气防火防爆防雷常识，从而引导学生掌握电子设备生产与使用中的安全防护措施。

2. 电子元器件部分增加了新型元器件的实物图和常用元器件的检测方法。

3. 常用电子仪器仪表的使用部分详细介绍了几种常用电子仪器的使用说明。

4. 焊接工艺技术部分引用金属工艺学的相关焊接专业知识，增加了电工常用工具的使用，电子产品装配常用五金工具的使用练习，使学生掌握相关的工程经验。

5. 印制电路板（PCB）的设计与制作部分增加了 PCB 的几种常用制作方法。

6. 调试工艺、整机检验和防护部分从整机调试的准备工作、工艺流程、静态和动态调试及故障检测、整机维护等方面做了详尽描述。

7. 电子产品技术文件部分增加了 ISO9000 系列国际质量标准的介绍。

8. Protel DXP 电路原理图与 PCB 设计和电子小制作部分列举了一些常见的电子小产品制作案例方便初学者学习。

9. 附录部分添加了创新实践设计中常用的元器件规格型号、性能参数及集成电路引脚图，列举了常用 74LS 系列集成电路的封装，方便电子设计制作中查找所需功能的集成电路。

本书在编写过程中还引用和参考了许多网络资源，大部分都在书后文献资料中列出，在此向原作者表示感谢。

本书由陕西理工学院郭云玲和重庆大学颜芳主编，第 1 章、第 6 章、第 7 章和附录部分由陕西理工学院马永翔编写，第 2 章由重庆大学颜芳编写，第 5 章、第 8 章和第 9 章由武汉理工大学张清勇编写，第 3 章、第 4 章由郭云玲编写，郭云玲制定编写方案并统稿全书。

非常感谢教育部高等学校电工电子基础课程教学指导委员会副主任委员重庆大学曾孝平教授和浙江大学姚缨英教授在百忙之中对本书的审阅，他们严谨的教学态度和工作作风让人敬佩，是我们学习的典范。

由于编者水平有限，书中错误和不足在所难免，恳请读者批评指正。

编　者

目　录

第1章 安 全 用 电

1.1 电流对人体的效应及伤害

1.1.1 电流对人体的效应

电作用于人体的机理是一个很复杂的问题，至今尚未完全探明。其影响因素很多，对于同样的情况，不同的人产生的生理效应不尽相同，即使同一个人，在不同的环境、不同的生理状态下，生理效应也不相同。通过大量的研究表明，电对人体的伤害，主要来自电流。

人体触及带电体并形成电流通路，造成人体伤害，称为触电。

电流流过人体时，电流的热效应会引起肌体烧伤、炭化或在某些器官上产生损坏其正常功能的高温；肌体内的体液或其他组织会发生分解作用，从而使各种组织的结构和成分遭到严重破坏；肌体的神经组织或其他组织因受到刺激而兴奋，内分泌失调，使人体内部的生物电破坏；产生一定的机械外力引起肌体的机械性损伤。因此，电流流过人体时，人体会产生不同程度的刺麻、酸疼、打击感，并伴随不自主的肌肉收缩、心慌、惊恐等症状，严重时会出现心律不齐、昏迷、心跳及呼吸停止甚至死亡的严重后果。

1.1.2 电流对人体的伤害

电流对人体的伤害可以分为两种类型，即电伤和电击。

1. 电伤

电伤是指由于电流的热效应、化学效应和机械效应引起人体外表的局部伤害，如电灼伤、电烙印、皮肤金属化等。

（1）电灼伤

电灼伤一般分接触灼伤和电弧灼伤两种。接触灼伤发生在高压触电事故时，电流流过的人体皮肤进出口处。一般进口处比出口处灼伤严重，接触灼伤的面积较小，但深度大，大多为三度灼伤，灼伤处呈现黄色或褐黑色，并可累及皮下组织、肌腱、肌肉及血管，甚至使骨骼呈现炭化状态，一般需要治疗的时间较长。

当发生带负荷误拉、合隔离开关及带地线合隔离开关时，所产生强烈的电弧都可能引起电弧灼伤，其情况与火焰烧伤相似，会使皮肤发红、起泡、组织烧焦、坏死。

（2）电烙印

电烙印发生在人体与带电体之间有良好的接触部位处。在人体不被电击的情况下，在皮肤表面留下与带电接触体形状相似的肿块痕迹。电烙印边缘明显，颜色呈灰黄色，有时在触电后，电烙印并不立即出现，而在相隔一段时间后才出现。电烙印一般不发臭或化脓，但往往会造成局部麻木和失去知觉。

（3）皮肤金属化

皮肤金属化是由于高温电弧使周围金属熔化、蒸发并飞溅渗透到皮肤表面形成的伤害。皮肤金属化以后，表面粗糙、坚硬，金属化后的皮肤经过一段时间后方能自行脱离，对身体机能不会造成不良后果。

电伤在不是很严重的情况下，一般无致命危险。

2. 电击

电击是指电流流过人体内部造成人体内部器官的伤害。当电流流过人体时造成人体内部器官（如呼吸系统、血液循环系统、中枢神经系统等）生理或病理变化，工作机能紊乱，严重时会导致人体休克乃至死亡。

电击使人致死的原因有三个方面：①流过心脏的电流过大、持续时间过长，引起"心室纤维性颤动"而致死；②因电流作用使人产生窒息而死亡；③因电流作用使心脏停止跳动而死亡。研究表明"心室纤维性颤动"致死是最根本、占比例最大的原因。

电击是触电事故中后果最严重的一种，绝大部分触电死亡事故都是电击造成的。通常所说的触电事故，主要是指电击。

电击伤害的影响因素主要有如下几个方面：

（1）电流及电流持续时间

1）电流。当不同大小的电流流经人体时，往往有各种不同的感觉，通过的电流越大，人体的生理反应越明显，感觉也越强烈。按电流通过人体时的生理机能反应和对人体的伤害程度，可将电流分成以下三级：

① 感知电流：使人体能够感觉，但不遭受伤害的电流。感知电流的最小值为感知阈值。感知电流通过时，人体有麻酥、灼热感。人对交、直流电流的感知阈值分别约为0.5mA、2mA。

② 摆脱电流：人体触电后能够自主摆脱的电流。人对交、直流电流的摆脱电流分别是10mA、50mA。摆脱电流的最大值是摆脱阈值。摆脱电流通过时，人体除麻酥、灼热感外，主要是疼痛、心律障碍感。

③ 致命电流：人体触电后危及生命的电流。由于导致触电死亡的主要原因是发生"心室纤维性颤动"，故将致命电流的最小值称为致颤阈值。人对交、直流电流的致命电流分别是30mA、50mA（3s）。

2）电流频率。电流通过人体脑部和心脏时最危险；20~80Hz 交流电对人危害最大，因20~80Hz 最接近于人的心肌最高震颤频率，故最容易因起心肌被动性震颤麻痹而导致心搏骤停。以工频电流为例，当1mA 左右的电流通过人体时，会产生麻刺等不舒服的感觉；10~30mA 的电流通过人体，会产生麻痹、剧痛、痉挛、血压升高、呼吸困难等症状，但通常不致有生命危险；电流达到 50mA 以上，就会引起心室颤动而有生命危险；100mA 以上的电流，足以致人于死地。

通过人体电流的大小与触电电压和人体电阻有关。

3）电流持续时间。电流对人体的伤害与流过人体电流的持续时间有着密切的关系。电流持续时间越长，其对应的致颤阈值越小，电流对人体的危害越严重。这是因为，一方面，时间越长，体内积累的外能量越多，人体电阻因出汗及电流对人体组织的电解作用而变小，使伤害程度进一步增加；另一方面，人的心脏每收缩、舒张一次，中间约有 0.1s 的间隙，在这 0.1s 的时间内，心脏对电流最敏感，若电流在这一瞬间通过心脏，即使电流很小（几十毫安），也会引起心室颤动。显然，电流持续时间越长，重合这段危险期的几率越大，危险性也越大。一般认为，工频电流 15~20mA 以下及直流 50mA 以下，对人体是安全的，但如果持续时间很长，即使电流小到 8~10mA，也可能使人致命。

（2）人体电阻

人体触电时，流过人体电流在接触电压一定时由人体的电阻决定，人体电阻越小，流过的电流则越大，人体所遭受的伤害也越大。

人体的不同部分（如皮肤、血液、肌肉及关节等）对电流呈现出一定的阻抗，即人体电阻。其大小不是固定不变的，它决定于许多因素，如接触电压、电流路径、持续时间、接触面积、温度、压力、皮肤厚薄及完好程度、潮湿、脏污程度等。总的来讲，人体电阻由体内电阻和表皮电阻组成。

体内电阻是指电流流过人体时，人体内部器官呈现的电阻，其数值主要决定于电流的通路。当电流流过人体内不同部位时，体内电阻呈现的数值不同。电阻最大的通路是从一只手到另一只手，或从一只手到另一只脚或双脚，这两种电阻基本相同；电流流过人体其他部位时，呈现的体内电阻都小于这两种电阻。一般认为，人体的体内电阻为 500Ω 左右。

表皮电阻指电流流过人体时，两个不同触电部位皮肤上的电极和皮下导电细胞之间的电阻之和。表皮电阻随外界条件不同而在较大范围内变化。当电流、电压、电流频率及持续时间、接触压力、接触面积、温度增加时，表皮电阻会下降，当皮肤受伤甚至破裂时，表皮电阻会随之下降，甚至降为零。可见，人体电阻是一个变化范围较大，且决定于许多因素的变量，只有在特定条件下才能测定。不同条件下的人体电阻见表 1.1，一般情况下，人体电阻可按 1000~2000Ω 考虑，在安全程度要求较高的场合，人体电阻可按不受外界因素影响的体内电阻（500Ω）来考虑。

表 1.1　不同条件下的人体电阻

加于人体的电压 /V	人体电阻/Ω			
	皮肤干燥	皮肤潮湿	皮肤湿润	皮肤浸入水中
10	7000	3500	1200	600
25	5000	2500	1000	500
50	4000	2000	875	400
100	3000	1500	770	375
250	2000	1000	650	325

注：1. 表内值的前提：基本通路，接触面积较大。
2. 皮肤潮湿相当于有水或汗痕。
3. 皮肤湿润相当于有水蒸气或特别潮湿的场合。
4. 皮肤浸入水中相当于游泳池内或浴池中，基本上是体内电阻。
5. 此表数值为大多数人的平均值。

（3）作用于人体的电压

作用于人体的电压，对流过人体的电流的大小有直接的影响。当人体电阻一定时，作用于人体电压越高，则流过人体的电流越大，其危险性也越大。实际上，通过人体电流的大小，并不与作用于人体的电压成正比，由表 1.1 可知，随着作用于人体电压的升高，人体电阻下降，导致流过人体的电流迅速增加，对人体的伤害也就更加严重。

（4）电流路径

电流通过人体的路径不同，使人体出现的生理反应及对人体的伤害程度是不同的。电流通过人体头部会使人立即昏迷，严重时，使人死亡；电流通过脊髓，使人肢体瘫痪；电流通过呼吸系统，会使人窒息死亡；电流通过中枢神经，会引起中枢神经系统的严重失调而导致死亡；电流通过心脏会引起心室"纤维性颤动"，心脏停搏造成死亡。研究表明，电流通过人体的各种路径中，哪种电流路径通过心脏的电流分量大，其触电伤害程度就大。电流路径与流经人体心脏电流的比例关系见表1.2。左手至脚的电流路径中，心脏直接处于电流通路内，因而是最危险的；右手至脚的电流路径的危险性相对较小。电流从左脚至右脚这一电流路径，危险性小，但人体可能因痉挛而摔倒，导致电流通过全身或发生二次事故而产生严重后果。

表1.2　电流路径与流经人体心脏电流的比例关系

电流路径	左手至脚	右手至脚	左手至右手	左脚至右脚
流经人体心脏的电流与通过人体总电流的比例（%）	6.4	3.7	3.3	0.4

（5）电流种类及频率的影响

电流种类不同，对人体的伤害程度不一样。当电压在250～300V以内时，触及频率为50Hz的交流电，比触及相同电压的直流电的危险性大3～4倍。不同频率的交流电流对人体的影响也不相同。通常，50～60Hz的交流电对人体危险性最大。低于或高于此频率的电流对人体的伤害程度要显著减轻。但高频率的电流通常以电弧的形式出现，因此，有灼伤人体的危险。频率在20kHz以上的交流小电流对人体已无危害，所以在医学上用于理疗。

（6）人体状态的影响

电流对人体的作用与人的年龄、性别、身体及精神状态有很大关系。一般情况下，女性比男性对电流敏感，小孩比成人敏感。在同等触电情况下，妇女和小孩更容易受到伤害。此外，患有心脏病、精神病、结核病、内分泌器官疾病或醉酒的人，因触电造成的伤害都将比正常人严重；相反，一个身体健康、经常从事体力劳动和体育锻炼的人，由触电引起的后果会相对轻一些。

1.2　人体的触电方式

1.2.1　人体与带电体的直接接触触电

人体与带电体的直接接触触电可分为单相触电和两相触电。

1. 单相触电

人体接触三相电网中带电体中的某一相时，电流通过人体流入大地，这种触电方式称为单相触电。

电力网可分为大接地短路电流系统和小接地短路电流系统。由于这两种系统中性点的运行方式不同，发生单相触电时，电流经过人体的路径及大小就不一样，触电危险性也不相同。

（1）中性点直接接地系统的单相触电

以 380/220V 的低压配电系统为例。当人体触及某一相导体时，相电压作用于人体，电流经过人体、大地、系统中性点接地装置、中性线形成闭合回路，如图 1.1a 所示。由于中性点接地装置的电阻 R_0 比人体电阻小得多，所以相电压几乎全部加在人体上。设人体电阻 R_r 为 1000Ω，电源相电压 U_{ph} 为 220V，则通过人体的电流 I_r 约为 220 mA，远大于人体的摆脱阈值，足以使人致命。一般情况下，人脚上穿有鞋子，有一定的限流作用。人体与带电体之间以及站立点与地之间也有接触电阻，所以实际电流较 220mA 要小，人体触电后，有时可以摆脱。但人体触电后由于遭受电击的突然袭击，慌乱中易造成二次伤害事故（例如空中作业触电时摔到地面等）。所以电气工作人员工作时应穿合格的绝缘鞋，在配电室的地面上应垫有绝缘橡胶垫，以防触电事故的发生。

（2）中性点不接地系统的单相触电

如图 1.1b 所示，当人站立在地面上，接触到该系统的某一相导体时，由于导线与地之间存在对地电抗 Z_c（由线路的绝缘电阻 R 和对地电容 C 组成），则电流以人体接触的导体、人体、大地、另两相导线对地电抗 Z_c 构成回路，通过人体的电流与线路的绝缘电阻及对地电容的数值有关。在低压系统中，对地电容 C 很小，通过人体的电流主要决定于线路的绝缘电阻 R。正常情况下，R 相当大，通过人体的电流很小，一般不致造成对人体的伤害。但

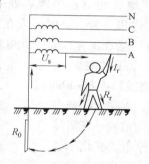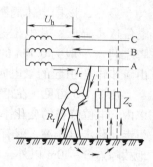

a) 中性点直接接地系统的单相触电　　b) 中性点不接地系统的单相触电

图 1.1　单相触电示意图

当线路绝缘下降，R 减小时，单相触电对人体的危害仍然存在。而在高压系统中，线路对地电容较大，通过人体的电容电流较大，将危及触电者的生命。

2. 两相触电

当人体同时接触带电设备或线路中的两相导体时，电流从一相导体经人体流入另一相导体，构成闭合回路，这种触电方式称为两相触电，如图 1.2 所示。此时，加在人体上的电压为线电压，它是相电压的 $\sqrt{3}$ 倍。通过人体的电流与系统中性点运行方式无关，其大小只决定于人体电阻和人体与相接触的两相导体的接触电阻之和。因此，它比单相触电的危险性更大，例如，380/220V 低压系统线电压为 380V，设人体电阻 R_r 为 1000Ω，则通过人体的电流 I_r 约为 380mA，大大超过人的致颤阈值，足以致人死亡。电气工作中两相触电多在带电作业时发生，由于相间距离小，安全措施不周全，使人体或通过作业工具同时触及两相导体，造成两相触电。

图 1.2　两相触电示意图

1.2.2　间接触电

间接触电是由于电气设备绝缘损坏发生接地故障，设备金属外壳及接地点周围出现对地

电压引起的。它包括跨步电压触电和接触电压触电。

1. 跨步电压触电

当电气设备或载流导体发生接地故障时,接地电流将通过接地体流向大地,并在地中接地体周围作半球形的散流,如图 1.3 所示。由图 1.3 可见,在以接地故障点为球心的半球形散流场中,靠近接地点处的半球面上,电流密度线密集,离开接地点的半球面上电流密度线稀疏,且越远越疏;另一方面,靠近接地点处的半球面的截面积较小、电阻大,离开接地点处的半球面面积大、电阻减小,且越远电阻越小。因此,在靠近接地点处沿电流散流方向取两点,其电位差较远离接地点处同样距离的两点间的电位差大,当离开接地故障点 20m 以外时,这两点间的电位差即趋于零。我们将两点之间的电位差为零的地方,称为电位的零点,即电气上的"地"。

显然,该接地体周围对"地"而言,接地点处的电位最高(为 U_k),离开接地点处,电位逐步降低,其电位分布呈伞形下降,此时,人在有电位分布的故障区域内行走时,其两脚之间(一般为 0.8m 的距离)呈现出电位差,此电位差称为跨步电压 U_{kb},如图 1.3 所示。由跨步电压引起的触电叫跨步电压触电。

由图 1.3 可见,在距离接地故障点 8 ~ 10m 以内,电位分布的变化率较大,人在此区域内行走,跨步电压高,就有触电的危险;在离接地故障点 8 ~ 10m 以外,电位分布的变化率较小,人一步之间的电位差较小,跨步电压触电的危险性明显降低,人在受到跨步电压的作用时,电流将从一只脚经腿、胯部、另一只脚与大地构成回路,虽然电流没有通过人体的全部重要器官,但当跨步电压较高时,触电者脚发麻、抽筋,跌倒在地。跌倒后,电流可能会改变路径(如从手到手或从手至脚)而流经人体的重要器官,使人致命。因此,发生高压设备、导线接地故障时,室内不得接近接地故障点 4m

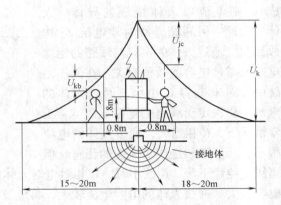

图 1.3 接地电流的散流场、地面电位分布示意图
U_k—接地阻抗电压 $\quad U_{jc}$—接触电压 $\quad U_{kb}$—跨步电压

以内(因室内狭窄,地面较为干燥,离开 4m 之外一般不会遭到跨步电压的伤害),室外不得接近故障点 8m 以内。如果要进入此范围内工作,为防止跨步电压触电,进入人员应穿绝缘鞋。需要指出,跨步电压触电还可能发生在另外一些场合,例如,避雷针或者避雷器放电,其接地体周围的地面也会出现伞形电位分布,同样会发生跨步电压触电。

2. 接触电压触电

在正常情况下,电气设备的金属外壳是不带电的,由于绝缘损坏,设备漏电,使设备的金属外壳带电。接触电压是指人触及漏电设备的外壳,加于人手与脚之间的电位差(脚距漏电设备 0.8m,手触及设备处距地面垂直距离 1.8m),由接触电压引起的触电叫接触电压触电。若设备的外壳不接地,在此接触电压下的触电情况与单相触电情况相同;若设备外壳接地,则接触电压为设备外壳对地电位与人站立点的对地电位之差,如图 1.3 所示。当人需要接近漏电设备时,为防止接触电压触电,应戴绝缘手套、穿绝缘鞋。

1.2.3 与带电体的距离小于安全距离的触电

前述几类触电事故，都是人体与带电体直接接触（或间接接触）时发生的。实际上，当人体与带电体（特别是高压带电体）的空气间隙小于一定的距离时，虽然人体没有接触带电体，也可能发生触电事故。这是因为空气间隙的绝缘强度是有限度的，当人体与带电体的距离足够近时，人体与带电体间的电场强度将大于空气的击穿场强，空气将被击穿，带电体对人体放电，并在人体与带电体间产生电弧，此时，人体将受到电弧灼伤及电击的双重伤害。

这种与带电体的距离小于安全距离的弧光放电触电事故多发生在高压系统中。此类事故的发生，大多是工作人员误入带电间隔，误接近高压带电设备所造成的。因此，为防止这类事故的发生，国家有关标准规定了不同电压等级的最小安全距离，工作人员距带电体的距离不允许小于此距离值。

1.3 防止人体触电的技术措施

防止人体触电，从根本上说，是要加强安全意识，严格执行安全用电的有关规定，防患于未然。同时，对系统或设备本身或工作环境采取一定的技术措施也是行之有效的办法。防止人体触电的技术措施包括：

1）电气设备进行安全接地。

2）在容易触电的场合采用安全电压。

3）采用低压触电保护装置。

另外，电气工作过程采用相应的屏护措施，使人体与带电设备保持必要的安全距离，也是预防人体触电的有效方法。

1.3.1 安全接地

安全接地是防止接触电压触电和跨步电压触电的根本方法。安全接地包括电气设备外壳（或构架）保护接地、保护接零或中性线的重复接地。

1. 保护接地

保护接地是将一切正常时不带电而在绝缘损坏时可能带电的金属部分（如各种电气设备的金属外壳、配电装置的金属构架等）与独立的接地装置相连，从而防止工作人员触及时发生触电事故。它是防止接触电压触电的一种技术措施。

保护接地是利用接地装置足够小的接地电阻值，降低故障设备外壳可导电部分对地电压，减小人体触及时流过人体的电流，达到防止接触电压触电的目的。

2. 保护接零及中性线的重复接地

（1）保护接零

在中性点直接接地的低压供电网络，一般采用的是三相四线制的供电方式。将电气设备的金属外壳与电源（发电机或变压器）接地中性线作金属性连接，这种方式称为保护接零，如图1.4所示。

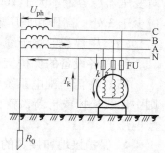

图1.4 保护接零

采用保护接零时，当电气设备某相绝缘损坏碰巧接地短路电流流经短路线和接地中性线构成回路，由于接地中性线阻抗很小，接地短路电流 I_k 较大，足以使线路上（或电源处）的断路器或熔断器以很短的时限将设备从电网中切除，使故障设备停电。另外，人体电阻远大于接零回路中的电阻，即使在故障未切除前，人体触到故障设备外壳，接地短路电流几乎全部通过接零回路，也使流过人体的电流接近于零，保证了人身安全。

（2）中性线的重复接地

运行经验表明，在保护接零的系统中，只在电源的中性点处接地还不够安全，为了防止接地中性线的断线而失去保护接零的作用，还应在中性线的一处或多处通过接地装置与大地连接，即中性线重复接地，如图1.5所示。

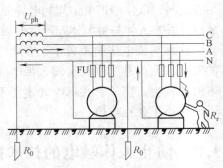

图1.5　中性线的重复接地

在保护接零的系统中，若中性线不重复接地，当中性线断线时，只有断线处之前的电气设备的保护接零才有作用，人身安全得以保护；在断线处之后，当设备某相绝缘损坏碰壳时，设备外壳带有相电压，仍有触电的危险。即使相线不碰壳，在断线处之后的负荷群中，如果出现三相负荷不平衡（如一相或两相断开），也会使设备外壳出现危险的对地电压，危及人身安全。

采用了中性线的重复接地后，若中性线断线，断线处之后的电气设备相当于进行了保护接地，其危险性相对减小。

3. 安全接地的注意事项

电气设备的保护接地、保护接零及中性线的重复接地都是为了保证人身安全，故统称为安全接地。为了使安全接地切实发挥作用，应注意以下问题：

1）同一系统（同一台变压器或同一台发电机供电的系统）中，只能采用一种安全接地的保护方式，不可一部分设备采用保护接地，另一部分设备采用保护接零，否则，当保护接地的设备一相漏电碰壳时，接地电流经保护接地体、电流中性点接地体构成回路，使中性线带上危险电压，危及人身安全。

2）应将接地电阻控制在允许范围之内。例如，3～10kV 高压电气设备单独使用的接地装置的接地电阻一般不超过 10Ω；低压电气设备及变压器的接地电阻不大于 4Ω；当变压器总容量不大于 $100kV \cdot A$ 时，接地电阻不大于 10Ω；重复接地的接地电阻每处不大于 10Ω；对变压器总容量不大于 $100kV \cdot A$ 的电网，每处重复接地的电阻不大于 30Ω，且重复接地不应少于 3 处；高压和低压电气设备共用同一接地装置时，接地电阻不大于 4Ω 等。

（3）中性线的主干线不允许装设开关或熔断器。

（4）各设备的保护接中性线不允许串接，应各自与中性线的干线直接相连。

（5）在低压配电系统中，不准将三孔插座上接电源中性线的孔同接地线的孔串接，否则中性线松掉或折断，就会使设备金属外壳带电；若中性线和相线接反，也会使外壳带上危险电压。

4. 保护接地和接零的应用范围

保护接地和接零的设备，主要根据电压等级、运行方式及周围环境而定。一般情况下，供配电系统中的下列设备和部件需要采用接地或接零保护。

1）电动机、变压器、断路器和其他电气设备的金属外壳或基础。

2）电气设备的传动装置。

3）互感器的二次绕组。

4）屋内外配电装置的金属或钢筋混凝土构架。

5）配电盘、保护盘和控制盘的金属框架。

6）交、直流电力和控制电缆的金属外皮、电力电缆接头的金属外壳和穿线钢管等。

7）居民区中性点非直接接地架空电力线路的金属杆塔和钢筋混凝土杆塔或构架。

8）带电设备的金属护网。

9）配电线路杆塔上的配电装置、开关和电容器等的金属外壳。

1.3.2　安全电压和安全用具

1. 安全电压

安全电压是指不带任何防护设备，对人体各部分组织均不造成伤害，不会使人发生触电危险的电压，或者是人体触及时通过人体的电流不大于致颤阈值的电压。

在人们容易触及带电体的场所，动力、照明电源均采用安全电压防止人体触电。

通过人体的电流决定于加于人体的电压和人体电阻，安全电压就是以人体允许通过的电流与人体电阻的乘积为依据确定的。例如，对工频 $50 \sim 60Hz$ 的交流电压，取人体电阻为 1000Ω，致颤阈值为 $50mA$，故在任何情况下，安全电压的上限不超过 $50mA \times 1000\Omega = 50V$。影响人体电阻大小的因素很多，所以根据工作的具体场所和工作环境，各国规定了相应的安全电压等级。我国的安全电压体系是 42V、36V、12V、6V，直流安全电压上限是 72V。在干燥、温暖、无导电粉尘、地面绝缘的环境中，也有使用交流电压为 65V 的。

世界各国对于安全电压的规定有 50V、40V、36V、25V、24V 等，其中以 50V、25V 居多。

国际电工委员会（IEC）规定安全电压限定值为 50V。

我国规定 12V、24V、36V 三个电压等级为安全电压级别。在湿度大、狭窄、行动不便、周围有大面积接地导体的场所（如金属容器内、矿井内、隧道内等）使用的手提照明，应采用 12V 安全电压。

凡手提照明器具，在危险环境、特别危险环境的局部照明灯，高度不足 2.5m 的一般照明灯、便携式电动工具等，若无特殊的安全防护装置或安全措施，均应采用 24V 或 36V 安全电压。

采用安全电压无疑可有效地防止触电事故的发生，但由于工作电压降低，要传输一定的功率，工作电流就必须增大。这就要求增加低压回路导线的截面积，使投资费用增加。一般安全电压只适用于小容量的设备，如行灯、机床局部照明灯及危险度较高的场所中使用的电动工具等。

必须注意的是采用降压变压器（即行灯变压器）取得安全电压时，应采用双线圈变压器，而不能采用自耦变压器，以使一、二次线圈之间只有电磁耦合而不直接发生电的联系。此外，安全电压的供电网络必须有一点接地（中性线或某一相线），以防电源电压偏移引起触电危险。

需要指出的是，采用安全电压并不意味着绝对安全。如人体在汗湿、皮肤破裂等情况下长时间触及电源，也可能发生电击伤害。当电气设备电压超过24V安全电压等级时，还要采取防止直接接触带电体的保护措施。

2. 安全用具

常用的安全用具有绝缘手套、绝缘靴、绝缘棒三种。

（1）绝缘手套

绝缘手套由绝缘性能良好的特种橡胶制成，有高压、低压两种。

佩戴绝缘手套操作高压隔离开关和断路器等设备或在带电运行的高压和低压电气设备上工作时，可预防接触电压。

（2）绝缘靴

绝缘靴也是由绝缘性能良好的特种橡胶制成，穿戴它带电操作高压或低压电气设备时，可防止跨步电压对人体的伤害。

（3）绝缘棒

绝缘棒又称绝缘杆、操作杆或拉闸杆，用电木、胶木、塑料、环氧玻璃布棒等材料制成，结构如图1.6所示。

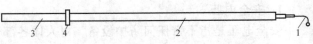

图1.6　绝缘棒结构示意图
1—工作部分　2—绝缘部分　3—握手部分　4—保护环

1.3.3　漏电保护装置

在用电设备中安装漏电保护装置是防止触电事故发生的又一重要保护措施。在某些情况下，将电气设备的外壳进行保护接地或保护接零会受到限制或起不到保护作用。例如，个别远距离的单台设备或不便敷设中性线的场所，以及土壤电阻率太大的地方，都将使接地、接零保护难以实现。另外，当人与带电导体直接接触时，接地和接零也难以起到保护作用。所以，在供配电系统或电力装置中加装漏电保护装置（亦称剩余电流断路器或触电保安器），是行之有效的后备保护措施。

漏电保护装置种类繁多，按照装置动作启动信号的不同，一般可分为电压型和电流型两大类。目前，广泛采用的是反映零序电流的电流型漏电保护装置。

电流型漏电保护装置的动作信号是零序电流。按零序电流取得方式的不同可分为有电流互感器和无电流互感器两种。

1. 有电流互感器的电流型漏电保护装置

这种保护装置是由中间执行元件接收电网发生接地故障时所产生的零序电流信号，去断开被保护设备的控制回路，切除故障部分。按中间执行元件的结构不同，它可分为灵敏继电器型、电磁型和电子式三种。

电磁型和电子式漏电保护装置的中间执行元件分别是电磁继电器和晶体管放大器，零序电流通过它们切除故障，达到保护的目的。这种保护器常带有由小型降压变压器（或分压器）、整流器和稳压器等组成的直流供电装置。电子放大器既可采用晶体管，也可采用集成元件。

2. 无电流互感器的电流型漏电保护装置

这种保护装置结构简单，成本低廉，只适用于中性点不接地系统，适用于线路，不适用于设备。而我国低压系统一般采用中性点直接接地，故其使用范围受到限制。

1.4　触电急救

在电力生产使用过程中，人身触电事故时有发生，但触电并不等于死亡。实践证明，只要救护者当机立断，用最快速、正确的方法对触电者施救，多数触电者可以"起死回生"。触电急救的关键是迅速脱离电源及正确的现场急救。

1.4.1　脱离电源

触电急救，首先要使触电者迅速脱离电源，越快越好。因为电流作用时间越长，伤害越严重。

脱离电源就是要把触电者接触的那一部分带电设备的开关、刀开关或其他断路设备断开；或设法将触电者与带电设备脱离。在脱离电源过程中，救护人员既要救人，又要注意保护自己。触电者未脱离电源前，救护人员不准直接用手触及触电者，以免发生触电危险。

1. 脱离低压电源

1）触电者触及低压设备时，救护人员应设法迅速切断电源，如就近拉开电源开关或刀开关，拔除电源插头等。

2）如果电源开关、瓷插熔断器或电源插座距离较远，可用有绝缘手柄的电工钳或干燥木柄的斧头、铁锹等利器切断电源。切断点应选择导线在电源侧有支持物处，防止带电导线断落触及其他人体。剪断电线要分相，一根一根地剪断，并尽可能站在绝缘物体或木板上。

3）如果导线搭落在触电者身上或压在身下，可用干燥的木棒、竹竿等绝缘物品把触电者拉脱电源。如果触电者衣服是干燥的，又没有紧缠在身上，不至于使救护人员直接触及触电者的身体时，救护人员可直接用一只手抓住触电者不贴身的衣服，将触电者拉脱电源。也可站在干燥的木板、木桌椅或橡胶垫等绝缘物品上，用一只手把触电者拉脱电源。

4）如果电流通过触电者入地，并且触电者紧握导线，可设法用干燥的木板塞进其身下使其与地绝缘而切断电流，然后采取其他方法切断电源。

2. 脱离高压电源

抢救高压触电者脱离电源与低压触电者脱离电源的方法大为不同，因为电压等级高，一般绝缘物对抢救者不能保证安全，电源开关距离远、不易切断电源，电源保护装置比低压灵敏度高等。为使高压触电者脱离电源，可用如下方法：

1）尽快与有关部门联系，停电。

2）戴上绝缘手套，穿上绝缘鞋，拉开高压断路器或用相应电压等级的绝缘工具拉开高压跌落式熔断器，切断电源。

3）如触电者触及高压带电线路，又不可能迅速切断电源开关时，可采用抛挂足够截面、适当长度的金属短路线的方法，迫使电源开关跳闸。抛挂前，将短路线的一端固定在铁塔或接地引下线上，另一端系重物。但抛掷短路线时，应注意防止电弧伤人或断线危及人员安全。

4）如果触电者触及断落在地上的带电高压导线，救护人员应穿绝缘鞋或临时双脚并紧跳跃接近触电者，否则不能接近断线点8m以内，以防跨步电压伤人。

3. 注意事项

1）救护人员不得采用金属和其他潮湿的物品作为救护工具。

2）未采取任何绝缘措施，救护人员不得直接触及触电者的皮肤和潮湿衣服。

3）在使触电者脱离电源的过程中，救护人员最好使用一只手操作，以防触电。

4）当触电者站立或位于高处时，应采取措施防止脱离电源后触电者摔跌。

5）夜晚发生触电事故时，应考虑切断电源后的临时照明问题，以便急救。

1.4.2　现场急救

触电者脱离电源后，应迅速正确判定其触电程度，有针对性地实施现场紧急救护。

1. 触电者伤情的判定

1）触电者如神态清醒，只是心慌、四肢发麻、全身无力，但没有失去知觉，则应使其就地平躺、严密观察，暂时不要站立或走动。

2）触电者若神志不清、失去知觉，但呼吸和心脏尚正常，应使其舒适平卧，保持空气流通，同时立即请医生或送医院诊治。随时观察，若发现触电者出现呼吸困难或心跳失常，则应迅速用心肺复苏法进行人工呼吸或胸外心脏按压。

3）如果触电者失去知觉，心跳呼吸停止，则应判定触电者是否为假死症状。触电者若无致命外伤，没有得到专业医务人员证实，不能判定触电者死亡，应立即对其进行心肺复苏。

对触电者应在 10s 内用看、听、试的方法。如图 1.7 所示，判定其呼吸、心跳情况：

看：看伤员的胸部、腹部有无起伏动作。

听：用耳贴近伤员的口鼻处，听有无呼吸的声音。

试：试测口鼻有无呼气的气流。再用两手指轻试一侧（左或右）喉结旁凹陷处的颈动脉有无脉动。

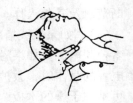

图 1.7　触电者伤情判定的看、听、试

若看、听、试的结果是既无呼吸又无动脉搏动，可判定呼吸心跳停止。

2. 心肺复苏法

触电伤员呼吸和心跳均停止时，应立即按心肺复苏支持生命的三项基本措施，正确地进行就地抢救。

1）畅通气道。触电者呼吸停止，重要的是始终确保气道畅通。如发现伤员口内有异物，可将其身体及头部同时侧转，迅速用一个手指或两个手指交叉从口角处插入，取出异物。操作中要防止将异物推到咽喉深部。

通畅气道可以采用仰头抬颌法，如图 1.8 所示。用一只手放在触电者前额，另一只手的手指将其下颌骨向上抬起，两手协同将头部后仰，舌根随之抬起。严禁用枕头或其他物品垫在触电者头下，头部抬高前倾，会加重气道阻塞，且使胸外按压时流向脑部的血流减少，甚至消失。

2）口对口（鼻）人工呼吸。在保持触电者气道通畅的同时，救护人员在触电者头部的右边或左边，用一只手捏住触电者的鼻翼，深吸气，与伤员口对口紧合，在不漏气的情况下，连续大口吹气两次，每次 1~1.5s，如图 1.9 所示。如两次吹气后测试颈动脉仍无脉动，可判断心跳已经停止，要立即同时进行胸外按压。

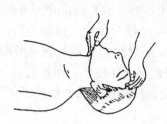

图 1.8　仰头抬颌法畅通气道

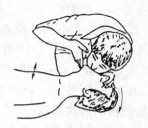

图 1.9　口对口人工呼吸

除开始大口吹气两次外，正常口对口（鼻）人工呼吸的吹气量不需过大，但要使触电人的胸部膨胀，每 5s 吹一次（吹 2s，放松 3s）。对触电的小孩，只能小口吹气。

救护人换气时，放松触电者的嘴和鼻，使其自动呼气，吹气时如有较大阻力，可能是头部后仰不够，应及时纠正。

触电者如牙关紧闭，可口对鼻人工呼吸。口对鼻人工呼吸时，要将伤员嘴唇紧闭，防止漏气。

3）胸外按压。胸外按压是现场急救中使触电者恢复心跳的唯一手段。

首先，要确定正确的按压位置。正确的按压位置是保证胸外按压效果的重要前提。确定正确按压位置的步骤如下：

① 右手的食指和中指沿触电者的右侧肋弓下缘向上，找到肋骨和胸骨接合点的中点。

② 两手指并齐，中指放在切迹中点（剑突底部），食指放在胸骨下部。

③ 另一手的掌根紧挨食指上缘，置于胸骨上，即为正确按压位置，如图 1.10 所示。

另外，正确的按压姿势是达到胸外按压效果的基本保证。正确的按压姿势如下：

① 使触电者仰面躺在平硬的地方，救护人员立或跪在伤员一侧肩旁，救护人员的两肩位于伤员胸骨正上方，两臂伸直，肘关节固定不屈，两手掌根相叠，手指翘起，不接触触电者胸壁。

② 以髋关节为支点，利用上身的重力，垂直将正常成人胸骨压陷 3~5cm（儿童和瘦弱者酌减）。

③ 压至要求程度后，立即全部放松，但放松救护人员的掌根不得离开胸壁，如图 1.11 所示。

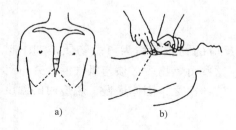

a)　　　　　　　　b)

图 1.10　正确的按压位置

图 1.11　胸外心脏按压姿势

按压必须有效，有效的标志是按压过程中可以触及颈动脉搏动。

操作频率：

① 胸外按压要以均匀速度进行，每分钟 80 次左右，每次按压和放松的时间相等。

② 胸外按压与口对口（鼻）人工呼吸同时进行，其节奏为单人抢救时，每按压 15 次后吹气 2 次，反复进行；双人抢救时，每按压 5 次后由另一个吹气 1 次，反复进行。

③ 按压吹气 1min 后，应用看、听、试的方法在 5 ~ 7s 时间内完成对伤员呼吸和心跳是否恢复的再判定。若判定颈动脉已有脉动但无呼吸，则暂停胸外按压，而再进行 2 次口对口人工呼吸，接着每 5s 吹气一次。如脉搏和呼吸均未恢复，则继续坚持心肺复苏法抢救。

3. 现场急救的注意事项

1）现场急救贵在坚持，在医务人员来接替抢救前，现场人员不得放弃现场急救。

2）心肺复苏应在现场就地进行，不要为方便而随意移动伤员，如确需移动时，抢救中断时间不应超过 30s。

3）现场触电急救，对采用肾上腺素等药物应持慎重态度，如果没有必要的诊断设备条件和足够的把握，不得乱用。

4）对触电过程中的外伤特别是致命外伤（如动脉出血等），也要采取有效的方法处理。

1.5 电气防火防爆防雷常识

人们在使用电能的过程，常会发生电气火灾和爆炸，如电力线路、开关、熔断器、插座、照明器具、烘箱、电炉等电气设备和雷电均有引起火灾的可能。此外，对电力变压器、互感器、高压断路器及电力电容器等电气设备来说，除可能引起火灾外，还潜在有爆炸的危险。

电气火灾和爆炸不仅会造成设备损坏和人身伤亡，还能造成电力系统及用户的大面积或长时间停电，给国家财产造成巨大损失。所以要重视安全用电，防止电气设备发生火灾和爆炸。本节介绍电气火灾和爆炸的原因、特点、预防措施及扑救方法以及防雷常识。

1.5.1 电气火灾与爆炸

1. 火灾

可燃物质在空气中燃烧是最普遍的燃烧现象。凡超出有效范围而形成灾害的燃烧通称为火灾。

燃烧是一种发光发热的化学反应，具有以下三个条件，便可以产生燃烧，即有可燃物质、助燃物质和存在着火源。

（1）可燃物质

凡能与空气中的氧或其他氧化剂起剧烈化学反应的物质都称为可燃物质，如木材、纸张、橡胶、钠、镁、汽油、酒精、乙炔、氢气等。这些可燃物质必须与氧气混合并占有一定的比例才会发生燃烧。可燃物质以气体燃烧最快，液体次之，固体最慢，燃烧时的温度可达 1000 ~ 2000℃。

（2）助燃物质

凡能帮助燃烧的物质通称为助燃物质，如氧、氧化钾、高锰酸钾等。燃烧时，助燃物质与可燃物质进行燃烧，发生化学反应。当助燃物质数量不足时，则不会发生燃烧。

（3）着火源

着火源并不参加燃烧，但它是可燃物、助燃物进行燃烧的起始条件。凡能引起可燃物质燃烧的能源通称为着火源，如明火、电火花、电弧、高温和灼热物体等。

2. 爆炸

物质发生剧烈的物理或化学变化，瞬间释放大量的能量，产生高温高压气体使周围空气发生猛烈振荡而发生巨大声响的现象称为爆炸。爆炸的特征是物质的状态或成分瞬间变化，温度和压力骤然升高，能量突然释放。爆炸往往是与火灾密切相关的。火灾能引起爆炸，爆炸后伴随火灾发生。

根据爆炸性质的不同，爆炸可分为物理性爆炸、化学性爆炸和核爆炸三类。

（1）物理性爆炸

由于物质的物理变化，如温度、压力、体积等的变化引起的爆炸，叫物理性爆炸。物理性爆炸过程不产生新的物质，完全是物理变化过程。如蒸汽锅炉、蒸汽管道的爆炸，是由于其压力超过锅炉或管道所能承受的极限压力所引起的。物理性爆炸一般不会直接发生火灾，但能间接引起火灾。

（2）化学性爆炸

物质在短时间完成化学反应，形成其他物质，产生高温高压气体而引起的爆炸，叫化学性爆炸。化学性爆炸的特点是：爆炸过程中含化学变化过程，且速度极快，有新的物质产生，伴随有高温及强大的冲击波，例如梯恩梯（TNT）炸药、氢气与氧气混合物的爆炸，其破坏力极强。由于化学性爆炸内含剧烈的氧化反应，伴随发光、发热现象，故化学性爆炸能直接引起火灾。

化学性爆炸的产生必须同时具备三个基本条件，即可燃物质、可燃物质与空气（氧气）混合、引起爆炸的引燃能量。这三个条件共同作用，才能产生化学性爆炸。

（3）核爆炸

物质的原子核在发生"裂变"或"聚变"的链锁反应瞬间放出大量能量而引起的爆炸，例如原子弹、氢弹的爆炸。爆炸时产生极高的温度和强烈的冲击波，同时伴随有核辐射，具有极大的破坏性。

3. 电气火灾和爆炸

由于电气方面的原因形成火源而引起的火灾和爆炸，称为电气火灾和爆炸。如高压断路器因密封不严进水受潮引起的爆炸，或因灭弧性能满足不了要求，不能熄灭电弧产生的爆炸，电力变压器因进水或制造质量不良，在运行中引起的爆炸和火灾等，都是电气火灾和爆炸。

4. 燃点与闪点

（1）燃点

可燃物质只有在一定温度的条件下与助燃物质接触，遇明火才能产生燃烧。使可燃物质遇明火能燃烧的最低温度叫做该可燃物质的燃点。不同的可燃物有不同的燃点，一般可燃物的燃点是较低的。

（2）闪点

可燃物在有助燃剂的条件下，遇明火达到或超过燃点便产生燃烧，当火源移去，燃烧仍会继续下去。可燃物质的蒸气或可燃气体与助燃剂接触时，在一定的温度条件下，遇明火并不立即发生燃烧，只发生闪烁现象，当火源移去闪烁自然停止。这种使可燃物遇明火发生闪烁而不引起燃烧的最低温度称为该可燃物的闪点，单位用℃表示。

显然，同一物质的闪点比燃点低。由于液体可燃物质燃烧首先要经过"闪"点，才到"燃"的过程，"闪"是"燃"的先驱，故衡量液体、气体可燃物着火爆炸的主要参数是闪点。闪点越低，形成火灾和爆炸的可能性越大。

闪点等于或低于45℃的液体可燃物称为易燃液体，高于45℃的液体称为可燃液体。

（3）自燃温度

可燃物质在空气中受热温度升高而不需明火就着火燃烧的最低温度称为自燃温度，单位用℃表示。煤或煤粉的自燃是因其温度达到或超过其自燃温度，此时碳或碳氢化合物与氧起反应而燃烧。

自燃温度高于可燃物质本身的燃点。自燃温度越低，形成火灾和爆炸的危险性越大。因此，火电厂应注意煤粉的自燃，降低煤粉温度，防止煤粉自燃引起的爆炸和火灾。

5. 爆炸性混合物和爆炸极限

（1）爆炸性混合物

可燃气体、可燃液体的蒸气、可燃粉尘或化学纤维与空气（氧气、氧化剂）混合，其浓度达到一定的比例范围时，便形成了气体、蒸气、粉尘或纤维的爆炸混合物。能够形成爆炸性混合物的物质，叫做爆炸性物质。

（2）爆炸极限

由爆炸性物质与空气（氧气或氧化剂）形成的爆炸性混合物浓度达到一定的数值时，遇到明火或一定的引爆能量立即发生爆炸，这个浓度称为爆炸极限。可燃气体、液体的蒸气爆炸极限是以其在混合物中的体积百分比（%）来表示的，可燃粉尘、纤维的爆炸极限是以可燃粉尘、纤维占混合物中单位体积的质量（g/m^3）来表示的。

爆炸极限分为爆炸上限和爆炸下限。浓度高于上限时，空气（氧气或氧化剂）含量少了，浓度低于下限时，可燃物含量不够，都不能引起爆炸，只能着火燃烧。

爆炸极限不是一个固定值，它与很多因素，如环境温度、混合物的原始温度、混合物的压力、火源强度、火源与混合物的接触时间等有关。

6. 危险场所分类

按照发生爆炸或火灾事故的危险程度、发生爆炸或火灾事故的可能性和后果的严重性，以及危险物品的状态，将爆炸和火灾危险场所分为三类八级。

1）第一类是有气体或蒸气爆炸性混合物的场所，分为以下三级：

① Q-1 级场所，在正常情况下能形成爆炸性混合物的场所。

② Q-2 级场所，在正常情况下不能形成、在不正常情况下能形成爆炸性混合物的场所。

③ Q-3 级场所，在正常情况下不能形成、在不正常情况下能形成爆炸性混合物，但可能性较小的场所（该场所内形成的爆炸性混合物或数量少、或密度小，难以积聚，或爆炸下限较高等）。

2）第二类是有粉尘或纤维爆炸混合物的场所，分为如下两级：

① G-1 级场所，在正常情况下能形成爆炸性混合物的场所。

② G-2 级场所，在正常情况下不能形成、在不正常情况下能形成爆炸性混合物的场所。

3）第三类是有火灾危险的场所，分如下三级：

①1 级场所，指在生产过程中产生、使用、加工储存或转运闪点低于场所环境温度的可燃液体，在数量和配置上能引起火灾危险的场所。

②2 级场所，指在生产过程中，悬浮状、堆积状的可燃粉尘或纤维不可能形成爆炸性混合物，而在数量和配置上，能引起火灾危险的场所。

③3 级场所，指固体可燃物质在数量和配置上能引起火灾危险的场所。

上述各条中的"正常情况"包括正常开车、停车、运转及设备和管线正常允许的泄漏；"不正常情况"包括装置损坏、误操作、维护不当及装置检修等。

危险场所等级的划分应根据《爆炸危险场所电气安全规程》（试行）规定，视危险物品的种类、性能参数和数量，以及厂房结构、设备条件和通风设施等情况而定。如果场所等级定得偏高，会造成经济浪费，定得偏低则安全无保障。因此，确定等级时，应会同劳动保护部门、专业工艺人员和电气技术人员，正确掌握标准，根据具体情况共同研究判定。

1.5.2　电气火灾和爆炸的一般原因及防护

1. 电气火灾和爆炸的一般原因

发生电气火灾和爆炸要具备两个条件，即有易燃易爆的环境及引燃条件。

（1）易燃易爆环境

1）变电所存在易燃易爆物质，许多地方潜藏着火灾和爆炸的可能性。变电所内的主要电气设备、变压器、油断路器等都要大量用油，因此，其油库都容易发生火灾事故。

2）变电所及用户使用了大量电缆，电缆是由易燃的绝缘材料制成的，电缆夹层和电缆隧道容易发生电缆火灾。

（2）引燃条件

电气系统和电气设备正常和事故情况下都可能产生电气着火源，成为火灾和爆炸的引燃条件。电气着火源可能是下述原因产生的：

1）电气设备或电气线路过热。由于导体接触不良、电力线路或设备过载、短路、电气产品制造和检修质量不良等造成运行时铁心损耗过大、转动机械长期相互摩擦、设备通风散热条件恶化等原因都会使电气线路或设备整体或局部温度过高。若其周围存在易燃易爆物质则会引起火灾和爆炸。

2）电火花和电弧。如电气设备正常运行时，开关的分合、熔断器熔断、继电器触点动作均产生电弧；运行中的发电机的电刷与集电环、交流电机电刷与换向器间也会产生或大或小的电火花；绝缘损坏时发生短路故障、绝缘闪络、电晕放电时产生电弧或电火花；电焊产生的电弧，使用喷灯产生的火苗等都为火灾和爆炸提供了引燃条件。

3）静电。如两个不同性质的物体相互摩擦，可使两个物体带上异号电荷；处在静电场内的金属物体上会感应静电；施加电压后的绝缘体上会残留静电。带上静电的导体或绝缘体等当其具有较高的电位时，会使周围的空气游离而产生火花放电。静电放电产生的电火花可能引燃易燃易爆物质，发生火灾或爆炸。

4）照明器具或电热设备使用不当也能作为火灾或爆炸的引燃条件，雷击易燃易爆物品时，往往也会引起火灾和爆炸。

变电所和用户是容易发生火灾和爆炸的危险场所，因此，必须采取有效的防范措施，防止火灾和爆炸的发生。

2. 电气防火防爆的一般措施

（1）改善环境条件，排除易燃易爆物质

1）加强密封，防止易燃易爆物质的泄漏。

2）打扫环境卫生，保护良好通风，既美化和净化了环境，又可防火防爆。经常对油污及易燃物进行清理、对爆炸性混合物进行清除，加强通风，均能达到有火不燃、有火不爆的效果。

3）加强对易燃易爆物质的管理，防患于未然。如油库、化学药品库、木材库等应管理严格，严禁带进火种，实行严格的出入制度。

（2）强化安全管理，排除电气火源

1）在易燃易爆区域的电气设备应采用防爆型设备，例如，采用防爆开关、防爆电缆头等。

2）在易燃易爆区域内，线路采用绝缘合格的导线，导线的连接应良好可靠，严禁明敷。

3）加强对设备的运行管理，防止设备过热过载，定期检修、试验，防止机械损伤、绝缘破坏等造成短路。

4）易燃易爆场所内的电气设备，其金属外壳应可靠接地（或接零），以便发生碰壳接地短路时迅速切除火源。

5）突然停电有可能引起火灾和爆炸的场所应有两路能自动切换的电源。

（3）土建和其他方面

房屋建筑应能满足防火防爆要求，例如，配电室应满足耐火等级，有火灾、爆炸危险的房间的门应向外开，设备与设备之间装有隔墙，安装单独的防爆间，在容易引起火灾的场所或明显位置安装灭火器和消防工具等。

1.5.3 扑灭电气火灾的方法

1. 一般灭火方法

从对燃烧的三要素的分析可知，只要阻止三要素并存或相互作用，就能阻止燃烧的发生。由此，灭火的方法分为窒息灭火法、冷却灭火法、隔离灭火法和抑制灭火法等。

（1）窒息灭火法

阻止空气流入燃烧区或用不可燃气体降低空气中的氧含量，使燃烧因助燃物含量过少而终止的方法称为窒息法。例如用石棉布、浸湿的棉被等不可燃或难燃物品覆盖燃烧物，或封闭孔洞，用惰性气体、CO_2、N_2 等充入燃烧区降低氧含量等。

（2）冷却灭火法

冷却灭火法是将灭火剂喷洒在燃烧物上，降低可燃物的温度使其温度低于燃点而终止燃烧。如喷水灭火、"干冰"（固态 CO_2）灭火都是利用冷却可燃物达到灭火的目的。

（3）隔离灭火法

隔离灭火法是将燃烧物与附近的可燃物质隔离，或将火场附近的可燃物疏散，不使燃烧区蔓延，待已燃物质烧尽时，燃烧自行停止。如阻挡着火的可燃液体的流散，拆除与火区毗邻的易燃建筑物，构成防火隔离带等。

（4）抑制灭火法

前述三种方法的灭火剂，在灭火过程中不参与燃烧，均属物理灭火法。抑制灭火法是灭火剂参与燃烧的链锁反应，使燃烧中的游离物基本消失，形成稳定的物质分子，从而终止燃烧过程。例如 1211（二氟一氯一溴甲烷）灭火剂就能参与燃烧过程，使燃烧连锁反应中断而熄灭。

2. 常用灭火器

（1）二氧化碳灭火器

将二氧化碳（CO_2）灌入钢瓶内，在 20℃时钢瓶内的压力为 60MPa。使用时，液态二氧化碳从灭火器喷嘴喷出，迅速气化，由于强烈吸热作用，变成固体雪花状的二氧化碳，又称干冰，其温度为 -78℃。固体二氧化碳又在燃烧物上迅速挥发，吸收燃烧物热量，同时，使燃烧物与空气隔绝而达到灭火的目的。

二氧化碳灭火器主要适用于扑救贵重设备、档案资料、电气设备、少量油类和其他一般物质的初起火灾。不导电，但电压超过 600V 时，应切断电源。此类灭火器的规格有 2kg、3kg、5kg 等种类。

使用时，因二氧化碳气体易使人窒息，人应该站在上风侧，手应握住灭火器手柄，防止干冰接触人体造成冻伤。

（2）干粉灭火器

干粉灭火器的灭火剂主要由钾或钠的碳酸盐类加入滑石粉、硅藻土等掺合而成，不导电。干粉灭火剂在火区覆盖燃烧物，并受热产生二氧化碳和水蒸气，因其具有隔热、吸热和阻隔空气的作用，故使燃烧熄灭。

干粉灭火器适用于扑灭可燃气体、液体、油类、忌水物质（如电石等）及除旋转电机以外的其他电气设备的初起火灾。

使用干粉灭火器时，先打开保险，把喷管口对准火源，另一只手紧握导杆提环，将顶针压下干粉即喷出。扑救地面油火时，要平射并左右摆动，由近及远，快速推进，同时注意防止回火重燃。

（3）泡沫灭火器

泡沫灭火器的灭火剂是利用硫酸或硫酸铝与碳酸氢钠作用放出二氧化碳的原理制成的，其中，加入甘草根汁等化学药品造成泡沫，浮在固体和密度大的液体燃烧物表面，隔热、隔氧，使燃烧停止。由于上述化学物质导电，故不适用于带电扑灭电气火灾，但切断电源后，可用于扑灭油类和一般固体物质的初起火灾。

灭火时，将灭火器筒身颠倒过来，稍加摇动，两种药液即刻混合，由喷嘴喷射出泡沫。泡沫灭火器只能立着放置。

（4）1211 灭火器

1211 灭火器的灭火剂 1211（二氧一氯一溴甲烷）是一种高效、低毒、腐蚀性小、灭火后不留痕迹、不导电、使用安全、贮存期长的新型优良灭火剂。它的灭火作用在于阻止燃烧连锁反应并有一定的冷却窒息效果。它特别适用于扑灭油类、电气设备、精密仪表及一般有机溶剂引起的火灾。

灭火时，拔掉保险销，将喷嘴对准火源根部，手紧握压把，压杆将封闭阀开启，1211 灭火剂在氮气压力下喷出，当松开压把时，封闭喷嘴停止喷射。

该灭火器不能放置在日照、火烤、潮湿的地方，禁止剧烈振动和碰撞。

（5）其他

水是一种最常用的灭火剂，具有很好的冷却效果。纯净的水不导电，但一般水中含有各种盐类物质，故具有良好的导电性。未采用防止人身触电的技术措施时，水不能用于带电灭火。但切断电源后，水却是一种廉价、有效的灭火剂。水不能对密度较小的油类物质灭火，以防油火飘浮水面使火灾蔓延。

干砂的作用是覆盖燃烧物，吸热、降温并使燃烧物与空气隔离。它特别适用于扑灭油类和其他易燃液体的火灾，但禁止在旋转电机上灭火，以免损坏电机和轴承。

3. 电气火灾的灭火

从灭火角度看，电气火灾有两个显著特点：①着火的电气设备可能带电，扑灭火灾时，若不注意可能发生触电事故；②有些电气设备充有大量的油，如电力变压器、油断路器、电压互感器、电流互感器等，发生火灾时，可能发生喷油甚至爆炸，造成火势蔓延，扩大火灾范围。因此，扑灭电气火灾必须根据其特点，采取适当措施进行扑救。

（1）切断电源

发生电气火灾时，首先设法切断着火部分的电源，切断电源时应注意下列事项：

1）切断电源时应使用绝缘工具操作。因发生火灾后，开关设备可能受潮或被烟熏，其绝缘强度大大降低，因此，拉闸时应使用可靠的绝缘工具，防止操作中发生触电事故。

2）切断电源的地点要选择得当，防止切断电源后影响灭火工作。

3）要注意拉闸的顺序。对于高压设备，应先断开断路器后拉开隔离开关；对于低压设备，应先断开磁力起动器，后拉开刀开关，以免引起弧光短路。

4）当剪断低压电源导线时，剪断位置应选在电源方向的支持绝缘子附近，以免断线线头下落造成触电伤人、发生接地短路；剪断非同相导线时，应在不同部位剪断，以免造成人为短路。

5）如果线路带有负荷，应尽可能先切除负荷，再切断现场电源。

（2）断电灭火

在着火电气设备的电源切断后，扑灭电气火灾的注意事项如下：

1）灭火人员应尽可能站在上风侧进行灭火。

2）灭火时若发现有毒烟气（如电缆燃烧时），应戴防毒面具。

3）若灭火过程中，灭火人员身上着火，应就地打滚或撕脱衣服，不得用灭火器直接向灭火人员身上喷射，可用湿麻袋或湿棉被覆盖在灭火人员身上。

4）灭火过程中应防止全厂（站）停电，以免给灭火带来困难。

5）灭火过程中，应防止上部空间可燃物着火落下，危害人身和设备安全，在屋顶上灭火时，要防止坠落"火海"中及其附近。

6）室内着火时，切勿急于打开门窗，以防空气对流而加重火势。

（3）带电灭火

在来不及断电，或由于生产或其他原因不允许断电的情况下，需要带电来灭火。带电灭火的注意事项如下：

1）根据火情适当选用灭火剂。由于未停电，应选用不导电的灭火剂。如手提灭火机使用的二氧化碳、四氯化碳、二氟一氯一溴甲烷（1211）、二氟二溴甲烷或干粉等灭火剂都是不导电的，可直接用来带电喷射灭火。泡沫灭火剂有导电性，且对电气设备的绝缘有腐蚀作用，不宜用于带电灭火。

2）采用喷雾水枪灭火。用喷雾水枪带电灭火时，通过水柱的泄漏电流较小，比较安全。若用直流水枪灭火，通过水柱的泄漏电会威胁人身安全，为此，直流水枪的喷嘴应接地，灭火人员应戴绝缘手套，穿绝缘鞋或均压服。

3）灭火人员与带电体之间应保持必要的安全距离。用水灭火时，水枪喷嘴至带电体的距离为 10kV 及以下不小于 3m，220kV 及以上不小于 5m。用不导电灭火剂灭火时，喷嘴至带电体的最小距离为 10kV 不小于 0.4m，35kV 不小于 0.6m。

4）对高空设备灭火时，人体位置与带电体之间的角度不得超过 45°，以防导线断线危及灭火人员的人身安全。

5）若有带电导线落地，应划出一定的警戒区，防止跨步电压触电。

（4）充油设备灭火

绝缘油是可燃液体，受热气化还可能形成很大的压力造成充油设备爆炸。因此，充油设备着火有更大的危险性。

充油设备外部着火时，可用不导电灭火剂带电灭火。如果充油设备内部故障起火，则必须立即切断电源，用冷却灭火法和窒息灭火法使火焰熄灭，即使在火焰熄灭后，还应持续喷洒冷却剂，直到设备温度降至绝缘油闪点以下，防止高温使油气重燃造成重大事故。如果油箱已经爆裂，燃油外泄，可用泡沫灭火器或黄沙扑灭地面和贮油池内的燃油，注意采取措施防止燃油蔓延。

旋转电机着火时，为防止轴和轴承变形，应使其慢慢转动，可用二氧化碳、二氟一氯一溴甲烷灭火，也可用喷雾水枪灭火。用冷却剂灭火时注意使电机均匀冷却，但不宜用干粉、砂土灭火，以免损伤电气设备绝缘和轴承。

1.5.4　防雷常识

雷电产生的强电流、高电压、高温热具有很大的破坏力和多方面的破坏作用，给电力系统造成严重灾害。

1. 雷电形成与活动规律

雷鸣与闪电是大气层中强烈的放电现象。雷云在形成过程中，由于摩擦、冻结等原因，积累起大量的正电荷或负电荷，产生很高的电位。当带有异性电荷的雷云接近到一定程度时，就会击穿空气而发生强烈的放电。

雷电活动规律：南方比北方多，山区比平原多，陆地比海洋多，热而潮湿的地方比冷而干燥的地方多，夏季比其他季节多。

一般来说，下列物体或地点容易受到雷击：

1）空旷地区的孤立物体、高于 20m 的建筑物，如水塔、宝塔、尖形屋顶、烟囱、旗杆、天线、输电线路杆塔等。在山顶行走的人畜，也易遭受雷击。

2）金属结构的屋面，砖木结构的建筑物或构筑物。

3）特别潮湿的建筑物、露天放置的金属物。

4）排放导电尘埃的厂房、排废气的管道和地下水出口、烟囱冒出的热气（含有大量导电质点、游离态分子）。

5）金属矿床、河岸、山谷风口处、山坡与稻田接壤的地段、土壤电阻率小或电阻率变化大的地区。

2. 雷电种类及危害

（1）直击雷

雷云较低时，在地面较高的凸出物上产生静电感应，感应电荷与雷云所带电荷相反而发生放电，所产生的电压可高达几百万伏。

（2）感应雷

由雷闪电流产生的强大电磁场变化与导体感应出的过电压、过电流形成的雷击称为感应雷。感应雷可由静电感应产生，也可由电磁感应产生，形成感应雷电压几率非常高。最常见的电子设备危害并不是由于直接雷引起的，大多数情况是由感应雷感应出雷电过电压引起的。

静电感应雷：当雷云来临时地面上的一切物体，尤其是导体，由于静电感应，都聚集起大量的雷电极性相反的束缚电荷，在雷云对地或对另一雷云闪击放电后，云中的电荷就变成了自由电荷，从而产生出很高的静电电压（感应电压）其过电压幅值可达到几万到几十万伏，这种过电压往往会造成建筑物内的导线，接地不良的金属物导体和大型的金属设备放电而引起电火花，从而引起火灾、爆炸，危及人身安全或对供电系统造成的危害。

电磁感应雷：在雷电闪击时，由于雷电流的变化率大而在雷电流的通道附近就形成了一个很强的感应电磁场，对建筑物内的电子设备造成干扰、破坏，又或者使周围的金属构件产生感应电流，从而产生大量的热而引起火灾。

（3）球形雷

球形雷俗称滚地雷，是闪电的一种，通常都在雷暴之下发生，就是一个呈圆球形的闪电球。这是一个真实的物理现象，它十分光亮，略呈圆球形，直径为 15～30cm 不等。通常它只会维持数秒，但也有维持了 1～2min 的纪录。颜色除常见的橙色和红色外，还有蓝色、亮白色、幽绿色的光环。火球呈现多种多样的色彩。

（4）雷电侵入波

雷击时在电力线路或金属管道上产生的高压冲击波，称为雷电侵入波。

雷击的破坏和危害，主要有 4 个方面：①电磁性质的破坏；②机械性质的破坏；③热性质的破坏；④跨步电压破坏。

3. 常用防雷装置

防雷的基本思想是疏导，即设法构成通路将雷电流引入大地，从而避免雷击的破坏。

常用的避雷装置有避雷针、避雷线、避雷网、避雷带和避雷器等。

（1）避雷针

避雷针是一种尖形金属导体，装设在高大、凸出、孤立的建筑物或室外电力设施的凸出部位。

避雷针的基本结构如图 1.12 所示，利用尖端放电原理，将雷云感应电荷积聚在避雷针的顶部，与接近的雷云不断放电，实现地电荷与雷云电荷的中和。

单支避雷针的保护范围是从空间到地面的一个折线圆锥形，

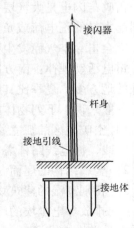

图 1.12　避雷针的基本结构

如图 1.13 所示。

（2）避雷线、避雷网和避雷带

它们的保护原理与避雷针相同。避雷线主要用于电力线路的防雷保护，避雷网和避雷带主要用于工业建筑和民用建筑的保护。

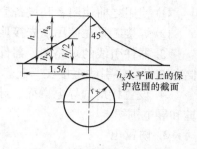

图 1.13　单支避雷针的保护范围

（3）避雷器

有保护间隙、管形避雷器、阀形避雷器和氧化锌避雷器四种，其基本原理类似，目前广泛应用氧化锌避雷器。

正常时，避雷器处于断路状态。出现雷电过电压时发生击穿放电，将过电压引入大地。过电压终止后，迅速恢复阻断状态。

4. 防雷常识

1）为防止感应雷和雷电侵入波沿架空线进入室内，应将进户线最后一根支承物上的绝缘子铁脚可靠接地。

2）雷雨时，应关好室内门窗，以防球形雷飘入；不要站在窗前或阳台上、有烟囱的灶前；应离开电力线、电话线、无线电天线 1.5m 以外。

3）雷雨时，不要洗澡、洗头，不要待在厨房、浴室等潮湿的场所。

4）雷雨时，不要使用家用电器，应将电器的电源插头拔下。

5）雷雨时，不要停留在山顶、湖泊、河边、沼泽地、游泳池等易受雷击的地方；最好不用带金属柄的雨伞。

6）雷雨时，不能站在孤立的大树、电杆、烟囱和高墙下，不要乘坐敞篷车和骑自行车。避雨应选择有屏蔽作用的建筑或物体，如汽车、电车、混凝土房屋等。

7）如果有人遭到雷击，应不失时机地进行人工呼吸和胸外心脏按压，并送医院抢救。

1.6　电子设备生产与使用中的安全防护

安全防护是指电子设备在生产和使用过程中，对有可能产生的不安全因素所采取的必要防护措施。

1. 防电击

防电击的措施包括：绝缘；接地；使用防护装置和设施；注意操作时的安全措施，接近带电线路时不穿松散衣服、不戴金属饰物。高压测量时遵守操作程序。

2. 静电防护

静电危险在于所积蓄的静电电荷放电。消除的基本原理是为彼此分离的电荷提供通路，使其无危害地中和。

常用的方法有三种：

① 连接和接地：将两物体连接，使它们处于相同静电位，再将连接的物体接地。

② 电离：无法接地时，设法使带电物体周围的空气电离，形成导电通路，让静电向地放电。

③ 增湿：湿度增加，非导电材料的表面电导增加，积蓄的静电荷能迅速泄至大地。

使用金属 - 氧化物 - 半导体器件时须遵循的规则如下：

① 使用之前使用者和设备应瞬时触及地电位的金属物，以消除静电。

② 焊接工具在使用前先接地。

③ 器件引线的短路器、器件的包装材料和包装盒等，均应处于地电位，器件在运输或储存期间应将引线短接在一起。

④ 设置接地的导电桌面、导电地面、导电椅面，工作人员戴接地腕带、穿有接地器的鞋和导电围裙。

3. 防雷电

防雷电措施包括：

① 等电位联结：在一个设备中将导电部分连接起来，使其电位相同，在整个设备范围实现等电位区。

② 采用避雷器和雷电防护器。

③ 移动式无线电天线、微波天线、同轴线和用金属结构支持的波导，应有为雷击电流提供通路的接地结构。

4. 防火

电子设备防火措施。

① 设备长期不使用时与电源断开。

② 所有设备均安装熔断器。

③ 所用材料、元件、电气线路、机械结构符合防火要求。

④ 天线线路装防雷装置。

⑤ 设备周围不放置易燃物品。

5. 电工安全操作规程

为了保证人身和设备安全，电工安全操作规程的内容如下：

1）工作前必须检查工具、测量仪表和防护用具是否完好。

2）任何电器设备内部未经验明无电时，一律视为有电，不准用手触及。

3）不准在运转中拆卸、修理电气设备。必须在停车、切断电源，取下熔断器，挂上"禁止合闸，有人工作"的警示牌，并验明无电后，才可进行工作。

4）在总配电盘及母线上工作时，验明无电后，应挂临时接地线。装拆接地线都必须由值班电工进行。

5）工作临时中断后或每班开始工作前，都必须重新检查电源是否确已断开，并要验明无电。

6）每次维修结束后，都必须清点所带的工具、零件等，以防遗留在电气设备中而造成事故。

7）当专门检修人员修理电气设备时，值班电工必须进行登记，完工后做好交代，在共同检查后，才可送电。

8）必须在低压电气设备上带电进行工作时，要经过领导批准，并要有专人监护。工作时要戴工作帽，穿长袖衣服，戴工作手套，使用绝缘工具，并站在绝缘物上进行操作，邻相带电部分和接地金属部分应用绝缘板隔开。

9）严禁带负载操作动力配电箱中的刀开关。

10）带电装卸熔断器时，要戴防护眼镜和绝缘手套。必要时要使用绝缘夹钳，站在绝缘垫上操作。严禁使用锉刀、钢直尺等进行工作。

11）熔断器的容量要与设备和线路的安装容量相适应。

12）电气设备的金属外壳必须接地（接零），接地线必须符合标准，不准断开带电设备的外壳接地线。

13）拆卸电气设备或线路后，要对可能继续供电的线头立即用绝缘胶布包扎好。

14）安装灯头时，开关必须接在相线上，灯头座螺纹必须接在中性线上。

15）对临时安装使用的电气设备，必须将金属外壳接地。严禁把电动工具的外壳接地线和工作中性线拧在一起插入插座，必须使用两线带地或三线带地的插座，或者将外壳接地线单独接到接地干线上。用橡胶软电缆接可移动的电气设备时，专供保护接零的芯线中不允许有工作电流流过。

16）动力配电盘、配电箱、开关、变压器等电气设备附近，不允许堆放各种易燃、易爆、潮湿和影响操作的物件。

17）使用梯子时，梯子与地面的角度以 60° 左右为宜。在水泥地面使用梯子时，要有防滑措施。对没有搭钩的梯子，在工作中要有人扶持。使用人字梯时，其拉绳必须牢固。

18）使用喷灯时，油量不要超过容器容积的 3/4，打气要适当，不得使用漏油漏气的喷灯。不准在易燃、易爆物品附近点燃喷灯。

19）使用 I 类电动工具时，要戴绝缘手套，并站在绝缘垫上工作。最好加设漏电保护器或安全隔离变压器。

20）电气设备发生火灾时，要立即切断电源，并使用 1121 灭火器或二氧化碳灭火器灭火，严禁使用水或泡沫灭火器。

思考与练习

1. 在日常用电和电气维修中哪些因素会导致触电？

2. 何谓安全电压？对安全电压值有何规定？

3. 简述保护接地和保护接零的作用。

4. 预防触电应该采取的安全措施主要有哪些？

5. 如果有人发生触电，应该怎么办？

6. 引起电气火灾的主要原因有哪些？

7. 在发生电气火灾时，应采取哪些措施？

第2章 电子元器件

电子元器件是电子电路中具有某种独立功能的单元，是构成电子设备的基本单元，通常可以分为有源元件（习惯上称为元件）和无源元件（习惯上称为器件）两类。前者包括电阻器、电容器、电感器、电声器件等，后者包括二极管、晶体管、集成电路等。电子元器件的品种繁多、用途广泛，而且性能交错，新产品不断涌现，本章列举了一些常用的元器件以供参考学习，更详细的资料也可查阅电子元器件手册或向生产厂家索取。

电子元器件是组成电子产品的基础，了解常用电子元器件的种类、结构、性能并能正确选用是学习、掌握电子技术的基础。

2.1 电阻器和电位器

电阻器简称电阻（Resistor，通常用"R"表示），是电子线路中应用最多的元件之一。在物理学中，导体对电流的阻碍作用就叫该导体的电阻，表示导体对电流阻碍作用的大小。导体的电阻越大，表示导体对电流的阻碍作用越大。不同的导体，电阻一般不同，电阻是导体本身的一种性质。电阻小的物质称为电导体，简称导体。电阻大的物质称为电绝缘体，简称绝缘体。

电阻的主要物理特征是变电能为热能，是一个耗能元件，电流经过它就产生内能。

导体的电阻通常用字母 R 表示，电阻的单位是欧姆(ohm)，简称欧，符号是 Ω(希腊字母，音译成拼音读作 ōu mì gǔ)。1Ω 是电阻的基本单位，比较大的单位有千欧（$k\Omega$）、兆欧（$M\Omega$）。三者的换算关系为 $1M\Omega = 10^3 k\Omega = 10^6 \Omega$。

电阻器的特性：电阻器为线性元件，即电阻两端电压与流过电阻的电流成正比，通过这段导体的电流与这段导体的电阻成反比。即欧姆定律：$I = U/R$。

电阻器在电路中的作用为分流、限流、分压、偏置、滤波（与电容器组合使用）和阻抗匹配等，在电阻中，交、直流信号均可通过。

电阻器可分为固定电阻器(含特种电阻器)和可变电阻器(电位器)两大类。

电位器是由一个电阻体和一个转动或滑动系统组成的。在家用电器和其他电子设备电路中，电位器用来分压、分流和用作变阻器。在晶体管收音机、CD 唱机、电视机等电子设备中电位器用于调节音量、音调、亮度、对比度和色饱和度等。当它作为分压器时是一个三端电子元件；当它作为变阻器时是一个两端元件。

2.1.1 电阻器和电位器的型号和命名方法

国内电阻器和电位器的型号命名一般由五部分组成，如图2.1所示。

其中各部分的确切含义如下：

第一部分：主称，用字母表示，R 表示电阻器，W 表示电位器。

第二部分：材料特征，用字母表示，具体含义见表2.1。

第三部分：分类，一般用数字表示，个别用字母表示，见表2.1。

图 2.1　国内电阻器和电位器的型号命名

表 2.1　电阻器和电位器型号的命名方法

第二部分				第三部分			
用字母表示材料				用数字表示分类		用字母表示分类	
符号	意义	符号	意义	符号	意义	符号	意义
T	碳膜	Y	氧化膜	1、2	普通	G	高功率
P	硼碳膜	S	有机实心	3	超高频	T	可调
U	硅碳膜	N	无机实心	4、5	高阻，高温	X	小型
H	合成膜	X	线绕	7	精密	L	测量用
I	玻璃釉膜	C	沉积膜	8	电阻：高压　电位器：特殊	W	微调
J	金属膜（箔）	G	光敏	9	特殊	D	多圈

第四部分：序号，用数字表示。对主称、材料特征相同，仅性能指标、大小有差别，但不影响互换使用的产品，给予同一序号；若性能指标、尺寸大小明显影响互换，则在后面用大写字母作为区别代号。

第五部分：区别代号，用数字表示。区别代号是当电阻器（电位器）的主称、材料特征相同，而大小、性能指标有差别时，在序号后用 A、B、C、D 等字母予以区别。

例如：RJ71—精密金属膜电阻器；WSW1—微调有机实心电位器。

敏感元件的型号及命名方法见表 2.2。

表 2.2　敏感元件的型号及命名方法

第一部分：主称		第二部分：类别		第三部分：用途或特征												第四部分：序号
				热敏电阻器		压敏电阻器		光敏电阻器		湿敏电阻器		气敏电阻器		磁敏元件		力敏元件	
字母	含义	字母	含义	数字	用途或特征	字母	用途或特征	数字	用途或特征	字母	用途或特征	数字	用途或特征	字母	用途或特征	数字	用途或特征
M	敏感元件	Z	正温度系数热敏电阻器	1	普通用	W	稳压用	1	紫外光							1	硅应变片
		F	负温度系数热敏电阻器	2	稳压用	G	高压保护用	2	紫外光							2	硅应变片
		Y	压敏电阻器	3	微波测量用	P	高频用	3	紫外光	C	测湿用	Y	烟敏	Z	电阻器	3	硅杯
		S	湿敏电阻器	4	旁热式	N	高能用	4	可见光							4	
				5	测温用	K	高可靠用	5	可见光							5	
		Q	气敏电阻器	6	控温用	L	防雷用	6	可见光							6	
		G	光敏电阻器	7	消磁用	H	灭弧用	7	红外光							7	
		C	磁敏电阻器	8	线性用	Z	消噪用	8	红外光	K	控湿用	K	可燃性	W	电位器	8	
		L	力敏电阻器	9	恒温用	B	补偿用	9	红外光							9	
				0	特殊用	C	消磁用	0	特殊							0	

2.1.2　电阻器的主要性能参数

1. 电阻器的主要参数

电阻器的主要性能参数包括：标称阻值、允许偏差、额定功率和温度系数等。

（1）标称阻值

电阻器的标称阻值是指电阻器上所标注的阻值，是电阻器生产的规定值。

按规定，电阻器的标称阻值应符合阻值系列所列数值。常用电阻器标称阻值系列见表2.3。电阻值精度等级见表2.4。

表2.3　常用电阻器标称阻值

允许误差	标称阻值×10^n（n 为整数）											
±5%（E24 系列）	1.0	1.1	1.2	1.3	1.5	1.6	1.8	2.0	2.2	2.4	2.7	3.0
	3.3	3.6	3.9	4.3	4.7	5.1	5.6	6.0	6.8	7.5	8.2	9.1
±10%（E12 系列）	1.0	1.2	1.5	1.8	2.2	2.7	3.3	3.9	4.7	5.6	6.8	8.2
±20%（E6 系列）	1.0	1.5	2.2	3.3	4.7	6.8						

表2.4　电阻值精度等级

精度等级	005	01（或00）	02（或0）	I	II	III
允许误差	±0.5%	±1%	±2%	±5%	±10%	±20%

（2）允许偏差（允许误差）

电阻的实际值往往与标称值有一定差距，即误差。两者之间的偏差允许范围为允许偏差，它标志着电阻器的阻值精度。通常电阻器的阻值精度可由下式计算：

$$\delta = \frac{R - R_R}{R_R} \times 100\%$$

式中　δ——允许误差；

　　　R——电阻的实际阻值（Ω）；

　　　R_R——电阻的标称阻值（Ω）。

表示允许偏差的文字符号见表2.5。

表2.5　表示允许偏差的文字符号

标志符号	对称偏差											不对称偏差		
	H	U	W	B	C	D	F	G	J	K	M	R	S	Z
允许偏差（%）	±0.01	±0.02	±0.05	±0.1	±0.2	±0.5	±1	±2	±5	±10	±20	+100 −10	+50 −20	+80 −20

（3）额定功率（标称功率）

额定功率指电阻器在交流或直流电路中，在产品标准规定的大气压和额定温度下，电阻器所允许承受的最大功率。对同一类电阻器，额定功率的大小取决于它的几何尺寸和表面面积。

电阻器额定功率系列采用标准化的功率系列值。常用的电阻标称（额定）功率有1/16W、1/8W、1/4W、1/2W、1W、2W、3W、5W、10W、20W等，见表2.6。

表 2.6　电阻器额定功率系列

种　类	额定功率系列/W
线绕电阻器	0.05　0.125　0.25　0.5　1　2　4　8　10　16　25　40　50　75　100　150　250　500
非线绕电阻器	0.05　0.125　0.25　0.5　1　2　5　10　25　50　100
线绕电位器	0.25　0.5　1　1.6　2　5　10　16　25　40　63　100
非线绕电位器	0.025　0.05　0.1　0.25　0.5　1　2　3

　　小于 1W 的电阻器在电路图中一般不标出额定功率符号。大于 1W 的电阻器都用阿拉伯数字加单位表示，如 25W。在电路图中表示电阻器额定功率的图形符号见表 2.7。

表 2.7　电阻器额定功率的图形符号

图形符号	名称	图形符号	名称
▢／	1/4W 电阻	▭ V ▭	5W 电阻
▭	1/2W 电阻	▭ X ▭	10W 电阻
I	1W 电阻	▭ 20W ▭	20W 电阻
II	2W 电阻		

注：功率大于 10W 或小于 1/4W 的电阻，用阿拉伯数字标注，例如 20W。

（4）温度系数

温度变化时，引起电阻器的相对变化量称为电阻器的温度系数，用 α 表示。温度系数越小，电阻的温度稳定度越高。

$$\alpha = \frac{R_2 - R_1}{R_1(t_2 - t_1)}$$

温度系数 α 可正、可负。温度升高，电阻值增大，称该电阻具有正的温度系数；温度升高，电阻值减小，称该电阻具有负的温度系数。

2. 电阻器的标识方法

（1）常用电阻的标识方法

在电路中的固定电阻器标识方法有 4 种，即直标法、数码标示法、文字符号法和色标法。

1）直标法是将电阻器的标称值用数字和文字符号直接标在电阻体上，其允许偏差则用百分数表示，未标偏差值的即为 ±20%，如图 2.2 所示。

2）数码标示法。

数码标示法主要用于贴片等小体积的电路，在三位数码

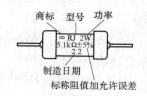

图 2.2　直标法表示的电阻器

中，从左至右第一、二位数表示有效数字，第三位表示 10 的倍幂，或者用 R 表示（R 表示 0），见表 2.3。

如：472 表示 $47 \times 10^2 \Omega$（即 4.7kΩ）；104 则表示 100kΩ；122 表示 1200Ω = 1.2kΩ；1402 表示 14000Ω = 14kΩ；R22 表示 0.22Ω；而标志是 0 或 000 的电阻器，则表示跳线，阻值为 0Ω。

① 三位数字表示法：常用于 E24 系列的电阻阻值的表示，见表 2.3。它用三位数字表示电阻器的标称阻值，不包含精度信息。其中前两位表示标称阻值的两位有效数字，第三位表示标称值有效数字的倍率。当阻值小于 100Ω 时，可以在四位数字中使用"R"表示小数点。

② 四位数字表示法：常用于 E96 系列的电阻阻值的表示。它用四位数字表示电阻器的标称阻值，不包含精度信息。其中前三位表示标称阻值的三位有效数字，第四位表示标称值有效数字的倍率。当阻值小于 1000Ω 时，可以在四位数字中使用"R"表示小数点。

3）文字符号法。

文字符号法是用阿拉伯数字和文字符号两者有规律地组合来表示标称阻值，其允许偏差也用文字符号表示，如在电阻器表面直接标出标称阻值，其允许误差用百分数表示，见表2.8。符号前面的数字表示整数阻值，后面的数字依次表示第一位小数阻值和第二位小数阻值，其文字符号见表 2.9。例如 1R5 表示 1.5Ω，2K7 表示 2.7kΩ。

表 2.8　表示电阻器允许偏差的文字符号

文字符号	B	C	D	F	G	J	K	M	N
允许误差	±0.1%	±0.25%	±0.5%	±1%	±2%	±5%	±10%	±20%	±30%

表 2.9　表示电阻单位的文字符号

文字符号	R	K	M	G	T
所表示单位	欧姆（Ω）	千欧姆（10^3Ω）	兆欧姆（10^6Ω）	千兆欧姆（10^9Ω）	兆兆欧姆（10^{12}Ω）

4）色标法。

由于电子元件日趋小型化，电阻上的标注又从直接标注数值的数标方式，转而采用色环或色点的色标方式。实际上用色标识别电阻的数量级、首位数甚至二、三位数，速度远远胜过数标。在一盘乱放的电阻中用眼看色标找出所需电阻是最容易的，可免去逐个翻看电阻上的数字，或用欧姆计选择时的繁杂费时。

色标与数标的共同缺点是磨损后无法识别，但色标需熟练掌握，才能运用灵活，不如数标直截了当。因此学会读电阻的色标很重要。它也为学会识别其他电子元件的色标打下基础。

色标法是用不同颜色的带或点在电阻器表面标出标称阻值和允许偏差。国外电阻大部分采用色标法。色标（色环、色点）的内容和步骤如下：

① 色标颜色代表的数值、倍率和误差。

色标含义分别为：黑 - 0、棕 - 1、红 - 2、橙 - 3、黄 - 4、绿 - 5、蓝 - 6、紫 - 7、灰 - 8、白 - 9、金 - ±5%、银 - ±10%、无色 - ±20%。色标颜色代表的数值、倍率和误差如图 2.3 所示。

② 最靠末端的色标是首位色标，依此定出其右边的第二、三、四和第五位色标。

色环标注法使用最多，常用的有三环、四环、五环色标，普通的色环电阻器用 4 环表示，精密电阻器用 5 环表示，紧靠电阻体一端头的色环为第一环，露着电阻体本色较多的另一端头为末环。

实际上三环或四环色标的前两环表示电阻值的前两位有效数值，第三环为倍率乘数

（以 Ω 为单位）。三环色标标称值的容差均为 20%，四环色标的第四环表示容差，如三环色依次为棕绿棕，则其阻值为 $15 \times 10 = 150$（$\pm 20\%$）。

首位色标位置的确定很重要，因为随意放置电阻时并不一定首位色标在左边，如果首位错定为另一端则数据全错。实际情况是，色标与电阻两端的距离差别往往很小，需仔细辨认比较，才能确定。

③ 先熟悉前六个色标，再全面掌握，初学时应先记住前六个色标，即记住黑棕红橙黄绿的次序及其应用。因为不管是数值上或者倍率上，常用电阻在这个范围比较多，所以最有用。

当电阻为四环时，最后一环必为金色或银色，前两位为有效数字，第三位为乘方数，第四位为偏差。当电阻为五环时，最后一环与前面四环距离较大。前三位为有效数字，第四位为乘方数，第五位为偏差，色标对应关系如图 2.3 所示。

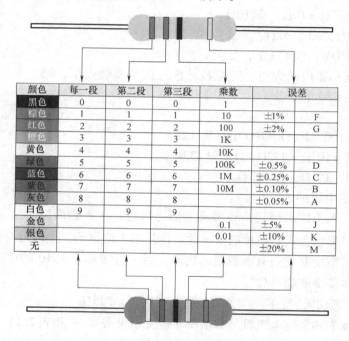

颜色	每一段	第二段	第三段	乘数	误差	
黑色	0	0	0	1		
棕色	1	1	1	10	±1%	F
红色	2	2	2	100	±2%	G
橙色	3	3	3	1K		
黄色	4	4	4	10K		
绿色	5	5	5	100K	±0.5%	D
蓝色	6	6	6	1M	±0.25%	C
紫色	7	7	7	10M	±0.10%	B
灰色	8	8	8		±0.05%	A
白色	9	9	9			
金色				0.1	±5%	J
银色				0.01	±10%	K
无					±20%	M

图 2.3　色标法数值读取方法

例 1. 三环电阻为绿棕橙。第一、二环为绿棕，即 51，第三环为橙，即量级为 $10 \times 10 \times 10$，故 $51 \times 10 \times 10 \times 10 = 51\mathrm{k}\Omega$，容差为 $\pm 20\%$。在一堆电阻内寻找此阻值的电阻时，先盯往第三环为橙色，即为 $10\mathrm{k}\Omega$ 量级，再看第一、二环为绿棕色，即可找到 $51\mathrm{k}\Omega$ 的电阻。

例 2. 三环电阻为红红绿。即 $2.2\mathrm{M}\Omega$，容差 $\pm 20\%$。兆欧级电阻的第三环为绿色，更大一个量级的电阻，例如 $10\mathrm{M}\Omega$ 为棕黑蓝，第三环为蓝色，已很少用。

例 3. 三环电阻为黄紫棕。即 470Ω，容差为 $\pm 20\%$。

例 4. 三环电阻为橙橙黑。即 33Ω，容差为 $\pm 20\%$。注意第三环为黑，倍率为 1，故 $33 \times 1 = 33\Omega$。

例 5. 四环电阻为蓝灰黄银。即 $680\mathrm{k}\Omega$，容差为 $\pm 10\%$。

例 6. 四环电阻为棕红红金。即 $1.2\mathrm{k}\Omega$，容差为 $\pm 5\%$。

例 7. 五环电阻为红黄白银棕。注意五环电阻的前三位代表数值，第四环才是倍率乘数，银代表的倍率为 1/100。第五环是容差，棕为 1%。故为 249 × 1/100 = 2.49Ω，容差为 ±1%。

（2）贴片（SMD）电阻

外观及阻值的标识：片式电阻器一般为表面黑色，底面及两边为白色，一般在外表面标出阻值大小；一般有两种形式：三号码 DDM ±5%；四号码 DDDM ±1%。

1）三号码 DDM：误差 5%，如图 2.4 所示。

用三位数字表示阻值的大小；三位数的前两位是有效数字，第三位是有效数字后面 0 的个数。

范例：

① 223 = 22000Ω，即 22kΩ。

② 100 = 10 ×10⁰Ω = 10Ω，即 10Ω。

③ 562 = 5600Ω，即 5.6kΩ。

2）四号码 DDDM：误差 1%，如图 2.5 所示。

图 2.4　三号码 DDM

用四位数字表示阻值的大小；三位数的前三位是有效数字，第四位是有效数字后面 0 的个数。

范例：

① 1001 表示 100 × 10¹Ω = 1000Ω，即 1kΩ。

② 1333 = 133 × 10³Ω = 133000Ω，即 133kΩ。

③ 5230 = 523 × 10⁰Ω，即 523Ω。

（3）SMT 精密电阻的表示法

图 2.5　四号码 DDDM

高精密电阻，黑色片式封装，底面及两边为白色，在上表面标出代码；用数字字母组合代码贴片电阻。通常也是用 3 位标示。代码由两位数字一位字母组成：DDM，前两位数字是代表有效数值的代码，后一位字母表示 10 的倍幂，是有效数值后应乘的数；基本单位是欧姆（Ω）。

例如：88A　查代码表：88　　806，A　　10⁰，=806Ω

精密电阻查询表和精密电阻符号和倍率对应关系见表 2.10 和表 2.11。

表 2.10　精密电阻查询表

代码	数值	代码	数值	代码	数值	代码	数值	代码	数值	代码	数值	代码	数值	代码	数值
01	100	13	133	25	178	37	237	49	316	61	422	73	562	85	750
02	102	14	137	26	182	38	243	50	324	62	432	74	576	86	768
03	105	15	140	27	187	39	249	51	332	63	442	75	590	87	787
04	107	16	143	28	191	40	255	52	340	64	453	76	604	88	806
05	110	17	147	29	196	41	261	53	348	65	464	77	619	89	825
06	113	18	150	30	200	42	267	54	357	66	475	78	634	90	845
07	115	19	154	31	205	43	274	55	365	67	487	79	649	91	866
08	118	20	158	32	210	44	280	56	374	68	499	80	665	92	887
09	121	21	162	33	215	45	287	57	383	69	511	81	681	93	909
10	124	22	165	34	221	46	294	58	392	70	523	82	698	94	931
11	127	23	169	35	226	47	301	59	402	71	536	83	715	95	953
12	130	24	174	36	232	48	309	60	412	72	549	84	732	96	976

注：当阻值小于 10Ω 时用 R 代替小数点表示，如：6R8 表示 6.8Ω；5R6 表示 5.6Ω；R62 表示 0.62Ω。

SMT 电阻的尺寸表示：用长和宽表示（如 0201，0603，0805，1206 等，具体如 0201 表示长为 0.02in，宽为 0.01in）。

表 2.11　精密电阻符号和倍率对应关系

符号	A	B	C	D	E	F	G	H	X	Y	Z
倍率	10^0	10^1	10^2	10^3	10^4	10^5	10^6	10^7	10^{-1}	10^{-2}	10^{-3}

2.1.3　电位器的主要技术指标

1. 额定功率

电位器的两个固定端上允许耗散的最大功率为电位器的额定功率。使用中应注意额定功率不等于中心抽头与固定端的功率。

2. 标称阻值

标在产品上的名义阻值，其系列与电阻的系列类似。

3. 允许误差等级

实测阻值与标称阻值误差范围根据不同精度等级可允许±20%、±10%、±5%、±2%、±1% 的误差。精密电位器的精度可达 ± 0.1%。

4. 阻值变化规律

阻值变化规律是指阻值随滑动片触点旋转角度（或滑动行程）之间的变化关系，这种变化关系可以是任何函数形式，常用的有直线式、对数式和反转对数式（指数式）。

在使用中，直线式电位器适合于作分压器；反转对数式（指数式）电位器适合于作收音机、录音机、电唱机、电视机中的音量控制器。维修时若找不到同类产品，可用直线式代替，但不宜用对数式代替。对数式电位器只适合于作音调控制等。

5. 电位器的一般标志方法

电位器标志方法如图 2.6 所示。

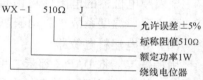

图 2.6　电位器的一般标志方法

2.1.4　常用电位器和电阻器

1. 常用电位器

各种常用电位器如图 2.7 所示。

（1）合成碳膜电位器

电阻体是用经过研磨的碳黑、石墨、石英等材料涂敷于基体表面而成的，该工艺简单，是目前应用最广泛的电位器。特点是分辨力高，耐磨性好，寿命较长。缺点是电流噪声、非线性大，耐潮性以及阻值稳定性差。

（2）有机实心电位器

有机实心电位器是一种新型电位器，它是用加热塑压的方法，将有机电阻粉压在绝缘体的凹槽内。有机实心电位器与碳膜电位器相比具有耐热性好、功率大、可靠性高、耐磨性好的优点。但温度系数大、动噪声大、耐潮性能差、制造工艺复杂、阻值精度较差。在小型化、高可靠、高耐磨性的电子设备以及交、直流电路中用作调节电压、电流。

（3）金属玻璃釉电位器

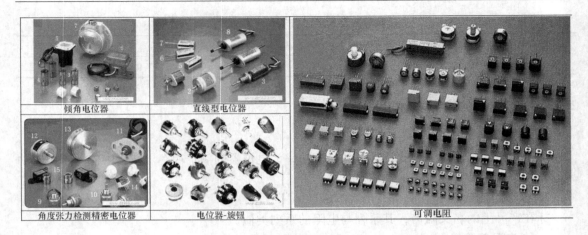

图 2.7　各种常用电位器

用丝网印刷法按照一定图形，将金属玻璃釉电阻浆料涂覆在陶瓷基体上，经高温烧结而成。特点是阻值范围宽，耐热性好，过载能力强，耐潮、耐磨等都很好，是很有前途的电位器品种，缺点是接触电阻和电流噪声大。

（4）线绕电位器

线绕电位器是将康铜丝或镍铬合金丝作为电阻体，并把它绕在绝缘骨架上制成。线绕电位器特点是接触电阻小，精度高，温度系数小；其缺点是分辨力差，阻值偏低，高频特性差。它主要用作分压器、变阻器、仪器中调零和工作点等。

（5）金属膜电位器

金属膜电位器的电阻体可由合金膜、金属氧化膜、金属箔等分别组成。特点是分辨力高、耐高温、温度系数小、动噪声小、平滑性好。

（6）导电塑料电位器

用特殊工艺将 DAP（邻苯二甲酸二烯丙酯）电阻浆料覆在绝缘机体上，加热聚合成电阻膜，或将 DAP 电阻粉热塑压在绝缘基体的凹槽内形成的实心体作为电阻体。特点是平滑性好、分辨力优异、耐磨性好、寿命长、动噪声小、可靠性极高、耐化学腐蚀。它用于宇宙装置、导弹、飞机雷达天线的伺服系统等。

（7）带开关的电位器

有旋转式开关电位器、推拉式开关电位器、推推开关式电位器。

（8）预调式电位器

预调式电位器在电路中，一旦调试好，用蜡封住调节位置，在一般情况下可不再调节。

（9）直滑式电位器

采用直滑方式改变电阻值。

（10）双联电位器

有异轴双联电位器和同轴双联电位器。

（11）无触点电位器

无触点电位器消除了机械接触，寿命长、可靠性高，分为光电式电位器、磁敏式电位器等。

2. 常用电阻器

各种常用电阻器如图 2.8 所示。

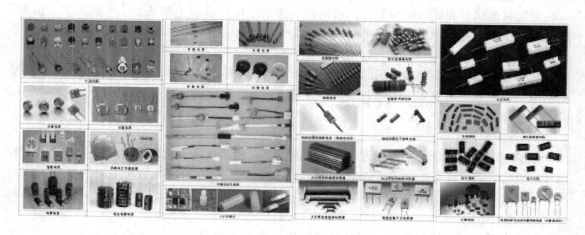

图 2.8　各种常用电阻器

（1）实心碳质电阻器

用碳质颗粒将导电物质、填料和粘合剂混合制成一个实体的电阻器。特点：价格低廉，但其阻值误差、噪声电压都大，稳定性差，目前较少使用。

（2）薄膜电阻器

用蒸发的方法将一定电阻率的材料蒸镀于绝缘材料表面制成。主要如下：

1）碳膜电阻器。

它是将结晶碳沉积在陶瓷棒骨架上制成。碳膜电阻器成本低、性能稳定、阻值范围宽、温度系数和电压系数低，是目前应用最广泛的电阻器，如图 2.9a 所示。

2）金属膜电阻器。

它用真空蒸发的方法将合金材料蒸镀于陶瓷棒骨架表面制成。金属膜电阻比碳膜电阻的精度高，稳定性好，噪声、温度系数小。它在仪器仪表及通信设备中被大量采用，如图 2.9b 所示。

3）金属氧化膜电阻器。

它是在绝缘棒上沉积一层金属氧化物制成。由于它本身即是氧化物，所以高温下稳定，耐热冲击，负载能力强，如图 2.9c 所示。

a) 碳膜电阻器　　　　　　b) 金属膜电阻器　　　　　c) 金属氧化膜电阻器

图 2.9　薄膜电阻器

4）合成膜电阻。

它是将导电合成物悬浮液涂敷在基体上而得的，因此也叫做漆膜电阻。由于其导电层呈现颗粒状结构，所以其噪声大、精度低，主要用于制造高压、高阻、小型电阻器。

（3）金属玻璃釉电阻器

它是将金属粉和玻璃釉粉混合，采用丝网印刷法印在基板上制成的。它耐潮湿、高温，温度系数小，主要应用于厚膜电路。

（4）贴片电阻 SMT

片状电阻是金属玻璃釉电阻的一种形式，它的电阻体是高可靠的钌系列玻璃釉材料经过高温烧结而成的，电极采用银钯合金浆料。它体积小，精度高，稳定性好，由于其为片状元件，所以高频性能好。

（5）敏感电阻

敏感电阻是指元件特性对温度、电压、湿度、光照、气体、磁场和压力等作用敏感的电阻器。敏感电阻的符号是在普通电阻的符号中加一斜线，并在旁标注敏感电阻的类型，如 t、v 等。

1）压敏电阻。

压敏电阻是对电压变化很敏感的非线性电阻器，主要有碳化硅和氧化锌压敏电阻，氧化锌具有更多的优良特性。当电阻器上的电压在标称值内时，电阻器上的阻值呈无穷大状态，当电压略高于标称电压时，其阻值很快下降，使电阻器处于导通状态，当电压减小到标称电压以下时，其阻值又开始增加。压敏电阻及其图形符号如图 2.10 所示。

图 2.10　压敏电阻及图形符号

压敏电阻可分为无极性（对称型）和有极性（非对称型）压敏电阻，选用时，压敏电阻器的标称电压值应是加在压敏电阻器两端电压的 2～2.5 倍，另需注意压敏电阻的温度系数。

压敏电阻在电路中用字母"RV"或"R"表示，根据标准 SJ 1152—1982《敏感元件型号命名方法》的规定，压敏电阻的型号及命名也由四部分组成：第一部分：主称（用字母表示）；第二部分：类别（用字母表示）；第三部分：用途或特征（用字母表示）；第四部分：序号（用数字表示）。

2）湿敏电阻。

湿敏电阻由感湿层、电极、绝缘体组成，湿敏电阻主要包括氯化锂湿敏电阻、碳湿敏电阻、氧化物湿敏电阻。氯化锂湿敏电阻随湿度上升而电阻减小，缺点为测试范围小，特性重复性不好，受温度影响大。碳湿敏电阻缺点为低温灵敏度低，阻值受温度影响

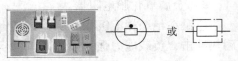

图 2.11　湿敏电阻及其图形符号

大，由老化特性，较少使用。氧化物湿敏电阻性能较优越，可长期使用，温度影响小，阻值与湿度变化呈线性关系，有氧化锡、镍铁酸盐等材料。湿敏电阻及其图形符号如图 2.11 所示。

湿敏电阻是对湿度变化非常敏感的电阻器，能在各种湿度环境中使用，它是将湿度转换成电信号的换能元件，选用时应根据不同类型型号的不同特点以及湿敏电阻器的精度、湿度系数、响应速度、湿度量程等进行选用。

湿敏电阻在电路中的文字符号用字母"RS"或"R"表示，湿敏电阻的型号及命名分

为三部分：第一部分用字母表示主称；第二部分用字母表示用途或特征；第三部分用数字与字母混合表示序号，以区别电阻的外形和性能参数。

　　注：电阻在低频的时候表现出来的主要特性是电阻特性，但在高频时，不仅表现出电阻特性，还表现出电抗特性的一面，这在无线电方面尤其是射频电路中非常重要。

　　3）光敏电阻。

　　光敏电阻是电导率随着光量力的变化而变化的电子元件，当某种物质受到光照时，载流子的浓度增加从而增加了电导率，这就是光电导效应。

　　光敏电阻是其阻值随着光线的强弱而发生变化的电阻器，分为可见光光敏电阻、红外光光敏电阻、紫外光光敏电阻，选用时先确定电路的光谱特性。光敏电阻及其图形符号如图 2.12 所示。

图 2.12　光敏电阻及其图形符号

　　光敏电阻在电路中用字母"RL""RG"或"R"表示，光敏电阻的型号及命名分为三部分：第一部分用字母表示主称；第二部分用数字表示用途或特征；第三部分用数字表示序号，以区别该电阻的外形尺寸及性能指标。

　　4）气敏电阻。

　　气敏电阻是利用某些半导体吸收某种气体后发生氧化还原反应制成的，主要成分是金属氧化物，主要品种有：金属氧化物气敏电阻、复合氧化物气敏电阻、陶瓷气敏电阻等。气敏电阻及其图形符号如图 2.13 所示。

　　气敏电阻在电路中常用字母"RQ"或"R"表示。

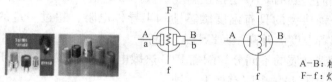

A–B：检测极
F–f：灯丝（加热极）

图 2.13　气敏电阻及其图形符号

　　5）力敏电阻。

　　力敏电阻是一种阻值随压力变化而变化的电阻，国外称为压电电阻器。所谓压力电阻效应即半导体材料的电阻率随机械应力的变化而变化的效应。它可制成各种力矩计、半导体传声器、压力传感器等。主要品种有硅力敏电阻器，硒碲合金力敏电阻器，相对而言，合金电阻器具有更高灵敏度。力敏电阻及其图形符号如图 2.14 所示。

　　力敏电阻在电路中常用符号"RL"或"R"表示。

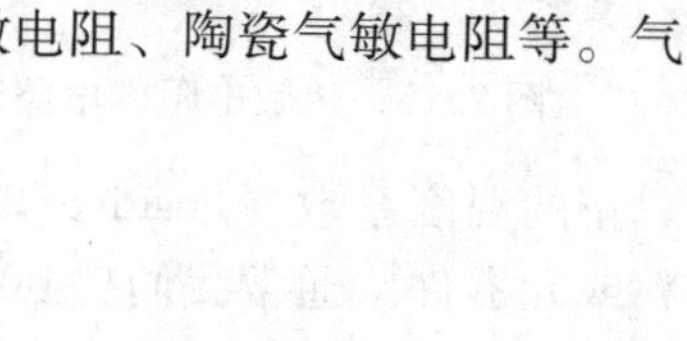

　　6）热敏电阻。

　　它是一种对温度极为敏感的电阻器，其电阻值会随着热敏电阻本体温度的变化呈现出阶跃性的变化，具有半导体特性，选用时不仅要注意其额定功率、最大工作电压、标称阻值，更要注意最高工作温度和电阻温度系数等参数，并注意阻值变化方向。各种热敏电阻及热敏电阻传感器如图 2.15

图 2.14　力敏电阻及其图形符号

所示。

　　热敏电阻在电路中用字母符号"RT"或"R"表示，热敏电阻按照温度系数的不同分为：正温度系数热敏电阻（简称 PTC 热敏电阻）和负温度系数热敏电阻（简称 NTC 热敏电阻），如图 2.16 所示。

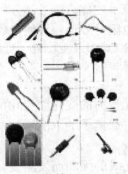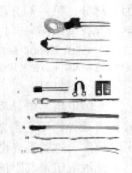

a) 热敏电阻　　　　　b) 各种热敏电阻温度传感器

图 2.15　各种热敏电阻及热敏电阻传感器

　　热敏电阻的产品型号由下列四部分组成：第一部分：主称（用字母表示）；第二部分：类别（用字母表示）；第三部分：用途或特征（用数字表示）；第四部分：序号（用数字表示）。

　　① 正温度系数热敏电阻（PTC 热敏电阻）如图 2.17 所示。

a) 正温度系数热敏电阻　　　　b) 负温度系数热敏电阻

图 2.16　热敏电阻的电路图形符号

图 2.17　正温度系数热敏电阻（PTC 热敏电阻）

　　正的温度系数（Positive Temperature Coefficient，PTC），泛指正温度系数很大的半导体材料或元器件。通常我们提到的 PTC 是指正温度系数热敏电阻，简称 PTC 热敏电阻。

　　PTC 热敏电阻是一种典型的具有温度敏感性的半导体电阻，超过一定的温度（居里温度）时，它的电阻值随着温度的升高呈阶跃性的增高。

　　PTC 热敏电阻根据其材质的不同分为陶瓷 PTC 热敏电阻和有机高分子 PTC 热敏电阻。

　　目前大量被使用的 PTC 热敏电阻有如下六种：

　　①恒温加热用 PTC 热敏电阻；②过电流保护用 PTC 热敏电阻；③空气加热用 PTC 热敏电阻；④延时启动用 PTC 热敏电阻；⑤传感器用 PTC 热敏电阻；⑥自动消磁用 PTC 热敏电阻。

　　一般情况下，有机高分子 PTC 热敏电阻适合过电流保护用，陶瓷 PTC 热敏电阻可适用于以上所列各种用途。

　　② 负温度系数热敏电阻（NTC 热敏电阻）如图 2.18 所示。

图 2.18　负温度系数热敏电阻
（简称 NTC 热敏电阻）

　　负的温度系数（Negative Temperature Coefficient，NTC）泛指负温度系数很大的半导体材料或元器件。通常我们提到的 NTC 是指负温度系数热敏电阻，简称 NTC 热敏电阻。

　　NTC 热敏电阻是一种典型的具有温度敏感性的半导体电阻，它的电阻值随着温度的升高呈阶跃性的减小。

　　NTC 热敏电阻是以锰、钴、镍和铜等金属氧化物为主要材料，采用陶瓷工艺制造而成的。这些金属氧化物材料都具有半导体性质，因为在导电方式上完全类似锗、硅等半导体材料。温度低时，这些氧化物材料的载流子（电子和空穴）数目少，所以其电阻值较高；随着温度的升高，载流子数目增加，所以电阻值降低。

7）保险电阻。

保险电阻在正常情况下具有普通电阻的功能，一旦电路出现故障，超过其额定功率时，它会在规定时间内断开电路，从而达到保护其他元器件的作用。保险电阻分为不可修复型和可修复型两种。

保险电阻在电路中的文字符号用字母"RF"或"R"表示。它的形状如同贴片电阻，有的像圆柱形电阻，主板中常见的是贴片保险电阻，接口电路中用的最多。一般都是用在供电电路中，此电阻的特性是阻值小，只有几欧姆，超过额定电流时就会烧坏，在电路中起到保护作用。保险电阻及其图形符号如图 2.19 所示。

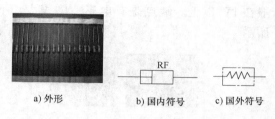

a) 外形　　　b) 国内符号　　c) 国外符号

图 2.19　保险电阻及其图形符号

① 保险电阻的功能。

在电路图中起着熔丝和电阻的双重作用，主要应用在电源电路输出和二次电源的输出电路中。它们一般以低阻值（几欧姆至几十欧姆）、小功率（1/8～1W）为多，其功能就是在过电流时及时熔断，保护电路中的其他元器件免遭损坏。

在电路负载发生短路故障，出现过电流时，保险电阻的温度在很短的时间内就会升高到 500～600℃，这时电阻层便受热剥落而熔断，起到保险的作用，达到提高整机安全性的目的。

② 保险电阻的判别方法。

尽管保险电阻在电源电路中应用比较广泛，但各国家和厂家在电路图中的标注方法却各不相同。虽然标注符号目前尚未统一，但它们却有如下共同特点：

a. 它们与一般电阻的标注明显不同，这在电路图中很容易判断。

b. 它一般应用于电源电路的电流容量较大或二次电源产生的低压或高压电路中。

c. 保险电阻上面只有一个色环。色环的颜色表示阻值。

d. 在电路中保险电阻是长脚焊接在电路板上（一般电阻紧贴电路板焊接），与电路板距离较远，以便于散热和区分。

③ 保险电阻规格标准。

a. RN1/4W，10Ω 保险电阻，色环为黑色，功率为 1/4W；当 8.5V 直流电压加在保险电阻两端时，60s 以内电阻增大为初始值的 50 倍以上。

b. RN1/4W，2.2Ω 保险电阻，色环为红色，功率为 1/4W；当 3.5A 电流通过时，2s 之内电阻增大为初始值的 50 倍以上。

c. RN1/4W，1Ω 保险电阻，色环为白色，功率为 1/4W；当 2.8A 交流电流通过时，10s 内电阻增大为初始值的 400 倍以上。

（6）线绕电阻器

用高阻合金线绕在绝缘骨架上制成，外面涂有耐热的釉绝缘层或绝缘漆。线绕电阻具有较低的温度系数，阻值精度高，稳定性好，耐热耐腐蚀，主要作精密大功率电阻使用，在大功率电路中用作降压或负载等。缺点是高频性能差，时间常数大，体积大、阻值较低，大多在100kΩ以下。线绕电阻器如图2.20所示。

（7）水泥电阻

水泥电阻采用工业高频电子陶瓷外壳，用特殊不燃性耐热水泥充填密封而成。它具有耐高功率、散热容易、稳定性高等特点，并具有优良的绝缘性能，其绝缘电阻可达100MΩ，同时具有优良的阻燃、防爆性。它广泛应用于计算机、电视机、仪器、仪表和音响之中。在负载短路的情况下，它可迅速在电阻丝同焊脚引线之间熔断，对电路有保护功能。额定功率一般在1W以上。缺点是有电感、体积大，不宜作阻值较大的电阻。水泥电阻器如图2.21所示。

图2.20　线绕电阻器　　　　　　　　图2.21　水泥电阻器

（8）排阻

排阻又分并阻和串阻。实物图如图2.22a所示。并阻（RP）计算方法如471表示470Ω，其内部结构如图2.22b所示，所以说如果一个排阻是由 n 个电阻构成的，那么它就有 $n+1$ 只引脚，一般来说，最左边的那个是公共引脚。它在排阻上一般用一个带颜色点标出来。串阻（RN）与并阻的区别是串阻的各个电阻彼此分离，串阻内部结构如图2.22c所示。

 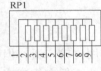 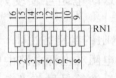

a）排阻实物图　　　b）并阻内部结构图　　　c）串阻内部结构图

图2.22　排阻的实物图与内部结构图 M

（9）贴片电阻（SMD电阻）

贴片电阻如图2.23所示。

1）电阻值：表示电阻的大小，例如47Ω，220kΩ，4.7MΩ。

2）误差：表示电阻误差范围，例如±1%，±5%，±20%。

3）工作电压：表示这个元件的额定工件电压。例如：16V，25V，35V，50V，100V。

4）封装：表示电阻的形状体积的代号，例如：1206，0805，0603，0402，0201。其中，0603表示长、宽分别是60mil、30mil（1.6mm×0.8mm）。mil是英制长度单位（1mil＝0.0254mm）。

5）最高工作温度范围：最高工作温度125℃。

图2.23　贴片电阻

2.1.5　普通电阻器的选用常识

1）正确选有电阻器的阻值和误差。

阻值选用：原则是所用电阻器的标称阻值与所需电阻器阻值差值越小越好。

误差选用：时间常数 RC 电路所需电阻器的误差尽量小，一般可选 5% 以内，对退耦电路，反馈电路、滤波电路、负载电路对误差要求不太高，可选 10% ~ 20% 的电阻器。

2）注意电阻器的极限参数。

额定电压：当实际电压超过额定电压时，即便满足功率要求，电阻器也会被击穿损坏。

额定功率：所选电阻器的额定功率应大于实际承受功率的两倍以上才能保证电阻器在电路中长期工作的可靠性。

3）要首选通用型电阻器。

通用型电阻器种类较多、规格齐全、生产批量大，且阻值范围、外观形状、体积大小都有挑选的余地，便于采购、维修。

4）根据电路特点选用。

高频电路：分布参数越小越好，应选用金属膜电阻、金属氧化膜电阻等高频电阻。

低频电路：线绕电阻、碳膜电阻都适用。

功率放大电路、偏置电路、取样电路：电路对稳定性要求比较高，应选温度系数小的电阻器。

退耦电路、滤波电路：对阻值变化没有严格要求，任何类型电阻器都适用。

5）根据电路板大小选用电阻。

2.1.6　电阻器的检测

对电阻的检测，主要是检测其阻值及其好坏。用万用表的电阻档测量电阻的阻值，将测量值和标称值进行比较，从而判断电阻是否出现短路、断路、老化（实际阻值与标称阻值相差较大的情况）及调节障碍（针对电位器或微调电阻）等故障现象，是否能够正常工作。

电阻的检测方法如下：

1）用指针万用表判定电阻的好坏：首先选择测量档位，再将倍率档旋钮置于适当的档位，一般 100Ω 以下电阻器可选 $R \times 1$ 档，100Ω ~ $1\text{k}\Omega$ 的电阻器可选 $R \times 10$ 档，1 ~ $10\text{k}\Omega$ 电阻器可选 $R \times 100$ 档，10 ~ $100\text{k}\Omega$ 的电阻器可选 $R \times 1\text{k}$ 档，$100\text{k}\Omega$ 以上的电阻器可选 $R \times 10\text{k}$ 档。

2）测量档位选择确定后，对万用表电阻档进行校零，校零的方法是：将万用表两表笔金属棒短接，观察指针有无到 0 的位置，如果不在 0 位置，调整调零旋钮表针指向电阻刻度的 0 位置。

3）接着将万用表的两表笔分别和电阻器的两端相接，表针应指在相应的阻值刻度上，如果表针不动和指示不稳定或指示值与电阻器上的标示值相差很大，则说明该电阻器已损坏。

4）用数字万用表判定电阻的好坏：首先将万用表的档位旋钮调到电阻档的适当档位，一般 200Ω 以下电阻器可选 200Ω 档，200Ω ~ $2\text{k}\Omega$ 电阻器可选 $2\text{k}\Omega$ 档，2 ~ $20\text{k}\Omega$ 可选 $20\text{k}\Omega$ 档，20 ~ $200\text{k}\Omega$ 的电阻器可选 $200\text{k}\Omega$ 档，$200\text{k}\Omega$ ~ $200\text{M}\Omega$ 的电阻器选择 $2\text{M}\Omega$ 档，2 ~ $20\text{M}\Omega$

的电阻器选择 20MΩ 档，20MΩ 以上的电阻器选择 200MΩ 档。

2.2 电容器

由绝缘材料（介质）隔开的两个导体即构成一个电容。电容是电子设备中大量使用的电子元件之一，广泛应用于隔直、耦合、旁路、滤波、调谐回路、能量转换和控制电路等方面。电容用 C 表示，其容量单位为 F（法拉）、μF（微法）、nF（纳法）、pF（皮法）。相互之间的换算关系如下：

$$1F = 10^6 \mu F = 10^{12} pF; \quad 1\mu F = 10^3 nF = 10^6 pF; \quad 1nF = 10^3 pF。$$

2.2.1 电容器的型号及命名方法

国产电容器的型号一般由四部分组成（不适用于压敏、可变、真空电容器），依次分别代表主称，材料，特征、分类和序号。其中各部分所代表的确切含义见表 2.12。

表 2.12 电容器型号及命名法

第一部分： 主称		第二部分： 材料		第三部分： 特征、分类						第四部分： 序号
符号	意义	符号	意义	符号	意义					
					瓷介	云母	玻璃	电解	其他	
C	电容器	C	瓷介	1	圆片	非密封	—	箔式	非密封	对主称、材料相同，仅尺寸、性能指标略有不同，但基本不影响使用的产品，给予同一序号；若尺寸性能指标的差别明显；影响互换使用，则在序号后面用大写字母作为区别代号
		Y	云母	2	管形	非密封	—	箔式	非密封	
		I	玻璃釉	3	叠片	密封	—	烧结粉固体	密封	
		O	玻璃膜	4	独石	密封	—	烧结粉固体	密封	
		Z	纸介	5	穿心	—	—	—	穿心	
		J	金属化纸	6	支柱	—	—	—	—	
		B	聚苯乙烯	7	—	—	—	无极性	—	
		L	涤纶	8	高压	高压	—	—	高压	
		Q	漆膜	9	特殊	—	—	特殊	特殊	
		S	聚碳酸酯	J	金属膜					
		H	复合介质	W	微调					
		D	铝							
		A	钽							
		N	铌							
		G	合金							
		T	钛							
		E	其他							

第一部分：名称，用字母表示，电容器用 C。

第二部分：材料，用字母表示。

第三部分：特征、分类，一般用数字表示，个别用字母表示。

第四部分：序号，用数字表示。

示例：

1）铝电解电容器标志方法，如图 2.24 所示。

图 2.24 铝电解电容器标志方法

2）圆片形瓷介电容器标志方法，如图 2.25 所示。

图 2.25 圆片形瓷介电容器标志方法

3）纸介金属膜电容器标志方法，如图 2.26 所示。

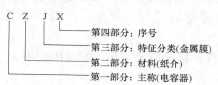

图 2.26 纸介金属膜电容器标志方法

2.2.2 电容器的主要性能参数

（1）额定工作电压与击穿电压

当电容两极板之间所加的电压达到某一数值时，电容就会被击穿，该电压叫做电容的击穿电压。

电容的额定工作电压又称电容的耐压，它是指电容器在最低环境温度和额定环境温度下长期安全工作所允许施加的最大直流电压，其值通常为击穿电压的一半。一般直接标注在电容器外壳上，如果工作电压超过电容器的耐压，电容器就会击穿，造成不可修复的永久性损坏。

常用固定式电容的直流工作电压系列为：6.3V，10V，16V，25V，40V，63V，100V，160V，250V，400V。

（2）电容器容许误差等级

电容器实际电容量与标称电容量的偏差称为电容量的允许误差，允许的误差范围称为精度。

电容器的精度等级见表 2.13。

表 2.13　电容器的精度等级

级别	00（01）	0（02）	I	II	III	IV	V	VI
容许误差	±1%	±2%	±5%	±10%	±20%	+20% -10%	+50% -20%	+100% -30%

一般电容器常用 I 、 II 、 III 级，电解电容器用 IV 、 V 、 VI 级，根据用途选取。

（3）标称电容量

电容器的标称电容量是指在电容上所标注的容量，固定式电容器的标称容量系列和容许误差见表 2.14。

表 2.14　固定式电容器的标称容量系列和容许误差

系列代号	E24	E12	E6
容许误差	±5%（I）或（J）	±10%（II）或（K）	±20%（III）或（M）
标称容量对应值	10，11，12，13，15，16，18，20，22，24，27，30，33，36，39，43，47，51，56，62，68，75，82，90	10，12，15，18，22，27，33，39，47，56，68，82	10，15，22，23，47，68

注：标称电容量为表中数值或表中数值再乘以 10^n ，其中 n 为正整数或负整数；电容量的单位为 pF。

（4）绝缘电阻（漏电阻）

直流电压加在电容上，并产生漏电流，两者之比称为绝缘电阻，是电容两极之间的电阻。理想情况下，电容的绝缘电阻应为无穷大，在实际情况下，电容的绝缘电阻一般在 $10^8 \sim 10^{10}\,\Omega$ 之间。

电容的绝缘电阻越大越好。绝缘电阻变小，则漏电流增大，损耗也增大，严重时会影响电路的正常工作。

当电容较小时，绝缘电阻的大小主要取决于电容的表面状态，容量大于 $0.1\,\mu F$ 时，主要取决于介质的性能，绝缘电阻越小越好。

电容的时间常数：为恰当地评价大容量电容的绝缘情况而引入了时间常数，它等于电容的绝缘电阻与容量的乘积。

（5）损耗

电容在电场作用下，在单位时间内因发热所消耗的能量叫做损耗。各类电容都规定了其在某频率范围内的损耗允许值，电容的损耗主要是由介质损耗、电导损耗和电容所有金属部分的电阻所引起的。

在直流电场的作用下，电容器的损耗以漏导损耗的形式存在，一般较小，在交变电场的作用下，电容的损耗不仅与漏导有关，而且与周期性的极化建立过程有关。

（6）频率特性

随着频率的上升，一般电容器的电容量呈现下降的规律。

2.2.3　电容器的标志方法

1. 直标法

用阿拉伯数字和文字符号在电容器上直接标出主要参数（标称容量、额定电压、允许偏差等）的标示方法。若电容器上未标注偏差，则默认为 ±20% 的误差。

例如：$0.01\mu F$ 表示 $0.01\mu F$，4n7 表示 4.7nF 或 4700pF，0.22 表示 $0.22\mu F$，51 表示51pF。

有些电容用"R"表示小数点，如 R56 表示 $0.56\mu F$。

有时用大于 1 的两位以上的数字表示单位为 pF 的电容，例如 101 表示 100pF；用小于 1 的数字表示单位为 μF 的电容，例如 0.1 表示 $0.1\mu F$。

2. 文字符号法

用阿拉伯数字和文字符号或两者有规律的组合，在电容器上标出其主要参数的标示方法。

该方法用 n 表示 nF、P 表示 PF、μ 或 R 表示 μF，容量的整数部分写在电容单位的前面，小数部分写在电容单位的后面；凡为整数、又无单位标注的电容，其单位默认为 pF，凡用小数、又无单位标注的电容，其单位默认为 μF，例如：$3.3\mu F$ 的文字符号表示为 $3\mu3$ 或表示为 3.3。

3. 数码表示法

一般用三位数码表示电容容量的方法。数码按从左到右的顺序，第一、二位为有效数，第三位为位率，即乘以 10^i，i 为第三位数字，若第三位数码是"9"，则表示 10^{-1}，而不是 10^9，单位是 pF。偏差用文字符号表示（与电阻偏差的表示相同）。

如 223J 代表 $22 \times 10^3 pF = 22000pF = 0.22\mu F$，允许误差为±5%；又如 479K 代表 $47 \times 10^{-1} pF$，允许误差为±5% 的电容。这种表示方法最为常见。

4. 色码表示法

用不同颜色的色环或色点表示电容器主要参数的标志方法。这种方法在小型电容器上用得比较多。

这种表示法与电阻器的色环表示法类似，颜色涂于电容器的一端或从顶端向引线排列。色码一般只有三种颜色，前两环为有效数字，第三环为位率，单位为 pF。有时色环较宽，如红红橙，两个红色环涂成一个宽的，表示 22000pF。

注意：电容器读色码的顺序规定为，从元件的顶部向引脚方向读；即顶部为第一环，靠引脚的是最后一环。色环颜色的规定与电阻器色标法相同。

2.2.4 电容器的分类

1）按照结构分三大类：固定电容器、可变电容器和微调电容器。

2）按电解质分类有：有机介质电容器、无机介质电容器、电解电容器和空气介质电容器等。

3）按用途分有：高频旁路、低频旁路、滤波、调谐、高频耦合、低频耦合、小型电容。

① 高频旁路：陶瓷电容器、云母电容器、玻璃膜电容器、涤纶电容器、玻璃釉电容器。

② 低频旁路：纸介电容器、陶瓷电容器、铝电解电容器、涤纶电容器。

③ 滤波：铝电解电容器、纸介电容器、复合纸介电容器、液体钽电容器。

④ 调谐：陶瓷电容器、云母电容器、玻璃膜电容器、聚苯乙烯电容器。

⑤ 高频耦合：陶瓷电容器、云母电容器、聚苯乙烯电容器。

⑥ 低频耦合：纸介电容器、陶瓷电容器、铝电解电容器、涤纶电容器、固体钽电容器。

⑦ 小型电容：金属化纸介电容器、陶瓷电容器、铝电解电容器、聚苯乙烯电容器、固体钽电容器、玻璃釉电容器、金属化涤纶电容器、聚丙烯电容器、云母电容器。

电容分类图片如图 2.27 所示。

1—钽电容　2—灯具电容器
3—MKPH电容　4—MET电容
5、10—PEI电容　6—钽贴片电容
7—MPE电容　8—贴片电容
11—轴向电解电容　12—MPP电容

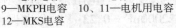

1—PPN电容　2—PET电容
3—MEA电容　4—MPB 电容
5—PPT 电容　6—MPT电容
7—电解电容　8—MET电容
9—MKPH电容　10、11—电机用电容
12—MKS电容

1—MKS电容　2—瓷片电容
3、4—MKP电容　5—贴片电解电容
6—史普瑞电容　7—电机用电容
8—MKT电容　9—陶瓷电容

1—MKS电容　3、8—云母电容
4—MPP电容　5—MKP电容
9—MEP电容　10—MPP电容
11—PPN电容　12—PEI电容

1、2、3—陶瓷电容器
4—色环陶瓷电容
5、10、11—电机起动及
运行电容器
12—充放电用电容

1—双联调谐电容　2—微调电容
3—四联调谐电容　4—单联调谐电容

图 2.27　电容分类图片

2.2.5　常用电容器

1. 铝电解电容器

铝电解电容器是用浸有糊状电解质的吸水纸夹在两条铝箔中间卷绕而成，薄的氧化膜作介质的电容器。因为氧化膜有单向导电性质，所以电解电容器具有极性，容量大，能耐受大的脉动电流，容量误差大，泄漏电流大；不适于在高频和低温下应用，不宜使用在 25kHz 以上频率的低频旁路、信号耦合、电源滤波电路中。铝电解电容器如图 2.28 所示。

图 2.28　铝电解电容器

2. 钽电解电容器

钽电解电容器是用烧结的钽块作正极，电解质使用固体二氧化锰，温度特性、频率特性和可靠性均优于普通电解电容器，特别是漏电流极小，储存性良好，寿命长，容量误差小，而且体积小，单位体积下能得到最大的电容电压乘积，对脉动电流的耐受能力差，若损坏易呈短路状态。钽电解电容器如图 2.29 所示。

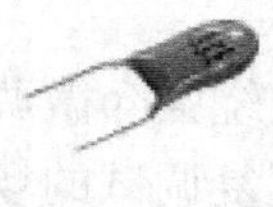

图 2.29 钽电解电容器

3. 薄膜电容器

薄膜电容器的结构与纸质电容器相似，但用聚酯、聚苯乙烯等低损耗塑材作介质，频率特性好，介电损耗小，不能做成大的容量，耐热能力差，适用于滤波器、积分、振荡、定时电路。薄膜电容器如图 2.30 所示。

图 2.30 薄膜电容器

4. 瓷介电容器

瓷介电容器为穿心式或支柱式结构瓷介电容器，它的一个电极就是安装螺钉。引线电感极小，频率特性好，介电损耗小，有温度补偿作用。不能做成大的容量，受振动会引起容量变化，特别适于高频旁路。瓷介电容器如图 2.31 所示。

图 2.31 瓷介电容器

用高介电常数的电容器陶瓷（钛酸钡一氧化钛）挤压成圆管、圆片或圆盘作为介质，并用烧渗法将银镀在陶瓷上作为电极制成。它又分高频瓷介和低频瓷介两种。

高频瓷介电容器适用于高频电路。它是一种具有小的正电容温度系数的电容器，用于高稳定振荡回路中，作为回路电容器及垫整电容器。低频瓷介电容器限于在工作频率较低的回路中作旁路或隔直流用，或对稳定性和损耗要求不高的场合（包括高频在内）。这种电容器不宜使用在脉冲电路中，因为它们易于被脉冲电压击穿。

5. 独石电容器

独石电容器又称多层陶瓷电容器，在若干片陶瓷薄膜环上被覆以电极浆材料，叠合后一次烧结成一块不可分割的整体，外面再用树脂包封而成小体积、大容量、高可靠和耐高温的新型电容器，高介电常数的低频独石电容器也具有稳定的性能，体积极小，Q 值高，容量大，广泛应用于精密仪器中，在各种电子设备中做旁路、滤波器、积分、振荡电路。独石电容器如图 2.32 所示。

图 2.32 独石电容器

6. 纸介电容器

纸介电容器一般是用两条铝箔作为电极，中间以厚度为 $0.008 \sim 0.012\text{mm}$ 的电容器纸隔开重叠卷绕而成。制造工艺简单，价格便宜，能得到较大的电容量。纸介电容器如图 2.33 所示。

图 2.33 纸介电容器

一般在低频电路内，通常不能在高于 $3 \sim 4\text{MHz}$ 的频率上运用。油浸电容器的耐压比普通纸介电容器高，稳定性也好，适用于高压电路。

7. 微调电容器

微调电容器的电容量可在某一小范围内调整，并可在调整后固定于某个电容值。微调电容器如图 2.34 所示。

图 2.34 微调电容器

瓷介微调电容器的 Q 值高，体积也小，通常可分为圆管式及圆片式两种。

　　线绕瓷介微调电容器是拆铜丝（外电极）来变动电容量的，故容量只能变小，不适合在需反复调试的场合使用。

8. 云母电容器

　　云母电容器可分为箔片式及被银式。被银式电极为直接在云母片上用真空蒸发法或烧渗法镀上银层而成，由于消除了空气间隙，温度系数大为下降，电容稳定性也比箔片式高。频率特性好，Q 值高，温度系数小，不能做成大的容量，广泛应用在高频电器中，并可用作标准电容器，云母电容器如图 2.35 所示。

9. 玻璃釉电容器

　　玻璃釉电容器由一种浓度适于喷涂的特殊混合物喷涂成薄膜而成，介质再以银层电极经烧结而成"独石"结构，性能可与云母电容器媲美，能耐受各种气候环境，一般可在 200℃ 或更高温度下工作，额定工作电压可达 500V，损耗 $\tan\delta = 0.0005 \sim 0.008$，玻璃釉电容器如图 2.36 所示。

图 2.35　云母电容器

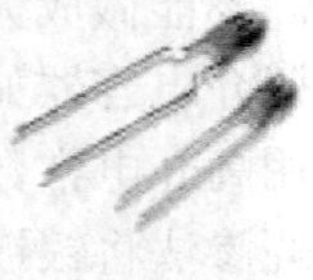

2.2.6　电容器的检测方法

1. 电容的常见故障

　　开路故障：指电容的引脚在内部断开的情况。此时电容的电阻为无穷大。

图 2.36　玻璃釉电容器

　　电容击穿：指电容两极板之间的介质绝缘性被破坏，变为导体的情况。此时电容的电阻变为零。

　　电容漏电故障：电容的绝缘电阻变小、漏电流过大的故障现象。

2. 电容的检测

　　电容器质量检测的一般方法是用万用表电阻档测试电容的充放电现象，两只表笔触及被测电容的两条引线时，电容器将被充电，表针偏转后返回，再将两表笔调换一次测量，表针将再次偏转并返回。用相同的量程测不同的电容器时，表针偏转幅度越大，说明容量越大。测试过程中，万用表指针偏转表示充放电正常，指针能够回到∞，说明电容没有短路，可视为电容器完好。

　　（1）普通电容器的检测

　　普通电容器主要是指以纸、陶瓷、云母、金属膜等为介质的不可变电容器。这些种类的电容器的容量一般都比较小，需要使用万用表的高电阻档观察被测电容器的充放电现象。

　　（2）电解电容器的检测

　　电解电容器一般容量比较大，用万用表电阻档检测，可以清楚地看到指针在充放电过程中的偏转。需要指出的是被测电容在几十微法以上时，如用较高电阻档 $R \times 100$、$R \times 1k$ 测试，表针摆动幅度能达到满刻度，无法比较电容大小，这时可降低电阻档位，用 $R \times 10$ 档。$1000\mu F$ 以上的电容器甚至可用 $R \times 1$ 档来测试，根据电解电容器正接时漏电电流小，反接时漏电电流大的特点，可以判别其极性。当某电容器标注不明时，一般用 $R \times 100$ 或 $R \times 1k$ 档，先测一下该电容器的漏电阻值，再将两表笔对调一下，测出漏电阻值，两次测量中，漏电阻值大的那次黑表笔所接的一端即为电容器的正极。电解电容极性判别如图 2.37 所示。

（3）可变电容器的检测

可变电容器有单联、双联、四联等多种结构，容量从几皮法到几百皮法变化，用万用表测量常常看不出指针偏转，只能判别是否有短路（特别是空气介质可变电容器易碰片）。将两只表笔分别接在可变电容器的动片和静片引出线上，万用表置 $R \times 100$ 或 $R \times 1k$ 档，旋转电容器动片，观察万用表指针，如发现表针有偏转至零的现象，则说明动片与定片之间有碰片处。旋转动片时速度要慢，以免漏过短路点。

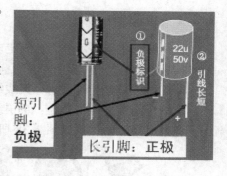

图 2.37　电解电容极性判别

一般采用万用表的最高电阻档检测电容的大小及好坏。

1）脱离线路时检测。

采用万用表 $R \times 1k$ 档，在检测前，先将电解电容的两根引脚相碰，以便放掉电容内残余的电荷。当表笔刚接通时，表针向右偏转一个角度，然后表针缓慢地向左回转，最后表针停下。表针停下来所指示的阻值为该电容的漏电电阻，此阻值越大越好，最好接近无穷大处。如果漏电电阻只有几十千欧，说明这一电解电容漏电严重。表针向右摆动的角度越大（表针还应该向左回摆），说明这一电解电容的电容量也越大，反之说明容量越小。

2）线路上直接检测。

主要是检测电容器是否已开路或已击穿这两种明显故障，而对漏电故障由于受外电路的影响一般是测不准的。用万用表 $R \times 1$ 档，电路断开后，先放掉残存在电容器内的电荷。测量时若表针向右偏转，说明电解电容内部断路。如果表针向右偏转后所指示的阻值很小（接近短路），说明电容器严重漏电或已击穿。如果表针向右偏后无回转，但所指示的阻值不很小，说明电容器开路的可能性很大，应脱开电路后进一步检测。

3）线路上通电状态时的检测，若怀疑电解电容只在通电状态下才存在击穿故障，可以给电路通电，然后用万用表直流档测量该电容器两端的直流电压，如果电压很低或为 0V，则说明该电容器已击穿。对于电解电容的正、负极标志不清楚的，必须先判别出它的正、负极。对换万用表笔测两次，以漏电大（电阻值小）的一次为准，黑表笔所接一脚为负极，另一脚为正极。

注意：

① 只能检测 5000pF 以上容量的电容器。

② 电解电容检测时应注意连接极性。

③ 测量电容时，要避免将人体电阻并在电容的两端，引起测量误差。

2.3　电感器

电感器是由导线一圈一圈地绕在绝缘管上，导线彼此互相绝缘，而绝缘管可以是空心的，也可以包含铁心或磁粉心，简称电感。电感是一种利用自感作用进行能量传输的元件。在电路中具有耦合、滤波、阻流、补偿和调谐等作用。电感用 L 表示，单位有亨利（H）、毫亨利（mH）、微亨利（μH），$1H = 10^3 mH = 10^6 μH$。

2.3.1 电感器的分类

按电感形式分类可分为：固定电感、可变电感。

按导磁体性质分类可分为：空心线圈、铁氧体线圈、铁心线圈、铜心线圈。

按工作性质分类可分为：天线线圈、振荡线圈、扼流线圈、陷波线圈、偏转线圈。

按绕线结构分类可分为：单层线圈、多层线圈、蜂房式线圈。

各种电感器的外形如图 2.38 所示。

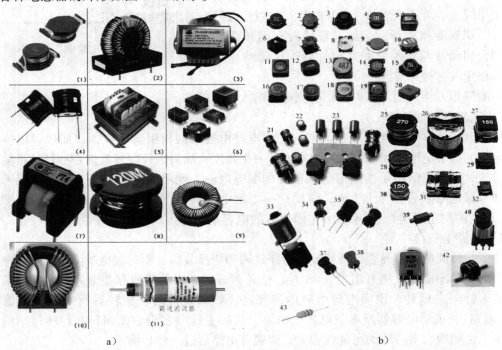

图 2.38　各种电感器的外形

a)	b)
1、4、8—工字形电感器　2、9、10—环形电感	1~20—各种滤波电感　21~39—各种工字形电感
6—贴片电感　3、5、7—小型变压器图片	40—可调电感　41—中周变压器　42—空心电感　43—色环电感

2.3.2　电感线圈的主要特性参数

1. 标称电感量 L

标称电感量 L 表示线圈本身的固有特性，与电流大小无关。除专门的电感线圈（色码电感）外，电感量一般不专门标注在线圈上，而以特定的名称标注。

2. 感抗 X_L

电感线圈对交流电流阻碍作用的大小称感抗 X_L，单位是 Ω。它与电感量 L 和交流电频率 f 的关系为 $X_L = 2\pi f L$。

3. 品质因数 Q

品质因数 Q 是表示线圈质量的一个物理量，储存能量与消耗能量的比值称为品质因数 Q 值；具体表现为线圈的感抗 X_L 与线圈的损耗电阻 R 的比值。Q 为感抗 X_L 与其等效的电阻的比值，即 $Q = X_L/R$。线圈的 Q 值越高，回路的损耗越小。线圈的 Q 值与导线的直流电阻、骨架的介质损耗、屏蔽罩或铁心引起的损耗、高频趋肤效应的影响等因素有关。线圈的 Q 值通常为几十到几百。

4. 分布电容

线圈的匝与匝间、线圈与屏蔽罩间、线圈与底板间存在的电容称为分布电容。电感线圈的分布电容是线圈的匝数之间形成的电容效应。这些电容的作用可以看作一个与线圈并联的等效电容。分布电容的存在使线圈的 Q 值减小，稳定性变差，因而线圈的分布电容越小越好。

5. 电感线圈的直流电阻

电感线圈的直流电阻即为电感线圈的直流损耗电阻 R，其值通常在几欧至几百欧之间。

6. 电感器的标注方法

电感器的标注方法与电阻器、电容器相似，也有直标法、文字符号法和色标法。

2.3.3　常用线圈

1. 单层线圈

单层线圈是用绝缘导线一圈挨一圈地绕在纸筒或胶木骨架上。如晶体管收音机中波天线线圈。

2. 蜂房式线圈

如果所绕制的线圈，其平面不与旋转面平行，而是相交成一定的角度，这种线圈称为蜂房式线圈。而其旋转一周，导线来回弯折的次数，常称为折点数。蜂房式绕法的优点是体积小，分布电容小，而且电感量大。蜂房式线圈都是利用蜂房绕线机来绕制，折点越多，分布电容越小。

3. 铁氧体磁心和铁粉心线圈

线圈的电感量大小与有无磁心有关。在空心线圈中插入铁氧体磁心，可增加电感量和提高线圈的品质因数。

4. 铜心线圈

铜心线圈在超短波范围应用较多，利用旋动铜心在线圈中的位置来改变电感量，这种调整比较方便、耐用。

5. 色码电感器

色码电感器是具有固定电感量的电感器，其电感量标志方法同电阻一样以色环来标记。

6. 阻流圈（扼流圈）

限制交流电通过的线圈称阻流圈，分高频阻流圈和低频阻流圈。

7. 偏转线圈

偏转线圈是电视机扫描电路输出级的负载，偏转线圈要求：偏转灵敏度高、磁场均匀、Q 值高、体积小、价格低。

2.3.4　电感器的检测

（1）外观检查

查看线圈有无断线、生锈、发霉、松散或烧焦的情况。

（2）万用表检测

测量电感的直流损耗电阻，将万用表置于 $R \times 1$ 档，红、黑表笔各接色码电感器的任一引出端，此时指针应向右摆动。根据测出的电阻值大小进行鉴别：若测得线圈的电阻趋于无穷大，说明电感断路；若测得线圈的电阻远小于标称阻值，说明线圈内部有短路故障。只要能测出正确的电阻值，则可认为被测电感器是正常的。

2.4　变压器

变压器是变换交流电压、电流和阻抗的器件，当一次绕组中通有交流电流时，铁心（或磁心）中便产生交流磁通，使二次绕组中感应出电压（或电流）。变压器由铁心（或磁心）和线圈组成，线圈有两个或两个以上的绕组，其中接电源的绕组叫一次绕组，其余的绕组叫二次级绕组。变压器是一种利用互感原理来传输能量的器件。变压器具有变压、变流、变阻抗、耦合和匹配等主要作用。

2.4.1　变压器的分类

按冷却方式分类：干式（自冷）变压器、油浸（自冷）变压器、氟化物（蒸发冷却）变压器。

按防潮方式分类：开放式变压器、灌封式变压器、密封式变压器。

按铁心或线圈结构分类：心式变压器（插片铁心、C 形铁心、铁氧体铁心）、壳式变压器（插片铁心、C 形铁心、铁氧体铁心）、环形变压器、金属箔变压器。

按电源相数分类：单相变压器、三相变压器、多相变压器。

按用途分类：电源变压器、调压变压器、音频变压器、中频变压器、高频变压器、脉冲变压器。

2.4.2　电源变压器的特性参数

1. 工作频率

变压器铁心损耗与频率关系很大，故应根据使用频率来设计和使用，这种频率称为工作频率。

2. 额定功率

指在规定的频率和电压下，变压器能长期工作而不超过规定温升的输出功率。

3. 额定电压

指在变压器的线圈上所允许施加的电压，工作时不得大于规定值。

4. 电压比

指变压器的一次电压 U_1 与二次电压 U_2 的比值，或一次绕组匝数 N_1 与二次绕组匝数 N_2 的比值，它有空载电压比和负载电压比两种。电压比可写为

$$n = \frac{U_1}{U_2} = \frac{N_1}{N_2}$$

5. 空载电流

变压器二次侧开路时，一次侧仍有一定的电流，这部分电流称为空载电流。空载电流由

磁化电流（产生磁通）和铁损电流（由铁心损耗引起）组成。对于 50Hz 电源变压器而言，空载电流基本上等于磁化电流。

6. 空载损耗

指变压器二次侧开路时，在一次侧测得的功率损耗。主要损耗是铁心损耗，其次是空载电流在一次绕组铜阻上产生的损耗（铜损），这部分损耗很小。

7. 效率

指变压器的输出功率与输入功率的比值。一般来说，变压器的容量（额定功率）越大，其效率越高；容量（额定功率）越小，效率越低。

8. 绝缘电阻

指变压器各绕组之间以及各绕组对铁心（或机壳）之间的电阻。它表示变压器各线圈之间、各线圈与铁心之间的绝缘性能。绝缘电阻的高低与所使用的绝缘材料的性能、温度高低和潮湿程度有关。

2.4.3　音频变压器和高频变压器的特性参数

1. 频率响应

指变压器二次输出电压随工作频率变化的特性。

2. 通频带

如果变压器在中间频率的输出电压为 U_o，当输出电压（输入电压保持不变）下降到 $0.707U_o$ 时的频率范围，称为变压器的通频带 B。

3. 一、二次侧阻抗比

变压器一、二次侧接入适当的阻抗 R_o 和 R_i，使变压器一、二次侧阻抗匹配，则 R_o 和 R_i 的比值称为一、二次阻抗比。在阻抗匹配的情况下，变压器工作在最佳状态，传输效率最高。

2.4.4　变压器的性能检测

变压器的性能检测方法与电感大致相同，不同之处在于：检测变压器之前，先了解该变压器的连线结构。在没有电气连接的地方，其电阻值应为无穷大；有电气连接之处，有其规定的直流电阻。

2.5　半导体分立器件

半导体是一种具有特殊性质的物质，它不像导体一样能够完全导电，又不像绝缘体那样不能导电，它介于两者之间，所以称为半导体。半导体最重要的两种元素是硅（读"gui"）和锗（读"zhe"）。

2.5.1　半导体分立器件的命名方法

1. 中国半导体分立器件的型号及命名方法

半导体是一种导电能力介于导体和绝缘体之间的物质。按国家标准规定，国产半导体分立器件型号的命名由五部分（场效应器件、半导体特殊器件、复合管、PIN 型管、激光器件的型号命名只有第三、四、五部分）组成，见表 2.15。

表 2.15　国产半导体分立器件型号的命名

第一部分		第二部分		第三部分		第四部分	第五部分
用数字表示器件的电极数目		用字母表示器件的材料和极性		用字母表示器件的类别		用数字表示器件的序号	用字母表示规格号
符号	意义	符号	意义	符号	意义		
2	二极管	A B C D	N 型锗材料 P 型锗材料 N 型硅材料 P 型硅材料	P V W C Z L S N U K	普通管 微波管 稳压管 变容管 整流管 整流堆 隧道管 阻尼管 光电器件 开关管		
3	晶体管	A B C D E	PNP 型锗材料 NPN 型锗材料 PNP 型硅材料 NPN 型硅材料 化合物材料	X G D A U K	低频小功率管（$f_a < 3\text{MHz}$, $P_C < 1\text{W}$） 高频小功率管（$f_a \geqslant 3\text{MHz}$, $P_C < 1\text{W}$） 低频大功率管（$f_a < 3\text{MHz}$, $P_C \geqslant 1\text{W}$） 高频大功率管（$f_a \geqslant 3\text{MHz}$, $P_C \geqslant 1\text{W}$） 光电器件 开关管		
				T Y B J	可控整流管 体效应器件 雪崩管 阶跃恢复管		
				CS BT FH PIN JG	场效应器件 半导体特殊器件 复合管 PIN 型管 激光器件		

五个部分的意义如下：

第一部分：用数字表示半导体器件的有效电极数目。其中，2 表示二极管，3 表示晶体管。

第二部分：用汉语拼音字母表示半导体器件的材料和极性。表示二极管时：A 表示 N 型锗材料，B 表示 P 型锗材料，C 表示 N 型硅材料，D 表示 P 型硅材料。表示晶体管时：A 表示 PNP 型锗材料，B 表示 NPN 型锗材料，C 表示 PNP 型硅材料，D 表示 NPN 型硅材料。

第三部分：用汉语拼音字母表示半导体器件的内型。P 表示普通管，V 表示微波管，W 表示稳压管，C 表示参量管，Z 表示整流管，L 表示整流堆，S 表示隧道管，N 表示阻尼管，

U 表示光电器件，K 表示开关管，X 表示低频小功率管（$f_a < 3\mathrm{MHz}$，$P_C < 1\mathrm{W}$），G 表示高频小功率管（$f_a > 3\mathrm{MHz}$，$P_C < 1\mathrm{W}$），D 表示低频大功率管（$f_a < 3\mathrm{MHz}$，$P_C > 1\mathrm{W}$），A 表示高频大功率管（$f_a > 3\mathrm{MHz}$，$P_C > 1\mathrm{W}$），T 表示半导体晶闸管（可控整流器），Y 表示体效应器件，B 表示雪崩管，J 表示阶跃恢复管，CS 表示场效应晶体管，BT 表示半导体特殊器件，FH 表示复合管，PIN 表示 PIN 型管，JG 表示激光器件。

第四部分：用数字表示序号。

第五部分：用汉语拼音字母表示规格号。

例如：3DG18 表示 NPN 型硅材料高频晶体管。

2. 日本半导体分立器件的型号及命名方法

日本生产的半导体分立器件，由五～七部分组成。通常只用到前五个部分，其各部分的符号意义如下：

第一部分：用数字表示器件有效电极数目或类型。0 表示光敏二极管、晶体管及上述器件的组合管，1 表示二极管，2 表示晶体管或具有两个 PN 结的其他器件，3 表示具有四个有效电极或具有三个 PN 结的其他器件，……依此类推。

第二部分：日本电子工业协会 JEIA 注册标志。S 表示已在日本电子工业协会 JEIA 注册登记的半导体分立器件。

第三部分：用字母表示器件使用材料极性和类型。A 表示 PNP 型高频管，B 表示 PNP 型低频管，C 表示 NPN 型高频管，D 表示 NPN 型低频管，F 表示 P 门极晶闸管，G 表示 N 门极晶闸管，H 表示 N 基极单结晶体管，J 表示 P 沟道场效应晶体管，K 表示 N 沟道场效应晶体管，M 表示双向晶闸管。

第四部分：用数字表示在日本电子工业协会 JEIA 登记的顺序号。两位以上的整数从"11"开始，表示在日本电子工业协会 JEIA 登记的顺序号；不同公司的性能相同的器件可以使用同一顺序号；数字越大，越是近期产品。

第五部分：用字母表示同一型号的改进型产品标志。A、B、C、D、E、F 表示这一器件是原型号产品的改进产品。

3. 美国半导体分立器件的型号及命名方法

美国晶体管或其他半导体器件的命名法较混乱。美国电子工业协会半导体分立器件的命名方法如下：

第一部分：用符号表示器件用途的类型。JAN 表示军级，JANTX 表示特军级，JANTXV 表示超特军级，JANS 表示宇航级，（无）表示非军用品。

第二部分：用数字表示 PN 结数目。1 表示二极管，2 表示晶体管，3 表示三个 PN 结件，n 表示 n 个 PN 结器件。

第三部分：美国电子工业协会（EIA）注册标志。N 表示该器件已在美国电子工业协会（EIA）注册登记。

第四部分：美国电子工业协会登记顺序号。多位数字表示该器件在美国电子工业协会登记的顺序号。

第五部分：用字母表示器件分档。A、B、C、D、……表示同一型号器件的不同档别。如：JAN2N3251A 表示 PNP 硅高频小功率开关晶体管，JAN 表示军级，2 表示晶体管，N 表示 EIA 注册标志，3251 表示 EIA 登记顺序号，A 表示 2N3251A 档。

4. 国际电子联合会半导体器件的型号及命名方法

德国、法国、意大利、荷兰、比利时等欧洲国家以及匈牙利、罗马尼亚、南斯拉夫、波兰等东欧国家，大都采用国际电子联合会半导体分立器件的型号及命名方法。这种命名方法由四个基本部分组成，各部分的符号及意义如下：

第一部分：用字母表示器件使用的材料。A 表示器件使用材料的禁带宽度 $E_g = 0.6 \sim 1.0eV$，如锗；B 表示器件使用材料的 $E_g = 1.0 \sim 1.3eV$，如硅；C 表示器件使用材料的 $E_g > 1.3eV$，如砷化镓；D 表示器件使用材料的 $E_g < 0.6eV$，如锑化铟；E 表示器件使用复合材料及光电池使用的材料。

第二部分：用字母表示器件的类型及主要特征。A 表示检波开关混频二极管，B 表示变容二极管，C 表示低频小功率晶体管，D 表示低频大功率晶体管，E 表示隧道二极管，F 表示高频小功率晶体管，G 表示复合器件及其他器件，H 表示磁敏二极管，K 表示开放磁路中的霍尔元件，L 表示高频大功率晶体管，M 表示封闭磁路中的霍尔元件，P 表示光敏器件，Q 表示发光器件，R 表示小功率晶闸管，S 表示小功率开关管，T 表示大功率晶闸管，U 表示大功率开关管，X 表示倍增二极管，Y 表示整流二极管，Z 表示稳压二极管。

第三部分：用数字或字母加数字表示登记号。三位数字代表通用半导体器件的登记序号，一个字母加两位数字表示专用半导体器件的登记序号。

第四部分：用字母对同一类型号器件进行分档。A、B、C、D、E、……表示同一型号的器件按某一参数进行分档的标志。

除四个基本部分外，有时还加后缀，以区别特性或进一步分类。常见后缀如下：

1）稳压二极管型号的后缀。其后缀的第一部分是一个字母，表示稳定电压值的容许误差范围，字母 A、B、C、D、E 分别表示容许误差为 ±1%、±2%、±5%、±10%、±15%；其后缀第二部分是数字，表示标称稳定电压的整数数值；后缀的第三部分是字母 V，代表小数点，字母 V 之后的数字为稳压管标称稳定电压的小数值。

2）整流二极管型号的后缀是数字，表示器件的最大反向峰值耐压值，单位是伏特（V）。

3）晶闸管型号的后缀也是数字，通常标出最大反向峰值耐压值和最大反向关断电压中数值较小的那个电压值。

如：BDX51 表示 NPN 硅低频大功率晶体管，AF239S 表示 PNP 锗高频小功率晶体管。

5. 欧洲早期半导体分立器件的型号及命名方法

欧洲有些国家，如德国、荷兰采用如下命名方法。

第一部分：O 表示半导体器件。

第二部分：A 表示二极管，C 表示晶体管，AP 表示光敏二极管，CP 表示光敏晶体管，AZ 表示稳压管，RP 表示光电器件。

第三部分：多位数字表示器件的登记序号。

第四部分：A、B、C、……表示同一型号器件的变型产品。

俄罗斯半导体器件型号命名法由于使用少，在此不介绍。

2.5.2 晶体二极管

晶体二极管也称半导体二极管，是半导体器件中最基本的一种器件。它是用半导体单晶材料制成的，故半导体器件又称晶体器件。晶体二极管具有两个电极，在收音机、电视机和其他电子设备中具有广泛的应用。

物质按照导电能力的大小可分为导体、半导体、绝缘体。具有良好导电性能的物质叫导体，如铜、铁等金属和导电陶瓷及导电塑料。导电能力很差或不导电的物质叫绝缘体，如一般陶瓷、塑料等。导电能力介于导体与绝缘体之间的物质叫半导体，如锗、硅等。

半导体材料和导体、绝缘体相比具有两个显著特点：①电阻率的大小受杂质含量的影响极大；②电阻率受外界条件的影响很大。

1. 晶体二极管的特性

在纯净的半导体中掺入镓等三价元素后变成了 P 型半导体，在纯净的半导体中掺入砷等五价元素后变成了 N 型半导体。在 P 型半导体和 N 型半导体相结合的地方，就会形成一个特殊的薄层，这个特殊的薄层叫"PN 结"，二极管是由一个 PN 结组成的。

单向导电性是二极管的基本特性，即用万用表测量二极管的两端，测量两次，一次阻值在几千欧左右，另一次测量万用表的指针几乎不动，说明阻值特别大。利用这两个特性，可以把交流电变成直流电，起整流的作用，还可以把载有低频信号的高频信号电流，变成低频信号电流，起检波作用。

2. 几种常用的晶体二极管

晶体二极管的种类很多，按材料分为锗二极管、硅二极管、砷化镓二极管等；按结构分为点接触二极管和面接触二极管；按用途分为检波二极管、整流二极管、稳压二极管和开关二极管等。

（1）整流二极管

整流二极管多用硅半导体材料制成，有金属封装和塑料封装两种。整流二极管是利用 PN 结的单向导电性，把交流电变成脉动直流电。常用的整流二极管的实物图如图 2.39 所示。

（2）检波二极管

检波的作用是把调制在高频电磁波的低频信号检出来。检波二极管要求结电容小，反向电流小，所以检波二极管常采用点接触二极管。常用的检波二极管的实物图如图 2.40 所示。

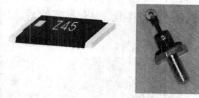
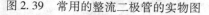

图 2.39　常用的整流二极管的实物图

图 2.40　常用的检波二极管的实物图

（3）光敏二极管

光敏二极管是利用 PN 结在施加反向电压时，在光线照射下反向电阻由大到小的原理进行工作的。无光照射时，二极管的反向电流很小；有光照射时，二极管的反向电流很大。光敏二极管不是对所有的可见光及不可见光都有相同的反应，它是有特定的光谱范围的，2DU 是利用半导体硅材料制成的光敏二极管，2AU 是利用半导体锗材料制成的光敏二极管。光敏二极管的实物图如图 2.41 所示。

（4）稳压二极管

稳压二极管是一种齐纳二极管，它是利用二极管反向击穿时，其两端电压固定在某一数值，而基本上不随电流大小变化的特性来进行工作的。稳压二极管的正向特性与普通二极管相似，当反向电压小于击穿电压时，反向电流很小；当反向电压临近击穿电压时反向电流急剧增大，发生电击穿。这时电流在很大范围内改变时管子两端的电压基本保持不变，起到稳定电压的作用。必须注意的是，稳压二极管在电路上应用时一定要串联限流电阻，不能让二极管击穿后电流无限增大，否则二极管将立即被烧毁。常用的稳压二极管实物图如图 2.42 所示。

　　图 2.41　光敏二极管的实物图

　　图 2.42　常用的稳压二极管实物图

（5）变容二极管

变容二极管是利用 PN 结的空间电荷层具有电容特性的原理制成的特殊二极管。它的特点是结电容随加到管子上的反向电压大小而变化。在一定范围内，反向偏压越小，结电容越大；反之，反向电容偏压越大，结电容越小。人们利用变容二极管的这种特性取代可变电容器的功能。变容二极管多采用硅或砷化镓材料制成，采用陶瓷或环氧树脂封装。变容二极管在电视机、收音机和录像机中多用于调谐电路和自动频率微调电路中。变容二极管实物图如图 2.43 所示。

（6）发光二极管

发光二极管（LED）是一种新颖的半导体发光器件。在家用电器设备中常用来作指示用。例如，有的收录机中常用一组或两组发光二极管作为音量指示，当音量开大时，输出功率加大，发光二极管的数目增多，输出功率小时，发光二极管的数目就少。

根据制造的材料和工艺不同，发光颜色有红色、绿色、黄色等。有的发光二极管还能根据所加电压的不同发出不同颜色的光，叫变色发光二极管。发光二极管实物图如图 2.44 所示。

　　　　图 2.43　变容二极管实物图

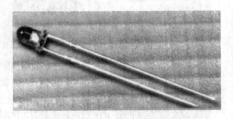
　　　图 2.44　发光二极管实物图

发光二极管（LED）的分类：

1）按发光管发光颜色分。

按发光管发光颜色分，可分成红色、橙色、绿色（又细分为黄绿、标准绿和纯绿）、蓝色等。另外，有的发光二极管中包含两种或三种颜色的芯片。根据发光二极管出光处掺或不掺散射剂、有色还是无色，上述各种颜色的发光二极管还可分成有色透明、无色透明、有色散射和无色散射四种类型。散射型发光二极管可以作指示灯用。

2）按发光管出光面特征分。

按发光管出光面特征分为圆灯、方灯、矩形、面发光管、侧向管、表面安装用微型管等。

圆形灯按直径分为 $\phi 2mm$、$\phi 3mm$、$\phi 4.4mm$、$\phi 5mm$、$\phi 8mm$、$\phi 10mm$ 及 $\phi 20mm$ 等。国外通常把 $\phi 3mm$ 的发光二极管记作 $T-1$；把 $\phi 5mm$ 的记作 $T-1$（3/4）；把 $\phi 4.4mm$ 的记作 $T-1$（1/4）。由半值角大小可以估计圆形发光强度角分布情况。从发光强度角分布图来分有三类：

① 高指向性。一般为尖头环氧封装，或是带金属反射腔封装，且不加散射剂。半值角为 $5° \sim 20°$ 或更小，具有很高的指向性，可作局部照明光源用，或与光检出器联用以组成自动检测系统。

② 标准型。通常作指示灯用，其半值角为 $20° \sim 45°$。

③ 散射型。这是视角较大的指示灯，半值角为 $45° \sim 90°$ 或更大，散射剂的量较大。

3. 晶体二极管的主要参数

（1）最大整流电流

它是指二极管长期正常工作时，能通过的最大正向电流值。因为晶体二极管工作时，有电流通过时则会发热，电流过大时就会发热过度而烧毁，所以二极管应用时要特别注意工作电流不能超过其最大整流电流。

（2）反向电流

它是在给定的反向偏压下，通过二极管的电流。理想情况下，二极管具有单向导电性，但实际上反向电压下总有一点微弱的电流，通常硅管有 $1\mu A$ 或更小，锗管有几百微安。反向电流的大小，反映了晶体二极管的单向导电性的好坏，反向电流的数值越小越好。

（3）最大反向工作电压

它是二极管正常工作时所能承受的反向电压最大值，二极管反向连接时，如果把反向电压加到某一数值，管子的反向电流就会急剧增大，管子呈现击穿状态。这时的电压称为击穿电压。晶体管的反向工作电压为击穿电压的 1/2，其最高反向工作电压则定为反向击穿电压的 2/3。

晶体二极管的损坏，一般来说电压比电流更为敏锐，也就是说，过电压更能引起管子的损坏，故应用中一定要保证不超过最大反向工作电压。

（4）最高工作频率

最高工作频率是指二极管保持单向导通性能时，外加电压允许的最高频率。

4. 晶体二极管的识别

要认识二极管首先要了解二极管的命名方法，各国对晶体二极管的命名规定不同，我国晶体管的型号一般由五个部分组成，见表 2.16。

例如：2AP9，"2" 表示二极管；"A" 表示 N 型，锗材料；"P" 表示普通管；"9" 表示序号。

2CW，"2" 表示二极管；"C" 表示 N 型，硅材料；"W" 表示稳压管；"10" 表示序号。

当然现在市场上有很多国外晶体二极管，如日本产的 1N4148 是一种开关管，1N4001、1N4002、1N4004、1N4007 等是整流二极管，其最大整流电流都是 1A，反向工作电压分别是 50V、100V、200V、400V 和 1000V。

表 2.16　晶体管命名方法

第一部分		第二部分		第三部分		第四部分	第五部分
用数字表示器件电极的数目		用汉语拼音字母表示器件的材料和极性		用汉语拼音字母表示器件的类型		用数字表示序号	汉语拼音字母标示规格号
符号	意义	符号	意义	符号	意义		
2	二极管	A	N 型锗材料	P	普通管		
		B	P 型锗材料	W	稳压管		
		C	N 型硅材料	Z	整流管		
		D	P 型硅材料	K	开关管		

5. 晶体二极管的检测

（1）小功率二极管的正负极判别

小功率二极管的 N 极（负极），在二极管外表大多采用一种色圈标出来，有些二极管也用二极管专用符号来表示 P 极（正极）或 N 极（负极），也有采用符号标志为"P"、"N"来确定二极管极性的。发光二极管的正负极可从引脚长短来识别，长脚为正，短脚为负。用数字万用表去测二极管时，红表笔接二极管的正极，黑表笔接二极管的负极，此时测得的阻值才是二极管的正向导通阻值，这与指针万用表的表笔接法刚好相反。

（2）晶体二极管好坏的检测

通常最简便的方法是用万用表来判别二极管的好坏。测量时，将万用表拨到 $R \times 1k$ 档，测量二极管的正、反向电阻，好的管子一般在几千欧以上，甚至无穷大。正、反向电阻相差的越大越好。如果两次测量得到的阻值一样大或一样小，说明该二极管已损坏。

（3）晶体二极管的代用

二极管的代用比较容易，当原电路中的二极管损坏时，最好选用同型号同档次的二极管代替。如果找不到同型号的二极管，必须查清原二极管的主要参数，对于检波二极管只要工作频率满足即可；整流二极管要满足反向工作电压和最大整流电流的要求；稳压二极管一定要注意稳压电压的数值。

（4）晶体二极管极性的判别

测量二极管时，以测得小的那一次时（正向电阻），万用表黑表笔所接的便是二极管的正极，红表笔所接的便是二极管的负极。这是因为万用表在电阻档时，万用表的黑表笔接其内部电池的正极，红表笔接其内部电池的负极。

对于发光二极管而言，一般来说，发光二极管的长脚是正极，短脚是负极，或者把二极管放在光线很亮的地方，发光二极管内部有两个电极，一般是电极较小的是二极管的正极，电极较大的是二极管的负极。

2.5.3　晶体管

晶体管是由两个做在一起的 PN 结加上相应的引出电极线及封装组成的。由于晶体管具有放大作用，它是收音机、录音机、电视机等家用电器中很重要的器件之一，用晶体管可以组成放大、振荡及各种功能的电子电路。

1. 晶体管的分类

晶体管的分类很多，按结构可分为点接触型和面接触型；按生产工艺分为合金型、扩散型和平面型等。但是常用的分类是从应用角度，依工作频率分为低频晶体管、高频晶体管和开关晶体管；依工作功率分为小功率晶体管、中功率晶体管和大功率晶体管；按其导电类型可分为 PNP 型和 NPN 型；按其构成材料可分为锗管和硅管。

锗晶体管和硅晶体管之间的区别如下：

不管是锗管还是硅管，都有 PNP 型和 NPN 型两种导电类型，都有高频管和低频管、大功率管和小功率管。但它们在电气特性上还是有一定差距的。首先，锗管比硅管具有较低的起始工作电压，锗管的基极和发射极之间有 $0.2 \sim 0.3V$ 的电压即可开始工作，而硅管的基极和发射极之间有 $0.6 \sim 0.7V$ 的工作电压才能工作。其次，锗管比硅管具有较低的饱和压降，晶体管导通时，发射极和集电极之间的电压锗管比硅管更低。第三，硅管比锗管具有较小的漏电流和更平直的输出特性。

2. 晶体管的主要参数

（1）共发射极直流放大倍数 H_{FE}

共发射极直流放大倍数 H_{FE} 是指在没有交流信号输入时，共发射极电路输出的集电极直流电流与基极输入的直流电流之比。这是衡量晶体管有无放大作用的主要参数，正常晶体管的 H_{FE} 应为几十至几百倍。常用的晶体管的外壳上标有不同颜色点，以表明不同的放大倍数，见表 2.17。

表 2.17　晶体管色标点对应的放大倍数

放大倍数 H_{FE}	0 ~ 15	15 ~ 25	25 ~ 40	40 ~ 55	55 ~ 80	80 ~ 120	120 ~ 180	180 ~ 270	270 ~ 400	400 以上
色标点	棕	红	橙	黄	绿	蓝	紫	灰	白	黑

例如：色点为黄色的晶体管的放大倍数是 $40 \sim 55$ 倍之间，色点是灰色的晶体管的放大倍数为 $180 \sim 270$ 倍之间等。

（2）共发射极交流放大倍数 β

共发射极电路中，集电极电流和基极输入电流的变化量之比称为共发射极交流放大倍数 β。当晶体管工作在放大区小信号运用时，$H_{FE} = \beta$，晶体管的放大倍数 β 一般在 $10 \sim 200$ 倍之间。β 越小，表明晶体管的放大能力越差，但 β 越大的管子，往往工作稳定性越差。

（3）特征频率

晶体管的放大倍数 β 会随着工作信号频率的升高而下降，频率越高，β 下降越严重。特征频率就是 β 下降到 1 时的频率。也就是说，当工作信号的频率升高到特征频率时，晶体管就失去了交流电流的放大能力。特征频率的大小反映了晶体管频率特性的好坏。在高频率电路中，要选用特征频率较高的管子，特征频率一般比电路工作频率至少要高 3 倍以上。

（4）集电极最大允许电流

晶体管的放大倍数 β 在集电极电流过大时也会下降。β 下降到额定值的 2/3 或 1/2 时的集电极电流为集电极最大允许电流。晶体管工作时的集电极电流最好不要超过集电极最大允许电流。

（5）集电极最大允许耗散功率

晶体管工作时，集电极电流通过集电结要耗散功率，耗散功率越大，集电结的温升就越高，根据晶体管允许的最高温度，定出集电极最大允许耗散功率。小功率管的集电极最大允许耗散功率在几十至几百毫瓦之间，大功率管却在 1W 以上。

3. 晶体管的识别

要认识晶体管首先要了解晶体管的命名方法，各国对晶体管的命名方法的规定不同，我国晶体管的型号一般由五个部分组成，见表 2.18。国外部分公司及产品代号见表 2.19。

表 2.18　我国晶体管的型号

第一部分		第二部分		第三部分		第四部分	第五部分
用数字表示器件电极的数目		用汉语拼音字母表示器件的材料和极性		用汉语拼音字母表示器件的类型		用数字表示序号	
符号	意义	符号	意义	符号	意义	汉语拼音字母表示规格号	
3	晶体管	A	PNN 型锗材料	X	低频小功率		
		B	NPN 型锗材料	G	高频小功率		
		C	PNP 型硅材料	D	低频大功率		
		D	NPN 型硅材料	A	高频大功率		
		E	化合物材料				

表 2.19　国外部分公司及产品代号

公司名称	代号	公司名称	代号
美国无线电公司（RCA）	CA	美国悉克尼特公司（SIC）	NE
美国国家半导体公司（NSC）	LM	日本电气公司（NEC）	PC
美国摩托罗拉公司（MOTA）	MC	日本日立公司（HIT）	RA
美国仙童公司（PSC）	A	日本东芝公司（TOS）	TA
美国德克萨斯公司（TII）	TL	日本三洋公司（SANYO）	LA，LB
美国模拟器件公司（ANA）	AD	日本松下公司	AN
美国英特希尔公司（INL）	IC	日本三菱公司	M

4. 晶体管的检测

在晶体管装入电路之前或检修家用电器时经常需要用简易的方法判别它的好坏。下面介绍用万用表测量晶体管的几种方法。

（1）判断晶体管的引脚

晶体管的 3 个引脚的作用是不同的，工作时不能相互代替。用万用表判断的方法是：将万用表置于电阻 $R \times 1k$ 档，用万用表的黑表笔接晶体管的某一引脚（假设它是基极），用红表笔分别接另外的两个电极。如果表针指示的两个阻值都很小，那么黑表笔所接的那一个引脚便是 NPN 型管的基极；如果表针指示的两个阻值都很大，那么黑表笔所接的那一个引脚便是 PNP 型管的基极。如果表针指示的阻值一个很大，一个很小，那么黑表笔所接的引脚肯定不是晶体管的基极，要换另一个引脚再检测。

（2）判断硅管和锗管

利用硅管 PN 结与锗管 PN 结正、反向电阻的差异，可以判断不知型号的晶体管是硅管还是锗管。用万用表的 $R \times 1k\Omega$ 档，测发射极与基极间和集电极与基极间的正向电阻，硅管在 $3 \sim 10k\Omega$ 之间，锗管在 $500\Omega \sim 1k\Omega$ 之间，上述极间的反向电阻，硅管一般大于 $500k\Omega$，锗管一般大于 $1000k\Omega$ 左右。

（3）测量晶体管的直流放大倍数

将万用表的功能选择开关调到 H_{FE} 处，一般还需调零，把晶体管的三个电极正确地放到万用表面板上的四个小孔中 PNP（P）或 NPN（N）的 e、b、c 处，这时万用表的指针会向右偏转，在表头内部的刻盘上有 H_{FE} 的指示数，即是测量晶体管的直流放大倍数。

（4）晶体管的代换

在家用电器修理中，经常会遇到晶体管损坏的情况，需用同型号、同品种的晶体管代换，或用相同（相近）性能的晶体管进行代用。代用的原则和方法如下：

1）极限参数高的晶体管可以代换较低的晶体管。例如集电极最大允许耗散功率大的晶体管可以代换小的晶体管。

2）性能好的晶体管可以代换性能差的晶体管。例如参数值高的晶体管可以代换值低的晶体管，但值不宜过高，否则晶体管工作不稳定。

3）高频、开关晶体管可以代换普通低频晶体管。当其他参数满足要求时，高频管可以代替低频管。

4）锗管和硅管可以相互代换。两种材料的管子相互代换时，首先要导电类型相同（PNP 型代换 PNP 型，NPN 型代换 NPN 型），其次，要注意管子的参数是否相似，最后，更换管子后由于偏置不同，需重新调整偏流电阻。

5. 常见晶体管实物图

常见晶体管实物图如图 2.45 所示。

图 2.45　常见晶体管实物图

2.5.4　场效应晶体管

场效应晶体管（Field – Effect Transistor，FET）是一种通过电场效应控制电流的电子器件。它依靠电场去控制导电沟道形状，因此能控制半导体材料中某种类型载流子的沟道的导电性。场效应晶体管有时被称为单极性晶体管，以它的单载流子型作用对比双极性晶体管（Bipolar Junction Transistors，BJT）。尽管由于半导体材料的限制，且双极性晶体管比场效应晶体管容易制造，场效应晶体管比双极性晶体管制造晚，但是场效应晶体管的概念却比双极性晶体管要早。场效应晶体管属于电压控制型半导体器件，具有输入电阻高（$10^8 \sim 10^9\Omega$）、噪声小、功耗低、动态范围大、易于集成、没有二次击穿现象、安全工作区域宽等优点。常见场效应晶体管外形如图 2.46 所示。

1. 场效应晶体管命名方法及分类

场效应晶体管有两种命名方法。

图 2.46　常见场效应管外形

第一种命名方法与双极型晶体管相同，第三位字母 J 代表结型场效应晶体管，O 代表绝缘栅场效应晶体管。第二位字母代表材料，D 是 P 型硅，反型层是 N 沟道；C 是 N 型硅 P 沟道。例如，3DJ6D 是结型 P 沟道场效应晶体管，3DO6C 是绝缘栅型 N 沟道场效应晶体管。

第二种命名方法是 CS××#，CS 代表场效应晶体管，××以数字代表型号的序号，#用字母代表同一型号中的不同规格。例如 CS14A、CS45G 等。

场效应晶体管分为结型场效应晶体管（JFET）和绝缘栅场效应晶体管（MOS 管）两大类。

场效应晶体管的工作方式有两种：当栅极电压为零时，有较大漏极电流的称为耗散型；当栅极电压为零，漏极电流也为零，必须再加一定的栅极电压之后才有漏极电流的称为增强型。

按沟道材料型和绝缘栅型各分 N 沟道和 P 沟道两种；按导电方式分为耗尽型与增强型，结型场效应晶体管均为耗尽型，绝缘栅型场效应晶体管既有耗尽型的，也有增强型的。

结型场效应晶体管（JFET）有两种结构形式，它们是 N 沟道结型场效应晶体管和 P 沟道结型场效应晶体管。结型场效应晶体管也具有三个电极，它们是：栅极（G）；漏极（D）；源极（S）。

绝缘栅场效应晶体管也有两种结构形式，它们是 N 沟道型和 P 沟道型。无论是什么沟道，它们又分为增强型和耗尽型两种。它是由金属、氧化物和半导体所组成，所以又称为金属-氧化物-半导体场效应晶体管，简称 MOS 场效应晶体管。绝缘栅场效应晶体管也具有三个电极，它们是：栅极（G）；漏极（D）；源极（S）。

2. 场效应晶体管的主要用途

场效应晶体管是电场效应控制电流大小的单极型半导体器件。在其输入端基本不取电流或电流极小，具有输入阻抗高、噪声低、热稳定性好、制造工艺简单等特点，在大规模和超大规模集成电路中被广泛应用。其主要用途概况如下：

（1）场效应晶体管可应用于放大。由于场效应晶体管放大器的输入阻抗很高，因此耦合电容可以容量较小，不必使用电解电容器。

（2）场效应晶体管很高的输入阻抗非常适合作阻抗变换。常用于多级放大器的输入级作阻抗变换。

（3）场效应晶体管可以用作可变电阻。

（4）场效应晶体管可以方便地用作恒流源。

（5）场效应晶体管可以用作电子开关。

3. 场效应晶体管的主要性能参数

（1）直流参数

1）饱和漏极电流：当栅极、源极之间的电压等于零，而漏极、源极之间的电压大于夹断电压时，对应的漏极电流。

2）夹断电压：当 U_{DS} 一定时，使 I_D 减小到一个微小的电流时所需的 U_{GS}。

3）开启电压：当 U_{DS} 一定时，使 I_D 到达某一个数值时所需的 U_{GS}。

（2）交流参数

1）低频跨导：是描述栅极、源极电压对漏极电流的控制作用。

2）极间电容：是指场效应晶体管三个电极之间的电容，它的值越小表示管子的性能越好。

（3）极限参数

1）漏极、源极击穿电压：当漏极电流急剧上升时，产生雪崩击穿时的 U_{DS}。

2）栅极击穿电压：结型场效应晶体管正常工作时，栅极、源极之间的 PN 结处于反向偏置状态，若电流过高，则产生击穿现象，这时的电压即为栅极击穿电压。

4. 场效应晶体管与晶体管的主要区别

（1）场效应管的源极（S）、栅极（G）、漏极（D）分别对应于三极管的发射极（E）、基极（B）、集电极（C），它们的作用相似。

（2）场效应晶体管是电压控制电流器件，由 U_{GS} 控制 i_D，其放大系数 g_m 一般较小，因此场效应晶体管的放大能力较差；晶体管是电流控制电流器件，由 i_B（或 i_E）控制 i_C。

（3）场效应晶体管栅极几乎不取电流；而晶体管工作时基极总要吸取一定的电流。因此场效应晶体管的输入电阻比晶体管的输入电阻高。

（4）场效应晶体管只有多子参与导电；晶体管有多子和少子两种载流子参与导电，而少子浓度受温度、辐射等因素影响较大，因而场效应晶体管比晶体管的温度稳定性好、抗辐射能力强。在环境条件（温度等）变化很大的情况下应选用场效应晶体管。

（5）场效应晶体管在源极与衬底连在一起时，源极和漏极可以互换使用，且特性变化不大；而晶体管的集电极与发射极互换使用时，其特性差异很大，β 值将减小很多。

（6）场效应晶体管的噪声系数很小，在低噪声放大电路的输入级及要求信噪比较高的电路中要选用场效应晶体管。

（7）场效应晶体管和晶体管均可组成各种放大电路和开路电路，但由于前者制造工艺简单，且具有耗电少，热稳定性好，工作电源电压范围宽等优点，因而被广泛用于大规模和超大规模集成电路中。

（8）晶体管导通电阻大，场效应晶体管导通电阻小，只有几百毫欧姆，在现在的用电器件上，一般都用场效应晶体管做开关来用，它的效率是比较高的。

5. 场效应晶体管的试验测试

测试前，人员的双手应对地放电（如触摸水管）；最好测试人员的双手手腕配带接地环，以防止静电损坏场效应晶体管。

（1）结型场效应晶体管的引脚识别：场效应晶体管的栅极相当于晶体管的基极，源极和漏极分别对应于晶体管的发射极和集电极。将万用表置于 $R \times 1k$ 档，用两表笔分别测量每两个引脚间的正、反向电阻。当某两个引脚间的正、反向电阻相等，均为数千欧姆时，则这两个引脚为漏极 D 和源极 S（可互换），余下的一个引脚即为栅极 G。对于有 4 个引脚的结型场效应晶体管，另外一极是屏蔽极（使用中接地）。

（2）判定栅极：用万用表的黑表笔碰触管子的一个电极，红表笔分别碰触另外两个电极。若两次测出的阻值都很小，说明均是正向电阻，该管属于 N 沟道场效应管，黑表笔接的也是栅极。制造工艺决定了场效应晶体管的源极和漏极是对称的，可以互换使用，并不影响电路的正常工作，所以不必加以区分。源极与漏极间的电阻约为几千欧。注意不能用此法判定绝缘栅型场效应晶体管的栅极。因为这种管子的输入电阻极高，栅源间的极间电容又很小，测量时只要有少量的电荷，就可在极间电容上形成很高的电压，容易将管子损坏。

（3）电阻法测试场效应晶体管的好坏

测电阻法是用万用表测量场效应晶体管的源极与漏极、栅极与源极、栅极与漏极、栅极 G_1 与栅极 G_2 之间的电阻值同场效应晶体管手册标明的电阻值是否相符去判别管的好坏。具体方法：首先将万用表置于 $R \times 10$ 或 $R \times 100$ 档，测量源极 S 与漏极 D 之间的电阻，通常在几十欧到几千欧范围（在手册中可知，各种不同型号的管，其电阻值是各不相同的），如果测得阻值大于正常值，可能是由于内部接触不良；如果测得阻值是无穷大，可能是内部断极。然后把万用表置于 $R \times 10k$ 档，再测栅极 G_1 与 G_2 之间、栅极与源极、栅极与漏极之间的电阻值，若测得其各项电阻值均为无穷大，则说明管是正常的；若测得上述各阻值太小或为通路，则说明管是坏的。要注意，若两个栅极在管内断极，可用器件代换法进行检测。

（4）估测场效应晶体管的放大能力：将万用表拨到 $R \times 100$ 档，红表笔接源极 S，黑表笔接漏极 D，相当于给场效应晶体管加上 1.5V 的电源电压。这时表针指示出的是 D-S 极间电阻值。然后用手指捏栅极 G，将人体的感应电压作为输入信号加到栅极上。由于管子的放大作用，U_{DS} 和 I_D 都将发生变化，也相当于 D-S 极间电阻发生变化，可观察到表针有较大幅度的摆动。如果手捏栅极时表针摆动很小，说明管子的放大能力较弱；若表针不动，说明管子已经损坏。

由于人体感应的 50Hz 交流电压较高，而不同的场效应晶体管用电阻档测量时的工作点可能不同，因此用手捏栅极时表针可能向右摆动，也可能向左摆动。少数的管子 R_{DS} 减小，使表针向右摆动，多数管子的 R_{DS} 增大，表针向左摆动。无论表针的摆动方向如何，只要能有明显的摆动，就说明管子具有放大能力。本方法也适用于测 MOS 管。为了保护 MOS 场效应晶体管，必须用手握住螺钉旋具的绝缘柄，用金属杆去碰栅极，以防止人体感应电荷直接加到栅极上，将管子损坏。

MOS 管每次测量完毕，G-S 结电容上会充有少量电荷，建立起电压 U_{GS}，再接着测时表针可能不动，此时将 G-S 极间短路即可。

6. 场效应晶体管使用注意事项

（1）为了安全使用场效应晶体管，在线路的设计中不能超过管的耗散功率、最大漏源电压、最大栅源电压和最大电流等参数的极限值。

（2）各类型场效应晶体管在使用时，都要严格按要求的偏置接入电路中，要遵守场效应晶体管偏置的极性。如结型场效应晶体管栅源漏之间是 PN 结，N 沟道管栅极不能加正偏压；P 沟道管栅极不能加负偏压，等等。

（3）MOS 场效应晶体管由于输入阻抗极高，所以在运输、贮藏中必须将引出脚短路，要用金属屏蔽包装，以防止外来感应电动势将栅极击穿。尤其要注意，不能将 MOS 场效应晶体管放入塑料盒子内，保存时最好放在金属盒内，同时也要注意管的防潮。

（4）为了防止场效应晶体管栅极感应击穿，要求一切测试仪器、工作台、电烙铁、线路本身都必须有良好的接地；引脚在焊接时，先焊源极；在连入电路之前，管的全部引线端保持互相短接状态，焊接完后才把短接材料去掉；从元器件架上取下管时，应以适当的方式确保人体接地如采用接地环等；当然，如果能采用先进的气热型电烙铁，焊接场效应晶体管是比较方便的，并且能确保安全；在未关断电源时，绝对不可以把管插入电路或从电路中拔出。以上安全措施在使用场效应晶体管时必须注意。

（5）结型场效应晶体管的栅源电压不能接反，可以在开路状态下保存，而绝缘栅型场效应晶体管在不使用时，由于它的输入电阻非常高，须将各电极短路，以免外电场作用而使管子损坏。

（6）对于功率型场效应晶体管，要有良好的散热条件。因为功率型场效应晶体管在高负荷条件下运用，必须设计足够的散热器，确保壳体温度不超过额定值，使器件长期稳定可靠地工作。

2.5.5 晶闸管

晶闸管（俗称可控硅）是一种大功率开关型半导体器件，字母表示为“V”、“VT”（旧标准中用字母“SCR”表示）。

晶闸管具有硅整流器件的特性，A、G 极之间，A、K 极之间正反向电阻均在几百千欧；G、K 极正向阻值为几至几百欧，反向为几千欧；能在高电压、大电流条件下工作，且其工作过程可以控制、被广泛应用于可控整流、交流调压、无触点电子开关、逆变及变频等电子电路中。晶闸管外形及其图形符号如图 2.47 所示。图 2.48 为各种晶闸管电路图形符号。

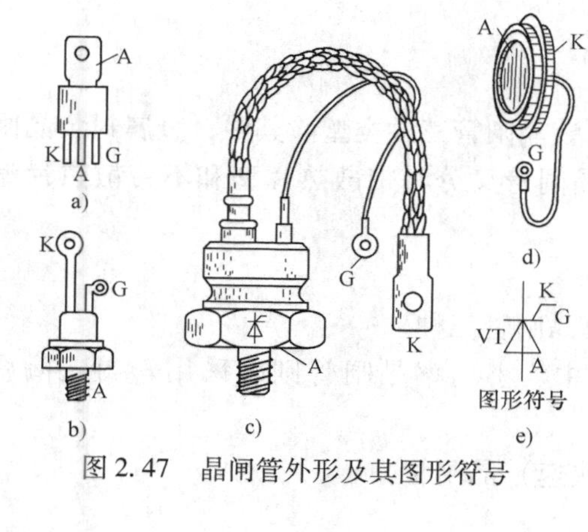
A
K
G
A
a)
K
G
A
b)
G
A
K
c)
A
K
G
d)
K
G
VT
A
图形符号
e)
图 2.47 晶闸管外形及其图形符号

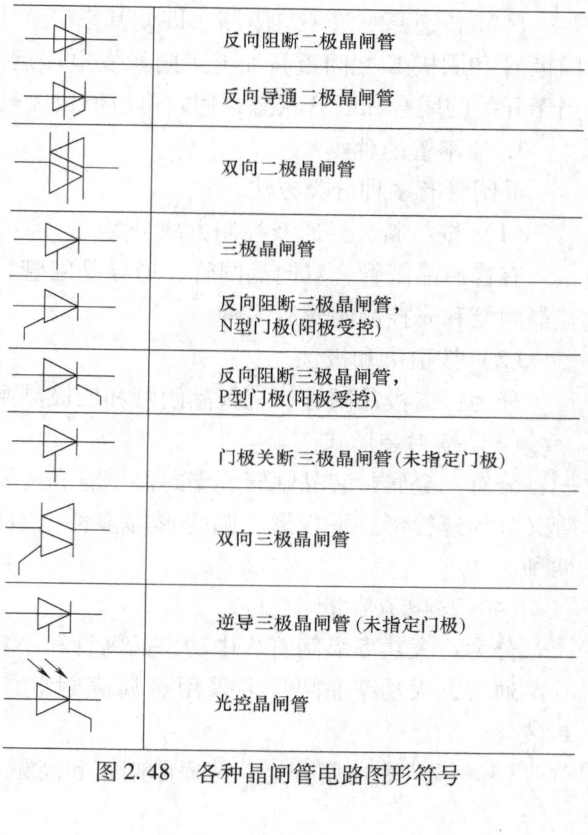
反向阻断二极晶闸管
反向导通二极晶闸管
双向二极晶闸管
三极晶闸管
反向阻断三极晶闸管，N型门极(阳极受控)
反向阻断三极晶闸管，P型门极(阳极受控)
门极关断三极晶闸管(未指定门极)
双向三极晶闸管
逆导三极晶闸管(未指定门极)
光控晶闸管
图 2.48 各种晶闸管电路图形符号

1. 晶闸管的结构

晶闸管是一种大功率的半导体器件，与大功率二极管外形相似，只是多了一个门极。它由 PNPN 四层半导体构成，中间形成三个 PN 结。这种独特的结构，可把它看成是由 PNP 和 NPN 两个晶体管组合而成，每一个晶体管的基极与另一个晶体管的集电极相连，在电路回路上形成正反馈，只要在门极上加上适当的正向电压，晶闸管即迅速触发导通。

2. 晶闸管具有可控单向导电性

当在晶闸管的阳极加上正电压，阴极加负电压，门极不加电压，晶闸管处于截止状态；当在门极上加触发信号后，晶闸管进入导通状态；导通后，门极便失去控制作用，晶闸管的输出特性与二极管相似。

当在晶闸管的阳极、阴极加上相反的电压时，无论怎样加触发信号，晶闸管仍处于截止状态。

（1）在阳极和阴极之间外加正向电压，但门极不加触发电压时，晶闸管一般不会导通。

（2）晶闸管导通条件需要同时满足两个：

1）阳极和阴极外加正向电压。

2）门极外加一定幅度的正触发电压。

（3）普通的晶闸管一旦导通，触发信号则失去控制作用，只要阳极、阴极间的正向电压存在，即使控制电压减小到零或反向，晶闸管仍导通。

（4）要使晶闸管从导通变为阻断，必须减小阳极电流，或切断正向电压或加反向电压（交流电压）。

（5）普通晶闸管一旦阻断，即使其阳极 A 与阴极 K 之间又重新加上正向电压，仍需在门极 G 和阴极 K 之间重新加上正向触发电压后方可导通。普通晶闸管的导通与阻断状态相当于开关的闭合和断开状态，用它可以制成无触点电子开关，去控制直流电路。

3. 晶闸管的种类

晶闸管有多种分类方法。

（1）按关断、导通及控制方式分类

有普通晶闸管、双向晶闸管、逆导晶闸管、门极关断晶闸管（GTO）、BTG 晶闸管、温控晶闸管和光控晶闸管等多种。

（2）按引脚和极性

分为：二极晶闸管、三极晶闸管和四极晶闸管。

（3）按封装形式

分有：金属封装晶闸管、塑封晶闸管和陶瓷封装晶闸管三种类型。其中，金属封装晶闸管又分为螺栓形、平板形、圆壳形等多种；塑封晶闸管又分为带散热片型和不带散热片型两种。

（4）按电流容量

分为：大功率晶闸管、中功率晶闸管和小功率晶闸管三种。

通常，大功率晶闸管多采用金属壳封装，而中、小功率晶闸管则多采用塑封或陶瓷封装。

（5）按关断速度分为：普通晶闸管和高频（快速）晶闸管。

4. 普通晶闸管（SCR）

它是由 PNPN 四层半导体材料构成的三端半导体器件，三个引出端分别为阳极 A、阴极 K 和门极 G、图 2.49 是其电路图形符号。普通晶闸管的阳极与阴极之间具有单向导电的性能，其内部可以等效为由一只 PNP 晶闸管和一只 NPN 晶闸管组成的组合管，如图 2.50 所示。

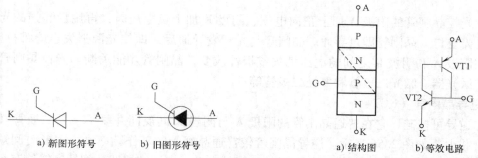

图 2.49　普通晶闸管电路图形符号

图 2.50　普通晶闸管的结构和等效电路

5. 双向晶闸管（TRIAC）

它是由 NPNPN 五层半导体材料构成的，相当于两只普通晶闸管反相并联，它也有三个电极，分别是主电极 T_1、主电极 T_2 和门极 G。

双向晶闸管可以双向导通，即门极加上正或负的触发电压，均能触发双向晶闸管正、反两个方向导通。其电路图形符号及等效电路及触发状态如图 2.51～图 2.53 所示。

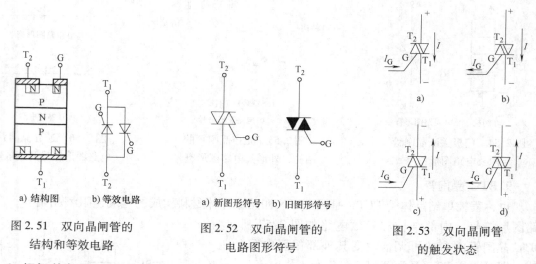

图 2.51　双向晶闸管的
结构和等效电路

图 2.52　双向晶闸管的
电路图形符号

图 2.53　双向晶闸管
的触发状态

6. 门极关断晶闸管（GTO）

门极关断晶闸管（以 P 型门极为例）是由 PNPN 四层半导体材料构成的，其三个电极分别为阳极 A、阴极 K 和门极 G，图 2.54 是其结构及电路图形符号。门极关断晶闸管也具有单向导电特性，即当其阳极 A、阴极 K 两端为正向电压，在门极 G 上加正的触发电压时，晶闸管将导通，导通方向为 A→K。在门极关断晶闸管导通状态，若在其门极 G 上加一个适当的负电压，则能使导通的晶闸管关断（普通晶闸管在靠门极正电压触发之后，撤掉触发电压也能维持导通，只有切断电源使正向电流低于维持电流或加上反向电压，才能使其关断）。

7. 光控晶闸管（LAT）

俗称光控硅，内部由 PNPN 四层半导体材料构成，可等效为由两只晶体管和一只电容、一只光敏二极管组成的电路。如图 2.55 所示。由于光控晶闸管的控制信号来自光的照射，故其只有阳极 A 和阴极 K 两个引出电极，门极为受光窗口（小功率晶闸管）或光导纤维、光缆等。

当在光控晶闸管的阳极 A 加上正向电压、阴极 K 加上负电压时，再用足够强的光照射一下其受光窗口，晶闸管即可导通。晶闸管受光触发导通后，即使光源消失也能维持导通，除非加在阳极 A 和阴极 K 之间的电压消失或极性改变，晶闸管才能关断。光控晶闸管的触发光源有激光器、激光二极管和发光二极管等。

8. 逆导晶闸管（RCT）

俗称逆导可控硅，它在普通晶闸管的阳极 A 与阴极 K 间反向并联了一只二极管（制作于同一管芯中）如图 2.56 所示。逆导晶闸管较普通晶闸管的工作频率高，关断时间短，误动作小，可广泛应用于超声波电路、电磁灶、开关电源、电子镇流器、超导磁能储存系统等领域。

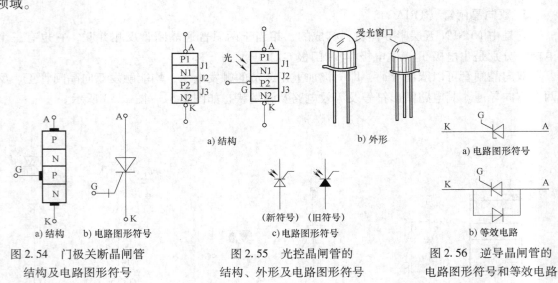

图 2.54　门极关断晶闸管　　　　图 2.55　光控晶闸管的　　　　图 2.56　逆导晶闸管的
结构及电路图形符号　　　　　结构、外形及电路图形符号　　　　电路图形符号和等效电路

9. BTG 晶闸管

也称程控单结晶体管 PUT，是由 PNPN 四层半导体材料构成的三端逆阻型晶闸管，其电路图形符号，内部结构和等效电路如图 2.57 所示。BTG 晶闸管的参数可调，改变其外部偏置电阻的阻值，即可改变 BTG 晶闸管门极电压和工作电流。

它还具有触发灵敏度高、脉冲上升时间短、漏电流小、输出功率大等优点，被广泛应用于可编程脉冲电路、锯齿波发生器、过电压保护器、延时器及大功率晶体管的触发电路中，既可作为小功率晶闸管使用，还可作为单结晶体管［双基极二极管（UJT）］使用。

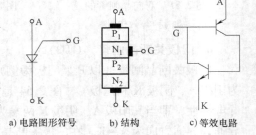

图 2.57　BTG 晶闸管的电路图形
符号、结构和等效电路

10. 温控晶闸管

温控晶闸管是一种新型温度敏感开关器件，它将温度传感器与控制电路结合为一体，输出驱动电流大，可直接驱动继电器等执行部件或直接带动小功率负荷。温控晶闸管的结构与普通晶闸管的结构相似（电路图形符号也与普通晶闸管相同），也是由 PNPN 半导体材料制成的三端器件，但在制作时，温控晶闸管中间的 PN 结中注入了对温度极为敏感的成分（如氩离子），因此改变环境温度，即可改变其特性曲线。在温控晶闸管的阳极 A 接上正电压，在阴极 K 接上负电压，在门极 G 和阳极 A 之间接入分流电阻，就可以使它在一定温度范围内（通常为 $-40 \sim 130 ℃$）起开关作用。温控晶闸管由断态到通态的转折电压随温度变化而改变，温度越高，转折电压值就越低。

11. 四极晶闸管

也称硅控制开关管（SCS），是一种由 PNPN 四层半导体材料构成的多功能半导体器件，图 2.58 是其电路图形符号、内部结构和等效电路。

四极晶闸管的四个电极分别为阳极 A、阴极 K、阳极门极 GA 和阴极门极 GK。

若将四极晶闸管的阳极门极 GA 空着不用，则四极晶闸管可以代替普通晶闸管或门极关断晶闸管使用。

若将其阴极门极 GK 空着不用，则可以代替 BTG 晶闸管或门极关断晶闸管、单结晶体管使用。

若将其阳极门极 GA 与阳极 A 短接，则可以代替逆导晶闸管或 NPN 型硅晶体管使用。

晶闸管的正向特性可分为关断状态段和导通状态段两个部分。当门极电流 $I_G = 0$ 时，晶闸管可通过较大电流，而管压降很小，这种导通方法极易造成晶闸管击穿而损坏，应尽量避免。若在门极与阴极间加上触发电压，则会降低转折电压。晶闸管的正向特性如图 2.59 所示。

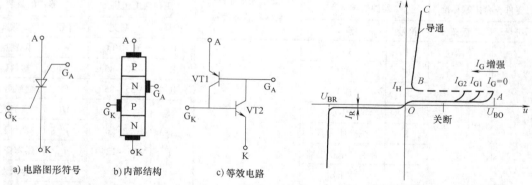

a) 电路图形符号   b) 内部结构   c) 等效电路

图 2.58 四极晶闸管的电路图形符号、内部结构和等效电路　　图 2.59 晶闸管的正向特性曲线

2.6 集成电路

集成电路是 20 世纪 50 年代末发展起来的新型电子器件。前面介绍过电阻器、电容器、电感器、晶体二极管、晶体管等分立元器件。而集成电路是相对于这些分立元器件或分立电路而言的，它集元器件、电路为一体，独立成为更大概念的器件。

集成电路是利用半导体技术或薄膜技术将半导体器件与阻容元件，以及连线高度集中制成在一块小面积芯片上，再加上封装而成的。例如像晶体管大小的集成电路芯片可以容纳上几百个元件和连线，并具备了一个完整的电路功能，由此可见它的优越性比晶体管还要大。

集成电路具有体积小、重量轻、性能好、可靠性高、耗电少、成本低、简化设计和减少调整等优点，给无线电爱好者带来了许多便利。

2.6.1　集成电路的型号和分类

1. 分类

集成电路的类型很多，按工作性能不同，它们主要分为数字集成电路和模拟集成电路。

模拟集成电路从用途上可分为线性集成电路、非线性集成电路和功率集成电路。线性集成电路主要用于信号放大，如中频放大器、音频放大器、稳压器等，这些放大器在收音机、电视机等电器中得到广泛应用。非线性集成电路主要用于信号的转换与加工，如收音机中的变频器、检波器、鉴频器等。功率集成电路中大多数是线性集成电路，由于它的工作电压要求较高、工作电流要求也较大，因而把它从线性集成电路中拉出来单独列为一类，功率集成电路在收音机、录音机、电视机中有着重要的应用。

2. 型号

关于集成电路的型号，我国有关部门作了标准化规定，每个型号由五个部分组成，有的采用数字，见表 2.20。集成电路有了型号，就像一个人有了姓名，可以相互区别，也知道它的功能，集成电路型号组成如图 2.60 所示。

表 2.20　集成电路型号的组成

第 0 部分		第一部分		第二部分	第三部分		第四部分	
用字母表示器件符合国家标准		用字母表示器件的类型		用数字表示器件的系列和品种代号	用字母表示器件的工作温度范围		用字母表示器件的封装	
符号	意义	符号	意义		符号	意义	符号	意义
C	中国制造	T	TTL		C	0 ~ 70℃	W	陶瓷扁平
		H	HTL		E	−40 ~ 85℃	B	塑料扁平
		E	ECL		R	−55 ~ 85℃	F	全封闭扁平
		C	CMOS				D	陶瓷直插
		F	线性放大器				P	塑料直插
		D	音响、电视电路		M	−55 ~ 125℃	J	黑陶瓷直插
		W	稳压器				K	金属菱形
		J	接口电路				T	金属圆形

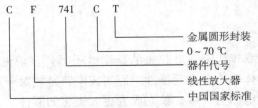

C　F　741　C　T

- 金属圆形封装
- 0 ~ 70 ℃
- 器件代号
- 线性放大器
- 中国国家标准

图 2.60　集成电路的型号组成

2.6.2 集成电路的封装和引脚排列

集成电路的外形结构有一定的规定，它的电路引出脚的排列次序也有一定的规律，正确认识它们的外形和引脚排序，是装配集成电路的一个基本功。

集成电路的外形结构即是集成电路的封装形式，封装形式主要有直插和贴片两种，具体可细分为单列直插式、双列直插式、扁平封装和金属圆壳封装等多种形式。图2.61列出来常见的各种不同形式集成电路封装图。

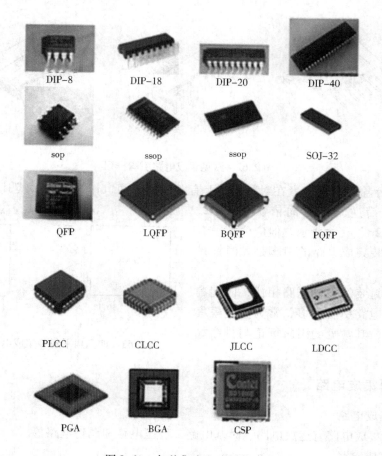

DIP-8 DIP-18 DIP-20 DIP-40

sop ssop ssop SOJ-32

QFP LQFP BQFP PQFP

PLCC CLCC JLCC LDCC

PGA BGA CSP

图2.61 各种集成电路封装图

集成电路的引脚较多，如何正确识别集成电路的引脚则是使用中的首要问题。这里介绍几种常用集成电路引脚的排列形式，如图2.62所示。

圆形结构的集成电路和金属壳封装的半导体晶体管类似，但是它们体积大、电极引脚多。这种集成电路引脚排列方式为：从识别标记开始，沿顺时针方向依次为1、2、3……如图2.62a所示。单列直插型集成电路的识别标记，有的用切角，有的用凹坑。这类集成电路引脚的排列方式也是从标记开始，从左向右依次为1、2、3……如图2.62b、c所示。

扁平型封装的集成电路多为双列型，这种集成电路为了识别引脚，一般在端面一侧有一

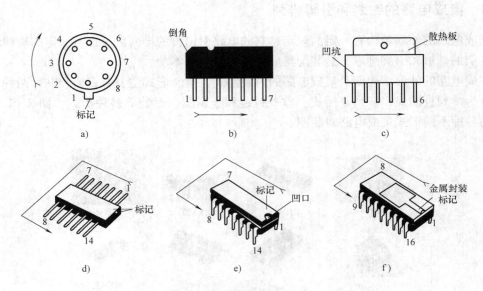

图 2.62　常见集成电路引脚排列

个类似引脚的小金属片，或者在封装表面上有一色标或凹口作为标记。其引脚排列方式是：

从标记开始，沿逆时针方向依次为 1、2、3……如图 2.62d、e、f 所示。但应注意，有少量的扁平封装集成电路的引脚是顺时针排列的。

与双列式封装的集成电路相比，四列扁平封装式集成电路引脚很多，常为大规模集成电路所采用，其常见的引脚标记与排序如图 2.63 所示。

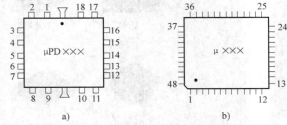

图 2.63　四列扁平封装集成电路引脚排列

2.6.3　常用集成电路

1. 模拟集成电路

常用模拟集成电路有运放电路、时基电路、稳压电路和调整电路等。

2. 数字集成电路

常用的数字集成电路有各种不同类型的逻辑电路（如 TTL 电路、CMOS 电路、加法器、编/译码器等）、存储器电路、微处理器电路等。

3. 常用门电路

常用门电路有 74 系列 TTL 集成电路和 CMOS4000 系列集成电路（CC、CD 或 TC 系列）。

4. 常用组合集成电路

常用组合集成电路有 74LS 系列的多路分配器、转换器、计数器、寄存器、译码器、驱动器和加法器等。

2.6.4　集成电路的检测常识

1) 检测前要了解集成电路及其相关电路的工作原理。

检查和修理集成电路前首先要熟悉所用集成电路的功能、内部电路、主要电气参数、各引脚的作用以及引脚的正常电压、波形与外围元件组成电路的工作原理。如果具备以上条件，那么分析和检查会容易许多。

2) 测试不要造成引脚间短路。

电压测量或用示波器探头测试波形时，表笔或探头不要由于滑动而造成集成电路引脚间短路，最好在与引脚直接连通的外围印制电路上进行测量。任何瞬间的短路都容易损坏集成电路，在测试扁平封装的 CMOS 集成电路时更要加倍小心。

3) 严禁在无隔离变压器的情况下，用已接地的测试设备去接触底板带电的电视、音响、录像等设备。

严禁用外壳已接地的仪器设备直接测试无电源隔离变压器的电视、音响、录像等设备。虽然一般的收录机都具有电源变压器，当接触到较特殊的尤其是输出功率较大或对采用的电源性质不太了解的电视或音响设备时，首先要弄清该机底盘是否带电，否则极易与底板带电的电视、音响等设备造成电源短路，波及集成电路，造成故障的进一步扩大。

4) 要注意电烙铁的绝缘性能。

不允许带电使用电烙铁焊接，要确认电烙铁不带电，最好把烙铁的外壳接地，对 MOS 电路更应小心，若采用 6~8V 的低压电烙铁就更安全了。

5) 要保证焊接质量。

焊接时确实焊牢，焊锡的堆积、气孔容易造成虚焊。焊接时间一般不超过 3s，烙铁的功率应用内热式 25W 左右。已焊接好的集成电路要仔细查看，最好用欧姆表测量各引脚间有否短路，确认无焊锡粘连现象再接通电源。

6) 不要轻易断定集成电路的损坏。

不要轻易地判断集成电路已损坏。因为集成电路绝大多数为直接耦合，一旦某一电路不正常，可能会导致多处电压变化，而这些变化不一定是集成电路损坏引起的，另外在有些情况下测得各引脚电压与正常值相符或接近时，也不一定都能说明集成电路就是好的。因为有些软故障不会引起直流电压的变化。

7) 测试仪表内阻要大。

测量集成电路引脚直流电压时，应选用表头内阻大于 $20k\Omega/V$ 的万用表，否则对某些引脚电压会有较大的测量误差。

8) 要注意功率集成电路的散热。

功率集成电路应散热良好，不允许不带散热器而处于大功率的状态下工作。

9) 引线要合理。

如需要加接外围元件代替集成电路内部已损坏部分，应选用小型元器件，且接线要合理以免造成不必要的寄生耦合，尤其是要处理好音频功放集成电路和前置放大电路之间的接地端。

2.7　其他元器件

1. 扬声器、传声器

扬声器俗称喇叭，应该是大家熟悉不过的器件了，它是收音机、录音机、音响设备中的重要元件。常见的扬声器有动圈式、舌簧式、压电式等几种，但最常用的是动圈式扬声器（又称电动式）。而动圈式扬声器又分为内磁式和外磁式，外磁式便宜，通常外磁式用得多。当音频电流通过音圈时，音圈产生随音频电流而变化的磁场，在永久磁铁的磁场中时而吸引时而排斥，带动纸盆振动发出声音。

音响用的扬声器大多要求大功率、高保真。为完美再现声响，扬声器又被分为低音、中音、高音，以各司其职。低音扬声器的纸盆不再由单一的材料构成，出现了布边、尼龙边和橡皮边等扬声器，使纸盆更有弹性，低音更加丰富。号筒式扬声器、球顶高音扬声器使高音更加清晰。另外还有一种全频扬声器，它将高、低音扬声器做在了一起。

还有一种压电陶瓷片，也是一种发声元件，它利用压电效应工作，既可以作发声元件又可以作接收声音的元件。而且它很便宜，生日卡上的发声元件就是它。压电陶瓷片是在圆形铜底板上涂覆了一层厚约 1mm 的压电陶瓷，再在陶瓷表面沉积一层涂银层，涂银层和铜底板就是它的两个电极。压电陶瓷有一个奇妙的特性——压电效应：如将它弯曲，它的表面就会出现异种电荷，如反向弯曲，电荷的极性也会相反。奇妙的是如果在压电陶瓷片的两个电极上施加一定的电压，它就会发生弯曲，当电压方向改变时，弯曲的方向也随之改变。利用压电效应，有了一种电声转换的两用器件，可以当传声器用：对压电陶瓷片讲话，使它受到声波的振动而发生前后弯曲，当然人的眼睛分辨不出这种弯曲，在压电陶瓷片的两电极就会有音频电压输出。相反地，把一定的音频电压加在压电陶瓷片的两极，由于音频电压的极性和大小不断变化，压电陶瓷片就会产生相应的弯曲运动，推动空气形成声音，这时候，它又成了扬声器。压电陶瓷片作为一种电子元件，在新买来的时候，是不带引线的，需要自己焊接。一般采用多股软线，焊接是要求速度快，焊点小，否则容易损坏压电陶瓷片娇嫩的镀银层。还有一种在 BP 机、小闹钟里广泛应用的音响器实质上也是电磁式的。

传声器有电容式的、动圈式的等，常用的卡拉 OK 传声器一般都是动圈式的，其实它是动圈式扬声器的反应用。

电子制作中常用的传声器是驻极体电容传声器，价钱很便宜，音质也不算差，体积很小。其实大多数的计算机多媒体传声器里面用的就是这东西。它体积小，我们要做的微型无线窃听器也用这种传声器，Bitbaby 有一个驻极体传声器只有米粒那么大。

2. 光耦合器

它是以光为媒介传输电信号的一种电-光-电转换器件。它由发光源和受光器两部分组成。发光源和受光器组装在同一密闭的壳体内，彼此间用透明绝缘体隔离。发光源的引脚为输入端，受光器的引脚为输出端，当输入端有电信号输入时，发光器发光，受光器受到光照后产生电流，输出端就有电信号输出，实现了以光为媒介的电信号的传输。它使输入端与输出端无导电的直接联系，有优良的抗干扰性能，广泛应用于电气隔离、电平转换、级间耦合、开关电路和脉冲耦合等电路。常见的发光源为发光二极管，受光器为光敏二极管、光敏晶体管等。

常见的封装形式光耦合器有管式、双列直杆式等。以光敏晶体管为例说明光耦合器的工作过程：光敏晶体管的导通与截止，是由发光二极管所加正向电压控制的，当发光二极管加上正向电压时，发光二极管有电流通过而发光，使光敏晶体管内阻减小而导通；反之，当发光二极管截止时，发光二极管中无电流通过，光敏晶体管的内阻增大而截止。

光耦合器的种类较多，常见的有光敏二极管型、光敏晶体管型、光敏电阻型、光控晶闸管型、光电达林顿型和集成电路型等。

优点：信号单向传输，输入端与输出端隔离，输出信号对输入端无影响，抗干扰能力强，工作稳定，无触点，使用寿命长。

主要参数：电流传输比（Current-Trrasfer Ratio，CTR）。

用途：电气绝缘、电平转换、级间耦合、驱动电路、开关电路、斩波器、多谐振荡器、脉冲放大电路、数字仪表、微型计算机及构成固态继电器（SSR）等。

3. 继电器

继电器是利用电流的效应来闭合或断开电路的装置，用于自动保护和自动控制。它实际上是用较小的电流去控制较大电流的一种"自动开关"。在大多数情况下，继电器就是一个电磁铁，这个电磁铁的衔铁可以闭合或断开一个或数个接触点。当电磁铁的绕组中有电流通过时，衔铁被电磁铁吸引，因而就改变了触点的状态。它在电路中起着自动调节、安全保护、转换电路等作用。常用继电器外形如图 2.64 所示。

图 2.64　常用继电器外形

（1）继电器的定义

当输入量（或激励量）满足某些规定条件时能在一个或多个电器输出电路中产生跃变的一种器件。

（2）继电器的分类

1）电磁继电器：在线圈两端加上一定的电压，线圈中就会流过一定的电流，从而产生电磁效应，衔铁就会在电磁力吸引的作用下克服返回弹簧的拉力吸向铁心，从而带动衔铁的动触点与静触点（常开触点）吸合。

① 直流电磁继电器：输入电路中的控制电流为直流的电磁继电器。

② 交流电磁继电器：输入电路中的控制电流为交流的电磁继电器。

③ 磁保持继电器：利用永久磁铁或具有很高剩磁特性的铁心，是电磁继电器的衔铁在其线圈断点后仍能保持在线圈通电时的位置上的继电器。

2）固体继电器：指电子元件履行其功能而无机械运动构件，输入和输出隔离的一种继电器。

3）温度继电器：当外界温度达到给定值时而动作的继电器。

4）舌簧继电器：利用密封在管内，具有触电簧片和衔铁磁路双重作用的舌簧的动作来开、闭或转换线路的继电器。

① 干簧继电器：舌簧管内的介质为真空、空气或某种惰性气体，即具有干式触点的舌簧继电器。

② 湿簧继电器：舌簧片和触点均密封在管内，并通过管底汞槽中汞的毛细作用，而使汞膜湿润触点的舌簧继电器。

③ 剩簧继电器：由剩簧管等一个或多个剩磁零件组成的自保持干簧继电器。

5）时间继电器：当加上或除去输入信号时，输出部分需延时或限时到规定的时间才闭合或断开其被控线路的继电器。

① 电磁时间继电器：当线圈加上信号后，通过减缓电磁铁的磁场变化而后延时的时间继电器。

② 电子时间继电器：由分立元件组成的电子延时线路所构成的时间继电器，或由固体延时线路构成的时间继电器。

③ 混合式时间继电器：由电子或固体延时线路和电磁继电器组合构成的时间继电器。

6）高频继电器：用于切换高频、射频线路而具有最小损耗的继电器。

7）极化继电器：由极化磁场与控制电流通过控制线圈所产生的磁场综合作用而动作的继电器。继电器的动作方向取决于控制线圈中流过的电流方向。

① 二位置极化继电器：继电器线圈通电时，衔铁按线圈电流方向被吸向左边或右边的位置，线圈断电后，衔铁不返回。

② 二位置偏倚极化继电器：继电器线圈断电时，衔铁恒靠在一边；线圈通电时，衔铁被吸向另一边。

③ 三位置极化继电器：继电器线圈通电时，衔铁按线圈电流方向被吸向左边或右边的位置；线圈断电后，总是返回到中间位置。

8）其他类型的继电器：如光继电器、声继电器、热继电器、仪表式继电器、霍尔效应继电器和差动继电器等。

（3）电磁继电器的工作原理和特性

电磁继电器一般由铁心、线圈、衔铁、触点簧片等组成。只要在线圈两端加上一定的电压，线圈中就会流过一定的电流，从而产生电磁效应，衔铁就会在电磁力吸引的作用下克服返回弹簧的拉力吸向铁心，从而带动衔铁的动触点与静触点（常开触点）吸合。当线圈断电后，电磁的吸力也随之消失，衔铁就会在弹簧的反作用力下返回原来的位置，使动触点与原来的静触点（常闭触点）吸合。这样吸合、释放，从而达到了在电路中的导通、切断的目的。对于继电器的"常开、常闭"触点，可以这样来区分：继电器线圈未通电时处于断开状态的静触点，称为"常开触点"；处于接通状态的静触点称为"常闭触点"。

（4）热敏干簧继电器的工作原理和特性

热敏干簧继电器是一种利用热敏磁性材料检测和控制温度的新型热敏开关。它由感温磁环、恒磁环、干簧管、导热安装片、塑料衬底及其他一些附件组成。热敏干簧继电器不用线圈励磁，而由恒磁环产生的磁力驱动开关动作。恒磁环能否向干簧管提供磁力是由感温磁环的温控特性决定的。

（5）固态继电器（SSR）的工作原理和特性

固态继电器是一种两个接线端为输入端，另两个接线端为输出端的四端器件，中间采用隔离器件实现输入输出的电隔离。

固态继电器按负载电源类型可分为交流型和直流型。按开关型式可分为常开型和常闭型。按隔离型式可分为混合型、变压器隔离型和光电隔离型，以光电隔离型为最多。

4. 保险元件

常用的保险元件有普通玻璃管熔丝、延迟型熔丝、熔断电阻和可恢复熔丝等，如图 2.65 所示。下面简单介绍各自的特点。

保险管　　　　温度熔丝　　　　　熔断器　　　　　可恢复熔丝

图 2.65　常用熔丝外形

（1）普通玻璃管熔丝

这种保险元件十分常用，其价格低廉，使用方便，额定电流从 0.1A 到数十安不等，尺寸规格主要有 18mm、20mm、22mm。

（2）延迟型熔丝

延迟型熔丝的特点是能承受短时间大电流（浪涌电流）的冲击，而在电流过载超过一定时限后又能可靠地熔断。这种熔丝主要用在开机瞬时电流较大的电子整机中，如彩电中就广泛使用了延迟型熔丝，其规格主要有 2A、3A、4A 等。延迟型熔丝常在电流规格前加字母 T，如 T2A，这可区别于普通熔丝。

（3）熔断电阻

熔断电阻又称保险电阻，是一种具电阻和熔丝双重功能的元件，不过其电阻值通常较小，仅数欧至零点几欧，少数为几十欧或千欧，熔断电阻大都起限流作用，因此主要功能还是起保险作用。熔断电阻大都是灰色，用色环或数字表示阻值，额定功率由电阻尺寸大小决定，也有直接标在阻体上的。

（4）可恢复熔丝

可恢复熔丝是由高分子材料及导电材料混合做成的过电流保护元件，在常温下，其阻抗很小，但在动作后会形成高阻状态，当故障排除后又自动返回低阻状态。依据能承受的最大电压，可恢复熔丝可分为多个系列，每个系列中，又根据不同工作电流，分为若干型号。

5. 开关件和接插件

开关件及其检测

1）开关件的作用

在电子设备中，开关是起电路的接通、断开或转换作用的。常用开关的外形结构如图 2.66 所示，各种开关的电路符号及外形如图 2.67 所示。

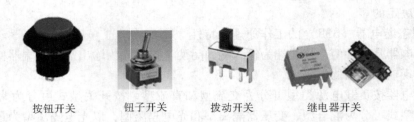

按钮开关   钮子开关   拨动开关   继电器开关

图 2.66   部分常用开关的外形结构

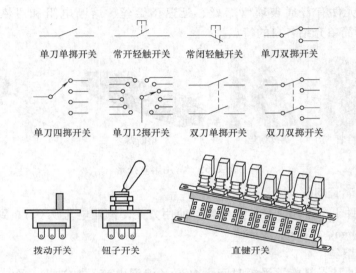

单刀单掷开关   常开轻触开关   常闭轻触开关   单刀双掷开关

单刀四掷开关   单刀12掷开关   双刀单掷开关   双刀双掷开关

拨动开关   钮子开关   直键开关

图 2.67   各种开关的电路符号及外形

2）开关件的检测

（1）机械开关的检测

使用万用表的欧姆档对开关的绝缘电阻和接触电阻进行测量。若测得绝缘电阻小于几百千欧时，说明此开关存在漏电现象；若测得接触电阻大于 0.5Ω，说明该开关存在接触不良的故障。

（2）电磁开关的检测

使用万用表的欧姆档对开关的线圈、开关的绝缘电阻和接触电阻进行测量。继电器的线圈电阻一般在几十欧至几千欧之间，其绝缘电阻和接触电阻值与机械开关基本相同。

（3）电子开关的检测

通过检测二极管的单向导电性和三极管的好坏来初步判断电子开关的好坏。

接插件及其检测

接插件又称连接器，它是用来在机器与机器之间、线路板与线路板之间、器件与电路板之间进行电气连接的元器件。

1）部分常用接插件：插座类，连接器类，接线端子类，部分常用接插件外形如图 2.68 所示。

2）接插件的检测

对接插件的检测，一般采用外表直观检查和万用表测量检查两种方法。通常的作法是：先进行外表直观检查，然后再用万用表进行检测。

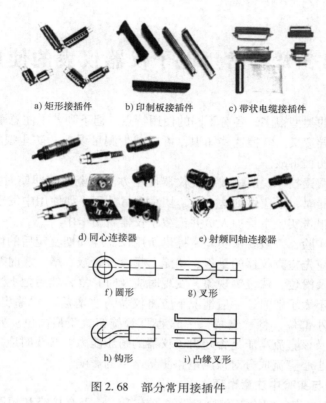

a) 矩形接插件　　　b) 印制板接插件　　　c) 带状电缆接插件

d) 同心连接器　　　e) 射频同轴连接器

f) 圆形　　　g) 叉形

h) 钩形　　　i) 凸缘叉形

图 2.68　部分常用接插件

思考与练习

1. 常用元件中，哪些属于电抗元件？

2. 用四环标注法标出下列电阻：$6.8\mathrm{k}\Omega \pm 10\%$；$47\Omega \pm 5\%$；$1.5\mathrm{k}\Omega \pm 10\%$；$910\mathrm{k}\Omega \pm 10\%$。

3. 用五环标注法标出下列电阻：$2\mathrm{k}\Omega \pm 1\%$；$39\Omega \pm 2\%$；$18\mathrm{k}\Omega \pm 5\%$；$910\mathrm{k}\Omega \pm 10\%$；$5.1\Omega \pm 0.5\%$。

4. 根据下列电阻体上的色标顺序，写出相应的阻值与误差：橙白黄　金；　棕黑金　金；紫绿红银；绿兰黑棕　棕；灰红黑银　红；

5. 如何判断电位器的动静触头？电位器的主要作用是什么？

6. 什么叫电位器的零位电阻？对零位电阻有何规定？

7. 电位器阻值变化规律主要有那几种？

8. 电容器的主要作用有哪些？

9. 电容器的额定电压是不是电容器在电路中工作时承受的电压？额定电压是如何定义的？

10. 电感器的主要作用有哪些？其电流等级是如何规定的？

11. 什么叫电感器的 Q 值？如何提高 Q 值？

12. 什么叫变压器的额定功率？

13. 如何用万用表检测电阻、电容？

14. 如何判断二极管的好坏及阴阳极？

15. 如何判断晶体管的好坏及晶体管的基极、集电极和发射极？

第3章 常用电子仪器仪表的使用

电子测量仪器的类型很多，各有不同的使用特点。但下列若干注意事项，对一般的实验用仪器具有普遍指导意义。掌握这些知识，可以减少测量误差，防止损坏仪器或被测电路，也可防止发生人身伤亡事故。

使用仪器前应阅读技术说明书或有关仪器使用方法的资料，即使对实验经验丰富的人，当使用不熟悉的仪器时，也应做到这一点，切忌盲目乱用，如使用中发现有异常现象，应立即切断电源，及时报告实验室管理人员并记载于仪器履历卡中。

对精密仪器的实验，一般要求实验室提供所用仪器经周期鉴定后的修正值。

接通电源前，应先检查仪器的量程、功能、频段、衰减、增益、时基、极性等旋钮及开关，看是否有松脱及滑位、错位等现象，发现时应及时修复，然后把上述各旋钮置于所需位置。当对被测对象不太了解时，一般情况下应将仪器的"增益"、"输出"、"灵敏度"、"调制"等旋钮置于最小部位，将"衰减"、"量程"等旋钮置于最高位。要注意被测电路中是否含有直流高压以及该直流高压是否超出了仪器的耐压能力。必要时应加隔直电容。选择及使用仪器时要特别小心直流成分对被测电路测量结果的影响。

1. 实验前准备与实验中注意事项

1）接通电源前，应仔细检查实验装置的各连接线是否有接错和短路现象。要特别注意地线的连接。测量时，要先接地线，再接高电位端。测量完毕，要先去掉高电位端再去掉地线。

2）注意仪器的预热，电子测量仪器都必须经过足够的预热时间，工作性能才能稳定。在一般精度要求不高的电子测量实验中，通常预热 $10 \sim 30min$ 已能满足要求。

3）不少电子测量仪器需要在使用前调零，调零的基本原则是：当无任何信号（包括被测的和外界干扰的）输入时，应调节仪器的读数刚好指零或某规定值。

4）开机通电后，如发现仪器内部的变压器发出反常的嗡嗡声或有焦味、冒烟等现象，应立即切断电源进行检查，如发生烧熔丝现象，应在仔细检查电源电压、外部接线和负载情况后，再换上相同容量的熔丝重新通电。严禁随意加大熔丝容量。如第二次通电又烧熔丝，则说明故障尚未排除，应确实查清故障并加以排除后，再换上相同容量的熔丝重新通电。

5）对于内部装有电风扇强制通风的电子测量仪器，开机通电后要注意风扇是否运转正常，如发现叶片不转或转动时噪声太大，转速不稳等，应加润滑油或拆下检修。高温季节进行测量实验时，可用外部电风扇，连续实验时间不宜太长。

6）目前，不少电子测量仪器都附有内部校准装置，利用内部校准装置可以有效地消除仪器因元件性能不稳及老化等造成的系统误差，从而提高测量精度。通电校准，还可以判断仪器各电路电源是否正常工作。对于没有内部校准装置的仪器，也可以进行类似的校准。例如用已知的电容、电感或电阻去校准（或比对）电桥、Q 表、欧姆表的读数等。

7）特别注意安全操作，要养成单手操作的习惯；当被测对象的电压较高时，要先检查测量笔或测量探头的绝缘是否良好，手不要接触高电位点；测量完后要及时拆去接线，并将电压表、电流表等置于高量程处，碰到打火，元器件冒烟，电解电容爆裂及其他意外事故，要冷静，首先切断电源，切忌尖叫、乱跑，以免造成额外损失。

2. 测量装置的组成

一项实验究竟有哪些型号的仪器及设备来组成测量装置，这是根据实验任务、要求、并结合实验室具体条件来决定的。实验方案确定以后为了保证仪器的正常工作和一定的精度，在现场布置和接线方面，需注意以下几个方面的问题：

（1）便于观测

各仪器的布置应保证读取测量结果时视差小，不易疲劳（例如：指针式仪器不宜放得太高或太偏）。

（2）便于操作

应根据不同仪器上可调旋钮的布置情况来安排其位置，调节起来方便舒适。例如：对需要调节谐振成平衡状态的仪器，应便于实验人员用右手肘部支撑桌面，以达到调节灵活的目的。

（3）安全稳定

当必须把两台机器重叠放置时，应把体积小、重量轻的放在上面。有的仪器把大功率晶体管安装在机壳外面，重叠仪器时注意不要造成短路；对于功率大、发热多的仪器，要注意本身散热和对周围仪器的影响。

（4）接线正确

引线是否合理，是测量成败的关键。

一般仪器引线都有高电位端与低电位端之分，通常低电位端与屏蔽壳相连。用同芯电缆线做输入或输出引线时，通常是芯线为高电位端，皮线为低电位端。仪器之间连接时，一要高端对高端，低端对低端。

仪器的布置要力求使接线尽量短。对于高增益、弱信号或高频的测量，应特别注意不要将被测器件输入与输出接线靠近，以免引起信号的串扰及寄生振荡。

3. 常用电子仪器的定义及分类

1）电子仪器：各种电源以及能够测量各类信号参数的仪器。

2）电子仪器分类如图 3.1 所示。

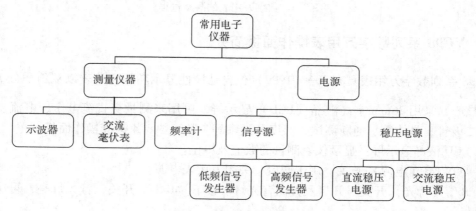

图 3.1　电子仪器的分类

4. 常用电子仪器的主要用途及之间的关系（见图 3.2）

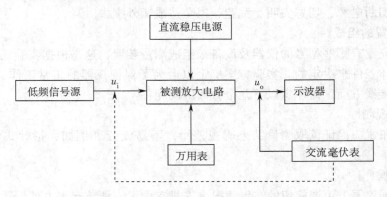

图 3.2　常用电子仪器的主要用途及之间的关系

3.1　数字万用表

3.1.1　数字万用表的结构和工作原理

数字万用表主要由液晶显示屏、模拟（A）/数字（D）转换器、电子计数器、转换开关等组成，其测量过程如图 3.3 所示。被测模拟量先由 A/D 转换器转换成数字量，然后通过电子计数器计数，最后把测量结果用数字直接显示在显示屏上。可见，数字万用表的核心部件是 A/D 转换器。目前，教学、科研领域使用的数字万用表大都以 ICL7106、7107 大规模集成电路为主芯片。该芯片内部包含双斜积分 A/D 转换器、显示锁存器、七段译码器、显示驱动器等。双斜积分 A/D 转换器的基本工作原理是在一个测量周期内用同一个积分器进行两次积分，将被测电压 U_x 转换成与其成正比的时间间隔，在此间隔内填充标准频率的时钟脉冲，用仪器记录的脉冲个数来反映 U_x 的值。

图 3.3　数字万用表的测量过程

3.1.2　VC98 系列数字万用表操作面板简介

VC98 系列数字万用表具有 $3\frac{1}{2}$（1999）位自动极性显示功能。该表以双斜积分 A/D 转换器为核心，采用 26mm 字高液晶（LCD）显示屏，可用来测量交直流电压、电流、电阻、电容、二极管、晶体管、通断测试、温度及频率等参数。图 3.4 为其操作面板。

1）LCD 液晶显示屏：显示仪表测量的数值及单位。

2）POWER（电源）开关：用于开启、关闭万用表电源。

3）B/L（背光）开关：开启及关闭背光灯。按下"B/L"开关，背光灯亮，再次按下，背光取消。

4）旋钮开关：用于选择测量功能及量程。

5）C_x（电容）测量插孔：用于放置被测电容。

6）20A 电流测量插孔：当被测电流大于 200mA 而小于 20A 时，应将红表笔插入此孔。

7）小于 200mA 电流测量插孔：当被测电流小于 200mA 时，应将红表笔插入此孔。

8）COM（公共地）：测量时插入黑表笔。

9）V（电压）/Ω（电阻）测量插孔：测量电压/电阻时插入红表笔。

10）刻度盘：共 8 个测量功能。"Ω"为电阻测量功能，有 7 个量程档位；"DCV"为直流电压测量功能，"ACV"为交流电压测量功能，各有 5 个量程档位；"DCA"为直流电流测量功能，"ACA"为交流电流测量功能，各有 6 个量程档位；"F"为电容测量功能，有 6 个量程档位；"h_{FE}"为晶体管 h_{FE} 值测量功能；"⊶"为二极管及通断测试功能，测试二极管时，近似显示二极管的正向压降值，导通电阻 <70Ω 时，内置蜂鸣器响。

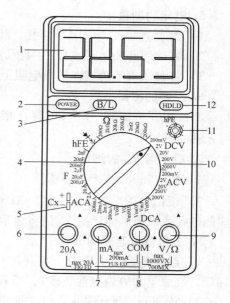

图 3.4　VC98 系列数字万用表操作面板

11）h_{FE} 测试插孔：用于放置被测晶体管，以测量其 h_{FE} 值。

12）HOLD（保持）开关：按下"HOLD"开关，当前所测量数据被保持在液晶显示屏上并出现符号 ⊞，再次按下"HOLD"开关，退出保持功能状态，符号 ⊞ 消失。

3.1.3　VC98 系列数字万用表的使用方法

1. 直流电压的测量

1）黑表笔插入"COM"插孔，红表笔插入"V/Ω"插孔。

2）将旋钮开关转至"DCV"（直流电压）相应的量程档。

3）将表笔跨接在被测电路上，其电压值和红表笔所接点电压的极性将显示在显示屏上。

2. 交流电压的测量

1）黑表笔插入"COM"插孔，红表笔插入"V/Ω"插孔。

2）将旋钮开关转至"ACV"（交流电压）相应的量程档。

3）将测试表笔跨接在被测电路上，被测电压值将显示在显示屏上。

3. 直流电流的测量

1）黑表笔插入"COM"插孔，红表笔插入"200mA"或"20A"插孔。

2）将旋钮开关转至"DCA"（直流电流）相应的量程档。

3）将仪表串接在被测电路中，被测电流值及红表笔所接点的电流极性将显示在显示屏上。

4. 交流电流的测量

1）黑表笔插入"COM"插孔，红表笔插入"200mA"或"20A"插孔。

2）将旋钮开关转至"ACA"（交流电流）相应的量程档。

3）将仪表串接在被测电路中，被测电流值将显示在显示屏上。

5. 电阻的测量

1）黑表笔插入"COM"插孔，红表笔插入"V/Ω"插孔。

2）将旋钮开关转至"Ω"（电阻）相应的量程档。

3）将测试表笔跨接在被测电阻上，被测电阻值将显示在显示屏上。

6. 电容的测量

将旋钮开关转至"F"（电容）相应的量程档，被测电容插入 C_x（电容）插孔，其值将显示在显示屏上。

7. 晶体管 h_{FE} 的测量

1）将旋钮开关置于 h_{FE} 档。

2）根据被测晶体管的类型（NPN 或 PNP），将发射极 e、基极 b、集电极 c 分别插入相应的插孔，被测晶体管的 h_{FE} 值将显示在显示屏上。

8. 二极管及通断测试

1）红表笔插入"V/Ω"孔（注意：数字万用表红表笔为表内电池正极；指针万用表则相反，红表笔为表内电池负极），黑表笔插入"COM"孔。

2）旋钮开关置于"➤⋅⚬"（二极管/蜂鸣）符号档，红表笔接二极管正极，黑表笔接二极管负极，显示值为二极管正向压降的近似值（0.55 ~ 0.70V 为硅管；0.15 ~ 0.30V 为锗管）。

3）测量二极管正、反向压降时，若只有最高位均显示"1"（超量限），则二极管开路；若正、反向压降均显示"0"，则二极管击穿或短路。

4）将表笔连接到被测电路两点，如果内置蜂鸣器发声，则两点之间电阻值低于 70Ω，电路通，否则电路为断路。

3.1.4　VC9801A + 数字万用表使用注意事项

1）测量电压时，输入直流电压切勿超过 1000V，交流电压有效值切勿超过 700V。

2）测量电流时，切勿输入超过 20A 的电流。

3）被测直流电压高于 36V 或交流电压有效值高于 25V 时，应仔细检查表笔是否可靠接触、连接是否正确、绝缘是否良好等，以防电击。

4）测量时应选择正确的功能和量程，谨防误操作；切换功能和量程时，表笔应离开测试点；显示值的"单位"与相应量程档的"单位"一致。

5）若测量前不知被测量的范围，应先将量程开关置到最高档，再根据显示值调到合适的档位。

6）测量时若只有最高位显示"1"或"−1"，表示被测量值超过了量程范围，应将量程开关转至较高的档位。

7）在线测量电阻时，应确认被测电路所有电源已关断，且所有电容都已完全放完电，方可进行测量，禁止带电测电阻。

8）用"200Ω"量程时，应先将表笔短路测引线电阻，然后在实测值中减去所测的引线电阻；用"200MΩ"量程时，将表笔短路仪表将显示 1.0MΩ，属正常现象，不影响测量精度，实测时应减去该值。

9）测电容前，应对被测电容进行充分放电；用大电容档测漏电或击穿电容时读数将不稳定；测电解电容时，应注意正、负极，切勿插错。

10）显示屏显示 ⊟ 符号时，应及时更换 9V 碱性电池，以减小测量误差。

3.2 交流毫伏表

交流毫伏表是电工、电子实验中用来测量交流电压有效值的常用电子测量仪器。其优点是测量电压范围广、频率宽、输入阻抗高、灵敏度高等。交流毫伏表种类很多，现以 AS2294D 型交流毫伏表为例介绍其结构特点、测量方法及使用注意事项等。

3.2.1 AS2294D 型交流毫伏表的结构特点及面板介绍

AS2294D 型双通道交流毫伏表由两组性能相同的集成电路及晶体管放大电路和表头指示电路组成，如图 3.5 所示。

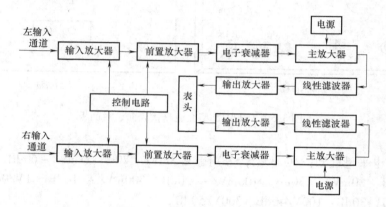

图 3.5 AS2294D 型交流毫伏表的组成及工作原理图

其表头采用同轴双指针式电表，可进行双路交流电压的同时测量和比较，"同步/异步"操作，给立体声双通道测量带来方便。该表测量电压范围为 $30\mu V \sim 300V$，共 13 档；测量电压频率范围为 $5Hz \sim 2MHz$；测量电平范围为 $-90 \sim 50dBV$ 和 $-90 \sim 52dBm$。

AS2294D 型双通道交流毫伏表前、后面板如图 3.6 所示。

1）左通道输入（L IN）插座：输入被测交流电压。

2）左通道（L CHRANGE）量程调节旋钮（灰色）。

3）右通道输入（R IN）插座：输入被测交流电压。

4）右通道（R CHRANGE）量程调节旋钮（桔红色）。

5）"同步/异步"按键："SYNC"即桔红色灯亮，左右量程调节旋钮进入同步调整状态，旋转两个量程调节旋钮中的任意一个，另一个的量程也跟着同步改变；"ASYN"即绿灯亮，量程调节旋钮进入异步状态，转动量程调节旋钮，只改变相应通道的量程。

6）电源开关：按下，仪器电源接通（ON）；弹起，仪器电源被切断（OFF）。

7）左通道（L）量程指示灯（绿色）：绿色指示灯所亮位置对应的量程为该通道当前所选量程。

8）右通道（R）量程指示灯（桔红色）：桔红色指示灯所亮位置对应的量程为该通道

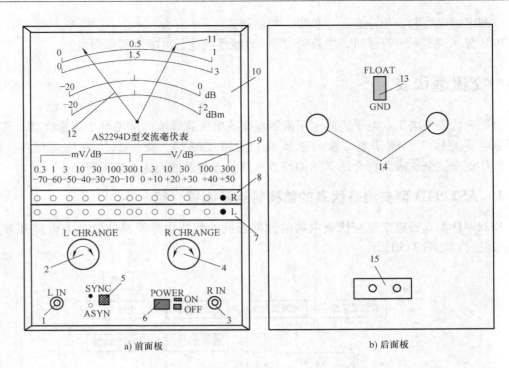

图 3.6 AS2294D 型交流毫伏表前、后面板

当前所选量程。

9）电压/电平量程档：共 13 档，分别是 0.3mV/－70dB、1mV/－60dB、3mV/－50dB、10mV/－40dB、30mV/－30dB、100mV/－20dB、300mV/－10dB、1V/0dB、3V/10dB、10V/20dB、30V/30dB、100V/40dB、300V/50dB。

10）表刻度盘：共 4 条刻度线，由上到下分别是 0～1、0～3、－20～0dB、－20～2dBm。测量电压时，若所选量程是 10 的倍数，读数看 0～1 即第一条刻度线；若所选量程是 3 的倍数，读数看 0～3 即第二条刻度线。当前所选量程均指指针从 0 达到满刻度时的电压值，具体每一大格及每一小格所代表的电压值应根据所选量程确定。

11）红色指针：指示右通道（R IN）输入交流电压的有效值。

12）黑色指针：指示左通道（R IN）输入交流电压的有效值。

13）FLOAT（浮置）/GND（接地）开关。

14）信号输出插座。

15）220V 交流电源输入插座。

3.2.2　AS2294D 型交流毫伏表的测量方法和浮置功能的应用

1. 交流电压的测量

AS2294D 型交流毫伏表实际上是两个独立的电压表，因此它可作为两个单独的电压表使用。测量时，先将被测电压正确地接入所选输入通道，然后根据所选通道的量程开关及表针指示位置读取被测电压值。

2. 异步状态测量

当被测的两个电压值相差较大，如测量放大电路的电压放大倍数或增益时，可将仪器置于异步状态进行测量，测量方法如图 3.7 所示。

按下"同步/异步"键使"ASYN"灯亮，将被测放大电路的输入信号 u_i 和输出信号 u_o 分别接到左右通道的输入端，从两个不同的量程开关和表针指示的电压值或 dB 值，就可算出（或直接读出）放大电路的电压放大倍数（或增益）。

如输入左（L IN）通道的指示值 $u_i = 10mV$ （$-40dB$），输出右（R IN）通道的指示值 $u_o = 0.5V$ （$-6dB$），则电压放大倍数 $\beta = u_o/u_i = 0.5 \times 10^3 mV/10mV = 50$ 倍；直接读取的电压增益 dB 值为 $-6dB - （-40dB） = 34dB$。

3. 同步状态测量

同步状态测量适合于测量立体声录放磁头的灵敏度、录放前置均衡电路及功率放大电路等。由于两路电压表的性能、量程相同，因此可直接读出两个被测声道的不平衡度。测量方法如图 3.8 所示。

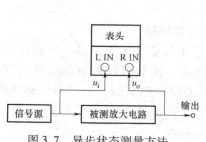

图 3.7　异步状态测量方法

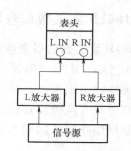

图 3.8　同步状态测量方法

将"同步/异步"键置于同步状态即"SYNC"灯亮，分别接入 L、R 立体声的左右放大器，如性能相同（平衡），红、黑表针应重合，如不重合，则可读出不平衡度的 dB 值。

4. 浮置功能的应用

1）在测量差动放大电路双端输出电压时，电路的两个输出端都不能接地，否则会引起测量结果不准，此时可将后面板上的浮置/接地开关上扳，采用浮置方式测量。

2）某些需要防止地线干扰的放大器或带有直流电压输出的端子及元器件两端电压的在线测量等均可采用浮置方式测量以免公共接地带来的干扰或短路。

3）在音频信号传输中，有时需要平衡传输，此时测量其电平时，应采用浮置方式测量。

3.2.3　AS2294D 型交流毫伏表使用注意事项

1）测量时仪器应垂直放置即仪器表面应垂直于桌面。

2）所测交流电压中的直流分量不得大于 100V。

3）测量 30V 以上电压时，应注意安全。

4）接通电源及转换量程开关时，由于电容放电过程，指针有晃动现象，待指针稳定后方可读数。

5）测量时应根据被测量大小选择合适的量程，一般应取被测量的 1.2 ~ 2 倍，即使指针偏转 1/2 以上。在无法预知被测量大小的情况下先用大量程档，然后逐渐减小量程至合适档位。

6）毫伏表属不平衡式仪表且灵敏度很高，测量时黑夹子必须牢固接被测电路的"公共地"，与其他仪器连用时还应正确"共地"，红夹子接测试点。接拆电路时注意顺序，测试时先接黑夹子，后接红夹子，测量完毕，应先拆红夹子，后拆黑夹子。

7）仪器应避免剧烈振动，周围不应有高热及强磁场干扰。

8）仪器面板上的开关不应剧烈、频繁扳动，以免造成人为损坏。

3.3 函数信号发生器/计数器

函数信号发生器是用来产生不同形状、不同频率波形的仪器。实验中常用作信号源，信号的波形、频率和幅度等可通过开关和旋钮进行调节。函数信号发生器有模拟式和数字式两种。

3.3.1 SP1641B 型函数信号发生器/计数器

1. SP1641B 型函数信号发生器/计数器的组成和工作原理

SP1641B 型函数信号发生器/计数器属模拟式，它不仅能输出正弦波、三角波、方波等基本波形，还能输出锯齿波、脉冲波等多种非对称波形，同时对各种波形均可实现扫描功能。此外，它还具有点频正弦信号、TTL 电平信号及 CMOS 电平信号输出和外测频功能等。整机组成及原理电路框图如图 3.9 所示。

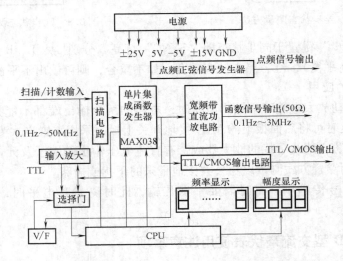

图 3.9 SP1641B 型函数信号发生器/计数器组成及原理电路框图

整机电路由一片单片机 CPU 进行管理，其主要任务是：控制函数信号发生器产生的频率；控制输出信号的波形；测量输出信号或外部输入信号的频率并显示；测量输出信号的幅度并显示。单片专用集成电路 MAX038 的使用，确保了能够产生多种函数信号。扫描电路由多片运算放大器组成，以满足扫描宽度、扫描速率的需要。宽频带直流功放电路确保了函数信号发生器的带负载能力。

2. SP1641B 型函数信号发生器/计数器操作面板简介

SP1641B 型函数信号发生器/计数器前操作面板如图 3.10 所示。

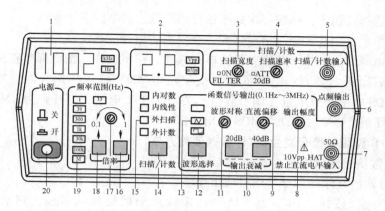

图 3.10　SP1641B 型函数信号发生器/计数器前操作面板

1）频率显示窗口：显示输出信号或外测频信号的频率，单位由窗口右侧所亮的指示灯确定，"kHz" 或 "Hz"。

2）幅度显示窗口：显示输出信号的幅度，单位由窗口右侧所亮的指示灯确定，"Vpp" 或 "mVpp"。

3）扫描宽度调节旋钮：调节扫频输出的频率范围。在外测频时，逆时针旋到底（绿灯亮），为外输入测量信号经过低通开关进入测量系统。

4）扫描速率调节旋钮：调节内扫描的时间长短。在外测频时，逆时针旋到底（绿灯亮），为外输入测量信号经过 "20dB" 衰减进入测量系统。

5）扫描/计数输入插座：当 "扫描/计数" 键功能选择在外扫描或外计数功能时，外扫描控制信号或外测频信号将由此端口输入。

6）点频输出端：输出 100Hz、2Vpp 的标准正弦波信号。

7）函数信号输出端：输出多种波形受控的函数信号，输出幅度 20Vpp（1MΩ 负载），10Vpp（50Ω 负载）。

8）函数信号输出幅度调节旋钮：调节范围 20dB。

9）函数信号输出直流电平偏移调节旋钮：调节范围：−5 ~ 5V（50Ω 负载），−10 ~ 10V（1MΩ 负载）。当电位器处在关闭位置（逆时针旋到底即绿灯亮）时，则为 0 电平。

10）函数信号输出幅度衰减按键："20dB"、"40dB" 按键均未按下，信号不经衰减直接从插座 7 输出。"20dB"、"40dB" 键分别按下，则可衰减 20dB 或 40dB。"20dB" 和 "40dB" 键同时按下时，则衰减 60dB。

11）输出波形对称性调节旋钮：调节此旋钮可改变输出信号的对称性。当电位器处在关闭位置（逆时针旋到底即绿灯亮）时，则输出对称信号。

12）函数信号输出波形选择按钮：按动此键，可选择正弦波、三角波、方波三种波形。

13）波形指示灯：可分别指示正弦波、三角波、方波。按压波形选择按钮 12，指示灯亮，说明该波形被选定。

14）"扫描/计数" 按钮：可选择多种扫描方式和外测频方式。

15）扫描/计数方式指示灯：显示所选择的扫描方式和外测频方式。

16）倍率选择按钮↓：每按一次此按钮可递减输出频率的 1 个频段。

17）频率微调旋钮：调节此旋钮可微调输出信号频率，调节基数为 0.1 ~ 1。

18）倍率选择按钮↑：每按一次此按钮可递增输出频率的 1 个频段。

19）频段指示灯：共 8 个。指示灯亮，表明当前频段被选定。

20）整机电源开关：按下此键，机内电源接通，整机工作。按键释放整机电源关断。

此外，在后面板上还有：电源插座（交流市电 220V 输入插座，内置容量为 0.5A 熔丝）；TTL/CMOS 电平调节旋钮（调节旋钮"关"为 TTL 电平，打开则为 CMOS 电平，输出幅度可从 5V 调节到 15V）；TTL/CMOS 输出插座。

3. SP1641B 型函数信号发生器/计数器使用方法

（1）主函数信号输出方法

1）将信号输出线连接到函数信号输出插座"7"。

2）按倍率选择按钮"16"或"18"选定输出函数信号的频段，转动频率微调旋钮"17"调整输出信号的频率，直到所需的频率值。

3）按波形选择按钮"12"选择输出函数信号的波形，可分别获得正弦波、三角波、方波。

4）由输出幅度衰减按键"10"和输出幅度调节旋钮"8"选定和调节输出信号的幅度到所需值。

5）当需要输出信号携带直流电平时可转动直流偏移旋钮"9"进行调节，此旋钮若处于关闭状态，则输出信号的直流电平为 0，即输出纯交流信号。

6）输出波形对称调节钮"11"关闭时，输出信号为正弦波、三角波或占空比为 50% 的方波。转动此旋钮，可改变输出方波信号的占空比或将三角波调变为锯齿波，正弦波调变为正、负半周角频率不同的正弦波形，且可移相 180°。

（2）点频正弦信号输出方法

1）将终端不加 50Ω 匹配器的信号输出线连接到点频输出插座"6"。

2）输出频率为 100Hz，幅度为 2Vpp（中心电平为 0）的标准正弦波信号。

（3）内扫描信号输出方法

1）"扫描/计数"按钮"14"选定为"内扫描"方式。

2）分别调节扫描宽度调节旋钮"3"和扫描速率调节旋钮"4"以获得所需的扫描信号输出。

3）主函数信号输出插座"7"和 TTL/CMOS 输出插座（位于后面板）均可输出相应的内扫描的扫频信号。

（4）外扫描信号输入方法

1）"扫描/计数"按钮"14"选定为"外扫描"方式。

2）由"扫描/计数"输入插座"5"输入相应的控制信号，即可得到相应的受控扫描信号。

（5）TTL/CMOS 电平输出方法

1）转动后面板上的 TTL/CMOS 电平调节旋钮使其处于所需位置，以获得所需的电平。

2）将终端不加 50Ω 匹配器的信号输出线连接到后面板 TTL/CMOS 输出插座即可输出所需的电平。

3.3.2　DDS 函数信号发生器

DDS 函数信号发生器采用现代数字合成技术，它完全没有振荡器元件，而是利用直接数字合成技术，由函数计算值产生一连串数据流，再经数/模转换器输出一个预先设定的模拟信号。其优点是：输出波形精度高、失真小；信号相位和幅度连续无畸变；在输出频率范围内不需设置频段，频率扫描可无间隙地连续覆盖全部频率范围等。现以 TFG2003 型 DDS 函数信号发生器为例，说明数字函数信号发生器的使用方法。

1. 技术指标

TFG2003 型 DDS 函数信号发生器具有双路输出、调幅输出、门控输出、猝发计数输出、频率扫描和幅度扫描等功能。其主要技术指标如下：

（1）A 路输出技术指标

1）波形种类：正弦波、方波。

2）频率范围：30mHz～3MHz；分辨率为 30mHz。

3）幅度范围：100mVpp～20Vpp（高阻）；分辨率为 80mVpp；输出阻抗为 50Ω。手动衰减：衰减范围为 0～70dB（10dB、20dB、40dB 三档）；步进 10dB。

4）调制特性：调制信号：内部 B 路 4 种波形（正弦波、方波、三角波、锯齿波），频率为 100Hz～3kHz。幅度调制（ASK）：载波幅度和跳变幅度任意设定。频率调制（FSK）：载波频率和跳变频率任意设定。

5）扫描特性：频率或幅度线性扫描，扫描过程可随时停止并保持，可手动逐点扫描。

（2）B 路输出技术指标

1）波形种类：正弦波、方波、三角波、锯齿波。

2）频率范围：100Hz～3kHz。

3）幅度范围：300mVpp～8Vpp（高阻）。

（3）TTL 输出技术指标

1）波形特性：方波，上升/下降时间 <20ns。

2）频率特性：与 A 路输出特性相同。

3）幅度特性：TTL 兼容，低电平 <0.3V；高电平 >4V。

2. 面板键盘功能

TFG2003 型 DDS 函数信号发生器前面板如图 3.11 所示。

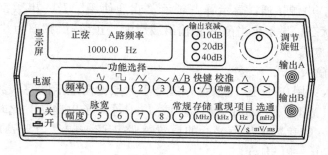

图 3.11　DDS 函数信号发生器前面板

前面板共 20 个按键、3 个幅度衰减开关、1 个调节旋钮、2 个输出端口和电源开关。按键都是按下释放后才有效，各按键功能如下：

1）【频率】键：频率选择键。

2）【幅度】键：幅度选择键。

3）【0】、【1】、【2】、【3】、【4】、【5】、【6】、【7】、【8】、【9】键：数字输入键。

4）【MHz】／【存储】、【kHz】／【重现】、【Hz】／【项目】／【V/s】、【mHz】／【选通】／【mV/ms】键：双功能键，在数字输入之后执行单位键的功能，同时作为数字输入的结束键（即确认键），其他时候执行【项目】、【选通】、【存储】、【重现】等功能。

5）【·/－】／【快键】键：双功能键，输入数字时为小数点输入键，其他时候执行【快键】功能。

6）【<】／【∧】、【>】／【∨】键：双功能键，一般情况下作为光标左右移动键，只有在"扫描"功能时作为加、减步进键和手动扫描键。

7）【功能】／【校准】键：主菜单控制键，循环选择五种功能，见表3.1。

8）【项目】键：子菜单控制键，在每种功能下选择不同的项目，见表3.1。

表3.1　【功能】、【项目】菜单显示表

【功能】（主菜单）键	常规	扫描	调幅	猝发	键控
【项目】（子菜单）键	A 路频率	A 路频率	A 路频率	A 路频率	A 路频率
	B 路频率	始点频率	B 路频率	计数	始点频率
		终点频率		间隔	终点频率
		步长频率		单次	间隔
		间隔			
		方式			

9）【选通】键：双功能键，在"常规"功能时可以切换频率和周期，幅度峰峰值和有效值，在"扫描"、"猝发"和"键控"功能时作为启动键。

10）【快键】键：按【快键】键后（显示屏上出现"Q"标志），再按【0】／【1】／【2】／【3】键，可以直接选择对应的 4 种不同波形输出；按【快键】键后再按【4】键，可以直接进行 A 路和 B 路输出转换。按【快键】键后按【5】键，可以调整方波的占空比。

11）调节旋钮：调节输入的数据。

3. 使用方法

按下电源开关，电源接通。显示屏先显示"欢迎使用"及一串数字，然后进入默认的"常规"功能输出状态，显示出当前 A 路输出波形为"正弦"，频率为"1000.00Hz"。

（1）数据输入方式

该仪器的数据输入方式有三种。

1）数字键输入：用 0~9 这 10 个数字键及小数点键向显示区写入数据。数据写入后应按相应的单位键（【MHz】、【kHz】、【Hz】或【mHz】）予以确认。此时数据开始生效，信号发生器按照新写入的参数输出信号。如设置 A 路正弦波频率为 2.7kHz，其按键顺序是：【2】→【.】→【7】→【kHz】。

数字键输入法可使输入数据一次到位，因而适合于输入已知的数据。

2）步进键输入：实际使用中有时需要得到一组几个或几十个等间隔的频率值或幅度

值，如果用数字键输入法，就必须反复使用数字键和单位键。为了简化操作，可以使用步进键输入方法，将【功能】键选择为"扫描"，把频率间隔设定为步长频率值，此后每按一次【∧】键，频率增加一个步长值，每按一次【∨】键，频率减小一个步长值，且数据改变后即可生效，不需再按单位键。

如设置间隔为 12.84kHz 的一系列频率值，其按键顺序是：先按【功能】键选"扫描"，再按【项目】键选"步长频率"，依次按【1】、【2】、【.】、【8】、【4】、【kHz】，此后连续按【∧】或【∨】键，就可得到一系列间隔为 12.84kHz 的递增或递减频率值。

注意：步进键输入法只能在项目选择为"频率"或"幅度"时使用。

步进键输入法适合于一系列等间隔数据的输入。

3）调节旋钮输入：按位移键【<】或【<】，使三角形光标左移或右移并指向显示屏上的某一数字，向右或左转动调节旋钮，光标指示位数字连续加 1 或减 1，并能向高位进位或借位。调节旋钮输入时，数字改变后即刻生效。当不需要使用调节旋钮输入时，按位移键【<】或【<】使光标消失，转动调节旋钮就不再生效。

调节旋钮输入法适合于对已输入数据进行局部修改或需要输入连续变化的数据进行搜索观测。

（2）"常规"功能的使用

仪器开机后为"常规"功能，显示 A 路波形（正弦或方波），否则可按【功能】键选择"常规"，仪器便进入"常规"状态。

1）频率/周期的设定。按【频率】键可以进行频率设定。在"A 路频率"时用数字键或调节旋钮输入频率值，此时在"输出 A"端口即有该频率的信号输出。例如：设定频率值为 3.5kHz，按键顺序为：【频率】→【3】→【.】→【5】→【kHz】。

频率也可用周期值进行显示和输入。若当前显示为频率，按【选通】键，即可显示出当前周期值，用数字键或调节旋钮输入周期值。例如：设定周期值 25ms，按键顺序是：【频率】→【选通】→【2】→【5】→【ms】。

2）幅度的设定。按【幅度】键可以进行幅度设定。在"A 路幅度"时用数字键或调节旋钮输入幅度值，此时在"输出 A"端口即有该幅度的信号输出。例如：设定幅度为 3.2V，按键顺序是：【幅度】→【3】→【.】→【2】→【V】。

幅度的输入和显示可以使用有效值（VRMS）或峰峰值（VPP），当项目选择为幅度时，按【选通】键可对两种显示格式进行循环转换。

3）输出波形选择。如果当前选择为 A 路，按【快键】→【0】，输出为正弦波；按【快键】→【1】，输出为方波。

方波占空比设定：若当前显示为 A 路方波，可按【快键】→【5】，显示出方波占空比的百分数，用数字键或调节旋钮输入占空比值，"输出 A"端口即有该占空比的方波信号输出。

（3）"扫描"功能的使用

1）"频率"扫描。按【功能】键选择"扫描"，如果当前显示为频率，则进入"频率"扫描状态，可设置扫描参数，并进行扫描。

① 设定扫描始点/终点频率：按【项目】键，选"始点频率"，用数字键或调节旋钮设定始点频率值；按【项目】键，选"终点频率"，用数字键或调节旋钮设定终点频率值。

注意：终点频率值必须大于始点频率值。

② 设定扫描步长：按【项目】键，选"步长频率"，用数字键或调节旋钮设定步长频率值。扫描步长小，扫描点多，测量精细，反之则测量粗糙。

③ 设定扫描间隔时间：按【项目】键，选"间隔"，用数字键或调节旋钮设定间隔时间值。

④ 设定扫描方式：按【项目】键，选"方式"，有以下4种扫描方式可供选择。按【0】，选择为"正扫描方式"（扫描从始点频率开始，每步增加一个步长值，到达终点频率后，再返回始点频率重复扫描过程）；按【1】，选择为"逆扫描方式"（扫描从终点频率开始，每步减小一个步长值，到达始点频率后，再返回终点频率重复扫描过程）；按【2】，选择为"单次正扫描方式"（扫描从始点频率开始，每步增加一个步长值，到达终点频率后，扫描停止。每按一次【选通】键，扫描过程进行一次）；按【3】，选择为"往返扫描方式"（扫描从始点频率开始，每步增加一个步长值，到达终点频率后，改为每步减小一个步长值扫描至始点频率，如此往返重复扫描过程）。

⑤ 扫描启动和停止：扫描参数设定后，按【选通】键，显示出"F SWEEP"表示频率扫描功能已启动，按任意键可使扫描停止。扫描停止后，输出信号便保持在停止时的状态不再改变。无论扫描过程是否正在进行，按【选通】键都可使扫描过程重新启动。

⑥ 手动扫描：扫描过程停止后，可用步进键进行手动扫描，每按1次【∧】键，频率增加一个步长值，每按1次【∨】键，频率减小一个步长值，这样可逐点观察扫描过程的细节变化。

2）"幅度"扫描。

在"扫描"功能下按【幅度】键，显示出当前幅度值。设定幅度扫描参数（如始点幅度、终点幅度、步长幅度、间隔时间和扫描方式等），其方法与频率扫描类同。按【选通】键，显示出"A SWEEP"表示幅度扫描功能已启动。按任意键可使扫描过程停止。

（4）"调幅"功能的使用

按【功能】键，选择"调幅"，"输出A"端口即有幅度调制信号输出。A路为载波信号，B路为调制信号。

1）设定调制信号的频率：按【项目】键选择"B路频率"，显示出B路调制信号的频率，用数字键或调节旋钮可设定调制信号的频率。调制信号的频率应与载波信号频率相适应，一般地，调制信号的频率应是载波信号频率的十分之一。

2）设定调制信号的幅度：按【项目】键选择"B路幅度"，显示出B路调制信号的幅度，用数字键或调节旋钮设定调制信号的幅度。调制信号的幅度越大，幅度调制深度就越大。（注意：调制深度还与载波信号的幅度有关，载波信号的幅度越大，调制深度就越小，因此，可通过改变载波信号的幅度来调整调制深度）。

3）外部调制信号的输入：从仪器后面板"调制输入"端口可引入外部调制信号。外部调制信号的幅度应根据调制深度的要求来调整。使用外部调制信号时，应将"B路频率"设定为0，以关闭内部调制信号。

（5）"猝发"功能的使用

按【功能】键，选择"猝发"，仪器即进入猝发输出状态，可输出一定周期数的脉冲串或对输出信号进行门控。

1）设定波形周期数：按【项目】键，选择"计数"，显示出当前输出波形的周期数，用数字键或调节旋钮可设定每组输出的波形周期数。

2）设定间隔时间：按【项目】键，选择"间隔"，显示猝发信号的间隔时间值，用数字键或调节旋钮可设定各组输出之间的间隔时间。

3）猝发信号的启动和停止：设定好猝发信号的频率、幅度、计数和间隔时间后，按【选通】键，显示出"BURST"，猝发信号开始输出，达到设定的周期数后输出暂停，经设定的时间间隔后又开始输出。如此循环，输出一系列脉冲串波形。按任意键可停止猝发输出。

4）门控输出：若"计数"值设定为 0，则为无限多个周期输出。猝发输出启动后，信号便连续输出，直到按任意键输出停止。这样可通过按键对输出信号进行闸门控制。

5）单次猝发输出：按【项目】键，选择"单次"，可以输出单次猝发信号，每按一次【选通】键，输出一次设定数目的脉冲串波形。

（6）键控功能的使用

在数字通信或遥控遥测系统中，对数字信号的传输通常采用频移键控（FSK）或幅移键控（ASK）方式，对载波信号的频率或幅度进行编码调制，在接收端经过解调器再还原成原来的数字信号。

1）频移键控（FSK）输出：按【功能】键选择"键控"，若当前显示为频率值，仪器则进入 FSK 输出方式，可按【频率】键，设定 FSK 输出参数。按【项目】键，选择"始点频率"，设定载波频率值；按【项目】键，选择"终点频率"，设定跳变频率值；按【项目】键，选择"间隔"，设定两个频率的交替时间间隔。然后按【选通】键，启动 FSK 输出，此时显示出"FSK"。按任意键可使输出停止。

2）幅移键控（ASK）输出：在【功能】选择为"键控"方式下，按【幅度】键，显示出当前幅度值，仪器进入 ASK 输出方式。各项参数设定方法和输出启动方式与 FSK 类同，不再复述。

（7）B 路输出的使用

B 路输出有 4 种波形（正弦波、方波、三角波、锯齿波），频率和幅度连续可调，但精度不高，也不能显示准确的数值，主要用作幅度调制信号以及定性的观测实验。

1）频率设定：按【项目】键选择"B 路频率"，显示出一个频率调整数字（不是实际频率值），用数字键或调节旋钮改变此数字即可改变"输出 B"信号的频率。

2）幅度设定：按【项目】键选择"B 路幅度"，显示出一个幅度调整数字（不是实际幅度值），用数字键或调节旋钮改变此数字即可改变"输出 B"信号的幅度。

3）波形选择：若当前输出为 B 路，按【快键】、【0】键，B 路输出正弦波；按【快键】、【1】键，B 路输出方波；按【快键】、【2】键，B 路输出三角波；按【快键】、【3】键，B 路输出锯齿波。

（8）出错显示功能

由于各种原因使得仪器不能正常运行时，显示屏将会有出错显示：EOP * 或 EOU * 等。EOP * 为操作方法错误显示，例如显示 EOP1，提示只有在频率和幅度时才能使用【∧】、【∨】键；EOP3，提示在正弦波时不能输入脉宽；EOP5，提示"扫描"、"键控"方式只能在频率和幅度时才能触发启动等。EOU * 为超限出错显示，即输入的数据超过了仪器所允许的范围，如显示 EOU1，提示扫描始点值不能大于终点值；EOU2，提示频率或周期为 0 不能互换；EOU3，输入数据中含有非数字字符或输入数据超过允许值范围等。

3.3.3 F05 型数字合成函数信号发生器

F05 型数字合成函数信号发生器是一台精密的测试仪器，具有输出函数信号、调频、调幅、FSK、PSK、猝发、频率扫描等信号的功能。采用直接数字合成技术（DDS）；主波形输出频率为 $1\mu Hz \sim 20MHz$；小信号输出幅度可达 1mV；脉冲波占空比分辨率高达千分之一；数字调频、调幅分辨率高、准确；猝发模式具有相位连续调节功能；频率扫描输出可任意设置起点、终点频率；相位调节分辨率达 $0.1°$；调幅调制度 $1\% \sim 100\%$ 可任意设置；输出波形达 30 余种；具有频率测量和计数的功能；机箱造型美观大方，按键操作舒适灵活；具有第二路输出，可控制和第一路信号的相位差。

1. 技术指标

（1）波形特性

1）主波形：正弦波、方波。

波形幅度分辨率：12bits；

采样速率：200Msa/s；

正弦波谐波失真：$-50dBc$（频率 $\leqslant 5MHz$）；

$\qquad\qquad\qquad -45dBc$（频率 $\leqslant 10MHz$；

$\qquad\qquad\qquad -40dBc$（频率 $> 10MHz$）；

正弦波失真度：$\leqslant 0.2\%$（频率：$20Hz \sim 100kHz$）；

方波升降时间：$\leqslant 25ns$（SPF05 $\leqslant 28ns$）。

注：正弦波谐波失真、正弦波失真度、方波升降时间测试条件为输出幅度 2Vpp（高阻），环境温度 $25℃ \pm 5℃$。

2）储存波形：正弦波、方波、脉冲波、三角波、锯齿波和阶梯波等 26 种波形，TTL 波形（仅 F20，输出频率同主波形）。

波形长度：4096 点；

波形幅度分辨率：12bits；

脉冲波占空系数：$1.0\% \sim 99.0\%$（频率 $\leqslant 10kHz$），

$\qquad\qquad\qquad 10\% \sim 90\%$（频率 $10 \sim 100kHz$）；

脉冲波升降时间：$\leqslant 1\mu s$；

直流输出误差：$\leqslant \pm 10\% + 10mV$（输出电压值范围 $10mV \sim 10V$）。

3）TTL 波形输出：（F05、F10）。

输出频率：同主波形；

输出幅度：低电平 $< 0.5V$，高电平 $> 2.5V$；

输出阻抗：600Ω。

（2）频率特性

频率范围：

主波形：正弦波 $1\mu Hz \sim 5MHz$；方波 $10Hz \sim 5MHz$（SPF05 型）；

$\qquad\qquad$ 正弦波 $1\mu Hz \sim 10MHz$；方波 $10Hz \sim 10MHz$（SPF10 型）；

正弦波 1μHz ~ 20MHz；方波 10Hz ~ 20MHz（SPF20 型）。

储存波形：1μHz ~ 100kHz。

分辨率：1μHz；

频率误差：$\leqslant \pm 5 \times 10^{-4}$；频率稳定度：优于 $\pm 5 \times 10^{-5}$。

（3）幅度特性

幅度范围：1mV ~ 20Vpp（高阻），0.5mV ~ 10Vpp（50Ω）。

最高分辨率：2μVpp（高阻），1μVpp（50Ω）。

幅度误差：$\leqslant \pm 2\% + 1$mV（频率 1kHz 正弦波）。

幅度稳定度：$\pm 1\% / 3$h。

平坦度：$\pm 5\%$（频率 $\leqslant 5$MHz，正弦波），$\pm 10\%$（频率 > 5MHz，正弦波）；
　　　　$\pm 5\%$（频率 $\leqslant 50$kHz，其他波形），$\pm 20\%$（频率 > 50kHz，其他波形）。

输出阻抗：50Ω。

幅度单位：Vpp，mVpp，Vrms，mVrms，dBm。

（4）偏移特性

直流偏移（高阻）：$\pm$（10V – Vpk ac）。

最高分辨率：2μV（高阻），1μV（50Ω）。

偏移误差：$\leqslant \pm 10\% + 20$mV（高阻）。

（5）调幅特性

载波信号：波形为正弦波，频率范围同主波形。

调制方式：内或外。

调制信号：内部 5 种波形（正弦波、方波、三角波、升锯齿、降锯齿）或外输入信号。

调制信号频率：1Hz ~ 20kHz（内部），100Hz ~ 10kHz（外部）。

失真度：$\leqslant 1\%$（调制信号频率 1kHz，正弦波）。

调制深度：1% ~ 100%。

相对调制误差：$\leqslant \pm 5\% + 0.5$（调制信号频率 1kHz，正弦波）。

外输入信号幅度：3Vpp（$-1.5 ~ 1.5$V）。

（6）调频特性

载波信号：波形为正弦波，频率范围同主波形。

调制方式：内或外。

调制信号：内部 5 种波形（正弦波、方波、三角波、升锯齿、降锯齿）或外输入信号。

调制信号频率：1Hz ~ 10kHz（内部）100Hz ~ 10kHz（外部）。

频偏：调频最大频偏为载波频率的 50%，同时满足频偏加上载波频率不大于最高。

工作频率 +100kHz，失真度：$\leqslant 1\%$（调制信号频率 1kHz，正弦波）。

相对调制误差：$\leqslant \pm 5\%$ 设置值 ± 50Hz　　（调制信号频率 1kHz，正弦波）。

外输入信号幅度：3Vpp（$-1.5 ~ 1.5$V）。

FSK：频率 1 和频率 2 任意设定。

控制方式：内或外（外控：TTL 电平，低电平 F1，高电平 F2）。

交替速率：0.1ms ~ 800s。

（7）调相特性

基本信号：波形为正弦波，频率范围同主波形。

PSK：相位 1 （P1） 和相位 2 （P2） 范围：0.1~360.0°。

分辨率：0.1°。

交替时间间隔：0.1ms~800s。

控制方式：内或外（外控 TTL 电平，低电平 P2，高电平 P1）。

（8）猝发

基本信号：波形为正弦波，频率范围同主波形。

猝发计数：1~30000 个周期，同时满足 COUNT≤800 * Freq （Hz）。

猝发信号交替时间间隔：0.1ms~800s。

控制方式：内（自动）/外（单次手动按键触发、外输入 TTL 脉冲上升沿触发）。

（9）频率扫描特性

信号波形：正弦波。

扫描频率范围：扫描起始点频率，符合主波形频率范围。

扫描终止点频率，符合主波形频率范围。

扫描时间：1ms~800s （线性），100ms~800s （对数）。

扫描步进时间：1ms~800s （步进扫描）。

扫描间歇时间：0ms~800s （步进扫描）。

扫描方式：线性扫描、对数扫描和步进扫描。

外触发信号频率：≤1kHz （线性），≤10Hz （对数）。

控制方式：内（自动）/外（单次手动按键触发、外输入 TTL 脉冲上升沿触发）。

（10）调制信号输出

输出频率：1Hz~20kHz。

输出波形：正弦波、方波、三角波、升锯齿、降锯齿。

输出幅度：5Vpp±5%   （正弦波，频率≤10kHz）。

输出阻抗：600Ω。

（11）外标频输入

信号幅度：3Vpp。

信号频率：10MHz。

（12）存储特性

存储参数：信号的频率值、幅度值、波形、直流偏移值、功能状态。

存储容量：10 个信号。

重现方式：全部存储信号用相应序号调出。

存储时间：十年以上。

（13）计算特性

在数据输入和显示时，既可以使用频率值也可以使用周期值，既可以使用幅度有效值也可以使用幅度峰峰值和 dBm 值。

（14）操作特性

除了数字键直接输入以外，还可使用调节旋钮连续调整数据，操作方法可灵活选择。

2. 面板显示说明

F05 型数字合成函数信号发生器面板显示说明如图 3.12 所示。

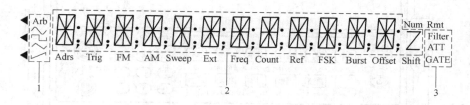

图 3.12　F05 型数字合成函数信号发生器面板显示说明

1—波形显示区　2—主字符显示区　3—测频/计数功能模式显示区

图 3.12 中，除了 1、2、3 外，其他均为状态显示区。

（1）波形显示区

∿：主波形/载波为正弦波形；⊓：主波形为方波、脉冲波；

⌒：点频波形为三角波形；⟋：点频波形为升锯齿波形；

Arb：点频波形为存储波形。

（2）测频/计数功能模式显示区

Filter：测频时处于低通状态；ATT：测频时处于衰减状态；GATE：测频计数时闸门开启。

（3）状态显示区

Adrs：不用。

Trig：等待单次触发或外部触发。

FM：调频功能模式。

AM：调幅功能模式。

Sweep：扫描功能模式。

Ext：外信号输入状态。

Freq：（与 Ext）测频功能模式。

Count：（与 Ext）计数功能模式。

Ref：（与 Ext）外基准输入状态。

FSK：频移功能模式。

◀FSK：相移功能模式。

Burst：猝发功能模式。

Offset：输出信号直流偏移不为 0。

Shift：【shift】键按下。

Rmt：仪器处于远程状态。

Z：频率单位 Hz 的组成部分。

3. 前面板图说明

F05 型数字合成函数信号发生器/计数器前面板如图 3.13 所示。

数字输入键功能见表 3.2。功能键和其他键选择见表 3.3 和表 3.4。

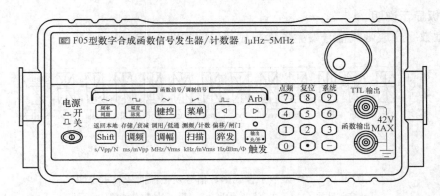

图 3.13 F05 型数字合成函数信号发生器/计数器前面板

表 3.2 数字输入键功能

键名	主 功 能	第 二 功 能	键名	主 功 能	第 二 功 能
0	输入数字 0	无	7	输入数字 7	进入点频
1	输入数字 1	无	8	输入数字 8	复位仪器
2	输入数字 2	无	9	输入数字 9	进入系统
3	输入数字 3	无	●	输入小数点	无
4	输入数字 4	无	━	输入负号	无
5	输入数字 5	无	◄	闪烁数字左移 *	选择脉冲波
6	输入数字 6	无	►	闪烁数字右移 * *	选择 ARB 波形

注：*：输入数字未输入单位时，按下此键，删除当前数字的最低位数字，可用来修改当前输错的数字。

*：外计数时，按下此键，计数停止，并显示当前计数值，再按此键一次，继续计数。

* *：外计数时，按下此键，计数清零，重新开始计数。

表 3.3 功能键

键名	主功能	第二功能	计数第二功能	单位功能
频率/周期	频率选择	正弦波选择	无	无
幅度/脉宽	幅度选择	方波选择	无	无
键控	键控功能	三角波选择	无	无
菜单	菜单选择	升锯齿波选择	无	无
调频	调频功能选择	存储功能选择	衰减选择	ms/mVpp
调幅	调幅功能选择	调用功能选择	低通选择	MHz/Vrms
扫描	扫描功能选择	测频功能选择	测频/计数选择	kHz/mVrms
猝发	猝发功能选择	直流偏移选择	闸门选择	Hz/dBm

表 3.4 其他键

键名	主功能	其他
输出	信号输出与关闭切换	扫描功能和猝发功能的单次触发
Shift	和其他键一起实现第二功能	单位 s/Vpp/N

　　按键功能：前面板共有 24 个按键，按键按下后，会用响声"嘀"来提示。

　　大多数按键是多功能键。每个按键的基本功能标在该按键上，要实现某按键的基本功能，只须按下该按键即可。

　　按键有第二功能的，第二功能用蓝色标在这些按键的上方，要实现按键的第二功能，只须先按下【Shift】键再按下该按键即可。

　　少部分按键还可作单位键，单位标在这些按键的下方。要实现按键的单位功能，只有先按下数字键，接着再按下该按键即可。

　　【Shift】键：基本功能作为其他键的第二功能复用键，按下该键后，"Shift"标志亮，此时按其他键则实现第二功能；再按一次该键则该标志灭，此时按其他键则实现基本功能；还用作"s/Vpp/N"单位，分别表示时间的单位"s"、幅度的峰峰值单位"V"和其他不确定的单位。

　　【0】【1】【2】【3】【4】【5】【6】【7】【8】【9】【●】【－】键：数据输入键。其中【7】【8】【9】与【Shift】键复合使用还具有第二功能。

　　【◀】【▶】键：基本功能是数字闪烁位左右移动键。第二功能是选择"脉冲"波形和"任意"波形。在计数功能下还作为"计数停止"和"计数清零"功能。

　　【频率/周期】键：频率的选择键。当前如果显示的是频率，再按下一次该键，则表示输入和显示改为周期。第二功能是选择"正弦"波形。

　　【幅度/脉宽】键：幅度的选择键。如果当前显示的是幅度且当前波形为"脉冲"波，再按一次该键表示输入和显示改为脉冲波的脉宽。第二功能是选择"方波"波形。

　　【键控】键：FSK 功能模式选择键。当前如果是 FSK 功能模式，再按一次该键，则进入 PSK 功能模式；当前不是 FSK 功能模式，按一次该键，则进入 FSK 功能模式。第二功能是选择"三角波"波形。

　　【菜单】键：菜单键，进入 FSK、PSK、调频、调幅、扫描、猝发和系统功能模式时，可通过【菜单】键选择各功能的不同选项，并改变相应选项的参数。在点频功能时且当前处于幅度时可用【菜单】键进行峰峰值、有效值和 dBm 数值的转换。第二功能是选择"升锯齿"波形。

　　【调频】键：调频功能选择键，第二功能是储存选择键。它还用作"ms/mVpp"单位，分别表示时间的单位"ms"、幅度的峰峰值单位"mV"。在"测频"功能下作"衰减"选择键。

　　【调幅】键：调幅功能模式选择键，第二功能是调用选择键。它还用作"MHz/Vrms"单位，分别表示频率的单位"MHz"、幅度的有效值单位"Vrms"。在"测频"功能下作"低通"选择键。

　　【扫描】键：扫描功能模式选择键，第二功能是测频计数功能选择键。它还用作"kHz/mVrms"单位，分别表示频率的单位"kHz"、幅度的有效值单位"mVrms"。在"测频计数器"功能下和【Shift】键一起作"计数"和"测频"功能选择键，当前如果是测频，则选择计数；当前如果是计数，则选择测频。

　　【猝发】键：猝发功能模式选择键，第二功能是直流偏移选择键。它还用作"Hz/dBm/Φ"单位，分别表示频率的单位"Hz"、幅度的单位"dBm"。在"测频"功能下作"闸门"选择键。

【输出】键：信号输出控制键。如果不希望信号输出，可按【输出】键禁止信号输出，此时输出信号指示灯灭；如果要求输出信号，则再按一次【输出】键即可，此时输出信号指示灯亮。默认状态为输出信号，输出信号指示灯亮。在"猝发"功能模式和"扫描"功能模式的单次触发时作"单次触发"键，此时输出信号指示灯亮。

不同功能模式时按【菜单】键出现不同菜单；具体如下：

扫描功能模式：

```
MODE→START F →STOP F → TIME→ TRIG→STEP F→ SPACE T
```

MODE：扫描模式，分为线性扫描、对数扫描和步进扫描；
START F：扫描起点频率；
STOP F：扫描终点频率；
TIME：扫描时间（线性、对数），扫描步进时间（步进）；
TRIG：扫描触发方式；
STEP F：步进扫描时的步进频率（只在步进扫描时显示）；
SPACE T：步进扫描时，两次扫描之间的间隔时间（只在步进扫描时显示）。

调频功能模式：

```
FM DEVIA→ FM FREQ → FM WAVE → FM SOURCE
```

FM DEVIA：调制频偏；
FM FREQ：调制信号的频率；
FM WAVE：调制信号的波形，共有5种波形可选；
FM SOURCE：调制信号是机内信号还是外输入信号。

调幅功能模式：

```
AM LEVEL→ AM FREQ → AM WAVE → AM SOURCE
```

AM LEVEL：调制深度；
AM FREQ：调制信号的频率；
AM WAVE：调制信号的波形，共有5种波形可选；
AM SOURCE：调制信号是机内信号还是外输入信号。

猝发功能模式：

```
COUNT→ SPACE T → PHASE → TRIG
```

COUNT：周期个数；
SPACE T：猝发间隔时间；
PHASE：正弦波为猝发起点相位；
TRIG：猝发的触发方式。

FSK功能模式：

```
F1→ F2→ SPACE T → TRIG
```

F1：FSK第一个频率；

F2：FSK 第二个频率；

SPACE T：FSK 间隔时间；

TRIG：FSK 触发方式。

PSK 功能模式：

P1→ P2 → SPACE T → TRIG

P1：信号第一相位；

P2：信号第二相位；

SPACE T：PSK 间隔时间；

TRIG：PSK 触发方式。

系统功能模式：

POWER ON →OUT Z →ADDRESS→INTERFACE→BAUD→ PARITY→STORE OPEN

POWER ON：开机状态；

OUT Z：输出阻抗；

ADDRESS：接口地址；

INTERFACE：接口选择；

BAUD：RS232 接口通信速率；

PARITY：RS232 接口通信数据位数和校验；

STORE OPEN：存储功能开或关。

调节旋钮和【◀】【▶】键一起改变当前闪烁显示的数字。

4. 后面板图说明

F05 型数字合成函数信号发生器/计数器后面板如图 3.14 所示。

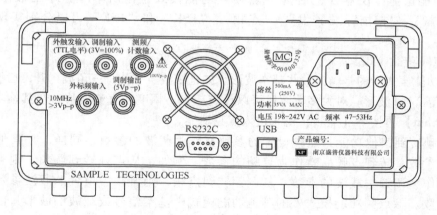

图 3.14　F05 型数字合成函数信号发生器/计数器后面板

5. 使用说明

（1）测试前的准备工作

先仔细检查电源电压是否符合本仪器的电压工作范围，确认无误后方可将电源线插入本仪器后面板的电源插座内。仔细检查测试系统电源情况，保证系统间接地良好，仪器外壳和所有的外露金属均已接地。在与其他仪器相连时，各仪器间应无电位差。

（2）函数信号输出使用说明

1）仪器启动：按下面板上的电源按钮，电源接通。先闪烁显示"WELCOME"2s，再闪烁显示仪器型号例如"F05-DDS"1s。之后根据系统功能中开机状态设置，进入"点频"功能状态，波形显示区显示当前波形"～"，频率为10.00000000 kHz；或者进入上次关机前的状态。

2）数据输入：数据输入有两种方式。

① 数据键输入：10 个数字键用来向显示区写入数据。写入方式为自左到右顺序写入，【●】用来输入小数点，如果数据区中已经有小数点，按此键不起作用。【－】用来输入负号，如果数据区中已经有负号，再按此键则取消负号。使用数据键只是把数据写入显示区，这时数据并没有生效，所以如果写入有错，可以按当前功能键，然后重新写入。对仪器输出信号没有影响。等到确认输入数据完全正确之后，按一次单位键，这时数据开始生效，仪器将根据显示区数据输出信号。数据的输入可以使用小数点和单位键任意搭配，仪器将会按照统一的形式将数据显示出来。

注意：用数字键输入数据必须输入单位，否则输入数值不起作用。

② 调节旋钮输入：调节旋钮可以对信号进行连续调节。按位移键【◄】【►】使当前闪烁的数字左移或右移，这时顺时针转动旋钮，可使正在闪烁的数字连续加一，并能向高位进位。逆时针转动旋钮，可使正在闪烁的数字连续减一，并能向高位借位。使用旋钮输入数据时，数字改变后立即生效，不用再按单位键。闪烁的数字向左移动，可以对数据进行粗调，向右移动则可以进行细调。

当不需要使用旋钮时，可以用位移键【◄】【►】使闪烁的数字消失，旋钮的转动就不再有效。

3）功能选择：仪器开机后为"点频"功能模式，输出单一频率的波形，按"调频"、"调幅"、"扫描"、"猝发"、"点频"、"FSK"和"PSK"可以分别实现7种功能模式。

4）点频功能模式。

点频功能模式指的是输出一些基本波形。如正弦波、方波、三角波、升锯齿波、降锯齿波和噪声等27种波形。对大多数波形可以设定频率、幅度和直流偏移。在其他功能时，可先按下【Shift】再按下【点频】键来进入点频功能。

从点频转到其他功能，点频设置的参数就作为载波的参数；同样，在其他功能中设置载波的参数，转到点频后就作为点频的参数。例如，从点频转到调频，则点频中设置的参数就作为调频中载波的参数；从调频转到点频，则调频中设置的载波参数就作为点频中的参数。除点频功能模式外的其他功能模式中基本信号或载波的波形只能选择正弦波。

① 频率设定：按【频率】键，显示出当前频率值。可用数据键或调节旋钮输入频率值，这时仪器输出端口即有该频率的信号输出。点频频率设置范围为 $1\mu Hz \sim 20MHz$（SPF20）。例：设定频率值5.8kHz，按键顺序如下：

【频率】【5】【●】【8】【kHz】（可以用调节旋钮输入）

或者：【频率】【5】【8】【0】【0】【Hz】（可以用调节旋钮输入）

显示区都显示 5.8000000 kHz。

② 周期设定：信号的频率也可以用周期值的形式进行显示和输入。如果当前显示为频率，再按【频率/周期】键，显示出当前周期值，可用数据键或调节旋钮输入周期值。

例：设定周期值 10ms，按键顺序如下：

【周期】【1】【0】【ms】（可以用调节旋钮输入）

如果当前显示为周期，再按【频率/周期】键，可以显示出当前频率值；如果当前显示的既不是频率也不是周期，按【频率/周期】键，显示出当前点频频率值。

③ 幅度设定：按【幅度】键，显示出当前幅度值。可用数据键或调节旋钮输入幅度值，这时仪器输出端口即有该幅度的信号输出。

例如：设定幅度值峰峰值 4.6V，按键顺序如下：

【幅度】【4】【●】【6】【Vpp】（可以用调节旋钮输入）

对于"正弦波"、"方波"、"三角波"、"升锯齿"和"降锯齿"波形，幅度值的输入和显示有三种格式：峰峰值 Vpp、有效值 Vrms 和 dBm 值，可以用不同的单位区分输入。对于其他波形只能输入和显示峰峰值 Vpp 或直流数值（直流数值也用单位 Vpp 和 mVpp 输入）。

④ 直流偏移设定：按【Shift】后再按【偏移】键，显示出当前直流偏移值，如果当前输出波形直流偏移不为 0，此时状态显示区显示直流偏移标志"Offset"。可用数据键或调节旋钮输入直流偏移值，这时仪器输出端口即有该直流偏移的信号输出。

例如：设定直流偏移值 −1.6V，按键顺序如下：

【Shift】【偏移】【−】【1】【●】【6】【Vpp】（可以用调节旋钮输入）

或者：【Shift】【偏移】【1】【●】【6】【−】【Vpp】（可以用调节旋钮输入）

零点调整：对输出信号进行零点调整时，使用调节旋钮调整直流偏移要比使用数据键方便，直流偏移在经过零点时正负号能够自动变化。

⑤ 波形设置。

常用波形的选择：按下【Shift】键后再按下波形键，可以选择正弦波、方波、三角波、升锯齿波、脉冲波五种常用波形。同时波形显示区显示相应的波形符号。常用波形的选择也可用一般波形的选择方法。

例：选择方波，按键顺序如下：

【Shift】【方波】

一般波形的选择：先按下【Shift】键再按下【Arb】键，显示区显示当前波形的编号和波形名称。如"6：NOISE"表示当前波形为噪声。然后用数字键或调节旋钮输入波形编号来选择波形。如果输入常用波形的编号，则波形显示区显示这些常用波形的相应的波形符号。如果当前波形为存储波形，波形显示区显示存储波形的波形符号"Arb"。

例：选择直流，按键顺序如下：

【Shift】【Arb】【1】【0】【N】（可以用调节旋钮输入）

除点频功能模式外的其他功能模式中基本信号或载波的波形只能选择正弦波。

波形以及相应编号对应关系见表 3.5。

表 3.5　波形以及相应编号对应关系

波形编号	波形名称	提示符	波形编号	波形名称	提示符
1	正弦波	SINE	14	全波整流	COMMUT_FU
2	方波	SQUARE	15	半波整流	COMMUT_HA
3	三角波	TRIANG	16	正弦波横切割	SINE_TRA
4	升锯齿	UP_RAMP	17	正弦波纵切割	SINE_VER
5	降锯齿	DOWN_RAMP	18	正弦波调相	SINE_PM
6	噪声	NOISE	19	对数函数	LOG
7	脉冲波	PULSE	20	指数函数	EXP
8	正脉冲	P_PULSE	21	半圆函数	ROUND_HAL
9	负脉冲	N_PULSE	22	SINX/X 函数	SINX/X
10	正直流	P_DC	23	二次方根函数	SQU_ROOT
11	负直流	N_DC	24	正切函数	TANGENT
12	阶梯波	STAIR	25	心电图波	CARDIO
13	编码脉冲	C_PULSE	26	地震波形	QUAKE

⑥占空比调整：当前波形为脉冲波时，如果输出频率小于 100kHz，显示区显示的是幅度值，再按一次【脉宽】后显示出脉宽值。如果显示区显示的既不是幅度值也不是脉宽值，则连续按两次【脉宽】，显示区显示脉宽值。如果当前波形不是脉冲波，则该键只作幅度输入键使用。显示区显示脉宽值时，用数字键或调节旋钮输入脉宽值，可以对方波占空比进行调整。调整范围：频率不大于 10kHz 时为 1.0% ～ 99.0%，此时分辨率高达 0.1%；频率在 10～100kHz 时为 10% ～ 90%，此时分辨率为 1%。

例：输入占空比值 60.5%，按键顺序如下：

【脉宽】【6】【0】【●】【5】【N】（可以用调节旋钮输入）

⑦门控输出：按【输出】键禁止信号输出，此时输出信号指示灯灭。按需要设定好信号的波形、频率、幅度。再按一次【输出】键信号开始输出，此时输出信号指示灯亮。【输出】键可以在信号输出和关闭之间反复进行切换。输出信号指示灯也相应以亮（输出）和灭（关闭）进行指示。这样可以对输出信号进行闸门控制。

5）信号的存储与调用功能：可以存储信号的频率值、幅度值、波形、直流偏移值、功能状态。

共可以存储 10 组信号，编号为 1～10。在需要的时候可以进行调用。信号的存储使用永久存储器，关断电源存储信号也不会丢失。可以把经常使用的信号存储起来，随时都可以调出来使用。调用信号可以进行参数修改，修改后还可以重新存储。

使用存储功能，首先必须在系统功能里把存储功能开关打开。

关机前状态仪器自动存储在 0 号单元，因此可以调用 11 组信号，编号为 0～10。

例如：要将当前正在输出的信号存储在第 1 个存储单元，按键顺序如下：

【shift】【存储】【1】【N】

此时显示区显示提示符和当前存储单元序号"STORE 1"。

如果原来第 1 个存储单元中已经存储了信号，则通过上述存储操作后，原来的信号被新信号取代。

例如：要将第 1 组存储单元的信号调用作为当前输出信号，按键顺序如下：

【shift】【调用】【1】【N】

此时显示区显示提示符和当前存储单元序号"RECALL 1"。在调用功能状态下可用调节旋钮输入序号值，不需要输入单位，就可以连续调用存储信号。

3.4 模拟示波器

示波器是一种综合性电信号显示和测量仪器，它不但可以直接显示出电信号随时间变化的波形及其变化过程，测量出信号的幅度、频率、脉宽、相位差等，还能观察信号的非线形失真，测量调制信号的参数等。配合各种传感器，示波器还可以进行各种非电量参数的测量。

3.4.1 模拟示波器的组成和工作原理

模拟示波器的基本结构框图如图 3.15 所示。它由垂直系统（Y 轴信号通道）、水平系统（X 轴信号通道）、示波管及其电路、电源等组成。

1. 示波管的结构和工作原理

（1）示波管的结构

示波管是用以将被测电信号转变为光信号而显示出来的一个光电转换器件，它主要由电子枪、偏转系统和荧光屏三部分组成，如图 3.16 所示。

1）电子枪。电子枪由灯丝 F、阴极 K、栅极 G_1、前加速极 G_2、第一阳极 A_1 和第二阳极 A_2 组成。阴极 K 是一个表面涂有氧化物的金属圆筒，灯丝 F 装在圆筒内部，灯丝通电

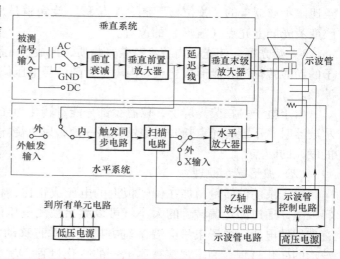

图 3.15 模拟示波器的基本结构框图

后加热阴极，使其发热并发射电子，经栅极 G_1 顶端的小孔、前加速极 G_2 圆筒内的金属限制膜片、第一阳极 A_1、第二阳极 A_2 汇聚成可控的电子束冲击荧光屏使之发光。栅极 G_1 套在阴极外面，其电位比阴极低，对阴极发射出的电子起控制作用。调节栅极电位可以控制射向荧光屏的电子流密度。栅极电位较高时，绝大多数初速度较大的电子通过栅极顶端的小孔奔向荧光屏，只有少量初速度较小的电子返回阴极，电子流密度大，荧光屏上显示的波形较亮；反之，电子流密度小，荧光屏上显示的波形较暗。当栅极电位足够低时，电子会全部返回阴极，荧光屏上不显示光点。调节电阻 RP1 即"辉度"调节旋钮，就可改变栅极电位，也即改变显示波形的亮度。

第一阳极 A_1 的电位远高于阴极，第二阳极 A_2

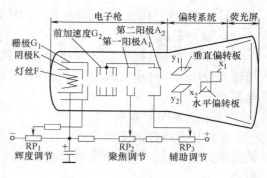

图 3.16 示波管结构示意图

的电位高于 A_1，前加速极 G_2 位于栅极 G_1 与第一阳极 A_1 之间，且与第二阳极 A_2 相连。G_1、G_2、A_1、A_2 构成电子束控制系统。调节 RP2（"聚焦"调节旋钮）和 RP3（"辅助聚焦"调节旋钮），即第一、第二阳极的电位，可使发射出来的电子形成一条高速且聚集成细束的射线，冲击到荧光屏上会聚成细小的亮点，以保证显示波形的清晰度。

2）偏转系统。偏转系统由水平（X 轴）偏转板和垂直（Y 轴）偏转板组成。两对偏转板相互垂直，每对偏转板相互平行，其上加有偏转电压，形成各自的电场。电子束从电子枪射出之后，依次从两对偏转板之间穿过，受电场力作用，电子束产生偏移。其中，垂直偏转板控制电子束沿垂直（Y）轴方向上下运动，水平偏转板控制电子束沿水平（X）轴方向运动，形成信号轨迹并通过荧光屏显示出来。例如，只在垂直偏转板上加一直流电压，如果上板正、下板负，电子束在荧光屏上的光点就会向上偏移；反之，光点就会向下偏移。可见，光点偏移的方向取决于偏转板上所加电压的极性，而偏移的距离则与偏转板上所加的电压成正比。示波器上的"X 位移"和"Y 位移"旋钮就是用来调节偏转板上所加的电压值，以改变荧光屏上光点（波形）的位置。

3）荧光屏。荧光屏内壁涂有荧光物质，形成荧光膜。荧光膜在受到电子冲击后能将电子的动能转化为光能形成光点。当电子束随信号电压偏转时，光点的移动轨迹就形成了信号波形。

由于电子打在荧光屏上，仅有少部分能量转化为光能，大部分则变成热能。所以，使用示波器时，不能将光点长时间停留在某一处，以免烧坏该处的荧光物质，在荧光屏上留下不能发光的暗点。

（2）波形显示原理

电子束的偏转量与加在偏转板上的电压成正比，将被测正弦电压加到垂直（Y 轴）偏转板上，通过测量偏转量的大小就可以测出被测电压值。但由于水平（X 轴）偏转板上没有加偏转电压，电子束只会沿 Y 轴方向上下垂直移动，光点重合成一条竖线，无法观察到波形的变化过程。为了观察被测电压的变化过程，就要同时在水平（X 轴）偏转板上加一个与时间成线性关系的周期性的锯齿波。电子束在锯齿波电压作用下沿 X 轴方向匀速移动即"扫描"。在垂直（Y 轴）和水平（X 轴）两个偏转板的共同作用下，电子束在荧光屏上显示出波形的变化过程，如图 3.17 所示。

水平偏转板上所加的锯齿波电压称为扫描电压。当被测信号的周期与扫描电压的周期相等时，荧光屏上只显示一个正弦波。当扫描电压的周期是被测电压周期的整数倍时，荧光屏上将显示多个正弦波。示波器上的"扫描时间"旋钮就是用来调节扫描电压周期的。

2. 水平系统

水平系统结构框图如图 3.18 所示，其主要作用是：产生锯齿波扫描电压并保持与 Y 通道输入被测信号同步，放大扫描电压或外触发信号，产生增辉或消隐作用以控制示波器 Z 轴电路。

（1）触发同步电路

触发同步电路的主要作用：将触发信号（内部 Y 通道信号或外触发输入信号）经触发放大电路放大后，送到触发整形电路以产生前沿陡峭的触发脉冲，驱动扫描电路中的闸门电路。

1）"触发源"选择开关：用来选择触发信号的来源，使触发信号与被测信号相关。"内

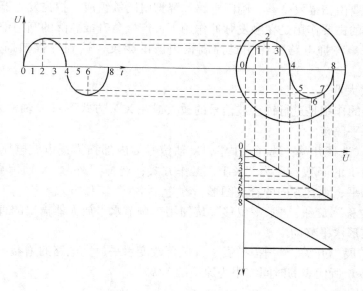

图 3.17　模拟示波器波形显示原理

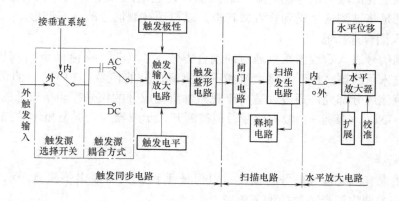

图 3.18　水平系统结构框图

触发"：触发信号来自垂直系统的被测信号；"外触发"：触发信号来自示波器"外触发输入（EXT TRIG）"端的输入信号。一般选择"内触发"方式。

2）"触发源耦合"方式开关：用于选择触发信号通过何种耦合方式送到触发输入放大器。"AC"为交流耦合，用于观察低频到较高频率的信号；"DC"为直流耦合，用于观察直流或缓慢变化的信号。

3）触发极性选择开关：用于选择触发时刻是在触发信号的上升沿还是下降沿。用上升沿触发的称为正极性触发；用下降沿触发的称为负极性触发。

4）触发电平旋钮：触发电平是指触发点位于触发信号的什么电平上。触发电平旋钮用于调节触发电平的高低。

示波器上的触发极性选择开关和触发电平旋钮，用来控制波形的起始点并使显示的波形稳定。

（2）扫描电路

扫描电路主要由扫描发生器、闸门电路和释抑电路等组成。扫描发生器用来产生线性锯齿波。闸门电路的主要作用是在触发脉冲作用下，产生急升或急降的闸门信号，以控制锯齿波的始点和终点。释抑电路的作用是控制锯齿波的幅度，达到等幅扫描，保证扫描的稳定性。

（3）水平放大器

水平放大器的作用是进行锯齿波信号的放大或在 X-Y 方式下对 X 轴输入信号进行放大，使电子束产生水平偏转。

1）工作方式选择开关：选择"内"，X 轴信号为内部扫描锯齿波电压时，荧光屏上显示的波形是时间 T 的函数，称为"X-T"工作方式；选择"外"，X 轴信号为外输入信号，荧光屏上显示水平、垂直方向的合成图形，称为"X-Y"工作方式。

2）"水平位移"旋钮："水平位移"旋钮用来调节水平放大器输出的直流电平，以使荧光屏上显示的波形水平移动。

3）"扫描扩展"开关："扫描扩展"开关可改变水平放大电路的增益，使荧光屏水平方向单位长度（格）所代表的时间缩小为原值的 $1/k$。

3. 垂直系统

垂直系统主要由输入耦合选择器、衰减器、延迟电路和垂直放大器等组成，如图 3.15 所示，其作用是将被测信号送到垂直偏转板，以再现被测信号的真实波形。

（1）输入耦合选择器

选择被测信号进入示波器垂直通道的耦合方式。"AC"（交流耦合）：只允许输入信号的交流成分进入示波器，用于观察交流和不含直流成分的信号；"DC"（直流耦合）：输入信号的交、直流成分都允许通过，适用于观察含直流成分的信号或频率较低的交流信号以及脉冲信号；"GND"（接地）：输入信号通道被断开，示波器荧光屏上显示的扫描基线为零电平线。

（2）衰减器

衰减器用来衰减大输入信号的幅度，以保证垂直放大器输出不失真。示波器上的"垂直灵敏度"开关即为该衰减器的调节旋钮。

（3）垂直放大器

垂直放大器为波形幅度的微调部分，其作用是与衰减器配合，将显示的波形调到适宜于人观察的幅度。

（4）延迟电路

延迟电路的作用是使作用于垂直偏转板上的被测信号延迟到扫描电压出现后到达，以保证输入信号无失真地显示出来。

3.4.2　模拟示波器的正确调整

模拟示波器的调整和使用方法基本相同，现以 MOS-620/640 双踪示波器为例介绍如下。

1. MOS-620/640 双踪示波器前面板简介

MOS-620/640 双踪示波器的调节旋钮、开关、按键及连接器等都位于前面板上，如图 3.19 所示。

其作用如下：

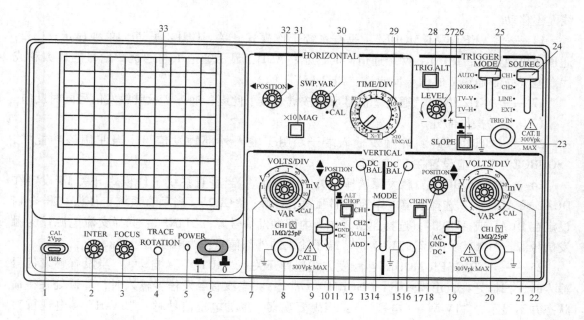

图 3.19　MOS-620/640 双踪示波器前面板

（1）示波管操作部分

6——"POWER"：主电源开关及指示灯。按下此开关，其左侧的发光二极管指示灯 5 亮，表明电源已接通。

2——"INTER"：亮度调节钮。调节轨迹或光点的亮度。

3——"FOCUS"：聚焦调节钮。调节轨迹或亮光点的聚焦。

4——"TRACE ROTATION"：轨迹旋转。调整水平轨迹与刻度线相平行。

33——显示屏。显示信号的波形。

（2）垂直轴操作部分

7、22——"VOLTS/DIV"：垂直衰减钮。调节垂直偏转灵敏度，从 5mV/div ~ 5V/div，共 10 个档位。

8——"CH1 X"：通道 1 被测信号输入连接器。在 X-Y 模式下，作为 X 轴输入端。

20——"CH2 Y"：通道 2 被测信号输入连接器。在 X-Y 模式下，作为 Y 轴输入端。

9、21——"VAR" 垂直灵敏度旋钮：微调灵敏度大于或等于 1/2.5 标示值。在校正（CAL）位置时，灵敏度校正为标示值。

10、19——"AC-GND-DC"：垂直系统输入耦合开关。选择被测信号进入垂直通道的耦合方式。"AC"：交流耦合；"DC"：直流耦合；"GND"：接地。

11、18——"POSITION"：垂直位置调节旋钮。调节显示波形在荧光屏上的垂直位置。

12——"ALT"/"CHOP"：交替/断续选择按键，双踪显示时，放开此键（ALT），通道 1 与通道 2 的信号交替显示，适用于观测频率较高的信号波形；按下此键（CHOP），通道 1 与通道 2 的信号同时断续显示，适用于观测频率较低的信号波形。

13、15——"DC BAL"：CH1、CH2 通道直流平衡调节旋钮。垂直系统输入耦合开关在 GND 时，在 5 ~ 10mV 之间反复转动垂直衰减开关，调整 "DC BAL" 使光迹保持在零水平线上不移动。

14——"VERTICAL MODE"：垂直系统工作模式开关。CH1：通道 1 单独显示；CH2：通道 2 单独显示；DUAL：两个通道同时显示；ADD：显示通道 1 与通道 2 信号的代数和或代数差（按下通道 2 的信号反向键"CH2 INV"时）。

17——"CH2 INV"：通道 2 信号反向按键。按下此键，通道 2 及其触发信号同时反向。

（3）触发操作部分

23——"TRIG IN"：外触发输入端子。用于输入外部触发信号。当使用该功能时，"SOURCE"开关应设置在 EXT 位置。

24——"SOURCE"：触发源选择开关。"CH1"：当垂直系统工作模式开关 14 设定在 DUAL 或 ADD 时，选择通道 1 作为内部触发信号源；"CH2"：当垂直系统工作模式开关 14 设定在 DUAL 或 ADD 时，选择通道 2 作为内部触发信号源；"LINE"：选择交流电源作为触发信号源；"EXT"：选择"TRIG IN"端子输入的外部信号作为触发信号源。

25——"TRIGGER MODE"：触发方式选择开关。"AUTO"（自动）：当没有触发信号输入时，扫描处在自由模式下；"NORM"（常态）：当没有触发信号输入时，踪迹处在待命状态并不显示；"TV-V"（电视场）：当想要观察一场的电视信号时；"TV-H"（电视行）：当想要观察一行的电视信号时。

26——"SLOPE"：触发极性选择按键。释放为"＋"，上升沿触发；按下为"－"，下降沿触发。

27——"LEVEL"：触发电平调节旋钮。显示一个同步的稳定波形，并设定一个波形的起始点。向"＋"旋转触发电平向上移，向"－"旋转触发电平向下移。

28——"TRIG. ALT"：当垂直系统工作模式开关 14 设定在 DUAL 或 ADD，且触发源选择开关 24 选 CH1 或 CH2 时，按下此键，示波器会交替选择 CH1 和 CH2 作为内部触发信号源。

（4）水平轴操作部分

29——"TIME/DIV"：水平扫描速度旋钮。扫描速度从 $0.2\mu s/div$ 到 $0.5s/div$ 共 20 档。当设置到 X-Y 位置时，示波器可工作在 X-Y 方式。

30——"SWP VAR"：水平扫描微调旋钮。微调水平扫描时间，使扫描时间被校正到与面板上"TIME/DIV"指示值一致。顺时针转到底为校正（CAL）位置。

31——"×10 MAG"：扫描扩展开关。按下时扫描速度扩展 10 倍。

32——"POSITION"：水平位置调节钮。调节显示波形在荧光屏上的水平位置。

（5）其他操作部分

1——"CAL"：示波器校正信号输出端。提供幅度为 2Vpp，频率为 1kHz 的方波信号，用于校正 10:1 探头的补偿电容器和检测示波器垂直与水平偏转因数等。

16——"GND"：示波器机箱的接地端子。

2. 双踪示波器的正确调整与操作

示波器的正确调整和操作对于提高测量精度和延长仪器的使用寿命十分重要。

（1）聚焦和辉度的调整

调整聚焦旋钮使扫描线尽可能细，以提高测量精度。扫描线亮度（辉度）应适当，过亮不仅会降低示波器的使用寿命，而且也会影响聚焦特性。

（2）正确选择触发源和触发方式

触发源的选择：如果观测的是单通道信号，就应选择该通道信号作为触发源；如果同时观测两个时间相关的信号，则应选择信号周期长的通道作为触发源。

触发方式的选择：首次观测被测信号时，触发方式应设置于"AUTO"，待观测到稳定信号后，调好其他设置，最后将触发方式开关置于"NORM"，以提高触发的灵敏度。当观测直流信号或小信号时，必须采用"AUTO"触发方式。

（3）正确选择输入耦合方式

根据被观测信号的性质来选择正确的输入耦合方式。一般情况下，被观测的信号为直流或脉冲信号时，应选择"DC"耦合方式；被观测的信号为交流时，应选择"AC"耦合方式。

（4）合理调整扫描速度

调节扫描速度旋钮，可以改变荧光屏上显示波形的个数。提高扫描速度，显示的波形少；降低扫描速度，显示的波形多。显示的波形不应过多，以保证时间测量的精度。

（5）波形位置和几何尺寸的调整

观测信号时，波形应尽可能处于荧光屏的中心位置，以获得较好的测量线性。正确调整垂直衰减旋钮，尽可能使波形幅度占一半以上，以提高电压测量的精度。

（6）合理操作双通道

将垂直工作方式开关设置到"DUAL"，两个通道的波形可以同时显示。为了观察到稳定的波形，可以通过"ALT/CHOP"（交替/断续）开关控制波形的显示。按下"ALT/CHOP"开关（置于 CHOP），两个通道的信号断续地显示在荧光屏上，此设定适用于观测频率较高的信号；释放"ALT/CHOP"开关（置于 ALT），两个通道的信号交替地显示在荧光屏上，此设定适用于观测频率较低的信号。在双通道显示时，还必须正确选择触发源。当 CH1、CH2 信号同步时，选择任意通道作为触发源，两个波形都能稳定显示，当 CH1、CH2 信号在时间上不相关时，应按下"TRIG. ALT"（触发交替）开关，此时每一个扫描周期，触发信号交替一次，因而两个通道的波形都会稳定显示。

值得注意的是：双通道显示时，不能同时按下"CHOP"和"TRIG ALT"开关，因为"CHOP"信号成为触发信号而不能同步显示。利用双通道进行相位和时间对比测量时，两个通道必须采用同一同步信号触发。

（7）触发电平调整

调整触发电平旋钮可以改变扫描电路预置的阈门电平。向"＋"方向旋转时，阈门电平向正方向移动；向"－"方向旋转时，阈门电平向负方向移动；处在中间位置时，阈门电平设定在信号的平均值上。触发电平过正或过负，均不会产生扫描信号。因此，触发电平旋钮通常应保持在中间位置。

3.4.3　模拟示波器测量实例

（1）直流电压的测量

1）将示波器垂直灵敏度旋钮置于校正位置，触发方式开关置于"AUTO"。

2）将垂直系统输入耦合开关置于"GND"，此时扫描线的垂直位置即为零电压基准线，即时间基线。调节垂直位移旋钮使扫描线落于某一合适的水平刻度线。

3）将被测信号接到示波器的输入端，并将垂直系统输入耦合开关置于"DC"。调节垂直衰减旋钮使扫描线有合适的偏移量。

4）确定被测电压值。扫描线在 Y 轴的偏移量与垂直衰减旋钮对应档位电压的乘积即为被测电压值。

5）根据扫描线的偏移方向确定直流电压的极性。扫描线向零电压基准线上方移动时，直流电压为正极性，反之为负极性。

（2）交流电压的测量

1）将示波器垂直灵敏度旋钮置于校正位置，触发方式开关置于"AUTO"。

2）将垂直系统输入耦合开关置于"GND"，调节垂直位移旋钮使扫描线准确地落在水平中心线上。

3）输入被测信号，并将输入耦合开关置于"AC"。调节垂直衰减旋钮和水平扫描速度旋钮使显示波形的幅度和个数合适。选择合适的触发源、触发方式和触发电平等使波形稳定显示。

4）确定被测电压的峰峰值。波形在 Y 轴方向最高与最低点之间的垂直距离（偏移量）与垂直衰减旋钮对应档位电压的乘积即为被测电压的峰峰值。

（3）周期的测量

1）将水平扫描微调旋钮置于校正位置，并使时间基线落在水平中心刻度线上。

2）输入被测信号。调节垂直衰减旋钮和水平扫描速度旋钮等，使荧光屏上稳定显示 1~2 波形。

3）选择被测波形一个周期的始点和终点，并将始点移动到某一垂直刻度线上以便读数。

4）确定被测信号的周期。信号波形一个周期在 X 轴方向始点与终点之间的水平距离与水平扫描速度旋钮对应档位的时间之积即为被测信号的周期。

用示波器测量信号周期时，可以测量信号 1 个周期的时间，也可以测量 n 个周期的时间，再除以周期个数 n。后一种方法产生的误差会小一些。

（4）频率的测量

由于信号的频率与周期为倒数关系，即 $f = 1/T$。因此，可以先测信号的周期，再求倒数即可得到信号的频率。

（5）相位差的测量

1）将水平扫描微调旋钮、垂直灵敏度旋钮置于校正位置。

2）将垂直系统工作模式开关置于"DUAL"，并使两个通道的时间基线均落在水平中心刻度线上。

3）输入两路频率相同而相位不同的交流信号至 CH1 和 CH2，将垂直输入耦合开关置于"AC"。

4）调节相关旋钮，使荧光屏上稳定显示出两个大小适中的波形。

5）确定两个被测信号的相位差。如图 3.20 所示，

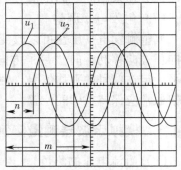

图 3.20　测量两正弦交流电的相位差

测出信号波形一个周期在 X 轴方向所占的格数 m（5 格），再测出两波形上对应点（如过零点）之间的水平格数 n（1.6 格），则 u_1 超前 u_2 的相位差角 $\Delta\varphi = \dfrac{n}{m} \times 360° = \dfrac{1.6}{5} \times 360° = 115.2°$。

相位差角 $\Delta\varphi$ 符号的确定。当 u_2 滞后 u_1 时，$\Delta\varphi$ 为负；当 u_2 超前 u_1 时，$\Delta\varphi$ 为正。

频率和相位差角的测量还可以采用 Lissajous 图形法，此处不再赘述。

3.5　数字示波器

数字示波器不仅具有多重波形显示、分析和数学运算功能，波形、设置、CSV 和位图文件存储功能，自动光标跟踪测量功能，波形录制和回放功能等，还支持即插即用 USB 存储设备和打印机，并可通过 USB 存储设备进行软件升级等。

3.5.1　数字示波器快速入门

数字示波器前面板各通道标志、旋钮和按键的位置及操作方法与传统示波器类似。现以 DS1000 系列数字示波器为例予以说明。

1. DS1000 系列数字示波器前操作面板简介

DS1000 系列数字示波器前操作面板如图 3.21 所示。按功能前面板可分为 8 大区即液晶显示区、功能菜单操作区、常用菜单区、执行按键区、垂直控制区、水平控制区、触发控制区、信号输入/输出区等。

功能菜单操作区有 5 个按键、1 个多功能旋钮和 1 个按钮。5 个按键用于操作屏幕右侧的功能菜单及子菜单；多功能旋钮用于选择和确认功能菜单中下拉菜单的选项等；按钮用于取消屏幕上显示的功能菜单。

常用菜单区如图 3.22 所示。按下任一按键，屏幕右侧会出现相应的功能菜单。通过功能菜单操作区的 5 个按键可选定功能菜单的选项。功能菜单选项中有"◁"符号的，表明该选项有下拉菜单。下拉菜单打开后，可转动多功能旋钮（↻）选择相应的项目并按下予以确认。功能菜单上、下有"⬆"、"⬇"符号，表明功能菜单一页未显示完，可操作按键上、下翻页。功能菜单中有↻，表明该项参数可转动多功能旋钮进行设置调整。按下取消功能菜单按钮，显示屏上的功能菜单立即消失。

执行按键区有 $\boxed{\text{AUTO}}$（自动设置）和 $\boxed{\text{RUN/STOP}}$（运行/停止）2 个按键。按下 $\boxed{\text{AUTO}}$ 按键，示波器将根据输入的信号，自动设置和调整垂直、水平及触发方式等各项控制值，使波形显示达到最佳适宜观察状态，如需要，还可进行手动调整。按 $\boxed{\text{AUTO}}$ 后，菜单显示及功能如图 3.23 所示。RUN/STOP 键为运行/停止波形采样按键。运行（波形采样）状态时，按键为黄色；按一下按键，停止波形采样且按键变为红色，有利于绘制波形并可在一定范围内调整波形的垂直衰减和水平时基，再按一下，恢复波形采样状态。注意：应用自动设置功能时，要求被测信号的频率大于或等于 50Hz，占空比大于 1%。

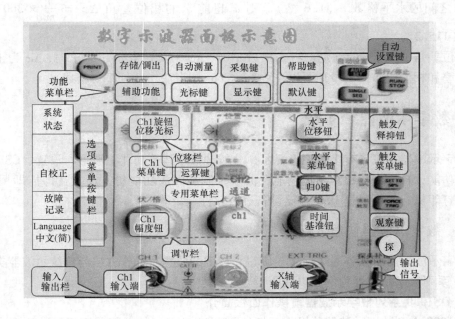

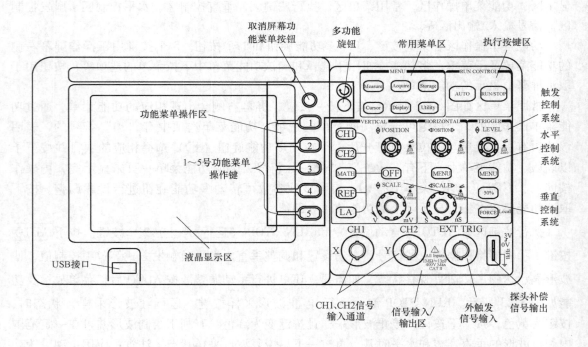

图 3.21　DS1000 系列示波器前操作面板

图 3.22　前面板常用菜单区　　　　　　　　图 3.23　AUTO 按键功能菜单及作用

　　垂直系统控制区如图 3.24 所示。垂直位置 ⊙POSITION 旋钮可设置所选通道波形的垂直显示位置。转动该旋钮不但显示的波形会上下移动，且所选通道的"地"（GND）标识也会随波形上下移动并显示于屏幕左状态栏，移动值则显示于屏幕左下方；按下垂直 ⊙POSITION 旋钮，垂直显示位置快速恢复到零点（即显示屏水平中心位置）处。垂直衰减 ⊙SCALE 旋钮调整所选通道波形的显示幅度。转动该旋钮改变"Volt/div（伏/格）"垂直档位，同时下状态栏对应通道显示的幅值也会发生变化。CH1、CH2、MATH、REF 为通道或方式按键，按下某按键屏幕将显示其功能菜单、标志、波形和档位状态等信息。OFF 键用于关闭当前选择的通道。

　　水平系统控制区如图 3.25 所示，主要用于设置水平时基。水平位置 ⊙POSITION 旋钮调整信号波形在显示屏上的水平位置，转动该旋钮不但波形随旋钮而水平移动，且触发位移标志"T"也在显示屏上部随之移动，移动值则显示在屏幕左下角；按下此旋钮触发位移恢复到水平零点（即显示屏垂直中心线置）处。水平衰减 ⊙SCALE 旋钮改变水平时基档位设置，转动该旋钮改变"s/div（秒/格）"水平档位，下状态栏 Time 后显示的主时基值也会发生相应的变化。水平扫描速度从 20ns～50s，以 1—2—5 的形式步进。按动水平 ⊙SCALE 旋钮可快速打开或关闭延迟扫描功能。按水平功能菜单 MENU 键，显示 TIME 功能菜单，在此菜单下，可开启/关闭延迟扫描，切换 Y（电压）—T（时间）、X（电压）—Y（电压）和 ROLL（滚动）模式，设置水平触发位移复位等。

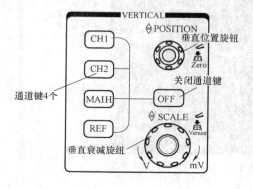

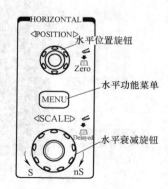

图 3.24　垂直系统操作区　　　　　　　　　图 3.25　水平系统操作区

触发控制区如图 3.26 所示，主要用于触发系统的设置。转动 ◎LEVEL 触发电平设置旋钮，屏幕上会出现一条上下移动的水平黑色触发线及触发标志，且左下角和上状态栏最右端触发电平的数值也随之发生变化。停止转动 ◎LEVEL 旋钮，触发线、触发标志及左下角触发电平的数值会在约 5s 后消失。按下 ◎LEVEL 旋钮触发电平快速恢复到零点。按 MENU 键可调出触发功能菜单，改变触发设置。按 50% 按钮，设定触发电平在触发信号幅值的垂直中点。按 FORCE 键，强制产生一触发信号，主要用于触发方式中的"普通"和"单次"模式。

信号输入/输出区如图 3.27 所示，"CH1" 和 "CH2" 为信号输入通道，EXT TREIG 为外触发信号输入端，最右侧为示波器校正信号输出端（输出频率 1kHz、幅值 3V 的方波信号）。

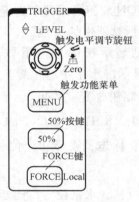

图 3.26　触发控制区

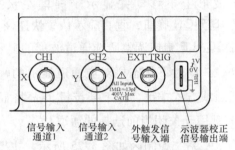

图 3.27　信号输入输出区

2. DS1000 系列数字示波器显示界面说明

DS1000 系列数字示波器显示界面如图 3.28 所示，它主要包括波形显示区和状态显示区。液晶屏边框线以内为波形显示区，用于显示信号波形、测量数据、水平位移、垂直位移

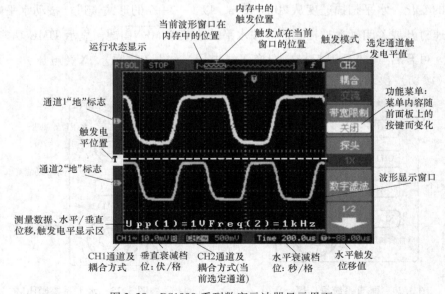

图 3.28　DS1000 系列数字示波器显示界面

和触发电平值等。位移值和触发电平值在转动旋钮时显示，停止转动 5s 后则消失。显示屏边框线以外为上、下、左 3 个状态显示区（栏）。下状态栏通道标志为黑底的是当前选定通道，操作示波器面板上的按键或旋钮只有对当前选定通道有效，按下通道按键则可选定被按通道。状态显示区显示的标志位置及数值随面板相应按键或旋钮的操作而变化。

3. 使用要领和注意事项

1）信号接入方法。

以 CH1 通道为例介绍信号接入方法。

① 将探头上的开关设定为 10X，将探头连接器上的插槽对准 CH1 插口并插入，然后向右旋转拧紧。

② 设定示波器探头衰减系数。探头衰减系数改变仪器的垂直档位比例，因而直接关系着测量结果的正确与否。默认的探头衰减系数为 1X，设定时必须使探头上的黄色开关的设定值与输入通道"探头"菜单的衰减系数一致。衰减系数的设置方法是：按 CH1 键，显示通道 1 的功能菜单，如图 3.29 所示。按下与"探头"项目平行的 3 号功能菜单操作键，转动 ↻ 选择与探头同比例的衰减系数并按下 ↻ 予以确认。此时应选择并设定为 10X。

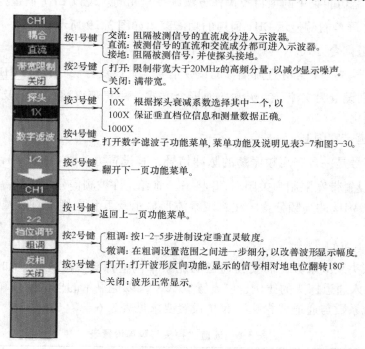

图 3.29　通道功能菜单及说明

③ 把探头端部和接地夹接到函数信号发生器或示波器校正信号输出端。按 AUTO （自动设置）键，几秒钟后，在波形显示区即可看到输入函数信号或示波器校正信号的波形。

用同样的方法检查并向 CH2 通道接入信号。

2）为了加速调整，便于测量，当被测信号接入通道时，可直接按 AUTO 键以便立即获得合适的波形显示和档位设置等。

3）示波器的所有操作只对当前选定（打开）通道有效。通道选定（打开）方法是：按 CH1 或 CH2 键即可选定（打开）相应通道，并且下状态栏的通道标志变为黑底。关闭通道的方法是：按 OFF 键或再次按下通道按键当前选定通道即被关闭。

4）数字示波器的操作方法类似于操作计算机，其操作分为三个层次。第一层：按下前面板上的功能键即进入不同的功能菜单或直接获得特定的功能应用；第二层：通过 5 个功能菜单操作键选定屏幕右侧对应的功能项目或打开子菜单或转动多功能旋钮 ↻ 调整项目参数；第三层：转动多功能旋钮 ↻ 选择下拉菜单中的项目并按下 ↻ 对所选项目予以确认。

5）使用时应熟悉并通过观察上、下、左状态栏来确定示波器设置的变化和状态。

3.5.2　数字示波器的高级应用

1. 垂直系统的高级应用

（1）通道设置

该示波器 CH1 和 CH2 通道的垂直菜单是独立的，每个项目都要按不同的通道进行单独设置，但 2 个通道功能菜单的项目及操作方法则完全相同。现以 CH1 通道为例予以说明。

按 CH1 键，屏幕右侧显示 CH1 通道的功能菜单如图 3.29 所示。

1）设置通道耦合方式。

假设被测信号是一个含有直流偏移的正弦信号，其设置方法是：按 CH1 →耦合→交流/直流/接地，分别设置为交流、直流和接地耦合方式，注意观察波形显示及下状态栏通道耦合方式符号的变化。

2）设置通道带宽限制。

假设被测信号是一含有高频振荡的脉冲信号，其设置方法是：按 CH1 →带宽限制→关闭/打开。分别设置带宽限制为关闭/打开状态。前者允许被测信号含有的高频分量通过，后者则阻隔大于 20MHz 的高频分量。注意观察波形显示及下状态栏垂直衰减档位之后带宽限制符号的变化。

3）调节探头比例。

为了配合探头衰减系数，需要在通道功能菜单调整探头衰减比例。如探头衰减系数为 10:1，示波器输入通道探头的比例也应设置成 10X，以免显示的档位信息和测量的数据发生错误。探头衰减系数与通道"探头"菜单设置要求见表 3.6。

表 3.6　通道"探头"菜单设置表

探头衰减系数	通道"探头"菜单设置
1:1	1X
10:1	10X
100:1	100X
1000:1	1000X

4）垂直档位调节设置。

垂直灵敏度调节范围为 2mV/div ~ 5V/div。档位调节分为粗调和微调两种模式。粗调以

2mV/div、5mV/div、10mV/div、20mV/div、…、5V/div 的步进方式调节垂直档位灵敏度。微调指在当前垂直档位下进一步细调。如果输入的波形幅度在当前档位略大于满刻度，而应用下一档位波形显示幅度稍低，可用微调改善波形显示幅度，以利于观察信号的细节。

　　5）波形反相设置。

　　波形反相关闭，显示正常被测信号波形；波形反相打开，显示的被测信号波形相对于地电位翻转 180°。

　　6）数字滤波设置。

　　按数字滤波对应的 4 号功能菜单操作键，打开 Filter（数字滤波）子功能菜单，如图 3.30 所示。可选择滤波类型，见表 3.7；转动多功能旋钮（↻）可调节频率上限和下限；设置滤波器的带宽范围等。

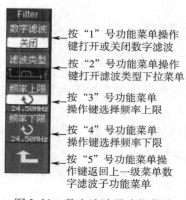

图 3.30　数字滤波子功能菜单

表 3.7　数字滤波子菜单说明

功能菜单	设定	说明
数字滤波	关闭	关闭数字滤波器
	打开	打开数字滤波器
滤波类型	⌐f	设置为低通滤波器
	⌐f	设置为高通滤波器
	⌐f	设置为带通滤波器
	⌐f	设置为带阻滤波器
频率上限	↻（上限频率）	转动多功能旋钮 ↻ 设置频率上限
频率下限	↻（下限频率）	转动多功能旋钮 ↻ 设置频率下限
	↵	返回上一级菜单

（2）MATH（数学运算）按键功能

　　数学运算（MATH）功能菜单及说明如图 3.31 和表 3.8 所示。它可显示 CH1、CH2 通道波形相加、相减、相乘以及 FFT（傅里叶变换）运算的结果。数学运算结果同样可以通过栅格或光标进行测量。

图 3.31　数学运算子功能菜单

表 3.8　MATH 功能菜单说明

功能菜单	设定	说明
操作	A + B	信源 A 与信源 B 相加
	A − B	信源 A 与信源 B 相减
	A × B	信源 A 与信源 B 相乘
	FFT	FFT（傅里叶）数学运算
信源 A	CH1	设置信源 A 为 CH1 通道波形
	CH2	设置信源 A 为 CH2 通道波形
信源 B	CH1	设置信源 B 为 CH1 通道波形
	CH2	设置信源 B 为 CH2 通道波形
反相	打开	打开数学运算波形反相功能
	关闭	关闭数学运算波形反相功能

（3）REF（参考）按键功能

在有电路工作点参考波形的条件下，通过 REF 按键的菜单，可以把被测波形和参考波形样板进行比较，以判断故障原因。

（4）垂直⊙POSITION 和⊙SCALE 旋钮的使用

1）垂直⊙POSITION 旋钮调整所有通道（含 MATH 和 REF）波形的垂直位置。该旋钮的解析度根据垂直档位而变化，按下此旋钮选定通道的位移立即回零即显示屏的水平中心线。

2）垂直⊙SCALE 旋钮调整所有通道（含 MATH 和 REF）波形的垂直显示幅度。粗调以 1-2-5 步进方式确定垂直档位灵敏度。顺时针增大显示幅度，逆时针减小显示幅度。细调是在当前档位进一步调节波形的显示幅度。按动垂直⊙SCALE 旋钮，可在粗调、微调间切换。

调整通道波形的垂直位置时，屏幕左下角会显示垂直位置信息。

2. 水平系统的高级应用

（1）水平⊙POSITION 和⊙SCALE 旋钮的使用

1）转动水平⊙POSITION 旋钮，可调节通道波形的水平位置。按下此旋钮触发位置立即回到屏幕中心位置。

2）转动水平⊙SCALE 旋钮，可调节主时基，即秒/格（s/div）；当延迟扫描打开时，转动水平⊙SCALE 旋钮可改变延迟扫描时基以改变窗口宽度。

（2）水平 MENU 键

按下水平 MENU 键，显示水平功能菜单，如图 3.32 所示。在 X-Y 方式下，自动测量模式、光标测量模式、REF 和 MATH、延迟扫描、矢量显示类型、水平⊙POSITION 旋钮、触发控制等均不起作用。

延迟扫描用来放大某一段波形，以便观测波形的细节。在延迟扫描状态下，波形被分成上、下两个显示区，如图 3.33 所示。上半部分显示的是原波形，中间黑色覆盖区域是被水平扩展的波形部分。此区域可通过转动水平⊙POSITION 旋钮左右移动或转动水平⊙SCALE 旋

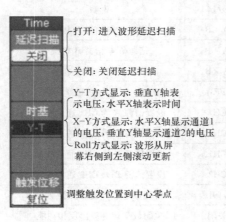

图 3.32　水平 MENU 键菜单及意义

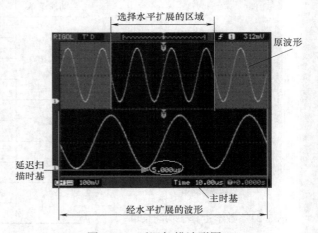

图 3.33　延迟扫描波形图

钮扩大和缩小。下半部分是对上半部分选定区域波形的水平扩展即放大。由于整个下半部分显示的波形对应于上半部分选定的区域，因此转动水平 ⊙SCALE 旋钮减小选择区域可以提高延迟时基，即提高波形的水平扩展倍数。可见，延迟时基相对于主时基提高了分辨率。

按下水平 ⊙SCALE 旋钮可快速退出延迟扫描状态。

3. 触发系统的高级应用

触发控制区包括触发电平调节旋钮⊙LEVEL、触发菜单按键 MENU 、 50% 按键和强制按键 FORCE 。

触发电平调节旋钮⊙LEVEL：设定触发点对应的信号电压，按下此旋钮可使触发电平立即回零。

50% 按键：按下触发电平设定在触发信号幅值的垂直中点。

FORCE 按键：按下此按键强制产生一触发信号，主要用于触发方式中的"普通"和"单次"模式。

MENU 按键为触发系统菜单设置键：其功能菜单、下拉菜单及子菜单如图 3.34 所示。下面对主要触发菜单予以说明。

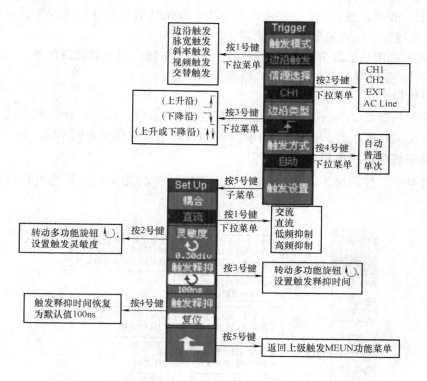

图 3.34　触发系统 MENU 菜单及子菜单

（1）触发模式

1）边沿触发：指在输入信号边沿的触发阈值上触发。在选择"边沿触发"后，还应选择是在输入信号的上升沿、下降沿还是上升沿和下降沿触发。

2）脉宽触发：指根据脉冲的宽度来确定触发时刻。当选择脉宽触发时，可以通过设定脉宽条件和脉冲宽度来捕捉异常脉冲。

3）斜率触发：指把示波器设置为对指定时间的正斜率或负斜率触发。选择斜率触发时，还应设置斜率条件、斜率时间等，还可选择⊙LEVEL钮调节 LEVEL A、LEVEL B 或同时调节 LEVEL A 和 LEVEL B。

4）交替触发：在交替触发时，触发信号来自于两个垂直通道，此方式适用于同时观察两路不相关信号。在交替触发菜单中，可为两个垂直通道选择不同的触发方式、触发类型等。在交替触发方式下，两通道的触发电平等信息会显示在屏幕右上角状态栏。

5）视频触发：选择视频触发后，可在 NTSC、PAL 或 SECAM 标准视频信号的场或行上触发。视频触发时触发耦合应设置为直流。

（2）触发方式

触发方式有三种：自动、普通和单次。

1）自动：自动触发方式下，示波器即使没有检测到触发条件也能采样波形。示波器在一定等待时间（该时间由时基设置决定）内没有触发条件发生时，将进行强制触发。当强制触发无效时，示波器虽显示波形，但不能使波形同步，即显示的波形不稳定。当有效触发发生时，显示的波形将稳定。

2）普通：普通触发方式下，示波器只有当触发条件满足时才能采样到波形。在没有触发时，示波器将显示原有波形而等待触发。

3）单次：在单次触发方式下，按一次"运行"按钮，示波器等待触发，当示波器检测到一次触发时，采样并显示一个波形，然后采样停止。

（3）触发设置

在 MEUN 功能菜单下，按 5 号键进入触发设置子菜单，可对与触发相关的选项进行设置。触发模式、触发方式、触发类型不同，可设置的触发选项也有所不同。此处不再赘述。

4. 采样系统的高级应用

在常用 MENU 控制区按 Acquire 键，弹出采样系统功能菜单，其选项和设置方法如图3.35 所示。

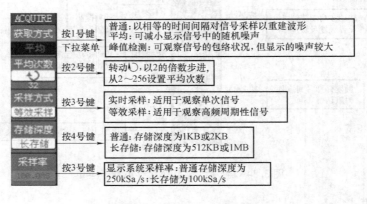

图 3.35　采样系统功能菜单

5. 存储和调出功能的高级应用

在常用 MENU 控制区按 STORAGE 键，弹出存储和调出功能菜单，如图 3.36 所示。通过该菜单及相应的下拉菜单和子菜单可对示波器内部存储区和 USB 存储设备上的波形和设置文件等进行保存、调出、删除操作，操作的文件名称支持中、英文输入。

存储类型选择"波形存储"时，其文件格式为 wfm，只能在示波器中打开；存储类型选择"位图存储"和"CSV 存储"时，还可以选择是否以同一文件名保存示波器参数文件（文本文件），"位图存储"文件格式是 bmp，可用图片软件在计算机中打开，"CSV 存储"文件为表格，Excel 可打开，并可用其"图表导向"工具转换成需要的图形。

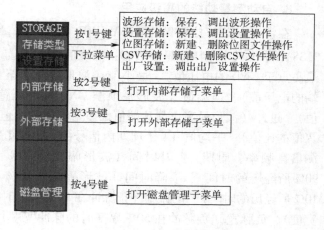

图 3.36　存储与调出功能菜单

"外部存储"只有在 USB 存储设备插入时，才能被激活进行存储文件的各种操作。

6. 辅助系统功能的高级应用

常用 MENU 控制区的 UTILITY 为辅助系统功能按键。在 UTILITY 按键弹出的功能菜单中，可以进行接口设置、打印设置、屏幕保护设置等，可以打开或关闭示波器按键声、频率计等，可以选择显示的语言文字、波特率值等，还可以进行波形的录制与回放等。

7. 显示系统的高级应用

在常用 MENU 控制区按 DISPLAY 键，弹出显示系统功能菜单。通过功能菜单控制区的 5 个按键及多功能旋钮↻可设置调整显示系统，如图 3.37 所示。

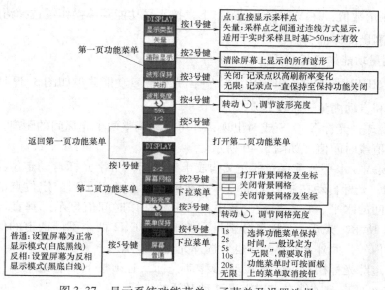

图 3.37　显示系统功能菜单、子菜单及设置选择

8. 自动测量功能的高级应用

在常用 MENU 控制区按 MEASURE （自动测量）键，弹出自动测量功能菜单，如图 3.38 所示。其中电压测量参数有：峰峰值（波形最高点至最低点的电压值）、最大值（波形最高点至 GND 的电压值）、最小值（波形最低点至 GND 的电压值）、幅值（波形顶端至底端的电压值）、顶端值（波形平顶至 GND 的电压值）、底端值（波形平底至 GND 的电压值）、过冲（波形最高点与顶端值之差与幅值的比值）、预冲（波形最低点与底端值之差与幅值的比值）、平均值（1 个周期内信号的平均幅值）、方均根值（有效值）共 10 种；时间测量有频率、周期、上升时间（波形幅度从 10% 上升至 90% 所经历的时间）、下降时间（波形幅度从 90% 下降至 10% 所经历的时间）、正脉宽（正脉冲在 50% 幅度时的脉冲宽度）、负脉宽（负脉冲在 50% 幅度时的脉冲宽度）、延迟 1→2↑（通道 1、2 相对于上升沿的延时）、延迟 1→2↓（通道 1、2 相对于下降沿的延时）、正占空比（正脉宽与周期的比值）、负占空比（负脉宽与周期的比值）共 10 种。

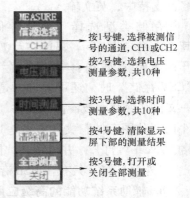

图 3.38　自动测量功能菜单

自动测量操作方法如下：

1）选择被测信号通道：根据信号输入通道不同，选择 CH1 或 CH2。按键顺序为： MEASURE →信源选择→CH1 或 CH2。

2）获得全部测量数值：按键顺序为： MEASURE →信源选择→CH1 或 CH2→ "5 号" 菜单操作键，设置 "全部测量" 为打开状态。18 种测量参数值显示于屏幕下方。

3）选择参数测量：按键顺序为： MEASURE →信源选择→CH1 或 CH2→ "2 号" 或 "3 号" 菜单操作键选择测量类型，转⟲旋钮查找下拉菜单中感兴趣的参数并按下⟲旋钮予以确认，所选参数的测量结果将显示在屏幕下方。

4）清除测量数值：在 MEASURE 菜单下，按 4 号功能菜单操作键选择清除测量。此时，屏幕下方所有测量值即消失。

9. 光标测量功能的高级应用

按下常用 MENU 控制区 CURSOR 键，弹出光标测量功能菜单如图 3.39 所示。光标测量有手动、追踪和自动测量三种模式。

1）手动模式：光标 X 或 Y 成对出现，并可手动调整两个光标间的距离，显示的读数即为测量的电压值或时间值，如图 3.40 所示。

2）追踪模式：水平与垂直光标交叉构成十字光标，十字光标自动定位在波形上，转动多功能旋钮⟲，光标自动在波形上定位，并在屏幕右上角显示当前定位点的水平、垂直坐标和两个光标间的水平、垂直增量。其中，水平坐标以时间值显示，垂直坐标以电压值显示，如图 3.41 所示。光标 A、B 可分别设定给 CH1、CH2 两个不同通道的信号，也可设定给同一通道的信号，此外光标 A、B 也可选择无光标显示。

在手动和追踪光标模式下，要转动⟲移动光标，必须按下功能菜单项目对应的按键激活⟲，使⟲底色变白，才能左右或上下移动激活的光标。

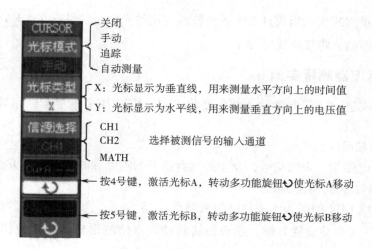

图 3.39　光标测量功能菜单

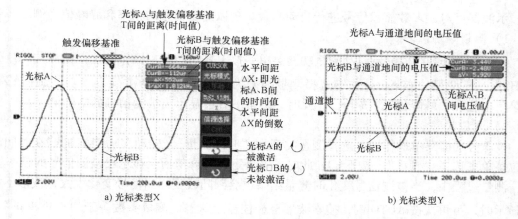

a) 光标类型 X

b) 光标类型 Y

图 3.40　手动模式测量显示图

3）自动测量模式：在自动测量模式下，屏幕上会自动显示对应的电压或时间光标，以揭示测量的物理意义，同时系统还会根据信号的变化，自动调整光标位置，并计算相应的参数值，如图 3.42 所示。

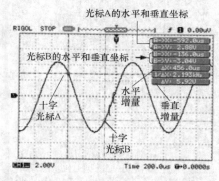

图 3.41　光标追踪测量模式显示图

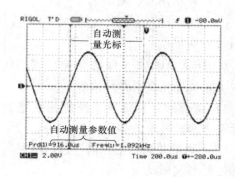

图 3.42　周期、频率自动测量光标显示图

　　光标自动测量模式显示当前自动测量参数所应用的光标。若没有在 MEASURE 菜单下选择任何自动测量参数，将没有光标显示。

3.5.3 数字示波器测量实例

　　用数字示波器进行任何测量前，都先要将 CH1、CH2 探头菜单衰减系数和探头上的开关衰减系数设置一致。

1. 测量简单信号

　　例如：观测电路中一未知信号，显示并测量信号的频率和峰峰值。其方法和步骤如下：

　　（1）正确捕捉并显示信号波形

　　1）将 CH1 或 CH2 的探头连接到电路被测点。

　　2）按 AUTO （自动设置）键，示波器将自动设置使波形显示达到最佳。在此基础上，可以进一步调节垂直、水平档位，直至波形显示符合要求。

　　（2）进行自动测量

　　示波器可对大多数显示信号进行自动测量。现以测量信号的频率和峰峰值为例。

　　1）测量峰峰值。

　　按 MEASURE 键以显示自动测量功能菜单→按 1 号功能菜单操作键选择信源"CH1"或"CH2"→按 2 号功能菜单操作键选择测量类型为"电压测量"，并转动多功能旋钮↻在下拉菜单中选择"峰峰值"，按下↻。此时，屏幕下方会显示出被测信号的峰峰值。

　　2）测量频率。

　　按 3 号功能菜单操作键，选择测量类型为"时间测量"，转动多功能旋钮↻在时间测量下拉菜单中选择"频率"，按下↻。此时，屏幕下方峰峰值后会显示出被测信号的频率。

　　测量过程中，当被测信号变化时测量结果也会跟随改变。当信号变化太大，波形不能正常显示时，可再次按 AUTO 键，搜索波形至最佳显示状态。测量参数等于"※※※※※"，表示被测通道关闭或信号过大示波器未采集到，此时应打开关闭的通道或按下 AUTO 键采集信号到示波器。

2. 观测正弦信号通过电路产生的延迟和畸变

　　（1）显示输入、输出信号

　　1）将电路的信号输入端接于 CH1，输出端接于 CH2。

　　2）按下 AUTO （自动设置）键，自动搜索被测信号并显示在显示屏上。

　　3）调整水平、垂直系统旋钮直至波形显示符合测试要求，如图 3.43 所示。

　　（2）测量并观察正弦信号通过电路后产生的延时和波形畸变

　　按 MEASURE 键以显示自动测量菜单→

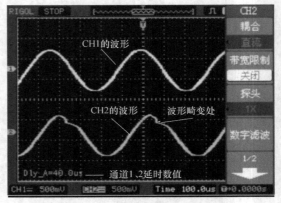

图 3.43　正弦信号通过电路产生的延迟和畸变

按 1 号菜单操作键选择信源 "CH1" →按 3 号菜单键选择 "时间测量" →在时间测量下拉菜单中选择 "延迟 1→2↑"。此时，在屏幕下方显示出通道 1、2 在上升沿的延时数值，波形的畸变如图 3.43 所示。

3. 捕捉单次信号

用数字示波器可以快速方便地捕捉脉冲、突发性毛刺等非周期性的信号。要捕捉一个单次信号，先要对信号有一定的了解，以正确设置触发电平和触发沿。例如，若脉冲是 TTL 电平的逻辑信号，触发电平应设置为 2V，触发沿应设置成上升沿。如果对信号的情况不确定，则可以通过自动或普通触发方式先对信号进行观察，以确定触发电平和触发沿。捕捉单次信号的具体操作步骤和方法如下：

1）按触发（TRIGGER）控制区 MENU 键，在触发系统功能菜单下分别按 1～5 号菜单操作键设置触发类型为 "边沿触发"、边沿类型为 "上升沿"、信源选择为 "CH1" 或 "CH2"、触发方式为 "单次"、触发设置→耦合为 "直流"。

2）调整水平时基和垂直衰减档位至适合的范围。

3）旋转触发（TRIGGER）控制区 ◎LEVEL 旋钮，调整适合的触发电平。

4）按 RUN/STOP 执行钮，等待符合触发条件的信号出现。如果有某一信号达到设定的触发电平，即采样一次，并显示在屏幕上。

5）旋转水平控制区（HORIZONTAL）◎POSITION 旋钮，改变水平触发位置，以获得不同的负延迟触发，观察毛刺发生之前的波形。

4. 应用光标测量 Sinc 函数（$Sincx = \dfrac{\sin x}{x}$）**信号波形**

示波器自动测量的 20 种参数都可以通过光标进行测量。现以 Sinc 函数信号波形测量为例，说明光标测量方法。

（1）测量 Sinc 函数信号第一个波峰的频率

1）按 CURSOR 键以显示光标测量功能菜单。

2）按 1 号菜单操作键设置光标模式为 "手动"。

3）按 2 号菜单操作键设置光标类型为 X。

4）如图 3.44 所示，按 4 号菜单操作键，激活光标 CurA，转动 ↻ 将光标 A 移动到 Sinc 波形的第一个峰值处。

5）按 5 号菜单操作键，激活光标 CurB，转动 ↻ 将光标 B 移动到 Sinc 波形的第二个峰值处。此时，屏幕右上角显示出光标 A、B 处的时间值、时间增量和 Sinc 波形的频率。

（2）测量 Sinc 函数信号第一个波峰的峰峰值

1）如图 3.45 所示，按 CURSOR 键以显示光标测量功能菜单。

2）按 1 号菜单操作键设置光标模式为 "手动"。

3）按 2 号菜单操作键设置光标类型为 "Y"。

4）分别按 4、5 号菜单操作键，激活光标 CurA、CurB，转动 ↻ 将光标 A、B 移动到 Sinc 波形的第一、第二个峰值处。屏幕右上角显示出光标 A、B 处的电压值和电压增量即 Sinc 函数信号波形的峰峰值。

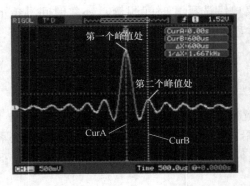
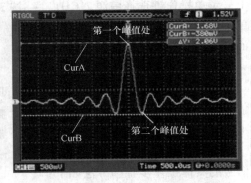

图 3.44　测量 Sinc 信号第一个波峰的频率　　　　图 3.45　测量 Sinc 信号第一个波峰的幅值

5. 使用光标测定 FFT 波形参数

使用光标可测定 FFT 波形的幅度（以 Vrms 或 dBVrms 为单位）和频率（以 Hz 为单位），如图 3.46 所示。

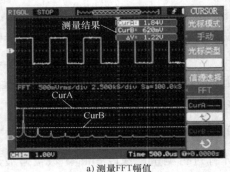
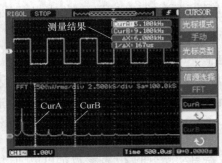

a) 测量FFT幅值　　　　　　　　b) 测量FFT频率

图 3.46　光标测量 FFT 波形的幅值和频率

具体操作方法如下：

1）按 MATH 键弹出 MATH 功能菜单。按 1 号键打开"操作"下拉菜单，转动🔄选择 FFT 并按下🔄确认。此时，FFT 波形便出现在显示屏上。

2）按 CURSOR 键显示光标测量功能菜单。按 1 号键打开"光标模式"下拉菜单并选择"手动"类型。

3）按 2 号菜单操作键，选择光标类型为"X"或"Y"。

4）按 3 号菜单操作键，选择信源为"FFT"，菜单将转移到 FFT 窗口。

5）转动多功能旋钮🔄，移动光标至感兴趣的波形位置，测量结果显示于屏幕右上角。

6. 减少信号随机噪声的方法

如果被测信号上叠加了随机噪声，可以通过调整示波器的设置，滤除和减小噪声，避免其在测量中对本体信号的干扰。其方法有：

1）设置触发耦合改善触发：按下触发（TRIGGER）控制区 MENU 键，在弹出的触发设置菜单中将触发耦合选择为"低频抑制"或"高频抑制"。低频抑制可滤除 8kHz 以下的低频信号分量，允许高频信号分量通过；高频抑制可滤除 150kHz 以上的高频信号分量，允许低频信号分量通过。通过设置"低频抑制"或"高频抑制"可以分别抑制低频或高频噪声，以得到稳定的触发。

2）设置采样方式和调整波形亮度减少显示噪声：按常用 MENU 区 ACQUIRE 键，显示采样设置菜单。按 1 号菜单操作键设置获取方式为"平均"，然后按 2 号菜单操作键调整平均次数，依次由 2 至 256 以 2 倍数步进，直至波形的显示满足观察和测试要求。转动↻旋钮降低波形亮度以减少显示噪声。

3.6　直流稳定电源

直流稳定电源包括恒压源和恒流源。恒压源的作用是提供可调直流电压，其伏安特性十分接近理想电压源；恒流源的作用是提供可调直流电流，其伏安特性十分接近理想电流源。直流稳定电源的种类和型号很多，有独立制作的恒压源和恒流源，也有将两者制成一体的直流稳定电源，但它们的一般功能和使用方法大致相同。现以 HH 系列双路带 5V3A 可调直流稳定电源为例介绍直流稳定电源的工作原理和使用方法。

3.6.1　直流稳定电源的基本组成和工作原理

HH 系列双路带 5V3A 可调直流稳定电源采用开关型和线性串联双重调节，具有输出电压和电流连续可调，稳压和稳流自动转换，自动限流，短路保护和自动恢复供电等功能。双路电源可通过前面板开关实现两路电源独立供电、串联跟踪供电、并联供电三种工作方式。HH 系列直流稳定电源的结构和工作原理框图如图 3.47 所示。它主要由变压器、交流电压转换电路、整流滤波电路、调整电路、输出滤波器、取样电路、CV 比较电路、CC 比较电路、基准电压电路、数码显示电路和供电电路等组成。

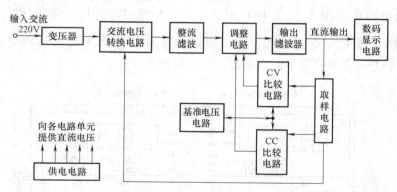

图 3.47　HH 系列直流稳定电源的结构和工作原理框图

1）变压器：变压器的作用是将 220V 的交流市电转变成多规格交流低电压。

2）交流电压转换电路：交流电压转换电路主要由运算放大器组成模/数转换控制电路。其作用是将电源输出电压转换成不同数码，通过驱动电路控制继电器动作，达到自动换档的目的。随着输出电压的变化，模/数转换器输出不同的数码，控制继电器动作，及时调整送入整流滤波电路的输入电压，以保证电源输出电压大范围变化时，调整管两端电压值始终保持在最合理的范围内。

3）整流滤波电路：将交流低电压进行整流和滤波变成脉动很小的直流电。

4）调整电路：该电路为串联线性调整器。其作用是通过比较放大器控制调整管，使输出电压/电流稳定。

5）输出滤波器：其作用是将输出电路中的交流分量进行滤波。

6）取样电路：对电源输出的电压和电流进行取样，并反馈给 CV 比较电路、CC 比较电路、交流电压转换电路等。

7）CV 比较电路：该电路可以预置输出电流，当输出电流小于预置电流时，电路处于稳压状态，CV 比较放大器处于控制优先状态。当输入电压或负载变化时，输出电压发生相应变化，此变化经取样电阻输入到比较放大器、基准电压比较放大器等电路，并控制调整管，使输出电压回到原来的数值，达到输出电压恒定的效果。

8）CC 比较电路：当负载变化输出电流大于预置电流时，CC 比较电路处于控制优先状态，对调整管起控制作用。当负载增加使输出电流增大时，比较电阻上的电压降增大，CC 比较电路输出低电平，使调整管电流趋于原来值，恒定在预置的电流上，达到输出电流恒定的效果，以保护电源和负载。

9）基准电压电路：提供基准电压。

10）数码显示电路：将输出电压或电流进行模/数转换并显示出来。

11）供电电路：为仪器的各部分电路提供直流电压。

3.6.2　直流稳定电源的使用方法

1. HH 系列双路带 5V3A 直流稳定电源操作面板简介

HH 系列双路带 5V3A 直流稳定电源输出电压为 0～30V 或 0～50V，输出电流为 0～2A 或 0～3A，输出电压/电流从零到额定值均连续可调；固定输出端输出电压为 5V，输出电流为 3A。电压/电流值采用 $3\frac{1}{2}$ 位 LED 数字显示，并通过开关切换电压/电流显示。HH 系列双路带 5V3A 直流稳定电源面板开关、旋钮位置如图 3.48 所示。从动（左）路与主动（右）路电源的开关和旋钮基本对称布置，其功能如下：

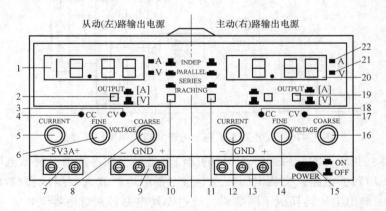

图 3.48　HH 系列直流稳定电源操作面板

1）从动（左）路 LED 电压/电流显示窗。

2）从动（左）路电压/电流显示切换开关（OUTPUT）：按下此开关显示从动（左）路电流值；弹出则显示电压值。

3）从动（左）路恒压输出指示（CV）灯：此灯亮时，从动（左）路为恒压输出。

4）从动（左）路恒流输出指示（CC）灯：此灯亮时，从动（左）路为恒流输出。

5）从动（左）路输出电流调节旋钮（CURRENT）：可调节从动（左）路输出电流大小。

6）从动（左）路输出电压细调旋钮（FINE）。

7）5V3A 固定输出端。

8）从动（左）路输出电压粗调旋钮（COARSE）。

9）从动（左）路电源输出端：共三个接线端，分别为电源输出正（＋），电源输出负（－）和接地端（GND）。接地端与机壳、电源输入地线连接。

10）从动（左）路电源工作状态控制开关。

11）主动（右）路电源工作状态控制开关。

12）主动（右）路输出电流调节旋钮（CURRENT）：可调节主动（右）路输出电流大小。

13）主动（右）路电源输出端。接线端与从动（左）路相同。

14）主动（右）路输出电压细调旋钮（FINE）。

15）电源开关：按下为开机（ON）；弹出为关机（OFF）。

16）主动（右）路输出电压粗调旋钮（COARSE）。

17）主动（右）路恒压输出指示（CV）灯：此灯亮时，主动（右）路为恒压输出。

18）主动（右）路恒流输出指示（CC）灯：此灯亮时，主动（右）路为恒流输出。

19）主动（右）路电压/电流显示切换开关（OUTPUT）：按下此开关显示主动（右）路电流值；弹出则显示电压值。

20）主动（右）路 LED 电压/电流显示窗。

21）显示状态及数值的单位指示灯：此灯亮，显示数值为电压值，单位为“V”。

22）显示状态及数值的单位指示灯：此灯亮，显示数值为电流值，单位为“A”。

2. HH 系列双路带 5V3A 直流稳定电源使用方法

（1）双路电源独立使用方法

1）将主（右）、从（左）动路电源工作状态控制开关 10、11 分别置于弹起位置（▉），使主、从动输出电路均处于独立工作状态。

2）恒压输出调节：将电流调节旋钮顺时针方向调至最大，电压/电流显示开关置于电压显示状态（弹起▉），通过电压粗调旋钮和细调旋钮的配合将输出电压调至所需电压值，CV 灯常亮，此时直流稳定电源工作于恒压状态。如果负载电流超过电源最大输出电流，CC 灯亮，则电源自动进入恒流（限流）状态，随着负载电流的增大，输出电压会下降。

3）恒流输出调节：按下电压/电流显示开关，将其置于电流显示状态（▉）。逆时针转动电压调节旋钮至最小。调节输出电流调节旋钮至所需电流值，再将电压调节旋钮调至最大，接上负载，CC 灯亮。此时直流稳定电源工作于恒流状态，恒流输出电流为调节值。

如果负载电流未达到调节值，CV 灯亮，此时直流稳定电源还是工作于恒压状态。

（2）双路电源串联（两路电压跟踪）使用方法

按下从动（左）路电源工作状态控制开关即■位，弹起主动（右）路电源工作状态控制开关即■位。顺时针方向转动两路电流调节旋钮至最大。调节主动（右）路电压调节旋钮，从动（左）路输出电压将完全跟踪主动路输出电压变化，其输出电压为两路输出电压之和即主动路输出正端（＋）与从动路输出负端（－）之间的电压值。最高输出电压为两路额定输出电压之和。

当两路电源串联使用时，两路的电流调节仍然是独立的，如从动路电流调节不在最大，而在某限流值上，当负载电流大于该限流值时，则从动路工作于限流状态，不再跟踪主动路的调节。

（3）两路电源并联使用方法

主（右）、从（左）动路电源工作状态控制开关均按下即■位，从动（左）路电源工作状态指示灯（CC灯）亮。此时，两路输出处于并联状态，调节主动路电压调节旋钮即可调节输出电压。

当两路电源并联使用时，电流由主动路电流调节旋钮调节，其输出最大电流为两路额定电流之和。

3. HH 系列双路带 5V3A 直流稳定电源使用注意事项

1）两路输出负（－）端与接地（GND）端不应有连接片，否则会引起电源短路。

2）连接负载前，应调节电流调节旋钮使输出电流大于负载电流值，以有效保护负载。

思考与练习

1. 简述 VC98 系列数字万用表操作面板上各开关和插孔的作用。

2. 用万用表"⇥•))"档对二极管进行正、反向测试时，其显示值是什么？用"Ω"档对二极管进行正、反向测试时，其显示值又是什么？

3. 能否用万用表测量频率为 10kHz 的正弦信号的有效值？

4. 使用 VC98 系列万用表应主要哪些事项？

5. 举例说明怎样读取毫伏表刻度盘上指示的电压值？

6. 试述交流毫伏表"浮置"功能的应用。

7. 总结交流毫伏表在使用时应注意的问题。

8. 说明 SP1641B 型函数信号发生器操作面板上各按键、旋钮和插座的作用。

9. 调节 SP1641B 型函数信号发生器，使其输出频率为 1kHz、有效值分别为 100mV、60mV、18mV、6mV 的正弦波。

10. 通常情况下，扫描宽度、扫描速率、波形对称、直流偏移调节旋钮应处于什么位置？

11. 怎样用数字键输入法设置幅度为 320mVpp 的正弦波信号？怎样将其转换为有效值？转换后的数值是多少？

12. 怎样用步进键输入法设置间隔为 1.3kHz 的正弦波信号？频率为 6.9kHz 转换为周期是多少？

13. 怎样用调节旋钮输入法输入频率连续变化 5Hz 的搜索数据流？

14. 将 A 路输出正弦波快速切换为方波的按键顺序是什么？

15. 怎样将 A 路输出峰峰值为 2V 的方波的占空比设置为 30%？

16. 示波管由哪些部分组成？各部分的作用是什么？

17. 简述模拟示波器的基本工作原理？

18. 简述示波器垂直系统的主要组成和作用。

19. 简述示波器水平系统的主要组成和作用。

20. 怎样正确调整和操作模拟示波器？

21. 熟悉 MOS-620/640 双踪示波器面板上各旋钮、开关和按键的作用和操作。

22. 用模拟示波器测量 ±5V 的直流电压。

23. 用模拟示波器测量有效值为 100mV 的正弦信号的峰峰值。

24. 用模拟示波器测量交流信号的周期和频率。

25. 用模拟示波器测量 *RL*、*RC* 电路的相位差角。

26. 数字示波器操作面板各大区有哪些按键、开关和旋钮？其作用分别是什么？

27. 熟悉数字示波器显示界面各区域显示的标志及数字的含义。

28. 简述数字示波器的操作要领。

29. 探头衰减系数有何意义？对探头衰减系数有什么要求？怎样设置探头衰减系数？

30. AUTO （自动设置） 和 RUN/STOP （运行/停止） 按钮的作用分别是什么？

31. 怎样使显示的波形上、下移动？怎样使显示的波形位移回零？

32. 怎样调整波形在垂直方向显示的幅度即 "Volt/div（伏/格）"？

33. 怎样选择和关闭通道？通道耦合方式有几种？其意义分别是什么？怎样选择和设定通道耦合方式？

34. 怎样调整信号波形在显示窗口的水平位置？怎样改变波形显示窗口显示的波形多少即秒/格（s/div）？怎样使触发位置回到屏幕中心位置？

35. 延迟扫描的意义上什么？怎样打开和关闭延迟扫描？

36. 怎样测量信号电压的峰峰值和有效值？怎样测量信号的频率？怎样测量信号的全部参数值？

37. 用手动光标模式测量正弦信号的周期、频率和幅值。

38. 用光标追踪模式测量交流信号并指出测量值的含义。

39. 熟悉 HH 系列双路带 5V3A 直流稳定电源操作面板上各旋钮和按键的作用和操作。

40. 掌握 HH 系列双路带 5V3A 直流稳定电源的使用方法和注意事项。

第4章 焊接工艺技术

焊接在电子产品装配过程中是一项很重要的技术，也是制造电子产品的重要环节之一，如果没有相应的工艺质量保证，任何一个设计精良的电子装置都难以达到设计指标。它在电子产品实验、调试、生产中应用非常广泛，而且工作量相当大，焊接质量的好坏，将直接影响到产品的质量。

电子产品的故障除元器件的原因外，大多数是由于焊接质量不佳而造成的。因此，熟练掌握焊接操作技能对保证产品质量是非常有必要的。本章着重讲述应用广泛的手工锡焊焊接。其目的是使大家掌握正确的锡焊方法，正确地使用烙铁，减少虚焊和漏焊，进而提升产品品质及延长元器件寿命，同时进一步了解焊接技术以及表面贴装技术。

4.1 焊接基础知识

4.1.1 焊接概念

利用加热或加压，或两者并用的方法，用或者不用钎料，依靠原子间的内聚力，来加速工件金属原子间的扩散，在工件金属连接处形成牢固的合金层，从而将工件金属永久地结合在一起的一种方法，称为焊接。

4.1.2 焊接分类

焊接一般分为熔焊、压焊、钎焊三大类。

1. 熔焊

熔焊是焊接过程中，将焊件接头加热至熔化状态，不加压完成焊接的方法。在加热的条件下增强了金属的原子动能，促进原子间的相互扩散，当被焊金属加热至熔化状态形成液体熔池时，原子之间可以充分扩散和紧密接触，因此冷却凝固后，即形成牢固的焊接接头。常见的有气焊、电弧焊、电渣焊、气体保护焊等都属于熔焊的方法。

熔焊一般有以下几种：

（1）气焊

利用氧乙炔或其他气体火焰加热母材和填充金属，达到焊接目的。火焰温度为3000℃左右。适用于较薄工件，小口径管道、有色金属铸铁、钎焊。

（2）手工电弧焊

利用电弧作为热源熔化焊条与母材形成焊缝的手工操作焊接方法，电弧温度在6000～8000℃。适用于黑色金属及某些有色金属焊接，应用范围广，尤其适用于短焊缝，不规则焊缝。

（3）埋弧焊

（分自动、半自动）电弧在焊剂区下燃烧，利用颗粒状焊剂，作为金属熔池的覆盖层，将空气隔绝使其不得进入熔池。焊丝由送丝机构连续送入电弧区，电弧的焊接方向、移动速度用手工或机械完成。

适用于中厚板材料的碳钢、低合金钢、不锈钢、铜等直焊缝及规则焊缝的焊接。

（4）气电焊

（气体保护焊）利用保护气体来保护焊接区的电弧焊。保护气体作为金属熔池的保护层把空气隔绝。采用的气体有惰性气体、还原性气体、氧化性气体，适用于碳钢、合金钢、铜、铝等有色金属及其合金的焊接。氧化性气体适用于碳钢及合金钢的合金。

（5）离子弧焊

利用气体在电弧中电离后，再经过热收缩效应、机械收缩效应、磁收缩效应而产生的一种超高温热源进行焊接，温度可达 20000℃ 左右。

2. 压焊

这是焊接过程中必须对焊件施加压力（加热或不加热）来完成的焊接方法。这类焊接有两种形式：一是将被焊金属接触部分加热至塑性状态或局部熔化状态，然后施加一定的压力，以使金属原子间相互结合形成牢固的焊接接头，如锻焊、电阻焊、摩擦焊和气压焊等就是这种压焊方法；二是不进行加热，仅在被焊金属的接触面上施加足够的压力，借助于压力所引起的塑性变形，以使原子间相互接近而获得牢固的接头，这种方法有冷压焊、爆炸焊等（主要用于复合钢板）。

常用压焊有摩擦焊和电阻焊。

（1）摩擦焊

利用焊件间相互摩擦，接触端面旋转产生的热能，施加一定的压力而形成焊接接头。适用于铝、铜、钢及异种金属材料的焊接。

（2）电阻焊

利用电流通过焊件产生的电阻热，加热焊件（或母材）至塑性状态，或局部熔化状态，然后施加压力使焊件连接在一起。适用于可焊接薄板、管材、棒料。

3. 钎焊

它是采用比母材熔点低的金属材料，将焊件和钎料加热到高于钎料熔点，低于母材熔点的温度，利用液态钎料润湿母材，填充接头之间间隙并与母材相互扩散实现连接焊件的方法。

钎焊不适于一般钢结构和重载、动载机件的焊接。它主要用于制造精密仪表、电气零部件、异种金属构件以及复杂薄板结构，如夹层构件、蜂窝结构等，也常用于钎焊各类导线与硬质合金刀具。钎焊前对工件必须进行细致加工和严格清洗，除去油污和过厚的氧化膜，保证接口装配间隙。间隙一般要求在 0.01 ~ 0.1mm 之间。

（1）钎焊分类

根据焊接温度的不同，钎焊可以分为两大类。焊接加热温度低于 450℃ 称为软钎焊，高于 450℃ 称为硬钎焊。

1）软钎焊：多用于电子和食品工业中导电、气密和水密器件的焊接。以锡铅合金作为钎料的锡焊最为常用。

软钎料一般需要用钎剂，以清除氧化膜，改善钎料的润湿性能。钎剂种类很多，电子工业中多用松香酒精溶液软钎焊。这种钎剂焊后的残渣对工件无腐蚀作用，称为无腐蚀性钎剂。焊接铜、铁等材料时用的钎剂，由氯化锌、氯化铵和凡士林等组成。焊铝时需要用氟化物和氟硼酸盐作为钎剂，还有用盐酸加氯化锌等作为钎剂的。这些钎剂焊后的残渣有腐蚀作用，称为腐蚀性钎剂，焊后必须清洗干净。

2）硬钎焊：接头强度高，有的可在高温下工作。

硬钎焊的钎料种类繁多，以铝、银、铜、锰和镍为基的钎料应用最广。铝基钎料常用于铝制品钎焊。银基、铜基钎料常用于铜、铁零件的钎焊。锰基和镍基钎料多用来焊接在高温下工作的不锈钢、耐热钢和高温合金等零件。焊接铍、钛、锆等难熔金属、石墨和陶瓷等材料则常用钯基、锆基和钛基等钎料。选用钎料时要考虑母材的特点和对接头性能的要求。硬钎焊钎剂通常由碱金属和重金属的氯化物和氟化物，或硼砂、硼酸、氟硼酸盐等组成，可制成粉状、糊状和液状。在有些钎料中还加入锂、硼和磷，以增强其去除氧化膜和润湿的能力。焊后钎剂残渣用温水、柠檬酸或草酸清洗干净。

（2）钎焊常用的工艺方法

钎焊常用的工艺方法较多，主要是按使用的设备和工作原理区分的。如按热源区分则有红外、电子束、激光、等离子、辉光放电钎焊等；按工作过程分有接触反应钎焊和扩散钎焊等。

1）接触反应钎焊：利用钎料与母材反应生成液相填充接头间隙的焊接。

2）扩散钎焊：增加保温扩散时间，使焊缝与母材充分均匀化，从而获得与母材性能相同的接头的焊接。

3）烙铁钎焊：用于细小简单或很薄零件的软钎焊。利用电烙铁或火焰加热烙铁的热量，加热母材局部，并使填充金属熔入间隙，达到连接的目的。适用于熔点300℃的钎料。一般用于导线、电路板及元器件的焊接。

4）波峰钎焊：用于大批量印制电路板和电子元件的组装焊接。施焊时，250℃左右的熔融焊锡在泵的压力下通过窄缝形成波峰，工件经过波峰实现焊接。这种方法生产率高，可在流水线上实现自动化生产。

5）浸渍钎焊：将工件部分或整体浸入覆盖有钎剂的钎料浴槽或只有熔盐的盐浴槽中加热焊接。这种方法加热均匀、迅速、温度控制较为准确，适合于大批量生产和大型构件的焊接。盐浴槽中的盐多由钎剂组成。焊后工件上常残存大量的钎剂，清洗工作量大。

6）感应钎焊：利用高频、中频或工频感应电流作为热源的焊接方法。高频加热适合于焊接薄壁管件。采用同轴电缆和分合式感应圈可在远离电源的现场进行钎焊，特别适用于某些大型构件，如火箭上需要拆卸的管道接头的焊接。

7）炉中钎焊：将装配好钎料的工件放在炉中进行加热的焊接，常需要加钎剂，也可用还原性气体或惰性气体保护，加热比较均匀。大批量生产时可采用连续式炉。

8）真空钎焊：指工件加热在真空室内进行的焊接方法，主要用于质量要求高的产品和易氧化材料的焊接。

9）火焰钎焊：用可燃气体与氧气或压缩空气混合燃烧的火焰作为加热源，加热母材，并使填充金属材料熔入间隙，达到连接目的的焊接。火焰钎焊设备简单、操作方便，根据工件形状可用多火焰同时加热焊接。这种方法适用于不锈钢、硬质合金、有色金属等一般尺寸较小的焊件。

注意事项：

焊接过程中，因焊工要经常更换焊条和调节焊接电流，操作时要直接接触电极和极板，而焊接电源通常是220V/380V，当电气安全保护装置存在故障、劳动保护用品不合格、操作者违章作业时，就可能引起触电事故。如果在金属容器内、管道上或潮湿的场所焊接，触电的危险性更大。

由于焊接过程中会产生电弧或明火，在有易燃物品的场所作业时，极易引发火灾。特别是在易燃易爆装置区（包括坑、沟、槽等），储存过易燃易爆介质的容器、塔、罐和管道上施焊时危险性更大。

因焊接过程中会产生电弧、金属熔渣，如果焊工焊接时没有穿戴好电焊专用的防护工作服、手套和皮鞋，尤其是在高处进行焊接时，因电焊火花飞溅，若没有采取防护隔离措施，易造成焊工自身或作业面下方施工人员皮肤灼伤等事故。

由于焊接时产生强烈火的可见光和大量不可见的紫外线，对人的眼睛有很强的刺激伤害作用，长时间直接照射会引起眼睛疼痛、畏光、流泪、怕风等，易导致眼睛结膜和角膜发炎（俗称电光性眼炎）。

4.2　锡焊

锡焊属于软钎焊中烙铁钎焊的一种，焊接温度小于 450℃。它是采用锡铅钎料进行的焊接，是锡铅焊的简称。它是将焊件和熔点比焊件低的钎料共同加热到锡焊温度，在焊件不熔化的情况下，钎料熔化并浸润焊接面，依靠二者原子的扩散形成焊件的连接。锡焊的主要特征有以下三点：

1）钎料熔点低于焊件。

2）焊接时将钎料与焊件共同加热到锡焊温度，钎料熔化而焊件不熔化。

3）焊接的形成依靠熔化状态的钎料浸润焊接面，由毛细作用使钎料进入焊件的间隙，形成一个合金层，从而实现焊件的结合。

由于锡焊操作方法简便，整修焊点、拆换元器件、重新焊接都较容易，且使用工具简单（电烙铁），成本低，易实现自动化。所以它是在电子装配中使用最早、适用范围最广的一种焊接方法。

4.2.1　锡焊机理

在研究焊接工程所用的材料和设备之前，必须先清楚地了解锡焊的基本原理，否则，便无法用目视来检验锡焊所形成的焊点和工程上各不同零件的效果。

1. 润湿

也称浸润，是发生在固体表面和液体之间的一种物理现象。这种润湿作用是物质所固有的一种性质，与固体的表面和液体都有关系，如图 4.1 所示。液体和固体交界处形成一定的角度，这个角称为润湿角 θ，θ 是定量分析润湿现象的一个物理量。如图 4.2 所示，θ 为 0° ~ 180°，θ 越小，润湿越充分。实际中以 90° 为润湿的分界。

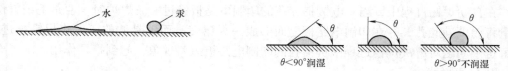

图 4.1　干净玻璃表面的水和汞　　　　　　　图 4.2　润湿角

加热后呈熔融状态的钎料（锡铅合金），沿着工件金属的凹凸表面，靠毛细管的作用扩散。如果钎料和工件金属表面足够清洁，钎料原子和工件金属原子就可以接近能够相互作用的距离，即接近原子引力互相起作用的距离，这个过程为钎料的浸润（润湿）。

润湿是焊接行为中的主角，其接合即是利用液态焊锡润湿在基材上而达到接合的效果。焊锡润湿在基材上时，两者之间以化学键结合，而形成一种连续性的接合，在实际状况下，基材常因受空气及周围环境的侵蚀，而会有一层氧化层，阻挡焊锡而无法达到良好的润湿效果。

锡焊过程中，熔化的铅锡钎料和焊件之间的作用，正是这种润湿现象。观测润湿角是锡焊检测的方法之一，润湿角越小，焊接质量越好。

一般质量合格的铅锡钎料和铜之间的润湿角为 20°，实际应用中一般以 45°为焊接质量的检验标准，如图 4.3 所示。

a) 焊锡与焊件润湿　　　b) θ>90°润湿不良　　　c) θ>45°润湿良好

图 4.3　钎料润湿角

（1）焊接与胶合

当两种材料用胶粘合在一起，其表面的相互粘着是因胶给它们之间一种机械键所致。焊接是在焊锡和金属之间形成一分子间键，焊锡的分子穿入基层金属的分子结构，而形成一坚固、完全金属的结构。当焊锡溶解时，也不可能完全从金属表面上把它擦掉，因为它已变成为基层金属的一部分。

（2）润湿和无润湿

涂有油脂的金属薄板浸到水中，无润湿现象，如将此金属薄板放入热清洁溶剂中加以清洗，并小心地干燥，再将它浸入水中，液体将完全地扩散到金属薄板的表面后形成一薄而均匀的膜层，即它润湿了此金属薄板。

（3）清洁

当焊锡表面和金属表面很干净时，焊锡一样会润湿金属表面。如果清洁不够，焊锡和金属之间会形成一很薄的污染层，几乎所有的金属在暴露空气中时，都会立刻氧化，此极薄的氧化层物将防凝金属表面上焊锡的润湿作用。

同样的道理，在无绳电话的制造过程中，许多 PCB 焊锡 PAD 长时间暴露于空气中，而又未采取任何清洁措施，其形成的氧化层，将会严重影响到后面的焊接质量（这对我们研究表面接触的充电片 INT 现象，也将有很大的帮助）。

（4）毛细管的作用

将两块干净的金属表面粘合在一起后，浸入熔化的焊锡中，焊锡将润湿这两金属表面向上爬升，并填满相近表面之间的间隙，此为毛细管作用。不干净的金属表面便没有润湿作用，焊锡不会填满此点。

在自动焊锡过程中，当一电镀贯穿孔的印制电路板经过一波焊炉时，便是毛细管作用的力量将锡填满此孔，并在印制电路板上面形成一焊锡带，而不是波的压力将焊锡推进此孔，了解这个问题对解决焊锡过程中贯穿孔的印制电路板短路现象，起到指导作用。

（5）表面张力

用溶剂清洗金属表面会减少表面张力，在焊锡中的污染物会增加表面张力，焊锡温度也会影响表面张力，温度越高表面张力也越小，但这个效果比它所产生的氧化作用还低。

（6）润湿角度（Wetting Angle）θ

即焊锡表面和铜板之间的角度，它是所有焊点检验的基础，θ 越小润湿越好，如图 4.4 中 a、b 所示。

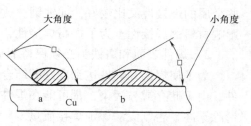

图 4.4　焊锡形成的润湿角对比

a. 熔锡中无助焊剂，形成一大润湿角度的球状。

b. 熔锡中有助焊剂，焊锡润湿于铜板而形成一小润湿角度。

（7）润湿的热动力平衡

焊接工程不可缺的材料是焊锡、助焊剂和基层金属。当焊锡润湿在基层金属中，静止下来时，即是热动力平衡的状态。

表 4.1　润湿的热动力平衡

（1）$\theta > 90°$	$\theta > 90°$	退润湿
	$\theta = 180°$	未润湿
	$90° < \theta < 180°$	润湿不良
（2）$90° > \theta > 75°$		边际润湿
（3）$\theta < 75°$		润湿良好

2. 扩散

由于金属原子在晶格点阵中呈热振动状态，因此在温度升高时，它会从一个晶格点阵自动地转移到其他晶格点阵，这个现象称为扩散。锡焊时，钎料和工件金属表面的温度较高，钎料和工件金属表面的原子相互扩散，在两者之间的界面上形成新的合金。钎料与焊件扩散示意图如图 4.5 所示，扩散结果形成的锡焊结合层示意图如图 4.6 所示。

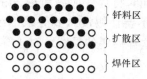

图 4.5　钎料与焊件扩散示意图

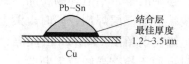

图 4.6　锡焊结合层示意图

3. 界面层的结晶与凝固

焊接后焊点降温到室温，在焊接处形成由钎料层、合金层和工件金属表层组成的结合结构。在钎料和工件金属表面形成合金层，称"界面层"。冷却时，界面层首先以适当的合金状态开始凝固，形成金属结晶，而后结晶向未凝固的钎料生长。

钎料与焊件扩散的结果：形成新的合金结合层 Cu_6Sn_5、Cu_3Sn——合金固溶体。

新的结合层具有可靠的电气连接和牢固的机械连接。它的粘结厚度大、可靠性高。

4.2.2　锡焊的工艺要素

为了提高焊接质量，必须注意掌握锡焊的基本条件。

1）焊件必须具有良好的焊接性——被焊物焊接性。

不是所有的金属都具有良好的焊接性，有些金属如铬、钼、钨等的焊接性就非常差；有些金属的焊接性又比较好，如纯铜、黄铜等。在焊接时，由于高温使金属表面产生氧化膜，影响材料的焊接性。为了提高焊接性，一般采用表面镀锡、镀银等措施来防止表面的氧化。

2）焊件表面和烙铁头必须保持清洁。

为了使焊锡和焊件达到良好的结合，焊接表面一定要保持清洁。即使是焊接性良好的焊件，由于储存或被污染，都可能在焊件表面产生有害的氧化膜和油污。在焊接前务必把污膜清除干净，否则无法保证焊接质量。

焊接时，烙铁头长期处于高温状态，又接触焊剂等弱酸性物质，其表面很容易氧化并沾上一层黑色杂质。这些杂质形成隔热层，妨碍了烙铁头与焊件之间的热传导。因此，要注意随时在烙铁架上蹭去杂质。用一块湿布或湿海绵随时擦拭烙铁头，也是常用的方法之一。对于普通烙铁头，在污染严重时可以使用锉刀锉去氧化层。对于长寿命烙铁头，就绝对不能使用这种方法了。

3）使用合适的钎料。

锡铅钎料成分不合规格或杂质超标都会影响焊锡质量，特别是某些杂质含量，例如锌、铝和镉等，即使是 0.001% 的含量也会明显影响钎料润湿性和流动性，降低焊接质量。

4）要使用合适的助焊剂。

不同的焊接工艺，应选择不同的助焊剂，焊接不同的材料要选用不同的焊剂，即使是同种材料，当采用焊接工艺不同时也往往要用不同的焊剂，如镍铬合金、不锈钢、铝等材料，没有专用的特殊焊剂是很难实施锡焊的。手工烙铁焊接和浸焊，焊后清洗与不清洗就需采用不同的焊剂。对手工锡焊而言，采用松香和活性松香能满足大部分电子产品的装配要求。还要指出的是焊剂的量也是必须注意的，过多、过少都不利于锡焊，在焊接电子线路板等精密电子产品时，为使焊接可靠稳定，通常采用松香助焊剂。一般地是用酒精将松香溶解成松香水使用。

5）焊件要加热到适当的温度——热源。

需要强调的是，不但焊锡要加热到熔化，而且应该同时将焊件加热到能够熔化焊锡的温度。导线端敷涂一层焊剂，同时也镀上焊锡。要注意，不要让锡浸入到导线的绝缘皮中去，最好在绝缘皮前留出 1～3mm 的间隔，使这段未镀锡。这样镀锡的导线，对于穿管是很有利的，同时也便于检查导线有无断股。

6）掌握正确的手焊技巧，合理设计焊点。

合理的焊点几何形状，对保证锡焊的质量至关重要，如图 4.7a 所示的接点由于铅锡料强度有限，很难保证焊点足够的强度，而图 4.7b 的接头设计则有很大改善。图 4.8 表示印制板上通孔安装元件引线与孔尺寸不同时对焊接质量的影响。

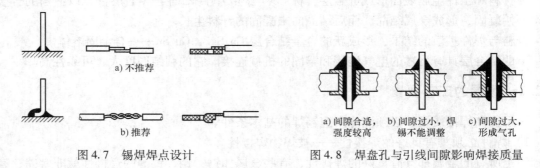

a) 不推荐

b) 推荐

a) 间隙合适，　　b) 间隙过小，焊　　c) 间隙过大，
强度较高　　　　锡不能调整　　　形成气孔

图 4.7　锡焊焊点设计　　　　　　　图 4.8　焊盘孔与引线间隙影响焊接质量

4.3　焊接材料

4.3.1　焊接材料的概念

凡是用来熔合两种或两种以上的金属面，使之成为一个整体的金属或合金都叫焊接材料，简称钎料。钎料是一种易熔金属，它的熔点低于被焊金属。它能使元器件引线与印制电路板的连接点连接在一起。

焊接材料包括焊条、焊丝、焊剂、气体、电极、衬垫等。电子装配中常用的钎料的主要成分为锡。

1. 焊条

焊条共分为十大类：

1）J 结构钢焊条。

2）R 钼和铬钼耐热钢焊条。

3）W 低温钢焊条。

4）G. A 不锈钢焊条。

5）D 堆焊焊条。

6）Z 铸铁焊条。

7）~9）NI. T. L 分别表示镍及镍合金焊条、铜焊条和铝焊条。

10）TS 特殊焊条。

结构钢焊条：型号 E5015 中，E 表示焊条，50 表示熔敷金属抗拉强度的最小值，1 表示适用于全位置焊接，5 表示药皮类型为低氢钠型，采用直流反接焊接。牌号 J507，J 表示结构钢，50 表示熔敷金属抗拉强度的最小值，7 表示低氢钠型药皮直流。

不锈钢焊条：型号 E309-16 中，E 表示焊条，309 表示熔敷金属化学成分分类代号，16 表示交流或者直流反接适用于全位置焊接。牌号 A302 中 A 表示奥氏体，3 表示焊缝熔敷金属主要化学成分组成等级，0 表示牌号编号，2 表示药皮类型和焊缝电源种类。

2. 焊丝

焊丝一般来说分为三类：

1）H 表示焊接用实芯焊丝。

2）Y 表示药芯焊丝。

3）HS 表示有色金属以及铸铁焊丝。

实芯焊丝：H08Mn2SiA，H 表示焊接用实芯焊丝，08 表示含碳量大约为百分之 0.8，Mn2 表示含锰量大约为 2%，Si 表示硅含量小于等于 1%，A 表示 S、P 含量不超过 0.030%（E 表示为高级优质品，S、P 含量更低）。

药芯焊丝：用薄钢带卷成圆形或异形钢管，内填一定成分的药粉，经拉制成的有缝药芯焊丝，或用钢管填满药粉拉制成的无缝药芯焊丝。用这种焊丝焊接熔敷效率高，对钢材适应性好，试制周期短，因而它的使用量和使用范围不断扩大。这种焊丝主要用于二氧化碳气体保护焊、埋弧焊和电渣焊。药芯焊丝中的药粉成分一般与焊条药皮相似。含有造渣、造气和稳弧成分的药芯焊丝焊接时不需要保护气体，称自保护药芯焊丝，适用于大型焊接结构工程的施工。

铸铁焊丝：有些合金，如钴铬钨合金，不能锻、轧和拔丝，而用铸造方法制成。它主要用于工件表面的手工堆焊，以满足如抗氧化、耐磨损和高温下耐腐蚀等特殊性能要求。采用连续浇注和液态挤压可制造出长达数米的钴铬钨焊丝，用于自动填丝钨极气体保护电弧焊，以提高焊接效率和堆焊层质量，同时还能改善劳动条件。铸铁补焊有时也采用铸造焊丝。

4.3.2 手工锡焊常用钎料——焊锡

手工锡焊钎料的主要成分是锡（Sn），它是一种质地柔软、延展性大的银白色金属，熔点为 232℃，在常温下化学性能稳定，不易氧化，不失金属光泽，抗大气腐蚀能力强。

铅（Pb）是一种较软的浅青白色金属，熔点为 327℃，高纯度的铅耐大气腐蚀能力强，化学稳定性好，但对人体有害。

在锡中加入一定比例的铅和少量其他金属可制成熔点低、抗腐蚀性好、对元件和导线的附着力强、机械强度高、导电性好、不易氧化、抗腐蚀性好、焊点光亮美观的钎料，故钎料常称为焊锡。

由锡 63% 和铅 37% 组成的焊锡称为共晶焊锡，这种焊锡的熔点是 183℃。焊锡是在焊接线路中连接电子元器件的重要工业原材料，广泛应用于电子工业、家电制造业、汽车制造业、维修业和日常生活中。

（1）焊锡的种类及选用

焊锡按其组成的成分可分为锡铅钎料、银钎料、铜钎料等，熔点在 450℃ 以上的称为硬钎料，450℃ 以下的称为软钎料。锡铅钎料的材料配比不同，性能也不同。常用的锡铅钎料及其用途见表 4.2。

表 4.2 常用的锡铅钎料及其用途

名　　称	牌　　号	熔点温度/℃	用　　途
10#锡铅钎料	HlSnPb10	220	焊接食品器具及医疗方面物品
39#锡铅钎料	HlSnPb39	183	焊接电子电气制品
50#锡铅钎料	HlSnPb50	210	焊接计算机、散热器、黄铜制品
58-2#锡铅钎料	HlSnPb58-2	235	焊接工业及物理仪表
68-2#锡铅钎料	HlSnPb68-2	256	焊接电缆铅护套、铅管等
80-2#锡铅钎料	HlSnPb80-2	277	焊接油壶、容器、大散热器等
90-6#锡铅钎料	HlSnPb90-6	265	焊接铜件
73-2#锡铅钎料	HlSnPb73-2	265	焊接铅管件

市场上出售的焊锡，由于生产厂家不同，配制比有很大的差别，但熔点基本在 140 ~ 180℃ 之间。在电子产品的焊接中一般采用 Sn62.7% + Pb37.3% 配比的钎料，其优点是熔点低、结晶时间短、流动性好、机械强度高。

（2）焊锡的形状

常用的焊锡有五种形状：①块状（符号：I）；②棒状（符号：B）；③带状（符号：R）；④丝状（符号：W）；焊锡丝的直径（单位为 mm）有 0.5、0.8、0.9、1.0、1.2、1.5、2.0、2.3、2.5、3.0、4.0、5.0 等；⑤粉末状（符号：P）。块状及棒状焊锡用于浸焊、波峰焊等自动焊接机。丝状焊锡主要用于手工焊接。粉末状焊锡主要用于表面贴装元器件的焊接。

4.3.3　焊剂

根据焊剂的作用不同可分为助焊剂和阻焊剂两大类。

1. 助焊剂

在锡铅焊接中助焊剂是一种不可缺少的材料,它有助于清洁被焊面,防止焊面氧化,增加钎料的流动型,使焊点易于成形。

钎料中常用的助焊剂是松香,在较高的要求场合下使用新型助焊剂——氧化松香。

(1) 助焊剂的化学特性

助焊剂(FLUX)这个字来自拉丁文,是"流动"的意思,但在此处它的作用不只是帮助流动,助焊剂的主要功能如下:

A. 溶解被焊母材表面的氧化膜。

在大气中,被焊母材表面总是被氧化膜覆盖着,其厚度为 $2 \times 10^{-9} \sim 2 \times 10^{-8} m$。在焊接时,氧化膜必然会阻止钎料对母材的润湿,焊接就不能正常进行,因此必须在母材表面涂敷助焊剂,使母材表面的氧化物还原,从而达到消除氧化膜的目的。

B. 防止被焊母材的再氧化。

母材在焊接过程中需要加热,高温时金属表面会加速氧化,因此液态助焊剂覆盖在母材和钎料的表面,可防止它们氧化。

C. 降低熔融钎料的表面张力。

熔融钎料表面具有一定的张力,就像雨水落在荷叶上,由于液体的表面张力会立即聚结成圆珠状的水滴。熔融钎料的表面张力会阻止其向母材表面漫流,影响润湿的正常进行。当助焊剂覆盖在熔融钎料的表面时,可降低液态钎料的表面张力,使润湿性能明显得到提高。

1) 化学活性。

助焊剂可以与氧化层起化学作用,当助焊剂连同氧化层去除后,金属则呈现出清洁而无氧化层的表面,可与焊锡结合。

助焊剂与氧化物的化学反应有以下几种:①互相作用形成第三种物质,此物质易溶于助焊剂及溶剂中;②氧化物被助焊剂剥离;③上述两种反应并存,松香和铜氧化物即是第一种反应,氧化物暴露在氢气中的反应即是典型的第二种反应,这种方式常用于半导体零件的焊接上。

2) 热稳定性。

当助焊剂在反应除去氧化物时,助焊剂必须形成一个保护膜,防止其再度氧化,直到接触焊锡为止,因为助焊剂必须能承受高温,在焊锡作业温度下会分解,如分解则会残留在基板上,难以清洗,松香在 285 ℃ 以上会分解,应特别注意:在焊充电片时,常常发现充电片的基板周围残留杂物,这是因为焊锡作业时的松香分解的结果。

3) 助焊剂在不同温度下的活性。

RA 助焊剂,温度达到焊锡作业范围内,氯离子才会解析出来清理氧化物。松香,温度超过 315 ℃ 时,几乎无任何反应(温度过高,降低其活性),因此可将预热时间延长,使其充分发挥活性,也可以利用此特性,将助焊剂活性钝化以防止腐蚀现象。

4) 润湿能力。

助焊剂对基层金属和焊锡有很好的润湿能力,以取代空气,降低焊锡表面张力,增加其扩散性。

5）扩散率。

扩散与润湿都用来帮助焊点的角度改变，通常扩散率可用作判断助焊剂强弱的指标。

6）电化学活性。

氯化锌、氯化铵等无机类助焊剂可帮助焊锡的离子，浸渍在接合的表面上，以帮助结合，有两种方式可达此状况：①替换方式，由焊锡离子替换基材离子；②不同的金属通过电化学反应驱动焊锡离子的浸渍。

7）工业及工程上的考虑。

时间：焊接时间需要短，尤其对热敏感的零件。

温度：热量大，温度要足以活化助焊剂，但又不能太高而破坏助焊剂。

腐蚀：a. 助焊剂本身在室温下腐蚀性低。

b. 焊接作业时，烟腐蚀性低。

c. 残余物在室温下腐蚀性低。

d. 如腐蚀性无法避免时应非常容易清洗。

安全性：考虑对人体、工厂及生态的安全性。

经济：考虑整体状况，如补焊、清洗、焊锡设备等。

（2）助焊剂的种类

助焊剂分为两大类：无机阻焊剂与有机阻焊剂，后者又分为松香类与非松香类。

1）无机助焊剂。

无机助焊剂清洗快，清除氧化物能力强，在焊锡温度下安全且有活性，腐蚀性较高。它由无机酸和盐组成，如盐酸、氢氟酸、氯化锡、氟化钠或钾和氯化锌。这些助焊剂能够去掉铁和非铁金属的氧化膜层，如不锈钢、铁镍钴合金和镍铁，这些用较弱助焊剂都不能锡焊。

无机助焊剂一般用于非电子应用，如铜管的铜焊。可是它们有时用于电子工业的铅镀锡应用。无机助焊剂由于其潜在的可靠性问题，不应该考虑用于电子装配（传统或表面贴装）。其主要的缺点是有化学活性残留物，可能引起腐蚀和严重的局部失效。

2）有机酸（OA，非松香类）助焊剂：清除氧化能力中等，腐蚀性高，对热较敏感。

有机酸（OA）助焊剂比松香助焊剂要强，但比无机助焊剂要弱。在助焊剂活性和可清洁性之间，它提供了一个很好的平衡，特别是如果其固体含量低（1%～5%）。这些助焊剂含有极性离子，很容易用极性溶剂去掉，如水。由于它们在水中的可溶性，OA 助焊剂是环保上所希望的，虽然免洗助焊剂可能更为大家所希望。因为这类助焊剂不为政府规范所覆盖，其化学含量由供应商来控制。可得到的 OA 助焊剂有使用卤化物作催化剂的，也有没有的。

有机酸（OA）助焊剂，由于术语是"含酸"助焊剂，因此在传统装配上，一般为人们所回避。可是，所谓非腐蚀性松香助焊剂也含有卤化物，如果不适当地去掉，都将引起腐蚀。

有机酸（OA）助焊剂的使用，在军用和商业应用的混合装配（二类和三类）中证明是可行的。人们错误地认为，当波峰焊接二类和三类表面贴片装配（SMA）板时，必须把 OA 转变成基于松香的助焊剂（RA 和 RMA）。和流行的观点相反，OA 助焊剂也已经在军事项目中得到成功应用。商业、工业和电信业的其他一些主流公司，把 OA 应用于波峰焊接板底胶固的表面贴装片状元件。人们已发现，OA 助焊剂能满足军用和商用的清洁度要求。

OA 助焊剂材料已成功地用作回流焊接引脚穿孔元件中的环形焊接的助焊剂涂层。甚至在通过回流焊接之后，可以很容易地用水清洗，现在，水溶性锡膏被广泛应用。由于使用氯氟化碳（CFC）清洗基于松香的锡膏，出于对环境因素的考虑，水溶性锡膏在要求清洁的应用中，或在由于低残留或免洗锡膏和助焊剂产生问题的应用中，变得更具有优势。

常用的有机酸（OA）助焊剂有：

有机酸：乳酸、油酸、硬脂酸等，钛酸、柠檬酸及其他酸类。

卤素有机化合物：盐酸苯胺、盐酸谷氨、溴化物衍生物。

胺及氨基化物：氨基衍生物，最常用的是磷酸盐苯胺、尿素、乙烯、二胺三乙醇胺。

3）松香类助焊剂：松香或树脂是从松树的树桩或树皮中榨取的天然产品。松香的化学成分一批不同于一批，但通用分子式是 $C_{19}H_{29}COOH$。它主要由松香酸（70% ~ 85%，看产地）和胡椒酸（10% ~ 15%）组成。松香含有几个百分比的不皂化碳水化合物；为了清除松香助焊剂，必须加入皂化剂（把水皂化的一种碱性化学物）。

松香助焊剂主要来自松树树脂油榨取和提炼的天然树脂，松香助焊剂在室温下不活跃，但加热到焊接温度时变得活跃。它们自然呈酸性，可溶于许多溶剂，但不溶于水。这就是使用溶剂、半水溶剂或皂化水来清除它们的原因。

松香的熔点为 172 ~ 175℃（342 ~ 347°F），或刚好在焊锡熔点（183℃）之下。所希望的助焊剂应该在约低于焊接温度时熔化并变活跃。可是，如果助焊剂在焊接温度下分解，那将没有效力。这意味着合成助焊剂可以用于比松香助焊剂更高的温度，因为前者的分解温度较高。一般地，松香助焊剂较弱，为了改进其活跃性（助焊性能），需要使用卤化催化剂。松香去氧化物的通用公式如下：

$$RCO_2H + MX = RCO_2M + HX$$

此处 RCO_2H 是助焊剂中的松香（较早提到的 $C_{19}H_{29}COOH$），M = 锡（Sn）、铅（Pb）或铜（Cu）

X = 氧化物（Oxide）、氢氧化物（Hydroxide）或碳酸盐（Carbonate）

松香助焊剂的分类如下：

① 无活性松香助焊剂（R）：松香是松树蒸馏出来的，最纯的松香是透明无色的，称为水白色松香，用来做最弱的助焊剂及焊锡丝中的助焊剂，缺点是活性太弱。

② 弱活性松香助焊剂（RMA）：残余物不会腐蚀，电气绝缘性佳、活性高，对材料的焊接性要求很高，大部分用于计算机、通信、太空及军方，也可用于电视产品而不必清洗，如 502 免洗助焊剂。

③ 活性松香助焊剂（RA）：其活性比弱活性松香助焊剂强，因考虑其产品的可靠性及长时间使用，通常要求清洗，清洗时必须使用双极性溶剂，否则无法同时洗净松香及活性剂。

④ 超活性松香助焊剂（RSA）：用途特殊，其活性已超出国家标准，可用来焊接铁镍钴合金、镍不锈钢及其他类似金属，其残余活性高，焊后必须立即清洗。

⑤ 低活性松香助焊剂。

⑥ 无卤素松香助焊剂。

松香助焊剂种类的不同在于催化剂（卤化物、有机酸和氨基酸等）的浓度。R 和 RMA

类型一般无腐蚀性，因此比较安全，R 和 RMA 助焊剂尽管没有划分为免洗，在一些应用中甚至不清洗。当然，没有清洗，装配的可靠性要打折扣，因为在使用环境中，粘性的松香会吸收灰尘和有害污染物。

松香类助焊剂常温下非常稳定，清除氧化能力强，在焊接温度下具有活性，残余物在常温下不具腐蚀性，广泛用于电子工业中。

（3）松香和活性剂

1）松香。

由松树蒸馏出来，是由一异构双贴酸组成的，主要成分为松香酸、D-海松香酸及 L-海松香酸。松香对温度的变化及对焊接的影响包括：

① 过热的松香转为黑色，失去除氧化的能力。

② 过热的松香仍保留其表面活力可保护表面不再生锈，但效果不如未加热的松香。

③ 未加热的松香对严重的氧化效果不大。

④ 水白色 W/W 松香与氧化铜及硫化物反应形成绿色的铜松香，容易清洗。

⑤ 水白色 W/W 松香不论时间与温度，在铜面上作用均不减轻铜板重量。

⑥ 除铜板外，对其他金属均无反应。

特点：松香并非万能助焊剂，在一个略干净的表面，具有好的润湿及扩散性，可作为很好的活性剂，可保护清洁的金属表面不再氧化，残余物是硬而透明的薄膜，绝缘性能好，且不吸水。

2）活性剂。

用酒精分解的松香称为"R TYPE ELUX"，有时也称"WATER WHITE POSIN FLUX"。

松香或"R"助焊剂的活性很小，不能去除铜板上的氧化物，加入活性剂可去除氧化层。

① R. M. A. FLUX：加少量活性剂。

② R. A. FLUX：加多量活性剂。

③ R. S. A. FLUX：加更多量活性剂。

（4）助焊剂和清洗

唯一不需清洗的助焊剂是无活性松香助焊剂（ROSIN FLUX），弱活性松香助焊剂（RMA FLUX）可清洗，可不清洗，活性松香助焊剂（RA FLUX）、有机酸助焊剂（OA FLUX）一定要清洗。

水或水溶性或有机酸助焊剂完全可用水来清洗，但外来的油、手印等便无法清除，其他污染物也一定要加以去除，如钻孔引起的碎片、胶带的残留物。

（5）助焊剂的选择

1）清洗工程决定助焊剂的活性程序。

清洗工程、零件和基板的设计决定了助焊剂的选择，其原则如下：装配不能清洗，选最弱的松香助焊剂，能与清洗工程相匹配时，最好使用最强活性助焊剂。

2）助焊剂的选择方法：零件焊锡性好坏与助焊剂选择的参考图如图 4.9 所示。

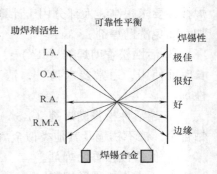

图 4.9　焊锡性和活性的平衡图

（6）免洗助焊剂使用的考虑因素

1）首先需考虑使用的零件及基板的焊接性（活性较弱，可免洗）。

2）残余物的快干程度，是否有必要要求立刻干而不沾手。

3）残余物留在基板上的外观是否能接受。

4）电路的复杂性及电气的可靠性，看是否需要很高的信号干扰比（Signal to Interference Ratio，SIR）值（SIR 均有 10^2 dBm/cm）。

5）清洁度测试。

6）Pin Test（ATE 或 ICT）。

7）铜镜腐蚀试验及 DIN 8527 腐蚀试验。

8）助焊剂发泡问题，低固体含量的助焊剂，发泡性稍差，应采取其他方法加以帮助。

使用助焊剂时，必须根据被焊件的面积大小和表面状态适量施用，用量过小则影响焊接质量，用量过多，焊剂残渣将会腐蚀元件或使电路板绝缘性能变差。

2. 阻焊剂

阻焊剂是一种耐高温的涂料，限制钎料只在需要的焊点上进行焊接，把不需要焊接的印制电路板的板面部分覆盖起来，保护面板使其在焊接时受到的热冲击小，不易起泡，同时还起到防止桥接、拉尖、短路、虚焊等情况。

常见的印制电路板上的绿色涂层即为阻焊剂。

（1）阻焊剂类型

按工艺加工特点分为：紫外光（UV）固化型阻焊剂、热固化型阻焊剂、液态感光型阻焊剂和干膜型阻焊剂，不包括可剥阻焊剂（油墨）。

等级阻焊剂分为下列三个等级，以供不同使用要求或仪器设备选用。

1）1 级：高可靠性产品。

该级印制电路板上的阻焊剂有优良的性能和长寿命，其检验和验收水平较高，其标准具有强制性，适用于连续工作、不允许停机的机器和设备。

2）2 级：一般工业用品。

该级印制电路板上的阻焊剂有较好的性能和较长的寿命，允许有些表面缺陷，不允许停机不是关键性要求。它适用于一般工业用仪器和设备，如计算机、通信机、高级商用和工业用机器及一般军事设备等产品。

3）3 级：消费类产品。

该级印制电路板上的阻焊剂的表面缺陷并不重要，但对整个电路的功能性有要求，这些板子成本低，在其加工图形上可做有限的检验和测试，适用于电视机、文娱活动用电子设备、玩具及非关键性工业控制设备或其他消费品等。

（2）阻焊剂固化前的产品特性

颜色：阻焊剂的颜色应均匀一致（允许使用透明、无颜料的阻焊剂），并符合有关规定。

外观：UV 固化型、热固化型、液态感光型阻焊剂的流动性应一致，无结皮、沉降、凝胶等现象；干膜型阻焊剂厚度应均匀一致，无针孔、气泡、颗粒、杂质、胶粘层流动等现象。

（3）阻焊剂固化后的产品特性

1）外观：阻焊层应均匀一致，应无影响印制电路板组装和使用的外来物、裂口、包含物、脱落及粗糙；固化后的阻焊层下的金属表面的变色应可接受，但阻焊层本身不能有明显的变色。

2）铅笔硬度：各种阻焊剂固化后的铅笔硬度见表 4.3。表中 H 表示硬度。

表 4.3　各种阻焊剂固化后的铅笔硬度

序号	阻焊剂种类	固化后的阻焊层硬度
1	UV 固化型	≥3H
2	热固化型	≥6H
3	液态感光型	≥5H
4	干膜型	≥3H

3）附着力：与刚性印制电路板附着力，在各种金属表面和基材上固化的阻焊层的表面脱落最大百分比不应超出表 4.4 规定的值。

表 4.4　阻焊剂对刚性印制电路板的结合力（综合测试板和/或成品板）

表　　面	允许阻焊层脱落的最大百分比（％）
裸铜	0
基材	0
金或镍	5
熔融金属（锡铅镀层、熔融锡铅及酸性光亮镀锡）	10

与挠性印制电路板的结合力（只针对挠性印制电路板阻焊剂要求），在挠性印制电路板基材、导体和焊盘表面上固化的阻焊层不应出现分离、裂缝或分层现象。

导通孔的掩盖：当制作的印制电路板有掩盖导通孔（孔径≤0.5mm）需求时，在实施掩孔固化后，不允许有任一被掩盖的导通孔起泡、突起、开裂等不良现象而导致掩盖失效。

层间附着力（重涂性）：当需在已固化或半固化的阻焊层上再重叠固化阻焊层时，该阻焊层不可单独脱落。

与标记油墨或敷形涂层的可附着性（相容性）：当需在已固化或半固化的阻焊层上覆盖（印制）标记油墨或敷形涂层时，标记油墨或敷形涂层不可单独脱落，且不能比在基材上固化的涂层附着力有明显的下降。

4）耐化学性。

① 耐常见化学试剂性能：固化后的阻焊层样品在表 4.5 规定的试验条件下测试，不能出现表面质量降低（如表面粗糙、溶胀、发粘、起泡或变色等）的现象。

表 4.5　耐常见化学试剂性能

化学试剂	试验条件（温度）	浸泡时间/min
异丙醇（化学纯）	25℃±2℃	30
硫酸（10vol% 水溶液）	25℃±2℃	10
氢氧化钠（10wt% 水溶液）	25℃±2℃	30

② 耐其他化学试剂性能：固化后阻焊层在金属表面处理（热风整平、防氧化、化学镀

镍金、化学镀锡、化学镀银、再流焊、波峰焊等）过程中，应无表面质量降低现象，如表面粗糙、溶胀、发粘、起泡或变色等。

5）水解稳定性：固化后阻焊层在温度 97℃ ±2℃、相对湿度 98% 的条件下放置 28 天后，其状态应无不可逆转的变化。

6）阻燃性：固化后阻焊层的阻燃性应符合 "UL94-V0" 的等级要求。

（4）焊接要求

焊接性：当按 GB/T 4677—2002 中 8.2 规定进行焊接时，阻焊层应不影响焊接区域的焊接性。

耐焊性：固化后的阻焊剂按规定进行焊接操作后，阻焊层应无起泡、脱落现象，阻焊层上应无残余钎料。

（5）电气性能要求

击穿强度：固化后阻焊层厚度 ≥0.025mm 时，其击穿强度应不小于直流电压 20kV/mm；固化后阻焊层厚度 <0.025mm 时，其击穿强度应不小于直流电压 500V/mm。

绝缘电阻：固化后阻焊层在正常的试验大气条件下，当最小间距 ≥0.25mm 时，其梳形图形上的绝缘电阻值应不小于 500MΩ（$5 \times 10^8 \Omega$）。

加湿后绝缘电阻：涂覆阻焊剂的印制电路板应能经受表 4.6 规定的条件而不出现起泡或分层现象。

表 4.6 耐湿级绝缘电阻

等级	温度	相对湿度	测试电压（DC）/V	时间	图形	要求/MΩ
1 级	25 ~67℃	85% ~93%	100	160h	梳形图形	500
2、3 级	63 ~67℃	87% ~93%	100	24h	梳形图形	500

电迁移：当按表 4.7 和 GB/T 4677—2002 中 6.4.1 条规定试验时，涂覆的阻焊层的印制电路板上应无电迁移痕迹。

表 4.7 电迁移

等级	温度	相对湿度	测试电压（DC）/V	时间	图形	要 求
1 级	85℃ ±2℃	87% ~93%	10	168h	梳形图形	电阻值 ≥2 MΩ
2、3 级	85℃ ±2℃	85% ~93%	45 ~100	500h	梳形图形	电阻下降应小于一个数量级

高低温循环：固化后的阻焊层在表 4.8 规定的试验条件下，应无起泡、粉化、开裂或分层现象。

表 4.8 高低温循环试验条件

等 级	温 度	循 环 次 数
1 级	−65 ~125℃	100
2、3 级（只在要求时）	−65 ~125℃	100

防霉性：固化后的阻焊层应无支持生物生长的营养成分或不因生物生长而变质。

4.4 焊接工具

4.4.1 电工常用工具的使用

电工工具是电气操作人员必备的基本工具，电工工具的质量好坏，使用正确与否都将影响施工质量和工作效率，影响电工工具的使用寿命和操作人员的安全，因此电气操作人员必须了解电工常用工具的结构、性能以及正确使用的方法。

1. 电工刀

电工刀是用来剖削导线绝缘层，切割电工器材，削制木榫的常用电工工具，如图4.10所示。

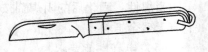

图4.10 电工刀

电工刀按结构分有普通式和三用式两种。普通式电工刀有大号和小号两种规格；三用式电工刀除刀片外还增加了锯片和锥子，锯片可锯削电线槽板、塑料管和小木桩，锥子可钻木螺钉的定位底孔。

使用电工刀时，应将刀口朝外，一般是左手持导线，右手握刀柄，如图4.11所示。刀片与导线成较小锐角，否则会割伤导线，如图4.12所示；电工刀刀柄是不绝缘的，不能在带电导线上进行操作，以免发生触电事故。电工刀使用完毕，应将刀体折入刀柄内。塑料硬导线与塑料护套线的剖削方法如图4.13所示。

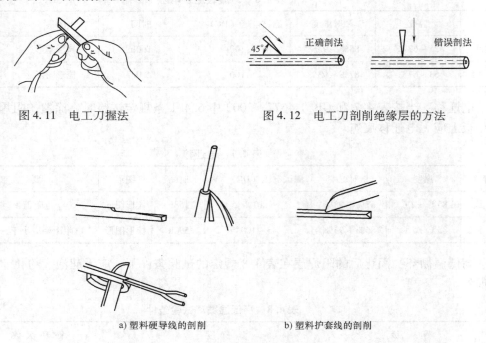

图4.11 电工刀握法　　　　　　　图4.12 电工刀剖削绝缘层的方法

a) 塑料硬导线的剖削　　　　　b) 塑料护套线的剖削

图4.13 导线的剖削

2. 电工钳

（1）钢丝钳

钢丝钳又称克丝钳，是钳夹和剪切工具，由钳头和钳柄两部分组成，如图4.14所示。电工用的钢丝钳钳柄上套有耐压为 500V 以上的绝缘套管。钢丝钳的钳头功能较多，钳口用来弯铰或钳夹导线线头，如图 4.15 所示；齿口用来紧固或起松螺母，如图 4.16 所示；刀口用来剪切导线或剖切导线绝缘层，其结构如图 4.17 所示；铡口用来铡切导线线芯、钢丝等较硬金属，如图 4.18 所示。钢丝钳常用的有 150mm、175mm 和 200mm 三种规格。

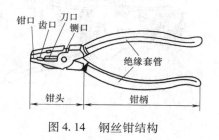

图 4.14　钢丝钳结构

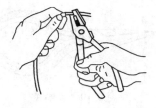

图 4.15　钢丝钳弯铰导线

图 4.16　钢丝钳紧固螺母

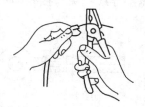

图 4.17　钢丝钳剪切导线

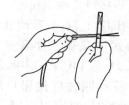

图 4.18　钢丝钳铡切钢丝

使用钢丝钳应注意的事项：

1）使用前应检查绝缘柄是否完好，以防带电作业时触电。

2）当剪切带电导线时，绝不可同时剪切相线和中性线或两根相线，以防发生短路事故。

3）要保持钢丝钳的清洁，钳头应防锈，钳轴要经常加机油润滑，以保证使用灵活。

4）钢丝钳不可代替锤子作为敲打工具使用，以免损坏钳头影响使用寿命。

5）使用钢丝钳应注意保护钳口的完整和硬度，因此，不要用它来夹持灼热发红的物体，以免"退火"。

6）为了保护刀口，一般不用来剪切钢丝，必要时只能剪切 1mm 以下的钢丝。

（2）尖嘴钳

尖嘴钳的头部细，又称尖头钳，适用于在狭小的工作空间操作，电工用的尖嘴钳柄上套有耐压为 500V 以上的绝缘套管，其结构如图 4.19 所示。

尖嘴钳用来夹持较小螺钉、垫圈、导线等元件；刀口能剪断细小导线或金属丝；在装接电气控制电路板时，可将单股导线弯成一定圆弧的接线鼻。常用的尖嘴钳有 130mm、160mm、180mm 和 200mm 四种规格。使用尖嘴钳应注意的事项与钢丝钳相同。

（3）剥线钳

剥线钳用来剥削截面积为 6mm² 以下的塑料或橡皮电线端部的表面绝缘层。

剥线钳由切口、压线口和手柄组成，手柄上套有耐压为 500V 以上的绝缘管，其结构如图 4.20 所示。剥线钳的切口分为 0.5 ~ 3mm 的多个直径切口，用于不同规格的芯线剥削。使用时先选定好被剥除的导线绝缘层的长度，然后将导线放入大于其芯线直径的切口上，用手将钳柄一握，导线的绝缘层即被割断自动弹出。切不可将大直径的导线放入小直径的切口，以免切伤线芯或损坏剥线钳，也不可当作剪丝钳用。用完后要经常在它的机械运动部分滴入适量的润滑油。

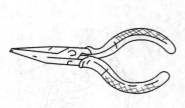

图4.19　尖嘴钳

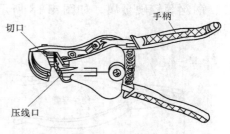

图4.20　剥线钳

（4）压接钳

压接钳又称压线钳，是用来压接导线线头与接线端头可靠连接的一种冷压模工具。

压接工具有手动式压接钳、气动式压接钳、油压式压接钳，图4.21 是 YJQ-P2 型手动压接钳。该产品有四种压接钳口腔，可压接导线的截面积为 $0.75 \sim 8\text{mm}^2$ 等多种规格，以保证与冷压端头的

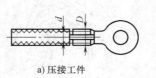

a) 压接工件

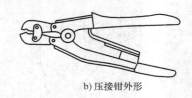

b) 压接钳外形

图4.21　YJQ-P2 型手动压接钳

压接。操作时，先将接线端头预压在钳口腔内，将剥去绝缘的导线端头插入接线端头的孔内，并使被压裸线的长度超过压痕的长度，即可将手柄压合到底，使钳口完全闭合，当锁定装置中的棘爪与齿条失去啮合时，则听到"嗒"的一声，即为压接完成，此时钳口便能自由张开。

使用压接钳的注意事项：

1）压接时钳口、导线和冷压端头的规格必须相配。

2）压接钳的使用必须严格按照其使用说明正确操作。

3）压接时必须使端头的焊缝对准钳口凹模。

4）压接时必须在压接钳全部闭合后才能打开钳口。

3. 螺钉旋具

螺钉旋具又称起子、改锥，是电工最常用的基本工具之一，用来拆卸、坚固螺钉。

螺钉旋具的规格按其性质分有非磁性材料和磁性材料两种；按头部形状分有一字形和十字形两种；按握柄材料分有木柄、塑柄和胶柄，其结构如图4.22 所示。一字形螺钉旋具常用的有 50mm、75mm、100mm、150mm 和 200mm 等规格。十字形螺钉旋具有Ⅰ、Ⅱ、Ⅲ和

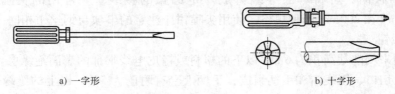

a) 一字形　　　　　　　　　　　b) 十字形

图4.22　螺钉旋具

Ⅳ四种规格，Ⅰ号适用于螺钉直径为 2～2.5mm；Ⅱ号适用于螺钉直径为 3～5mm；Ⅲ号适用于螺钉直径为 6～8mm；Ⅳ号适用于螺钉直径为 10～12mm。

使用螺钉旋具的注意事项：

1）螺钉旋具拆卸和坚固带电的螺钉时，手不得触及螺钉旋具的金属杆，以免发生触电事故，螺钉旋具的使用方法如图 4.23所示。

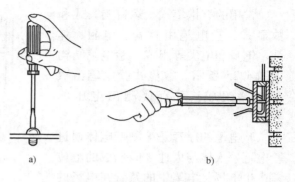

图 4.23　螺钉旋具的使用方法

2）为了避免金属杆触及手部或邻近带电体，应在金属杆上套上绝缘管。

3）使用螺钉旋具时，应按螺钉的规格选用适合的刃口，以小代大或以大代小均会损坏螺钉或电气元件。

4）为了保护其刃口及绝缘柄，不要把它当凿子使用。木柄螺钉旋具不要受潮，以免带电作业时发生触电事故。

5）螺钉旋具紧固螺钉时，应根据螺钉的大小、长短采用合理的操作方法，短小螺钉可用大拇指和中指夹住握柄，用食指顶住柄的末端捻旋。较大螺钉，使用时除大拇指和中指要夹住握柄外，手掌还要顶住柄的末端，这样可防止旋转时滑脱。

4. 活扳手

活扳手是用来紧固和拆卸机螺钉、螺母的一种专用工具，由头部和柄部组成。头部由活络扳唇、呆扳唇、扳口、蜗轮和轴销等构成。活扳手如图 4.24 所示。

电工常用活扳手的规格有 150mm（6″）、200mm（8″）、250mm（10″）、300mm（12″）四种规格。

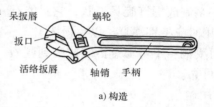

a) 构造

使用活扳手的注意事项：

1）应根据螺钉或螺母的规格旋动蜗轮调节好扳口的大小。扳动较大螺钉或螺母时，需用较大力矩，手应握在手柄尾部。

2）扳动较小螺钉或螺母时，需用力矩不大，手可握在接近头部的地方，并可随时调节蜗轮，收紧活络扳唇，防止打滑。

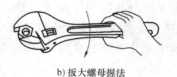

b) 扳大螺母握法

c) 扳较小螺母握法

图 4.24　活扳手

3）活扳手不可反用，以免损坏活络扳唇，不准用钢管接长手柄来施加较大力矩。

4）活扳手不可当作撬棍和锤子使用。

5. 验电笔

验电笔又称低压验电器，简称电笔，是用来检验低压导体和电气设备的金属外壳是否带电的基本安全用具，其检测电压范围为 60～500V，具有体积小、携带方便、检验简单等优点，是电工必备的工具之一。

常用的有钢笔式、螺钉旋具式和数显式。验电笔由氖管、电阻、弹簧、笔身和笔尖等组成，验电笔结构如图 4.25 所示。数显式验电笔由数字电路组成，可直接测出电压的数值。

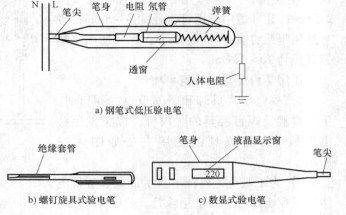

a) 钢笔式低压验电笔

b) 螺钉旋具式验电笔　　　　c) 数显式验电笔

图 4.25　验电笔

验电笔的原理是被测带电体通过验电笔、人体与大地之间形成的电位差产生电场，电笔中的氖管在电场的作用下便会发出红光。

（1）验电笔验电时的注意事项

1）测试时，手握电笔方法必须正确，手必须触及笔身上的金属笔夹或铜铆钉，不能触及笔尖上的金属部分（防止触电），并使氖管窗口面向自己，便于观察，如图 4.26 所示。

2）测试时切忌将笔尖同时搭在两根导线或一根导线与金属外壳之间，以防造成短路。

3）在使用前应将验电笔先在确认有电源部位测试氖管是否能正常发光方能使用，严防发生事故。

4）在明亮光线下测试时，不易看清氖管是否发光，使用时应避光检测。

5）验电笔笔尖多制成螺钉旋具形状，它只能承受很小的扭矩，使用时应特别注意，以免损坏。

6）验电笔不可受潮，不可随意拆装或受到剧烈振动，以保证测试可靠。

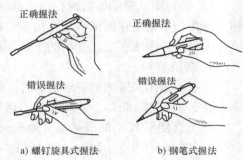

a) 螺钉旋具式握法　　　　b) 钢笔式握法

图 4.26　验电笔握法

（2）验电笔的用途

验电笔除可用来测量区分相线与中性线之外，还可以进行几种一般性的测量：

1）区别交、直流电源：当测试交流电时，氖管两个极会同时发亮；而测直流电时，氖管只有一极发光，把验电笔连接在正负极之间，发亮的一端为电源的负极，不亮的一端为电源的正极。

2）判别电压的高低：有经验的电工可以凭借自己经常使用的验电笔氖管发光的强弱来估计电压高低的大约数值，电压越高，氖管发光越亮。

3）判断感应电：在同一电源上测量，正常时氖管发光，用手触摸金属外壳会更亮，而感应电发光弱，用手触摸金属外壳时无反应。

4）检查相线碰壳：用验电笔触及电气设备的壳体，若氖管发光则有相线碰壳漏电的现象。

6. 手电钻和冲击钻

（1）手电钻

手电钻是利用钻头加工孔的一种手持式常用电动工具。常用的电钻有手枪式和手提式两种，其结构如图 4.27 所示。

手电钻采用的电压一般为 220V 或 36V 的交流电源。在使用 220V 的手电钻时，为保证安全应戴绝缘手套，在潮湿的环境中应采用 36V 安全电压。手电钻接入电源后，要用验电笔测试外壳是否带电，以免造成事故。拆装钻头时应用专用工具，切勿用螺钉旋具和锤子敲击钻夹。

（2）冲击钻

冲击钻是用来冲打混凝土、砖石等硬质建筑面的木榫孔和导线穿墙孔的一种工具，其结构如图 4.28 所示。它具有两种功能：一种是作冲击钻用，另一种可作为普通电钻使用，使用时只要把调节开关调到"冲击"或"钻"的位置即可。用冲击钻需配用专用的冲击钻头，其规格有 6mm、8mm、10mm、12mm 和 16mm 等多种。在冲钻墙孔时，应经常拔出钻头，以利于排屑。在钢筋建筑物上冲孔时，碰到坚实物不应施加过大压力，以免钻头退火和冲击钻抛出造成事故。

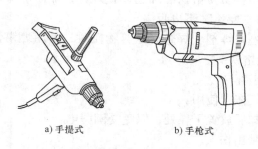

a) 手提式　　　b) 手枪式

图 4.27　手电钻

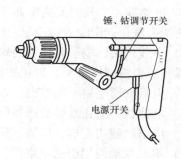

锤、钻调节开关

电源开关

图 4.28　冲击钻

7. 拆卸器

拆卸器又叫拉具，也叫拉轮器。在电机维修中主要用于拆卸轴承、联轴器和带轮等坚固件。它按结构形式不同可分为双爪或三爪两种。

使用拉具时要摆正，丝杆要对准电机轴的中心孔，用活扳手或专用铁棍插入拉具丝杆尾端孔中，扳动时用力要均匀，如果拉不动时不可硬拉，以免损坏拉具和紧固件。操作情况如图 4.29 所示。在这种情况下可用锤子敲击带轮外圆或拉具丝杆的尾端，还可在紧固件与轴的接缝处加入煤油，必要时可以用喷灯、气焊枪在紧固件的外表面加热，趁器件受热膨胀时迅速拉出。注意加热时温度不宜太高，以防轴过热变形，时间也不能过长，否则轴也跟着受热膨胀，拉起来会更困难。

8. 电烙铁

电烙铁是用来焊接导线接头、电子元件、电器元件接点的焊接工具。电烙铁的工作原理是利用电流通过发热体（电热丝）产生的热量熔化焊锡后进行焊接的。电烙铁的种类有外热式、内热式、吸锡

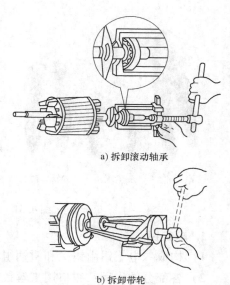

a) 拆卸滚动轴承

b) 拆卸带轮

图 4.29　拆卸器的使用方法

式和恒温式等多种，其结构如图 4.30 所示。

常用的规格：外热式有 25W、45W、75W、100W、300W 和 500W；内热式有 20W、35W 和 50W 等。

使用电烙铁的注意事项：

1）新烙铁必须先处理后使用。具体方法是用砂布或锉刀把烙铁头打磨干净，然后接上电源，当烙铁温度能熔锡时，将松香涂在烙铁头上，再涂上一层焊锡，如此反复两三次，使烙铁头挂上一层锡便可使用。

2）电烙铁的外壳须接地时一定要采用三脚插头，以防触电事故。

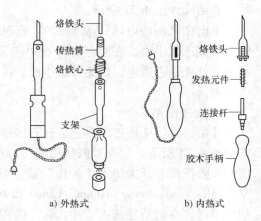

图 4.30　电烙铁

3）电烙铁不宜长时间通电而不使用，这样容易使烙铁心加速氧化烧坏，缩短寿命，还会使烙铁头氧化，影响焊接质量，严重时造成"烧死"不再吸锡。

4）导线接头、电子元器件的焊接应选用松香焊剂，焊金属铁等物质时，可用焊锡膏焊接，焊完后要清理烙铁头，以免酸性焊剂腐蚀烙铁头。

5）电烙铁通电后不能敲击，以免烙铁心损坏。

6）电烙铁不能在易燃易爆场所或腐蚀性气体中使用。

7）电烙铁使用完毕，应拔下插头，待冷却后放置干燥处，以免受潮漏电。

8）不准甩动使用中的电烙铁，以免锡珠溅出伤人。

4.4.2　电子产品装配常用五金工具

常用电子产品装配的五金工具有下列几种，其外形如图 4.31 所示。

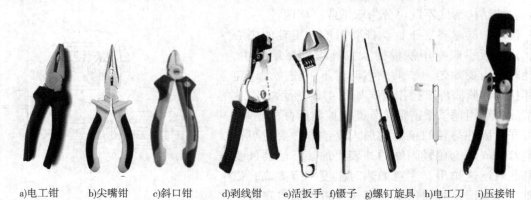

a)电工钳　　b)尖嘴钳　　c)斜口钳　　d)剥线钳　　e)活扳手　f)镊子　g)螺钉旋具　h)电工刀　i)压接钳

图 4.31　电子产品装配常用五金工具

1. 电工钳

1）构成：电工钳由钳头和钳柄组成；钳头由钳口、齿口、刀口、铡口构成。

2）各部分的作用：钳口用来弯铰或钳夹导线线头，或其他物体；齿口用来紧固或起松螺母或夹持杆状物；刀口用来剪切导线和剖削塑料软导线的绝缘层，或拔起铁钉；铡口用来铡切钢丝、铅丝或导线线芯等较硬金属线材。电工钳如图 4.31a 所示。

3）使用注意事项

① 电工钳不能当锤子使用，平时应防锈。

② 带电作业时要先检查钳柄绝缘层是否完好。

③ 剪切带电导线时，要逐根分开剪断。

2. 尖嘴钳

1）构成：尖嘴钳由尖形钳头和钳柄组成；钳头包括钳口和切口，钳口有菱形齿纹，钳柄套有绝缘管。尖嘴钳如图 4.31b 所示。

2）作用：主要用于二次小截面导线工作和狭小的工作空间，钳口用来弯折线头将单股硬导线定形，或把线头弯成圈（即压接圈）以便接线，也可用以夹持小零件，切口可以刮剥小截面导线的绝缘或切断小截面导线的线芯。

3）尖嘴钳的绝缘柄的耐压为 500V，因此可用来在低压带电情况下夹持小螺钉、导线等。

3. 斜口钳

斜口钳主要用于剪切导线、元器件多余的引线，还常用来代替一般剪刀剪切绝缘套管、尼龙扎线卡等。如图 4.31c 所示市面上对于斜口钳又名"斜嘴钳"，而且分为很多类别的斜嘴钳，斜嘴钳分类：专业电子斜嘴钳、德式省力斜嘴钳、不锈钢电子斜嘴钳、VDE 耐高压大头斜嘴钳、镍铁合金欧式斜嘴钳、精抛美式斜嘴钳、省力斜嘴钳等。

另外，市场上的斜嘴钳的尺寸一般分为：4"、5"、6"、7"、8"。大于 8" 的比较少见，比 4" 更小的，一般市场称为迷你斜口钳，约为 125mm。

1）尺寸选择建议：

斜口钳功能以切断导线为主，2.5mm 的单股铜线，剪切起来已经很费力，而且容易导致钳子损坏，所以建议斜口钳不宜剪切 2.5mm 以上的单股铜线和铁丝。在尺寸选择上以 5"、6"、7" 为主，普通电工布线时选择 6"、7" 切断能力比较强，剪切不费力。线路板安装维修以 5"、6" 为主，使用起来方便灵活，长时间使用不易疲劳。4" 的属于迷你的钳子，只适合做一些小的工作。

注意事项：使用钳子要量力而行，不可以用来剪切钢丝，钢丝绳和过粗的铜导线和铁丝。否则容易导致钳子崩牙和损坏。

2）使用方法。

斜口钳的刀口可用来剖切软电线的橡皮或塑料绝缘层。钳子的刀口也可用来切剪电线、铁丝。剪 8 号镀锌铁丝时，应用刀刃绕表面来回割几下，然后只须轻轻一扳，铁丝即断。铡口也可以用来切断电线、钢丝等较硬的金属线。电工常用的有 150mm、175mm、200mm 及 250mm 等多种规格。可根据内线或外线工种需要选购。钳子的齿口也可用来紧固或拧松螺母。

使用工具的人员，必须熟知工具的性能、特点、使用、保管和维修及保养方法。使用钳子是用右手操作。将钳口朝内侧，便于控制钳切部位，用小指伸在两钳柄中间来抵住钳柄，张开钳头，这样分开钳柄灵活。

4. 剥线钳

1）构成：由压线口、切口和绝缘柄构成，如图 4.32 所示。

2）作用：用来剥削绝缘导线的外包绝缘层。

a)剥排线用　　　　　　　b)剥单芯屏蔽线用　　　　　　c)剥普通单根线材用

图 4.32　三种不同功能的剥线钳

　　3）使用注意事项：

　　① 有多个切口，以适用于不同截面的芯线，可用来剥割截面积为 $6mm^2$ 及以下导线的塑料或橡皮绝缘层；使用时导线必须放在稍大于其芯线直径的切口上剥削，否则会损伤芯线或剥不下绝缘层。

　　② 剥线钳不能用来切断导线，否则可能使其变形或刀口损伤。

　　③ 其手柄绝缘耐压为 500V；带电使用前应检查绝缘柄是否完好。

　　5. 活扳手

　　扳手包括活扳手和固定扳手两种。下面主要介绍活扳手。

　　1）构成：活扳手由呆扳唇、活扳唇、扳口、蜗轮、轴销和手柄等组成，如图 4.24 所示。

　　2）作用：用来扳紧或扳松螺母、螺钉、螺栓，是一种用于螺纹连接的手动工具。

　　3）使用注意事项：

　　① 应按螺母大小选用适当的扳手，以免活扳手太大损伤螺母，或螺母过大损伤活扳唇。

　　② 调节扳口开距，并用大拇指随时调节蜗轮，收紧活扳唇防止打滑。

　　③ 扳动大螺母时，力矩要大，手应握在手柄尾部；扳动小螺母时，容易打滑，手应握在靠近头部。

　　④ 活扳手不可反过来，也不可用钢管接长手柄以增加力矩。

　　⑤ 活扳手不得当撬棒和锤子使用。

　　6. 镊子

　　镊子形状有多种，最常用的有尖头镊子和圆头镊子两种，其主要作用是用来夹持物体。端部较宽的医用镊子可夹持较大的物体，而头部尖细的普通镊子适合夹细小物体。在焊接时，用镊子夹持导线或元器件，以防止移动。对镊子的要求是弹性强，合拢时尖端要对正吻合。镊子如图 4.31f 所示。

　　7. 螺钉旋具

　　（1）构成

　　由手柄和螺丝刀构成。按螺钉旋具的形状可分为一字形和十字形两种；按其手柄材料不同可分为木质柄和塑料柄两种，如图 4.31g 所示。

（2）作用

螺钉旋具主要用来旋紧、松起螺钉。

（3）分类

1）电动螺钉旋具（电批）：内藏电动机及齿轮箱，带动螺钉旋具头旋转。常用型号有 DLV7321 型（白色）、DLV7323 型（绿色）、CL-3000 型（白色）。

① 是靠内部电动机带动螺钉旋具头（批头）旋转来锁付螺钉。

② 拧紧力量平稳，花费工时少。

2）手动螺钉旋具（手批）：靠手的力量旋转螺钉旋具头（批头）来锁付螺钉。

① 小一字螺钉旋具：主要用于装配插拔端子类接线和其他 M2.5 以下一字槽螺钉。

② 小十字螺钉旋具：主要用于装配 M2.5 以下（不便于电批装配或要装配的螺钉数较少时）的十字槽螺钉。

③ 大十字螺钉旋具：主要用于装配 M2.5 以下（不便于电批装配或要装配的螺钉数较少时）的十字槽螺钉。

④ 使用注意事项：

a. 根据螺钉规格选择合适规格的螺钉旋具。

b. 螺钉旋具不能代替凿子，不可用锤子敲打手柄。

c. 紧松螺钉时不要损坏螺钉上的槽口。

d. 带电使用时：螺丝刀杆上必须套上绝缘套管；不可使用金属杆直通手柄顶部的螺钉旋具；手不得触及螺钉旋具；紧线时防止造成短路或触电事故。

8. 电工刀

电工刀是用来剖削导线绝缘层、切割电工器材、削制木榫的常用电工工具，如图 4.31h 所示。

电工刀按结构分有普通式和三用式两种。普通式电工刀有大号和小号两种规格；三用式电工刀除刀片外还增加了锯片和锥子，锯片可锯削电线槽板、塑料管和小木桩，锥子可钻木螺钉的定位底孔。

（1）作用

常用于切削绝缘导线的绝缘层和切割电工器材以及削制木楔等。

（2）使用注意事项

1）使用时刀口应向外切削。

2）用毕随即将刀片折进刀柄。

3）不许用锤子敲击刀背。

4）电工刀不能直接带电使用。

9. 压接钳

压接钳是一种用于导线与导线、导线与接线耳之间进行压接连接的专用工具。它具有操作方便、连接可靠、接触良好等特点。根据工作原理的不同，压接钳可分为机械式和液压式两种，各自都有多种型号，如图 4.31i 所示。

液压钳是利用帕斯卡原理以液压没为工作介质的液压工具。和杠杆的工作原理一样，是一种省力的工具。

（1）结构原理

手动液压钳是由左右手柄、泵体、油缸、钳头、模具和油囊构成的。通过人的双手对钳柄施加机械能，通过泵的柱塞作用在液压油上，由机械能转化为液压能，而液压能通过泵体进入到油缸中，以机械能的形式推动工件做功。

国产液压钳的故障率较高，有一款进口的液压钳至今为止还没有返修的案例，那就是Intercable，它是意大利品牌。

Intercable 手动液压钳具有以下特点：

1）外表美观，做工精细。

2）轻便设计，结构紧凑。

3）泵体由柱塞、低压出油、高压出油、过压保护阀和泄压阀等构成，内部通道迂回，密封及弹性部件性能优良。所有这些都保证了 Intercable 液压泵的高性能、长寿命。

4）液压泵体采用轻质合金制成，重量轻，硬度高。

5）液压泵采用两段式进油系统，使得压接工作更轻更快。

6）液压系统备有自动压力安全阀，对于工具的寿命和工件的压接质量都是一种可靠、完善的保护。

7）钳头由优质高强度钢锻件经过特殊的热处理工艺制成，坚硬而不生脆。精巧的搭扣式压头，开合方便，便于放置模具和工件，并且还可左右180°、270°旋转，适应于狭小的工作环境。

8）灵活的手柄卸压装置，任何位置都可快速复位。

9）操作压力可达到70MPa，出力充足。

（2）使用范围

1）配备合适的模具，可以压接铜、铝及钢质的端子、线夹和接续管等。

2）压接压围 6 ~ 400 平方

3）模具的材质坚硬不变形，形状多种多样，有六角形、点压、梯形、椭圆形、圆形、环形和凹形等，有的还配有转换模具。

（3）注意事项

1）严禁私自拆卸工具的有红色标记部位；正确地选用和放置模具。

2）正确地放置工件，不要歪斜，均匀用力，严禁野蛮施工。

4.4.3　常用五金工具的使用练习

1. 用尖嘴钳制作单股导线压接圈（即羊眼圈）

准备一根绝缘导线，剖削绝缘层，在离绝缘层根部约3mm处折角；弯成略大于螺钉直径圆弧；剪去线芯余端；将压接圈校正成圆圈。

利用尖嘴钳将绝缘导线进行制作压接圈的操作练习，每人至少做 3 个大小不同的合格压接圈。

准备一根小导线，利用尖嘴钳剖削其绝缘，并剪断该导线线芯。

2. 剥线钳和电工刀的使用

先将要剥削的导线置于适当的切口内，然后紧握手柄，切口闭合并切断绝缘层，再用力向外拉，绝缘外皮就剥离了。

　　利用剥线钳进行剥削各种规格的单股硬绝缘导线的绝缘层操作练习，每人至少剥削 3 根不同截面绝缘导线的绝缘层。

　　用电工刀剥削 3 种规格的单股硬绝缘导线的绝缘；用电工刀削制 2 个木楔。

3. 活扳手的使用

　　按螺母大小选用适当的扳手；将螺栓旋入螺母；调节扳口开距，并用大拇指随时调节蜗轮，收紧活扳唇；旋转手柄，拧紧螺母。

　　调换不同规格的螺母及螺栓，在不同的紧固件上利用扳手进行紧固操作练习。

4. 螺钉旋具（起子）的使用

　　1）在木板上上木螺钉的简易步骤：

　　① 使用合适的螺钉旋具压紧螺母，吃住刀槽（压松时拧动螺钉会损坏螺母）。

　　② 使用垂直力慢慢旋动螺钉旋具，起动螺钉（起动速度太快则起动力矩太小）。

　　③ 起动后，快速旋转螺钉旋具，直接到位（利用旋转螺钉旋具的惯性力上好螺钉）。

　　2）遇到难上螺钉的木板或重要设备（特别是在安装熔断器等易坏设备）时，上木螺钉应按下列步骤进行：

　　① 根据需要固定的物品选择木螺钉和螺钉旋具的规格。

　　② 将设备定位，找到螺钉的最终位置并用螺钉打好孔印（注意保护设备）。

　　③ 拿开设备，使用钢钉钉一样眼定位（不定位则上螺钉费力且易歪，样眼深度不宜超过螺钉长度的 1/3）。

　　④ 先在木板上将螺钉预上至一半的深度，然后退出螺钉。

　　⑤ 将设备放正，沿着样眼将螺钉上好，安装固定好设备。

　　3）下螺钉的步骤：

　　① 压紧螺钉，吃住刀槽。

　　② 慢慢旋动螺钉旋具，起动螺钉。

　　③ 起动后，快速旋转螺钉旋具，松下螺钉。

　　在不同木板上使用不同的木螺钉，进行上下螺钉的操作练习，每人至少上下螺钉 3 个。

　　大螺钉旋具的使用技巧：使用时除大拇指、食指和中指要夹住手柄外，手掌还要顶住柄的末端。

　　小螺钉旋具的使用技巧：使用时除大拇指和中指要夹住手柄外，用食指顶住柄的末端旋转。

5. 压接钳的使用

　　（1）液压式压接钳的使用步骤

　　1）根据被压导线截面选择合适的压模。

　　2）将被压接导线送入压模。

　　3）摇动手柄。

　　4）压到上、下模块微触即停。

　　5）松开回油螺钉，将被压接导线取出。

　　6）将回油螺钉松开。

　　7）将线头与接线耳进行压接，重复以上步骤。

　　（2）机械式压接钳的使用步骤

1）根据导线的截面选择合适的压模块。

2）拔除压钳头部的销钉，将压模块从头部的滑槽内装入，再插上销钉。

3）转动调整把手（调整把手只能单方向转动），并且随着调整把手的不断转动，两个模块之间的距离由小到大，再由大到小，如此循环往复使得两模块分开一定距离。

4）将待压接导线及压接管穿入两模块之间，转动调整把手至无法再转动为止，使得两模块将压接管挤紧。

5）双手握持钳柄，不断进行开合操作，模块不断挤压压接管和导线，此时感觉阻力不断增大。

6）继续进行开合操作，直至感觉阻力消失，表明压接已到位。

7）转动调整把手，将两模块打开一定距离，取出压接好的导线。

6. 电锤（或冲击钻）的使用

1）用小钢冲打一小浅穴定位（在金属件上钻孔时应先用钢冲打定位浅穴，不定位则钻头会难以定位）。

2）用小一号的钻头预打孔洞（钻速先慢后快）。

3）用合适的钻头沿预留孔冲打成形（一次到位则费力且易歪）。

4）选择胀管和木螺钉的规格：孔径应略大于胀管规格；木螺钉规格应略大于胀管外径的一半。

5）分别在以上电锤打好的孔洞中安装塑料胀管和金属胀管。

6）一塞入、二试敲、三敲入。

7）管体应与建面垂直；管尾与建面平齐。

7. 使用注意事项

1）注意人身安全，特别不要伤及眼睛。

2）带电使用螺钉旋具前应检查手柄和刀杆上的绝缘是否合格。

3）注意设备的完好齐全。

4）注意材料的节约和工具的保管。

5）每个学员都应该实际动手操作。

4.4.4　手工焊接工具——电烙铁

电烙铁是最常用的手工焊接工具之一，被广泛用于各种电子产品的生产与维修。

1. 电烙铁的种类

常见的电烙铁有外热式、内热式、恒温式、吸锡式等形式。

（1）外热式电烙铁

外热式电烙铁的结构如图 4.33 所示。它是由烙铁头、烙铁心、外壳、手柄、电源引线、插头等部分组成的。由于烙铁头安装在烙铁心里面，故称为外热式电烙铁。

烙铁心是电烙铁的关键部件，它是将电热

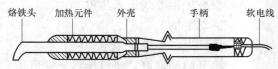

图 4.33　外热式电烙铁的结构

丝平行地绕制在一根空心瓷管上构成的，中间由云母片绝缘，并引出两根导线与 220V 交流电源连接。

外热式电烙铁的规格很多，常用的有 15W、25W、30W、40W、60W、80W、100W、150W 等。功率越大烙铁头的温度就越高。烙铁心的功率规格不同，其内阻也不同。25W 烙铁的阻值约为 2kΩ，40W 烙铁的阻值约为 1kΩ，80W 烙铁的阻值约为 0.6kΩ，100W 烙铁的阻值约为 0.5kΩ。当不知所用的电烙铁为多大功率时，便可测其内阻值，按参考已给阻值给以判断。

（2）内热式电烙铁

内热式电烙铁的结构如图 4.34 所示，它是由手柄、软电线、外壳、卡箍、加热元件和烙铁头组成的。由于加热元件安装在烙铁里面，从内向外加热，因而发热快、热利用率高，故称为内热式电烙铁。

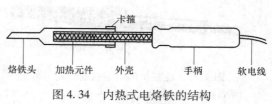

图 4.34　内热式电烙铁的结构

常用的内热式电烙铁的规格有 20W、35W、50W 等，由于它的热效率较高，20W 内热式电烙铁就相当于 40W 左右的外热式电烙铁，烙铁头的温度可达 350℃ 左右。电烙铁的功率越大，烙铁头的温度就越高。焊接集成电路、一般小型元器件选用 20W 内热式电烙铁即可。使用的电烙铁功率过大，容易烫坏元器件（二极管和晶体管等半导体元器件当温度超过 200℃ 就会烧毁）和使印制电路板上的铜箔线脱落；电烙铁的功率太小，不能使被焊接物充分加热而导致焊点不光滑、不牢固，易产生虚焊。

内热式电烙铁头的后端是空心的，用于套接在连接杆上，并且用弹簧夹固定，当需要更换烙铁头时，必须先将弹簧夹退出，同时用钳子夹住烙铁头的前端，慢慢地拔出，切记不能用力过猛，以免损坏连接杆。内热式电烙铁的烙铁心是用比较细的镍铬电阻丝绕在瓷管上制成的，20W 烙铁的电阻约为 2.5kΩ。

由于内热式电烙铁有升温快、重量轻、耗电小、体积小、热效率高的特点，因而得到了普遍的应用。

（3）恒温电烙铁

由于在焊接集成电路、晶体管元器件时，温度不能太高，焊接时间不能太长，否则就会因温度过高造成元器件的损坏，因而对电烙铁的温度要给以限制，而恒温电烙铁就可以达到这一要求。这是由于恒温电烙铁头内装有温度控制器，控制通电时间或者输出电压就可以实现温控。

1）磁控恒温电烙铁。

烙铁中装有磁铁式的温度控制器，通过控制通电时间而实现温控，即给电烙铁通电时，烙铁的温度上升，当达到预定的温度时，因强磁体传感器的居里点而磁性消失，从而使磁心角点断开，这时就停止向电烙铁供电；当温度低于强磁体传感器的居里点时，强磁体便恢复磁性，并吸动磁心开关中的永久磁铁，使控制开关的触点接通，继续向电烙铁供电，如此循环往复，便达到了控制温度的目的。磁控恒温电烙铁的结构与外形图如图 4.35 所示。

2）热电偶检测控温式自动调温恒温电烙铁（自控焊台）。

该烙铁依靠温度传感元件监测烙铁头温度，并通过放大器将传感器输出信号放大处理，去控制电烙铁的供电电路输出的电压高低，从而达到自动调节烙铁温度、使烙铁温度恒定的目的。热电偶检测控温式自动调温恒温电烙铁如图 4.36 所示。

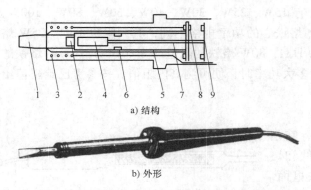

a) 结构

b) 外形

图 4.35　磁控恒温电烙铁的结构与外形图
1—烙铁头　2—软磁金属块　3—加热器　4—永久磁铁
5—非磁性金属管　6—支架　7—小轴　8—接点　9—接触簧片

图 4.36　热电偶检测控温式
自动调温恒温电烙铁

（4）吸锡电烙铁

吸锡电烙铁是将活塞式吸锡器与电烙铁熔为一体的拆焊工具，可将焊接点上的焊锡吸除，使元件的引脚与焊盘分离。它具有使用方便、灵活、适用范围宽等特点。这种吸锡电烙铁的不足之处是每次只能对一个焊点进行拆焊。活塞式吸锡器的内部结构如图 4.37 所示。

按钮1　　　　按钮2

图 4.37　活塞式吸锡器的内部结构

吸锡电烙铁的使用方法是：接通电源预热 3 ~ 5min，然后将活塞柄推下（图 4.37 的按钮 1）并卡住，把吸锡电烙铁的吸头前端对准欲拆焊的焊点，待焊锡熔化后，按下按钮 2，活塞便自动上升，焊锡即被吸进气筒内，有时这个步骤要进行几次才行。另外，吸锡器配有两个以上直径不同的吸头，可根据元器件引线的粗细进行选用，每次使用完毕后，要推动活塞三、四次，以清除吸管内残留的焊锡，使吸头与吸管畅通，以便下次使用。

（5）热风枪

热风枪又称贴片电子元器件拆焊台（见图 4.38）。它专门用于表面贴片安装电子元器件（特别是多引脚的 SMD 集成电路）的焊接和拆卸。

2. 烙铁头温度的调整与判断

通常情况下，可用目测法判断烙铁头的温度。

根据助焊剂的发烟状态判别：在烙铁头上熔化一点松香芯焊料，根据助焊剂的烟量大小判断其温度是否合适。温度低时，发烟量小，持续时间长；温度高时，烟气

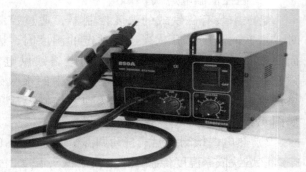

图 4.38　热风枪

量大，消散快；在中等发烟状态，6～8s 消散时，温度约为 300℃，这时是焊接的合适温度，如图 4.39 所示。

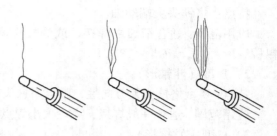

图 4.39　根据助焊剂的发烟状态判别烙铁头温度

3. 电烙铁的选用

由于电烙铁的种类及规格有很多种，而且被焊工件的大小又有所不同，因而合理地选用电烙铁的功率及种类，与提高焊接质量和效率有直接的关系。如果被焊件较大，使用的电烙铁功率较小，则焊接温度过低，焊料熔化较慢，焊剂不能挥发，焊点不光滑、不牢固，这样势必造成焊接强度以及质量的不合格，甚至钎料不能熔化，使元器件的焊点过热，造成元器件的损坏，致使印制电路板的铜箔脱落，钎料在焊接面上流动过快，并无法控制。

（1）选择电烙铁的功率原则

选用电烙铁时，可以从以下几个方面进行考虑。

1）焊接小瓦数的阻容元件、晶体管、集成电路、印制电路板的焊盘和塑料导线，宜采用 25～45W 直热式和 20W 内热式电烙铁。其中 20W 内热式电烙铁最好。

2）焊接一般结构产品的焊接点，如线环、线爪、散热片接地焊片、聚乙烯绝缘同轴电缆等，宜采用 75～100W 的电烙铁。

3）焊接较大的元器件时，如行输出变压器的引线脚、大电解电容器的引线脚、金属底盘接地焊片等，应选用 100W 以上的电烙铁。

（2）烙铁头的选择

烙铁头是用纯铜材料制成的，它的作用是储存热量和传导热量，它的温度必须比被焊接的温度高很多。烙铁的温度与烙铁的体积、形状、长短等都有一定的关系。当烙铁头的体积比较大时，则保持温度的时间就较长些。另外，为适应不同焊接物的要求，烙铁头的形状有所不同，常见的有棱角形、斗锥形、竹枪形等，具体的形状如图 4.40 所示。

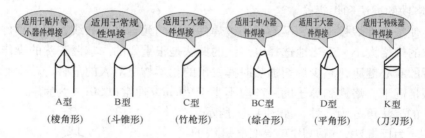

图 4.40　烙铁头的形状

选择正确的烙铁头尺寸和形状是非常重要的，选择合适的烙铁头能使工作更有效率，增加烙铁头之耐用程度。烙铁头之大小与热容量有直接关系，烙铁头越大，热容量相对越大，烙铁头越小，热容量也越小。进行连续焊接时，使用越大的烙铁头，温度跌幅越少。此外，因为大烙铁头的热容量高，焊接的时候能够使用比较低的温度，烙铁头就不易氧化，增加它的寿命。一般来说，烙铁头尺寸以不影响邻近元件为标准。选择能够与焊点充分接触的几何尺寸能提高焊接效率。

1）A 型（棱角形）：

特点：烙铁头尖端幼细。

应用范围：适合精细之焊接，或焊接空间狭小之情况，也可以修正焊接芯片时产生的锡桥。

2）B 型（斗锥形）：

特点：B 型烙铁头无方向性，整个烙铁头前端均可进行焊接。

应用范围：适合一般焊接，无论大小焊点，均可使用 B 型烙铁头。

3）C 型（竹枪形）：

特点：用烙铁头前端斜面部份进行焊接，适合需要多锡量的焊接。

应用范围：C 型烙铁头应用范围与 D 型烙铁头相似，例如焊接面积大，粗端子，大焊点。

0.5C、1C、1.5CF 等烙铁头非常精细，适用于焊接细小元件，或修正表面焊接时产生的锡桥、锡柱等。CF 型烙铁头比较适合只在斜面有少量镀锡的焊接。

2C、3C 型烙铁头，适合焊接电阻、二极管、齿距较大的 SOP 及 QFP。

4C 型烙铁头适用于粗大端子，电路板接地，电源部分等需要较大热量的焊接场合。

4）D 型（平角形）：

特点：用平角部分进行焊接。

应用范围：适合需要多锡量的焊接，例如焊接面积大、粗端子、焊垫大的焊接环境。

5）K 型（刀刃形）：

特点：使用刀形部分焊接、竖立式或拉焊式焊接均可，属于多用途烙铁头。

应用范围：适用于 SOJ、PLCC、SOP、QFP、电源、接地部分元件、修正锡桥和连接器等焊接。

4. 电烙铁头的使用及保养

正确使用烙铁头并注意经常清洁保养烙铁头，可大大增加烙铁头的使用寿命。

（1）电烙铁的使用方法

1）电烙铁的握法和焊锡丝拿法示意。

为了能使被焊件焊接牢靠，又不烫伤被焊件周围的元器件及导线，视被焊件的位置、大小及电烙铁的规格大小，适当地选择电烙铁的握法是很重要的。掌握正确的操作姿势，可以保证操作者的身心健康，减少焊剂加热时挥发出的化学物质对人的危害，减少有害气体的吸入量，一般情况下，烙铁到鼻子的距离应不小于 20cm，通常以 30cm 为宜。

电烙铁的握法可分为三种，如图 4.41 所示。

图 4.41a 为反握法，就是用五指把电烙铁的柄握在掌内。此法适用于大功率电烙铁，焊接散热量较大的被焊件。

图 4.41b 所示为正握法，此法使用的电烙铁也比较大，且多为弯形烙铁。

图 4.41c 为握笔法，此法适用于小功率的电烙铁焊接散热小的被焊件，如焊接收音机、电视机的印制电路板及其维修等。

特点：反握法的动作稳定，长时间操作不易

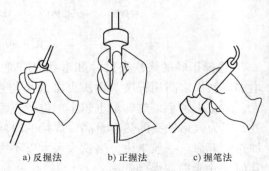

a) 反握法　　b) 正握法　　c) 握笔法

图 4.41　电烙铁的握法示意

疲劳，适于大功率烙铁的操作；正握法适于中功率烙铁或带弯头电烙铁的操作；一般在操作台上焊接印制电路板等焊件时，多采用握笔法。

　　焊锡丝一般有两种拿法，如图 4.42 所示。由于焊丝成分中，铅占一定比例，众所周知铅是对人体有害的重金属，因此操作时应戴手套或操作后洗手，避免食入。

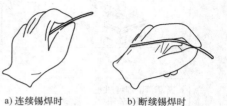

a) 连续锡焊时　　　　b) 断续锡焊时

图 4.42　焊锡丝拿法示意图

　　2）电烙铁在使用前的处理。

　　一把新烙铁不能拿来就用，必须先对烙铁进行处理后才能正常使用，就是说在使用前先给烙铁头镀上一层焊锡。具体的方法是：先接上电源，当烙铁头温度升至能熔锡时，将松香涂在烙铁头上，等松香冒烟后再涂上一层焊锡，如此进行两三次，使烙铁头的刃面部挂上一层锡便可使用了。

　　当烙铁使用一段时间后，烙铁头的刃面及其周围就要产生一层氧化层，这样便产生"吃锡困难"的现象，此时可锉去氧化层，重新镀上焊锡。

　　3）烙铁头长度的调整。

　　选择了电烙铁的功率大小后，已基本满足焊接温度的需要，但是仍不能完全适应印制电路板中所装元器件的需要。如焊接集成电路与晶体管时，烙铁头的温度就不能太高，且时间不能过长，此时便可将烙铁头插在烙铁心上的长度进行适当的调整，从而控制烙铁头的温度。

　　4）烙铁头有直头和弯头两种，当采用握笔法时，直烙铁头的电烙铁使用起来比较灵活。适合在元器件较多的电路中进行焊接。弯烙铁头的电烙铁用正握法比较合适，多用于线路板垂直桌面情况下的焊接。

　　5）电烙铁不易长时间通电而不使用，因为这样容易使电烙铁心加速氧化而烧断，同时也将使烙铁头因长时间加热而氧化，甚至被烧"死"不再"吃锡"。

　　6）更换烙铁心时要注意引线不要接错，因为电烙铁有三个接线柱，而其中一个是接地的，另外两个是接烙铁心两根引线的（这两个接线柱通过电源线，直接与 220V 交流电源相接）。如果将 220V 交流电源线错接到接地线的接线柱上，则电烙铁外壳就要带电，被焊件也要带电，这样就会发生触电事故。

　　7）电烙铁在焊接时，最好选用松香焊剂，以保护烙铁头不被腐蚀。氯化锌和酸性焊油对烙铁头的腐蚀性较大，使烙铁头的寿命缩短，因而不易采用。使用电烙铁应轻拿轻放，决不要将烙铁上的锡乱抛，不用时应稳妥地将烙铁放在烙铁架上。

　　(2) 电烙铁的保养

　　1）进行焊接工作前：必须先把清洁海绵湿水，再挤干多余水分。这样才可以使烙铁头得到最好的清洁效果。如果使用非湿润的清洁海绵，会使烙铁头受损而导致不上锡。

　　2）进行焊接工作时：正确的焊接顺序可以使烙铁头得到焊锡的保护及减低氧化速度，如图 4.43 所示。

　　3）进行焊接工作后：先把温度调到约 250℃，然后清洁烙铁头，再加上一层新锡作保护（如果使用非控温烙铁，先把电源切断，让烙铁头温度稍为降低后再上锡）。

　　4）注意事项：

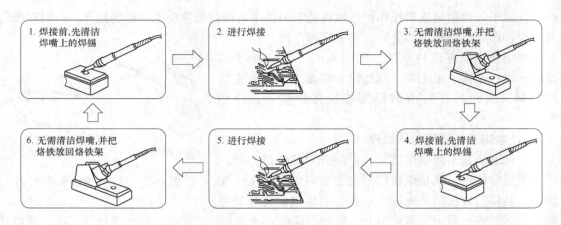

图 4.43　焊接的顺序

① 尽量使用低温焊接。

高温会使烙铁头加速氧化，降低烙铁头寿命。如果烙铁头温度超过 470℃，则它的氧化速度是 380℃ 的两倍。

② 勿施压过大。

焊接时，请勿施压过大，否则会使烙铁头受损变形。只要烙铁头能充分接触焊点，热量就可以传递。另外选择合适的烙铁头也能帮助传热。

③ 经常保持烙铁头上锡。

这可以减低烙铁头的氧化机会，使烙铁头更耐用。使用后，应待烙铁头温度稍为降低后才加上新焊锡，使镀锡层有更佳的防氧化效果。

④ 保持烙铁头清洁及时清理氧化物。

如果烙铁头上有黑色氧化物，烙铁头就可能会上不了锡，此时必须立即进行清理。清理时先把烙铁头温度调到约 250℃，再用清洁海绵清洁烙铁头，然后再上锡。不断重复动作，直到把氧化物清理为止。

⑤ 选用活性低的助焊剂。

活动性高或腐蚀性强的助焊剂在受热时会加速腐蚀烙铁头，所以应选用低腐蚀性的助焊剂。注：切勿使用砂纸或硬物清洁烙铁头。

⑥ 把烙铁放在烙铁架上。

不需使用烙铁时，应小心地把烙铁摆放在合适的烙铁架上，以免烙铁头受到碰撞而损坏。

⑦ 选择合适的烙铁头。

选择正确的烙铁头尺寸和形状是非常重要的，选择合适的烙铁头能使工作更有效率及增加烙铁头的耐用程度。选择错误的烙铁头会使烙铁不能发挥最高效率，焊接质量也会因此而降低。

烙铁头的大小与热容量有直接关系，烙铁头越大，热容量相对越大，烙铁头越小，热容量也越小。进行连续焊接时，使用越大的烙铁头，温度跌幅越少。此外，因为大烙铁头的热容量高，焊接时能够使用比较低的温度，烙铁头不易氧化，从而可以增加它的寿命。

短而粗的烙铁头传热较长而细的烙铁头快，而且比较耐用。扁的、钝的烙铁头比尖锐的烙铁头能传递更多的热量。一般来说，烙铁头尺寸以不影响邻近元器件为标准。选择能够与焊点充分接触的几何尺寸能提高焊接效率。

注：当需要更换烙铁头时，请选择原装白光烙铁头并确认烙铁头型号。如果使用非原装白光烙铁头或使用型号不相配的烙铁头，会影响烙铁原有的性能并且损坏发热心及电路板等部件。

4.5 手工焊接技术

4.5.1 手工焊接的操作方法

1. 五步操作法

掌握好烙铁的温度和焊接时间，选择恰当的烙铁头和焊点的接触位置，才可能得到良好的焊点。正确的焊接操作过程可以分成五个步骤，如图 4.44a 所示。

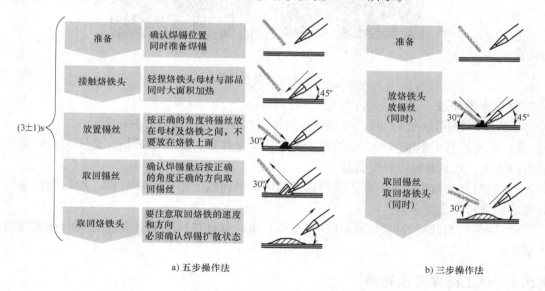

a) 五步操作法　　　　　　　　　　　b) 三步操作法

图 4.44 手工焊接的操作方法

① 准备施焊：清洁焊接部位的积尘及油污、元器件的插装、导线与接线端钩连，为焊接做好前期的预备工作。左手拿焊丝，右手握烙铁，进入备焊状态。要求烙铁头保持干净，无焊渣等氧化物，并在表面镀有一层焊锡。

② 加热焊件：将沾有少许焊锡的电烙铁头接触被焊元器件约几秒钟。若要拆下印制电路板上的元器件，则待烙铁头加热后，用手或镊子轻轻拉动元器件，看是否可以取下。烙铁头靠在两焊件的连接处，加热整个焊件全体，时间为 1 ~ 2s。对于在印制电路板上焊接元器件来说，要注意使烙铁头同时接触焊盘和元器件的引线，如图 4.45a 所示。

③ 送入焊丝：焊件的焊接面被加热到一定温度时，焊锡丝从烙铁对面接触焊件，如图 4.45b 所示。注意：不要把焊锡丝送到烙铁头上！

④ 移开焊丝：当焊锡丝熔化（要掌握进锡速度），焊锡散满整个焊盘时，即可以 45° 角方向拿开焊锡丝。此过程如图 4.46a 所示。

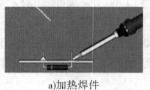 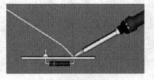

a)加热焊件　　　　　　　　　　　　b)移入焊锡

图 4.45　加热与送丝

　　⑤ 移开电烙铁：焊锡丝拿开后，电烙铁继续放在焊盘上持续 1～2s，当焊锡只有轻微烟雾冒出时，即可拿开电烙铁，拿开电烙铁时，不要过于迅速或用力往上挑，以免溅落锡珠、锡点或使焊锡点拉尖等，同时要保证被焊元器件在焊锡凝固之前不要移动或受到振动，否则极易造成焊点结构疏松、虚焊等现象。此过程如图 4.46b 所示。

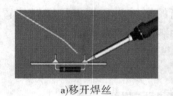 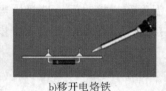

a)移开焊丝　　　　　　　　　　　　b)移开电烙铁

图 4.46　去丝移烙铁

2. 三步操作法

　　当焊接热容量小的焊点时，可将焊接操作简化为三步，如图 4.44b 所示。

　　1）准备。右手拿电烙铁，烙铁头上应熔化少量焊锡，左手拿钎料，烙铁头和钎料同时移向焊接点，处于随时可焊接状态。

　　2）同时加热被焊件和钎料。在焊接点两侧，同时放上烙铁头和钎料。加热焊接部位并熔化适量钎料，形成合金。

　　3）撤离。当钎料的扩散范围达到要求后，迅速移开烙铁头和钎料，钎料的撤离应略早于烙铁头。

4.5.2　手工锡焊操作要领

1. 焊接温度与加热时间

　　适当的温度对形成良好的焊点是必不可少的。这个温度应当如何掌握呢？当然，根据有关数据，可以很清楚地查出不同的焊件材料所需要的最佳温度，得到有关曲线。但是，在一般的焊接过程中，为可能使用温度计之类的仪表随时检测，而是希望用更直观明确的方法来了解焊件温度。

　　经过试验得出，烙铁头在焊件上停留的时间与焊件温度的升高是正比关系。同样的烙铁，加热不同热容量的焊件时，想达到同样的焊接温度，可以通过控制加热时间来实现。但在实践中又不能仅仅依此关系决定加热时间。例如，用小功率烙铁加热较大的焊件时，无论烙铁停留的时间多长，焊件的温度也上不去，原因是烙铁的供热容量小于焊件和烙铁在空气中散失的热量。此外，为防止内部过热损坏，有些元件也不允许长期加热。

　　加热时间对焊件和焊点的影响及其外部特征是什么呢？如果加热时间不足，会使钎料不能充分浸润焊件而形成松香夹渣而虚焊。反之，过量的加热，除有可能造成元器件损坏以外，还有如下危害和外部特征。

1）焊点外观变差。如果焊锡已经浸润焊件以后还继续进行过量的加热，将使助焊剂全部挥发完，造成熔态焊锡过热；当烙铁离开时容易拉出锡尖，同时焊点表面发白，出现粗糙颗粒，失去光泽。

2）高温造成所加松香助焊剂的分解炭化。松香一般在 210℃ 开始分解，不仅失去助焊剂的作用，而且造成焊点夹渣而形成缺陷。如果在焊接中发现松香发黑，肯定是加热时间过长所致。

3）过量的受热会破坏印制电路板上铜箔的粘合层，导致铜箔焊盘的剥落。因此，在适当的加热时间里，准确掌握火候是优质焊接的关键。

2. 焊接操作的具体手法

在保证得到优质焊点的目标下，具体的焊接操作手法如下：

（1）保持烙铁头的清洁

焊接时，烙铁头长期处于高温状态，又接触焊剂等弱酸性物质，其表面很容易氧化并沾上一层黑色杂质。这些杂质形成隔热层，妨碍了烙铁头与焊件之间的热传导。因此，要注意随时在烙铁架上蹭去杂质。用一块湿布或湿海绵随时擦拭烙铁头，也是常用的方法之一。对于普通烙铁头，在污染严重时可以使用锉刀锉去氧化层。对于长寿命烙铁头，就绝对不能使用这种方法了。

（2）采用正确的加热方法

加热时，应该让焊件上需要焊锡浸润的各部分均匀受热，而不是仅仅加热焊件的一部分，如图 4.47 所示。当然，对于热容量相差较多的两个部分焊件，加热应偏向需热较多的部分。但不要采用烙铁对焊件增加压力的办法，以免造成损坏或不易觉察的隐患。有些初学者企图加快焊接，用烙铁头对焊接面施加压力，这是不对的。正确的方法是，要根据焊件的形状选用不同的烙铁头，或者自己修正烙铁头，让烙铁头与焊件形成面的接触而不是点或线的接触。这样，就可以大大提高效率。

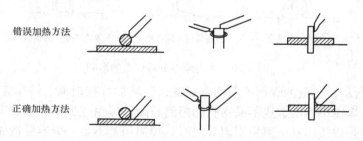

图 4.47　加热焊件的正确方法

（3）加热要靠焊锡桥

在非流水线作业中，一次焊接的焊点形状是多种多样的，我们不可能不断更换烙铁头，要提高烙铁头的效率，需要形成热量传递的焊锡桥如图 4.48 所示。所谓焊锡桥，就是靠烙铁头上保留少量的焊锡作为加热时烙铁头与焊件之间传热的桥梁。显然，由于金属液的导热效率远高于空气，而使焊件很快加热到焊接温度。应注意作为焊锡桥的保留量不可过多，以免造成焊点误连。

图 4.48　焊锡桥

（4）烙铁撤离有讲究

烙铁的撤离要及时，而且撤离时的角度方向与焊点有关。图 4.49 所示为烙铁不同的撤离方向对钎料的影响。

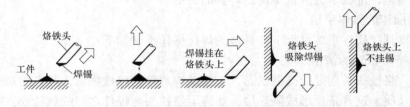

　a) 沿烙铁轴向45°撤离　　b) 向上方撤离　　c) 水平方向撤离　　d) 垂直向下撤离　　e) 垂直向上撤离

图 4.49　烙铁的撤离方向对钎料的影响

（5）在焊锡凝固之前不能动

切勿使焊件移动或受到振动，特别是用镊子夹住焊件时，一定要等焊锡凝固后再移走镊子，否则极易造成虚焊。

（6）焊锡用量要适中

手工焊接常使用管状的焊锡丝，内部已装有松香和活化剂制成的助焊剂。焊锡丝的直径有 0.5mm、0.8mm、1.0mm、5.0mm 等多种规格，要根据焊点的大小选用。一般地，应使焊锡丝的直径略小于焊盘的直径。图 4.50 为焊锡量多少对焊点的影响。

　　a) 锡量过多浪费　　　　　b) 锡量过少强度差　　　　c) 合适的焊锡量,合格的焊点

图 4.50　焊锡量多少对焊点的影响

如图 4.50 所示，过量的焊锡不但浪费材料，还增加焊接时间，降低工作速度。更为严重的是，过量的焊锡很容易造成不易察觉的短路故障。焊锡过少不能形成牢固的结合，同样是不利的。特别是焊接印制电路板引出导线时，焊锡用量不足，极容易造成导线脱落。

（7）助焊剂量要适中

适量的助焊剂对焊接是非常有用的。过量使用松香焊剂不仅造成焊点周围需要擦除的工作量，并且延长了加热时间，降低了工作效率，而当加热时间不足时，容易夹杂到焊锡中形成"夹渣"缺陷。焊接开关、接插件的时候，过量的焊剂容易流到触点处，从而造成接触不良。合适的焊剂量，应该是松香水仅能浸湿将要形成的焊点，不会透过印制电路板流到元件面或插孔里（如 IC 插座）。对使用松香芯焊丝的焊接来说，基本上不需要再涂松香水。目前，印制电路板生产厂的电路板在出厂前大多进行过松香浸润处理，无需再加助焊剂。

（8）不要用烙铁头作为运载钎料的工具

有人习惯用烙铁头沾上焊锡再去焊接，结果造成钎料的氧化。因为烙铁头的温度一般都在 300℃左右，焊锡丝中的焊剂在高温时容易分解失效。在调试、维修工作中，不得已用烙铁时，动作要迅速敏捷，以防止氧化造成劣质焊点。

4.5.3　导线和接线端子的焊接

导线焊接在电子装配中占有一定的比例，实践表明其焊点失效率高于印制电路板，针对常见的导线类型，例如单股导线、多股导线、屏蔽线，导线连接采用绕焊、钩焊、搭焊等基本方法。需要注意的是：导线剥线长度要合适，上锡要均匀；线端连接要牢固；芯线稍长于外屏蔽层，以免因芯线受外力而断开；导线的连接点可以用热缩管进行绝缘处理，既美观又耐用。导线和接线端子的焊接如图 4.51 所示。图 4.52 为导线与导线的焊接步骤，图 4.53 为导线与片状焊件的焊接方法。

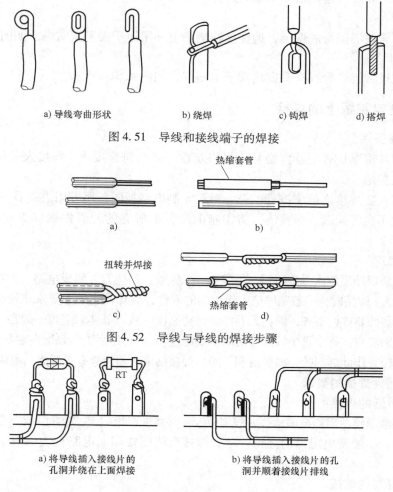

a) 导线弯曲形状　　　b) 绕焊　　　c) 钩焊　　　d) 搭焊

图 4.51　导线和接线端子的焊接

图 4.52　导线与导线的焊接步骤

a) 将导线插入接线片的
孔洞并绕在上面焊接

b) 将导线插入接线片的孔
洞并顺着接线片排线

图 4.53　导线与片状焊件的焊接方法

1. 导线焊前处理

（1）剥绝缘层

导线焊接前要除去末端绝缘层。拨出绝缘层可用普通工具或专用工具。用剥线钳或普通偏口钳剥线时要注意对单股线不应伤及导线，多股线及屏蔽线不断线，否则将影响接头质量。对多股线剥除绝缘层时应注意将线芯拧成螺旋状，一般采用边拽边拧的方式。

（2）预焊

预焊是导线焊接的关键步骤。导线的预焊又称为挂锡，但注意导线挂锡时要边上锡边旋转，旋转方向与拧合方向一致，多股导线挂锡要注意"烛心效应"，即焊锡浸入绝缘层内，造成软线变硬，容易导致接头故障。

2. 导线和接线端子的焊接

（1）绕焊

绕焊把经过上锡的导线端头在接线端子上缠一圈，用钳子拉紧缠牢后进行焊接，绝缘层不要接触端子，导线一定要留 1～3mm 为宜，如图 4.51b 所示。

（2）钩焊

钩焊是将导线端子弯成钩形，钩在接线端子上并用钳子夹紧后施焊，如图 4.51c 所示。

（3）搭焊

搭焊把经过镀锡的导线搭到接线端子上施焊，如图 4.51d 所示。

4.5.4　印制电路板上的焊接

1. 焊前准备

按照元器件清单检查元器件型号、规格及数量是否符合要求。焊接人员带防静电手套，确认恒温烙铁接地。

印制电路板在焊接之前应进行检查，对照印制电路板图，用万用表查看其有无断路、短路、孔金属化不良等问题。焊接前，将印制电路板上所有的元器件做好焊前准备工作（成形、镀锡）。

2. 装焊顺序

元器件的装焊顺序依次是电阻器、电容器、二极管、晶体管、集成电路、大功率管，其他元器件是先小后大。焊接时，一般工序应先焊较低的元件，后焊较高的和要求比较高的元件。印制电路板上的元器件要排列整齐，同类元器件要保持高度一致。晶体管装焊一般在其他元器件焊好后进行，要特别注意：每个管子的焊接时间不要超过 6s，并使用钳子或镊子夹持引脚散热，防止烫坏管子。用松香作助焊剂的，需要清理干净。焊接结束，须检查有无漏焊、虚焊现象。

3. 对元器件焊接的要求

（1）电阻器的焊接

按元器件清单将电阻器准确地装入规定位置，并要求标记向上，字向一致。装完一种规格再装另一种规格，尽量使电阻器的高低一致。焊接后将露在印制电路板表面上多余的引脚齐根剪去。

（2）电容器的焊接

将电容器按元器件清单装入规定位置，并注意有极性的电容器其"＋"与"－"极不能接错。电容器上的标记方向要易看得见。先装玻璃釉电容器、金属膜电容器、瓷介电容器，最后装电解电容器。

（3）二极管的焊接

正确辨认正负极后按要求装入规定位置，型号及标记要易看得见。焊接立式二极管时，对最短的引脚焊接时，时间不要超过 2s。

（4）晶体管的焊接

按要求将 e、b、c 三根引脚装入规定位置。焊接时间应尽可能的短些，焊接时用镊子夹住引脚，以帮助散热。焊接大功率晶体管时，若需要加装散热片，应将接触面平整、光滑后再紧固。

（5）集成电路的焊接

将集成电路插装在电路板上，按元器件清单要求，检查集成电路的型号、引脚位置是否符合要求。焊接时先焊集成电路边沿的两只引脚，以使其定位，然后再从左到右或从上至下进行逐个焊接。焊接时，烙铁一次沾取锡量为焊接 2~3 只引脚的量，烙铁头先接触印制电路的铜箔，待焊锡进入集成电路引脚底部时，烙铁头再接触引脚，接触时间以不超过 3s 为宜，而且要使焊锡均匀包住引脚。焊接完毕后要查一下，是否有漏焊、碰焊、虚焊之处，并清理焊点处的钎料。

集成电路由于引脚数目较多、焊盘较小、焊接时间较长，因此在焊接时应防止集成电路温升过高以及引脚之间搭焊，正确的方法是将烙铁头修得较为尖细，焊接过程中可以焊完一部分引脚，待集成电路冷却后再继续焊接。如果条件允许的话，可以使用集成块管座，这样就可以避免焊接过程中烧坏集成电路了。

MOS 电路特别是绝缘栅型，由于输入阻抗高，稍有不慎就可能因静电而使其内部击穿，为此，在焊接这一类电路时，还应该注意：

1）如果事先已将各引脚短路，焊接前不要拿掉引脚间的短接线。

2）焊接时间在保证浸润的前提下，尽可能短，每个焊点最好不超过 3s。

3）最好使用 20W 内热式电烙铁，其烙铁头应接地。若无保护地线，应拔下烙铁的电源插头，释放静电后利用余热进行焊接。

（6）有机材料铸塑元件引脚的焊接

用有机材料铸塑制作的各种开关、接插件不能承受高温，在对其引脚施焊时，如不注意控制加热时间，极易造成塑性变形，导致元件失效。因此，在元件预处理时，尽量清理好接点，争取一次镀锡成功，镀锡和焊接时加助焊剂要少，防止进入电接触点。焊接过程中，烙铁头不要对接线片施加压力，防止已受热的塑件变形。

4.6 拆焊与重焊

1. 拆焊技术

拆焊仍然需要对原钎料进行加热，使其熔化，故拆焊中最容易造成元器件、导线和焊点的损坏，还容易引起焊盘及印制导线的剥落等，从而造成整个印制电路板的报废。因此掌握正确的拆焊方法显得尤为重要。

（1）引脚较少的元件的拆法

对于引脚较少的元件拆法比较简单，用烙铁加热焊点，用镊子或者尖嘴钳夹住元件一端，待焊锡熔化时把元件两端分别从电路板上取下来即可，如图 4.54 所示。

（2）多焊点元件且元件引脚较硬焊点拆法

当需要拆下多个焊点且引线较硬的元器件时，一般有以下几种方法：

1）用合适的医用空心针头拆焊。

将医用空心针头锉平，作为拆焊的工具。具体方法是：一边用烙铁熔化焊点，一边把针头套在被焊的元器件引脚上，直至焊点熔化后，将针头迅速插入印制电路板的内孔，使元器件的引脚与印制电路板的焊盘脱开，如图 4.55 所示。

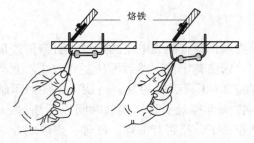

图 4.54　分点拆焊示意图

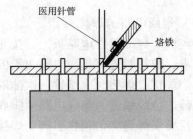

图 4.55　针孔拆焊示意图

2）采用专用工具，它们都是专用拆焊电烙铁头，能一次完成多引脚元器件的拆焊，而且不易损坏印制电路板及其周围的元器件。如集成电路、中频变压器等就可用专用拆焊电烙铁进行拆焊。拆焊时也应注意加热时间不能太长，当钎料一熔化，应立即取下元器件，同时拿开专用电烙铁，一次将所有焊点加热熔化，取下焊件，如图 4.56a 所示。

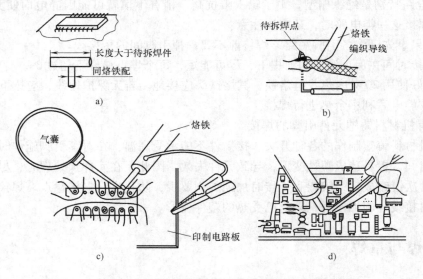

图 4.56　多焊点元件且元件引脚较硬焊点拆焊方法示意图

3）用吸锡材料将焊点上的锡吸掉，用铜编织线进行拆焊。

用吸锡材料将焊点上的锡吸掉，用铜编织线进行拆焊，将铜编织线的部分吃上松香焊剂，然后放在将要拆焊的焊点上，再把电烙铁放在铜编织线上加热焊点，待焊点上的焊锡熔化后就被铜编织线吸去，如焊点上的焊锡一次没有被吸完，则可进行第二次、第三次，直至吸完。当编织线吸满钎料后，把已吸满钎料的部分剪去，如图 4.56b 所示。

4）用气囊吸锡器进行拆焊。

将被拆的焊点加热，使钎料熔化，然后把吸锡器挤瘪，将吸嘴对准熔化的钎料，然后放松吸锡器，钎料就被吸进吸锡器内，如图 4.56c 所示。

5）采用吸锡器或吸锡烙铁逐个将焊点上焊锡吸掉后，再将元件拉出，如图 4.56d 所示。

2. 重焊技术

1）重焊电路板上元件。首先将元件孔疏通，再根据孔距用镊子弯好元件引脚，然后插入元件进行焊接。

2）连接线焊接。首先将连线上锡，再将被焊连线焊端固定（可钩、绞），然后焊接。

4.7　虚焊产生的原因及其危害

虚焊是指钎料与被焊物表面没有形成合金结构，只是简单地依附在被焊金属的表面上，如图 4.57 所示。虚焊主要是由待焊金属表面的氧化物和污垢造成的，它的焊点成为有接触电阻的连接状态，导致电路工作不正常，出现时好时坏的不稳定现象，噪声增加而没有规律性，给电路的调试、使用和维护带来重大隐患。此外，也有一部分虚焊点在电路开始工作的一段较长时间内，保持接触尚好，因此不容易发现。但在温度、湿度和振动等环境条件作用下，接触表面逐步被氧化，接触慢慢地变得不完全起来。虚焊点的接触电阻会引起局部发热，局部温度升高又促使不完全接触的焊点情况

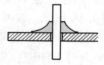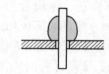

a) 与引线浸润不良　　b) 与印制电路板浸润不良

图 4.57　虚焊现象

进一步恶化，最终甚至使焊点脱落，电路完全不能正常工作。这一过程有时可长达一两年。

据统计数字表明，在电子整机产品故障中，有将近一半是由于焊接不良引起的，然而，要从一台成千上万个焊点的电子设备里找出引起故障的虚焊点来，这并不是一件容易的事。所以，虚焊是电路可靠性的一大隐患，必须严格避免。进行手工焊接操作的时候，尤其要加以注意。

一般来说造成虚焊的主要原因为：焊锡质量差；助焊剂的还原性不良或用量不够；被焊接处表面未预先清洁好，镀锡不牢；烙铁头的温度过高或过低，表面有氧化层；焊接时间太长或太短，掌握得不好；焊接中焊锡尚未凝固时，焊接元件松动。

4.8　焊接的质量要求

焊点是电子产品中元件连接的基础，电子产品的组装其主要任务是在印制电路板上对电子元器件进行焊锡，焊点的个数从几十个到成千上万个，如果有一个焊点达不到要求，就要影响整机的质量，焊点质量出现问题，可导致设备故障，一个似接非接的虚焊点会给设备造成故障隐患。因此，高质量的焊点是保证设备可靠工作的基础。焊点质量检验，主要包括三个方面：电气接触良好、机械结合牢固、光洁整齐的外观，保证焊点质量最关键的一点就是必须避免虚焊。因此在焊接时，必须做到以下几点：

1. 可靠的电气连接

焊接是电子线路从物理上实现电气连接的主要手段。锡焊连接不是靠压力而是靠焊接过

程形成牢固连接的合金层达到电气连接的目的。如果焊锡仅仅是堆在焊件的表面或只有少部分形成合金层，也许在最初的测试和工作中不易发现焊点存在的问题，这种焊点在短期内也能通过电流，但随着条件的改变和时间的推移，接触层氧化，脱离出现了，电路产生时通时断或者干脆不工作，而这时观察焊点外表，依然连接良好，这是电子仪器使用中最头疼的问题，也是产品制造中必须十分重视的问题。

2. 足够机械强度

焊接不仅起到电气连接的作用，同时也是固定元器件、保证机械连接的手段。为保证被焊件在受振动或冲击时不至脱落、松动，因此，要求焊点有足够的机械强度。一般可采用把被焊元器件的引线端子打弯后再焊接的方法。作为焊锡材料的铅锡合金，本身强度是比较低的，常用铅锡钎料的抗拉强度为 $3 \sim 4.7 \text{kg}/\text{cm}^2$，只有普通钢材的 10%。要想增加强度，就要有足够的连接面积。如果是虚焊点，钎料仅仅堆在焊盘上，那就更谈不上强度了。

3. 光洁整齐的外观

良好的焊点要求钎料用量恰到好处，外表有金属光泽，无拉尖、桥接等现象，并且不伤及导线的绝缘层及相邻元件良好的外表是焊接质量的反映，注意：表面有金属光泽是焊接温度合适、生成合金层的标志，这不仅仅是外表美观的要求。

焊点的形成如图 4.58 所示。其中焊点外观如图 4.58a 所示，其共同特点是：

1）外形以焊接导线为中心，匀称、成裙形拉开。

2）钎料的连接呈半弓形凹面，钎料与焊件交界处平滑，接触角尽可能小。

3）表面有光泽且平滑。

4）无裂纹、针孔、夹渣。

在单面和双面（多层）印制电路板上，焊点的形成是有区别的，如图 4.58b、c 所示，在单面板上，焊点仅形成在焊接面的焊盘上方；但在双面板或多层板上，熔融的钎料不仅浸润焊盘上方，还由于毛细作用，渗透到金属化孔内，焊点形成的区域包括焊接面的焊盘上方、金属化孔内和元件面上的部分焊盘，典型焊点的外观如图 4.59 所示。

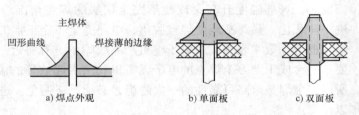

图 4.58　焊点的形成

焊点的外观检查除用目测（或借助放大镜、显微镜观测）焊点是否合乎上述标准以外，还包括以下几个方面焊接质量的检查：漏焊；钎料拉尖；钎料引起导线间短路（即"桥接"）；导线及元器件绝缘的损伤；布线整形；钎料飞溅。检查时，除目测外，还要用指触、镊子点拨动、拉线等办法检查有无导线断线、焊盘剥离等缺陷。

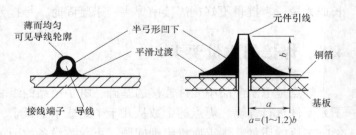

图 4.59　典型焊点的外观

良好的焊点要求：

a. 结合性好——光泽好且表面是凹形曲线。

b. 导电性佳——不在焊点处形成高电阻（不在凝固前移动零件），不造成短路或断路。

c. 散热性良好——扩散均匀，全扩散。

d. 易于检验——除高压点外，焊锡不得太多，务使零件轮廓清晰可辨。

e. 易于修理——勿使零件叠架装配，除非特殊情况当由制造工程师说明。

f. 不伤及零件——烫伤零件或加热过久（常伴随松香焦化）损及零件寿命。

g. 所有表面沾锡良好；焊锡外观光亮而凹曲圆滑；所有零件轮廓可见，高压部分除外。残留松香须清洁而不焦化。

焊点沾锡情况：

依焊锡与被焊物表面所形成的角度，焊点的沾锡情况可分为下列三种现象。

1）良好沾锡：

现象：焊锡均匀扩散，沾附于接面形成一良好之轮廓，光亮。

可能原因：

① 清洁的表面。

② 正确的钎料。

③ 正确的加热；三者同时成立。

2）不良沾锡：

现象：焊锡熔化扩散后形成一不均匀的锡膜覆盖在金属表面上而未紧贴其上。

可能原因：

①不良的操作方法。

② 加热或加锡不均匀。

3）不沾锡：

现象：焊锡熔化后，瞬时沾附金属表面，随后溜走。

可能原因：

① 表面严重沾污。

② 加热不足，焊锡由烙铁头流下。

③ 烙铁太热，破坏焊锡结构或使被焊物表面氧化。

4.9　焊接质量的检查

焊接结束后为保证焊接质量，一般都要进行质量检查。由于焊接检查与其他生产工序不同，没有一种机械化、自动化的检查测量方法，因此主要是通过目视检查和手触检查发现问题。

（1）目视检查

目视检查就是从外观上检查焊接质量是否合格，也就是从外观上评价焊点有什么缺陷。

目视检查的主要内容包括：

① 是否有漏焊，漏焊是指应该焊接的焊点没有焊上。

② 焊点的光泽好不好。

③ 焊点的钎料足不足。

④ 焊点的周围是否有残留的焊剂。

⑤ 有没有连焊，焊盘有无脱落。

⑥ 焊点有没有裂纹。

⑦ 焊点是不是凹凸不平。

⑧ 焊点是否有拉尖现象。

图 4.60 所示为正确焊点剖面示意图。

a) 直插式　　　　b) 半打弯式

图 4.60　正确焊点剖面示意图

（2）手触检查

手触检查主要是指触摸元器件时，是否有松动、焊接不牢的现象。用镊子夹住元器件引线，轻轻拉动时，看有无松动现象。焊点在摇动时，上面的焊锡是否有脱落现象。

（3）通电检查

在外观检查结束以后诊断连线无误，才可进行通电检查，这是检验电路性能的关键。如果不经过严格的外观检查，通电检查不仅困难较多，而且有可能损坏设备仪器，造成安全事故。例如电源连线虚焊，那么通电时就会发现设备加不上电，当然无法检查。

通电检查可以发现许多微小的缺陷。例如，用目测观察不到的电路桥接，但对于为内部虚焊的隐患就不容易觉察。所以根本的问题还是要提高焊接操作的技艺水平，不能把问题留给检验工作去完成。

通电检查时可能出现的故障与焊接缺陷的关系如图 4.61 所示，可供参考。

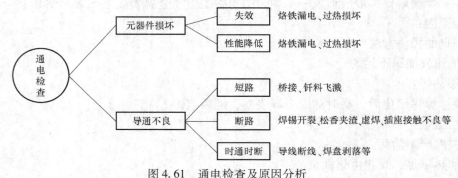

图 4.61　通电检查及原因分析

4.10　焊点检验标准及缺陷分析

造成焊接缺陷的原因很多，在材料（钎料与焊剂）与工具（烙铁、夹具）一定的情况下，采用什么样的方式方法以及操作者是否有责任心，就是决定性的因素了。在接线端子上焊导线时常见的缺陷见表 4.9，供检查焊点时参考。表中列出了常见焊点的缺陷及分析。

表 4.9　常见焊点的缺陷及分析

焊点缺陷	外观特点	危害	原因分析
虚焊	焊锡与元器件引线或与铜箔之间有明显黑色界线，焊锡向界线凹陷	不能正常工作	① 元器件引线未清洁好，未镀好锡或锡被氧化 ② 印制电路板未清洁好，喷涂的助焊剂质量不好

（续）

焊点缺陷	外观特点	危害	原因分析
滋挠动焊	有裂痕，如面包碎片粗糙，接处有空隙	强度低，不通或时通时断	焊锡未干时而受移动
钎料堆积	焊点结构松散白色、无光泽，蔓延不良接触角大，为 70～90°，不规则之圆	机械强度不足，可能虚焊	① 钎料质量不好 ② 焊接温度不够 ③ 焊锡未凝固时，元器件引线松动
钎料过少	焊接面积小于焊盘的 75%，钎料未形成平滑的过渡面	机械强度不足	① 焊锡流动性差或焊丝撤离过早 ② 助焊剂不足 ③ 焊接时间太短
钎料过多	钎料面呈凸形	浪费钎料，且可能包藏缺陷	焊丝撤离过迟
松香夹渣	焊缝中夹有松香渣	强度不足，导通不良。有可能时通时断	① 焊剂过多或已失效 ② 焊接时间不足，加热不足 ③ 表面氧化膜未去除
过热	焊点发白，无金属光泽，表面较粗糙	焊盘容易剥落，强度降低	烙铁功率过大，加热时间过长
冷焊	表面呈豆腐渣状颗粒，有时可能有裂纹	强度低，导电性不好	钎料未疑固前焊件松动
浸润不良	钎料与焊件交界面接触过大，不平滑	强度低，不通或时通时断	① 钎料清理不干净 ② 助焊剂不足或质量差 ③ 焊件未充分加热
蔓延不良	接触角为 70°～90°，焊接面不连续、不平滑、不规则	强度低，导电性不好	焊接处未与焊锡融合，热或钎料不够，烙铁端不干净
无蔓延	接触角超过 90°。焊锡不能蔓延及包掩，有球状如油沾在有水分面上	强度低，导电性不好	焊锡金属面不相称，另外就是热源本身不相称
不对称	焊锡未流满焊盘	强度不足	① 钎料流动性好 ② 助焊剂不足或质量差 ③ 加热不足
松动	导线或元器件引线可能移动	导通不良或不导通	① 焊锡未凝固前引线移动造成空隙 ② 引线未处理（浸润差或不浸润）

（续）

焊点缺陷	外观特点	危　害	原因分析
拉尖	出现尖端	外观不佳，容易造成桥接现象	烙铁不洁，或烙铁移开过快使焊处未达焊锡温度，移出时沾焊锡量大而形成
桥接	相邻导线连接	电气短路	① 焊锡过多 ② 烙铁撤离角度不当
焊锡短路	焊锡过多，与相邻焊点连锡短路	电气短路	① 焊接方法不正确 ② 焊锡过多
针孔	目测或低倍放大镜可铜箔见有孔	强度不足。焊点容易腐蚀	焊锡料的污染不洁、零件材料及环境
气泡	气泡状坑口，里面凹下	暂时导通，但长时间容易引起导通不良	气体或焊接液在其中，上热及时间不当使焊液未能流出
铜箔剥离	铜箔从印制电路板上剥离	印制板已损坏	焊接时间太长
焊点剥落	焊点从铜箔上剥落（不是铜箔与印制板剥离）	断路	焊盘上金属镀层不良

SMT 贴片元件焊点标准与缺陷分析见表 4.10。

表 4.10　SMT 贴片元件焊点标准与缺陷分析

项目	图示	要　点	检测工具	判定基准
1. 部品的位置	W	接头电极之幅度 W 的 1/2 以上盖在导通面上。注意事项：用眼看部品位置的偏移，不能以测试器确认时，用放大镜目测	卡尺	1/2 以上
2. 部品的位置	E	接头电极之长度 E 的 1/2 以上盖在导通面上。注意事项：用眼看部品位置的偏移，不能以测试器确认时，用放大镜目测	卡尺	1/2 以上
3. 部品的位置	1/2W	至于接头部品的倾斜，接头电极之幅度 W 的 1/2 以上盖在导通面即可。注意事项：用眼看部品位置的偏移，不能以测试器确认时，用放大镜目测	卡尺	1/2 以上
4. 部品的不稳	F　2　2F	接头部品的不稳，是接头部品之厚度 F 的 2 倍以下	卡尺	F 的 2 倍以下
5. 焊锡量	1/2F	电极为高度 F 的 1/2 以上，幅度 W 的 1/2 以上之焊锡焊接	卡尺	1/2 以上

4.11 表面安装技术

4.11.1 表面安装技术概述

表面安装技术（SMT）是目前先进电子制造技术的重要组成部分。表面安装与通孔安装相比，SMT的主要优点包括：

1）高密度：贴片元器件尺寸小，能有效利用印制电路板的面积，整机产品的主板一般可以减小到其他装接方式的10%~30%，重量减轻60%，实现产品微型化。

2）高可靠：贴片元器件引线短或无引线，重量轻、抗振能力强，焊点可靠性高。

3）高性能：引线短和高密度安装使得电路的高频性能改善，数据传输速率增加，传输延迟减小，可实现高速度的信号传输。

4）高效率：适合自动化生产。

5）低成本：综合成本下降30%以上。

4.11.2 SMT元器件

表面安装元器件又称为贴片状元器件，主要有贴片状电阻、电位器、电容器、电感器、二极管、晶体管和集成电路，如图4.62所示。它们的结构、尺寸、包装形式都与传统元器件不同，其尺寸不断小型化。

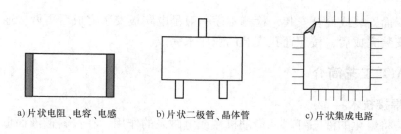

a) 片状电阻、电容、电感　　b) 片状二极管、晶体管　　c) 片状集成电路

图4.62　贴片状元器件

① 无源元件SMC：SMC包括片状电阻器、电容器、电感器、滤波器和陶瓷振荡器等，如图4.63所示。

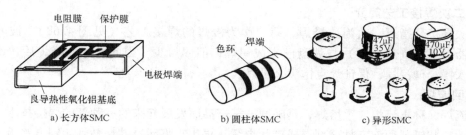

a) 长方体SMC　　b) 圆柱体SMC　　c) 异形SMC

图4.63　SMC元器件基本外形

② 有源器件SMD：SMD有分立器件和集成器件。分立器件如二极管、晶体管、场效应晶体管，也有由两三只晶体管、二极管组成的简单复合电路。集成电路元器件包括各种数字和

模拟电路的集成器件。

4.11.3　SMT 装配焊接技术

1. SMT 电路板安装方案（见图 4.64）

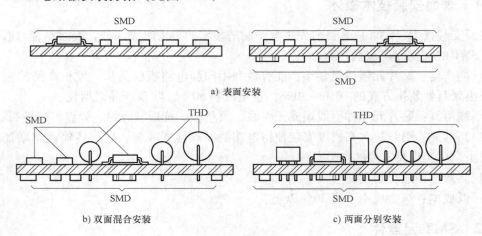

a) 表面安装

b) 双面混合安装　　　　　　　　　c) 两面分别安装

图 4.64　三种 SMT 安装结构示意图

2. SMT 电路板安装工艺流程

固定基板→焊接面（贴装面）涂敷焊膏→贴装片状元器件→烘干→回流焊→清洗→检测。

若采用双面安装或混合安装，检测工序一般是电路板安装完成后再做。通孔安装的元器件，待贴片安装完成后，按照通孔安装的程序来完成。

4.11.4　SMT 工艺简介

1. 波峰焊接技术

波峰焊是将熔化的液态钎料，借助机械或电磁泵的作用，在钎料槽液面形成特定形状的钎料波峰，将插装了元器件的印制电路板置于传送链上，以某一特定的角度、一定的浸入深度和一定的速度穿过钎料波峰而实现焊点焊接的过程。图 4.65 为波峰焊工艺流程，图 4.66 为波峰焊示意图，图 4.67 为单波峰和双波峰示意图。

2. 二次焊接工艺简介

二次焊接是指第一次为波峰焊，第二次为浸焊的焊接工艺（见图 4.68）。波峰焊接以后，元器件引脚（或电极）与焊盘已完成锡焊，但锡量少，因此紧接波峰焊后，印制电路板被送入锡焊槽浸焊，保证焊点饱满、可靠。

3. 回流焊

回流焊又称再流焊、重熔焊，是随微电子产品而发展起来的一种新的焊接技术。它是将加工好的粉状钎料用液态粘合剂混成糊状焊膏，再用它将元器件粘贴到印制电路板上，然后加热使钎料再次熔化而流动，从而达到焊接的目的。常用的回流焊加热方法有热风加热、红外线加热和汽相加热。回流焊的焊接效率高，焊点质量好，多用于片式元件的焊接，在自动化生产的微电子产品焊接中应用广泛。图 4.69 为回流焊工艺流程。

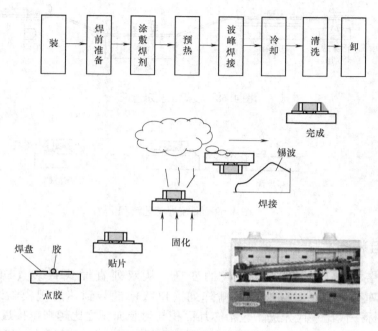

图 4.65 波峰焊工作流程

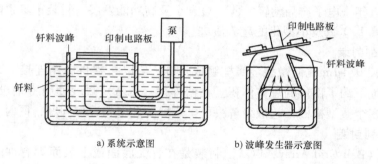

a) 系统示意图 b) 波峰发生器示意图

图 4.66 波峰焊示意图

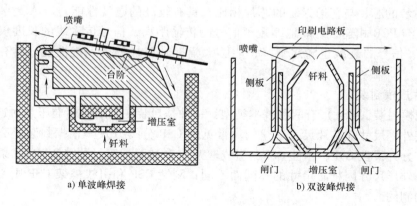

a) 单波峰焊接 b) 双波峰焊接

图 4.67 单波峰和双波峰示意图

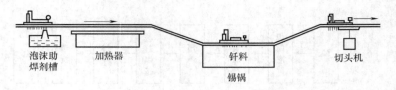

图 4.68　浸焊工艺示意图

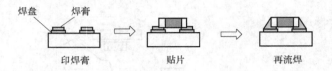

图 4.69　回流焊工艺流程

4.11.5　微组装技术

芯片的封装技术已经历了好几代的变迁，从双列直插式封装（DIP）、扁平封装（QFP）、柱栅阵列（PGA）封装、球栅阵列（BGA）封装到芯片规模封装（CSP）再到MCM，技术指标一代比一代先进，包括芯片面积与封装面积之比越来越接近于 1，适用频率越来越高，耐温性能越来越好，引脚数增多，引脚间距减小，重量减小，可靠性提高，使用更加方便等。近年来电子产品朝轻、薄、短、小及高功能发展，封装市场也随信息及通信产品朝高频化、高 I/O 数及小型化的趋势演进。

1. 柱栅阵列封装

用 2μm 长、0.4μm 宽的微型金属柱组成格栅，它既可提供电路连接，又控制了电磁干扰，并且有效地节约了部件的总体体积。柱栅阵列（PGA）封装使用特别设计的塑料框架，其中放置 200 多个微型格栅，它最终解决了电磁屏蔽和电路连接问题，同时易于使用。

2. 球栅阵列封装

球栅阵列（Ball Grid Array，BGA）封装是在管壳底面或上表面焊有许多球状凸点，通过这些钎料凸点实现封装体与基板之间互连的一种先进封装技术。

BGA 封装的芯片与普通封装的芯片相比，具有较高的电气性能，BGA 封装的芯片通过底部的锡球与 PCB 相连，有效地缩短了信号的传输距离，信号传输线的长度仅是传统 PGA 技术的 1/4，信号的衰减也随之下降，能够大幅提升芯片的抗干扰性能，具有更好的散热能力。

3. 芯片规模封装

芯片规模封装（CSP）有两种基本类型：一种是封装在固定的标准压点轨迹内的；另一种则是封装外壳尺寸随芯片尺寸变化的。常见的 CSP 分类方式是根据封装外壳本身的结构来分的，它分为柔性 CSP、刚性 CSP、引线框架 CSP 和圆片级封装（WLP）。柔性 CSP 和圆片级封装的外形尺寸因籽芯尺寸的不同而不同；刚性 CSP 和引线框架 CSP 则受标准压点位置和大小的制约。

4. 芯片直接贴装技术

芯片直接贴装技术（Direct Chip Attach，DCA），也称为板上芯片技术（Chip-on-Board，

COB），是采用粘接剂或自动带焊、丝焊、倒装焊等方法，将裸露的集成电路芯片直接贴装在电路板上的一项技术。倒装芯片是 COB 中的一种（其余两种为引线键合和载带自动键合），它将芯片有源区面对基板，通过芯片上呈现阵列排列的钎料凸点来实现芯片与衬底的互连。

思考与练习

1. 电烙铁接通电源后，不热或不太热的原因可能是什么？
2. 焊接温度不宜过高、焊接时间不宜过长的元器件时，应选用什么烙铁？
3. 电烙铁的功率和热量的关系是什么？
4. 按发热形式，电烙铁一般分为哪几种？
5. 手握电烙铁的方法有哪几种？
6. 焊接前有哪些注意事项？
7. 简述焊锡操作步骤中的五步操作法。
8. 良好的焊锡点包含哪几个方面？

第5章　印制电路板的设计与制作

印制电路板（Printed Circuit Board，PCB）简称印制板，是由绝缘基板、连接导线和焊接电子元器件的焊盘组成的，具有导线和绝缘底板的双重作用，是安装电子元器件的载体，在电子设计竞赛中应用广泛。它可以实现电路中各个元器件的电气连接，代替复杂的布线，减少传统方式下的工作量，简化电子产品的装配、焊接、调试工作；缩小整机体积，降低产品成本，提高电子设备的质量和可靠性；印制电路板具有良好的产品一致性，它可以采用标准化设计，有利于在生产过程中实现机械化和自动化；使整块经过装配调试的印制电路板作为一个备件，方便整机产品的互换与维修。在电子产品和生产制造中应用广泛。

印制电路板是实现电子整机产品功能的主要部件之一，其设计是整机工艺设计中的重要环节。印制电路板的设计质量，不仅关系到电路在装配、焊接、调试过程中的操作是否方便，而且直接影响整机的技术指标和使用、维修性能。

印制电路板的设计不需要严谨的理论和精确的计算，布局排版没有统一的固定模式。对于同一张电路原理图，不同的设计者的设计方案会有所不同。

印制电路板的设计工作主要分为原理图设计和印制电路板设计两部分。在掌握了原理图设计的基本方法后，即可学习印制电路板的设计方法，进入印制电路板设计。完成印制电路板设计，设计者需要了解电路工作原理，清楚所使用的元器件实物，了解 PCB 的基本设计规范，才能设计出适用的电路板。

印制电路板的制作，应保证元器件之间的连接准确无误，工作自身无干扰，做到元器件布局合理、装焊可靠、维修方便、整齐美观。

随着电子产品的发展，尤其是电子计算机的出现，对印制板技术提出了高密度、高可靠、高精度、多层化的要求，到 20 世纪 90 年代，国外已能生产出超高密度的印制板，印制板的生产水平越来越高。随着电子产品向小型化、轻量化、薄型化、多功能和高可靠性的方向发展，对印制电路板的设计提出了越来越高的要求。从过去的单面板发展到双面板、多层板、挠性板，其精度、布线密度和可靠性不断提高。不断发展的印制电路板制作技术使电子产品设计、装配走向了标准化、规模化、机械化和自动化的时代。掌握印制电路板的基本设计方法和制作工艺，了解其生产制作过程是学习电子工艺技术的基本要求。

5.1　印制电路板设计的基础知识

一般来说，印制电路板材料是由基板和铜箔两部分组成的。基板可以分无机类基板和有机类基板两类。无机类基板有陶瓷板或瓷釉包覆钢基板，有机类基板采用玻璃纤维布、纤维纸等增强材料浸以酚醛树脂、环氧树脂、聚四氟乙烯等树脂黏合而成。铜箔经高温、高压敷在基板上，铜箔纯度大于 99.8%，厚度为 $18 \sim 105 \mu m$。

印制电路是在印制电路板材料上采用印刷法制成的导电电路图形，包括印制线路和印制元件（采用印刷法在基材上制成的电路元件，如电容器、电感器等）。

5.1.1　印制电路板的类型和特点

　　根据印制电路的不同，可以将印制电路板分成单面印制板、双面印制板、多层印制板、软性印制板和平面印制板。

1. 单面印制板

　　绝缘基板厚度为 0.2~5.0mm，仅在一面有铜箔，另一面没有，通过印制和腐蚀的方法，在铜箔上形成印制电路，无覆铜一面放置元器件，设计较为简单，便于手工制作，适合复杂度和布线密度较低的电路使用，如收音机、电视机等，在电子设计竞赛中使用较多。

2. 双层印制板

　　绝缘基板厚度为 0.2~0.5mm，两面均覆有铜箔，可在两面印制电路，用金属化孔或者金属导线使两面的电路连接起来。与单面印制板相比，双面印制板的设计更加复杂，布线密度也更高。它大大减小了设备体积，适用于一般要求的电子设备，如电子计算机、电子仪器、仪表、电子设计竞赛中和手工制作等。

3. 多层印制板

　　在绝缘基板上制成三层或三层以上的印制电路构成多层印制电路板，它是由基层较薄的单面板或双层面板粘合而成的，其厚度一般为 1.2~2.5mm。目前应用较多的多层印制电路板为 4~6 层板。印制电路之间由绝缘层隔开，相互绝缘的电路之间通过金属化孔实现导电连接。多层印制电路板可实现在单位面积上更复杂的导电连接，大大提升了电子元器件的装配和布线密度，叠层导电通路缩短了信号的传输距离，减小了元器件的焊接点，有效地降低了故障率，各电路之间加入屏蔽层，有效地减小了信号的干扰，提高了整机可靠性。多层印制板的制作需要专业厂商才能完成。

4. 软性印制板

　　也称为柔性印制板或挠性印制板，基材是软的层状塑料或其他质软膜性材料，如聚酯或聚亚胺的绝缘材料，其厚度为 0.25~1mm。特点是体积小，重量轻，可靠性高，可以折叠、卷缩和弯曲。它有单层、双层、多层之分，常用于连接不同平面间的电路或活动部件，可实现三维布线。其挠性基材可与刚性基材互连，用以替代接插件，从而有效地保证在振动、冲击、潮湿等环境下的可靠性。它广泛用于计算机、便携式计算机、照相机、摄像机、通信、仪表等电子设备上。软性印制板的制作需要专业厂商。

　　一个典型的四层印制电路板结构如图 5.1 所示，有顶层、中间层和底层。在焊接面除了有导线和焊盘，还有防焊层（Mask），防焊层留出焊点的位置，将印制板导线覆盖住。防焊层不粘焊锡，甚至可以排开焊锡，这样在焊接时，可以防止焊锡溢出造成短路。另外，防焊层有顶层防焊层（Top Solder Mask）和底层防焊层（Bottom Solder Mask）之分。在印制电路板的正面或者反面通常还会印上如元器件符号、公司名称、跳线设置标号等必要的文字，印文字的一层通常称为丝印层（Silkscreen Overlay）。丝印层也有顶层丝印层和底层之分，顶层丝印层称为顶层覆盖层

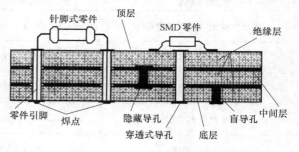

图 5.1　典型的四层印制电路板结构

（Top Overlay），底层丝印层称为底层覆盖层（Bottom Overlay）。

5. 平面印制板

印制电路板的印制导线潜入绝缘基板，与基板表面平齐。一般情况下在印制导线上都电镀一层耐磨金属层，通常用于转换开关、电子计算机的键盘等。

5.1.2 元器件封装形式

电路板用来装配元器件，要保证元器件的引脚和印制电路板上布局的焊点一致，在印制电路板设计时就必须要知道确定的零件封装形式。

元器件封装形式确定焊接到电路板上实际元器件的外观尺寸和焊点位置，在印制板设计中，纯粹的元器件封装形式只是指元器件的外观和焊点位置，仅为一个空间的概念。因此不同的元器件可以共用同一个封装形式。另一方面，相同种类的元器件也可以有不同的封装形式，例如电阻，其封装形式有 AXIAL0.4、AXIAL0.3、AXIAL0.6 等。因此，在取用元器件时，不仅要知道元器件的名称，还要知道元器件的封装形式。

元器件的封装形式可以在设计电路图时指定，也可以在引进网络表时指定。设计电路图时，可以在零件属性对话框中的 Foot Print 设置项内指定，也可以在引进网络表时指定零件封装。

元器件的封装形式可以分为针脚式封装和表面贴装式（SMT）封装两大类。对针脚式封装的元器件焊接时，先要将引脚端插入焊盘导通孔，然后再进行焊锡；而对 SMT 封装的元器件焊接时，直接将引脚端焊接在焊盘上即可。

元器件封装的编号一般为元器件类型 + 焊点距离（焊点数）+ 元器件外形尺寸，可以根据元器件封装编号来判别元器件包装的规格。如 AXIAL0.4 表示此元器件包装为轴状，两焊点间的距离约等于 10mm（400mil）（1mil = 25.4 × 10^{-6}m）；DIP16 表示双排引脚的元器件封装，两排共 16 个引脚；RB.2/.4 表示极性电容类元器件封装，引脚间距离为 200mil，零件直径为 400mil，这里 ".2" 和 "0.2" 都表示 200mil。

在使用 SCH 设计电路时，除了 Protel DOS Schematics Libraries.ddb 中的元器件库以外，其他元器件库都有确定的元器件封装，如 74LS74 的默认封装为 DIP16。而 Protel DOS Schematics Libraries.ddb 零件库中的一些常用元器件没有现成的元器件封装，对于常用的元器件可以自定义元器件封装，见表 5.1。

表 5.1　Protel DOS Schematics Libraries.ddb 元器件库常用封装

常用零件	常用零件封装	零件封装图形
电阻类或无极性双端类零件	AXIAL 0.3 ~ AXIAL 1.0	
二极管类零件	DIODE 0.4、DIODE 0.7	
无极性电容类零件	RAD 0.1、RAD 0.4	
有极性电容类零件	RB.2/.4 ~ RB.5/1.0	
可变电阻类	VR1 ~ VR5	

5.1.3　导线宽度与间距

导线用于连接各个焊点，是印制电路板最重要的部分，印制电路板设计都是围绕如何布置导线来进行的。

与导线有关的另一种线，常称为飞线，也称预拉线。飞线是在引入网络表后，系统根据规则自动生成的，用来指引布线的一种连线。飞线与导线是有本质区别的。飞线只是一种形式上的连线，它只是在形式上表示出各个焊点间的连接关系，没有电气的连接意义。导线则是根据飞线指示的焊点间连接关系布置的，具有电气连接意义的连接线路。

1. 导线宽度

导线的最小宽度主要由流过导线的电流值决定，其次需要考虑导线与绝缘基板间的粘附强度。对于数字集成电路，通常选 0.2 ~ 0.3mm 就足够了。对于电源和地线，只要布线密度允许，应尽可能采用宽的布线。例如，当铜箔厚度为 0.05mm，宽度为 1 ~ 1.5mm 时，若通过 2 A 电流，则温升不高于 3℃。

印制导线的载流量可以按 $20A/mm^2$（电流/导线截面积）计算，即当铜箔厚度为 0.05mm 时，宽度为 1mm 的印制导线允许通过 1A 的电流。因此可以认为，导线宽度的毫米数即等于载荷电流的安培数。

2. 导线的间距

导线的最小间距主要由线间绝缘电阻和击穿电压决定，导线越短，间距越大，绝缘电阻就越大。当导线间距为 1.5mm 时，其绝缘电阻超过 10MΩ，允许电压为 300V 以上；当间距为 1mm 时，允许电压为 200V。一般选用间距 1 ~ 1.5mm 完全可以满足要求。对集成电路，尤其是数字电路，只要工艺允许可使间距很小，甚至可以小于 0.2mm，但这在业余条件下自制电路板就不可能做到了。

为了方便加工，避免印制电路板上导线、导孔、焊点之间相互干扰，必须在它们之间留出一定的间隙，这个间隙就称为安全间距（Clearance）。安全间距可以在布线规则设计时设置。

5.1.4　焊盘、引线孔和过孔（导孔）

1. 引线孔的直径

印制电路板上，元器件的引线孔钻在焊盘的中心，孔径应比所焊接的引线直径大 0.2 ~ 0.3mm，才能方便地插装元器件；但孔径也不能太大，否则在焊接时容易因为元器件的晃动而造成虚焊，使焊点的机械强度变差。设计时优先采用 0.6mm、0.8mm、1.0mm 和 1.2mm 等尺寸。在同一块电路板上，孔径的尺寸规格应当小一些。要尽可能避免异形孔，以降低加工成本。

2. 焊盘的外径

引线孔及其周围的铜箔称为焊盘。SMT 电路板上的焊盘是指形成焊点的铜箔。

焊盘用来放置焊锡、连接导线和元器件引脚，所有元器件通过焊盘实现电气连接。为了确保焊盘与基板之间的牢固粘结，引线孔周围的焊盘应该尽可能大，并符合焊接要求。

① 在单面板上，焊盘的外径一般应当比引线孔的直径大 1.3mm 以上；在高密度的单面电路板上，焊盘的最小直径可以比引线孔的直径大 1mm。如果外径太小，焊盘就容易在焊

接时粘断或剥落：但也不能太大，否则生产时需要延长焊接时间，用锡量太多，并且也会影响印制板的布线密度。

② 在双面电路板上，由于焊锡在金属化孔内也形成浸润，提高了焊接的可靠性。所以焊盘的外径可以比单面板的略小。当引线孔的直径≤1mm 时，焊盘的最小直径应是引线孔直径的 2 倍。

圆形焊接点的最小径距和元器件引线孔径的关系须符合表 5.2。

表 5.2 圆形焊接点的最小径距和元器件引线孔径的关系

引线孔径/mm	0.5	0.6	0.8	1.0	1.2	1.6	2.0
焊接点最小径距 /mm	1.5	1.5	2	2.5	3.0	3.5	4.0

焊盘也有多种形状，有圆形、椭圆形等，图 5.2 为椭圆形焊盘，先确定如图直径为 0.4～0.5mm 的圆（整个印制电路板要统一，这是加工定位孔），按焊盘外径画同心圆，再用直线对称截取一定的宽度（本例是 1.5mm）。

3. 过孔（导孔）

过孔（导孔）的作用是连接不同板层间的导线。过孔有三种，即从顶层贯通到底层的穿透式过孔、从顶层通到内层或从内层通到底层的盲导孔和内层间的隐藏导孔，如图 5.1 所示。

从上面看上去，过孔有两个尺寸，即通孔直径和过孔直径，如图 5.3 所示。通孔和过孔之间的孔壁，是由与导线相同的材料构成的，用于连接不同板层的导线。

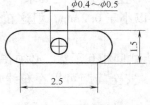

图 5.2 椭圆形焊盘

图 5.3 过孔结构示意图

5.1.5 网络、中间层和内层

网络和导线有所不同，网络上还包括焊点，因此在提到网络时不仅指导线，而且还包括和导线相连的焊点。

中间层和内层是两个容易混淆的概念。

中间层是指用于布线的中间板层，该层中布的是导线。

内层是指电源层或地线层，该层一般情况下不布线，由整片铜箔构成。

5.2 印制电路板的设计步骤

一般来说，设计电路板最基本的过程可以分为三个主要步骤。

1. 电路原理图的设计

电路原理图的设计主要是利用 Protel 99 SE 的原理图设计系统（Advanced Schematic）来

绘制一张电路原理图。在这一过程中，要充分利用 Protel 99 SE 所提供的各种绘图工具及各种编辑功能。

2. 产生网络表

网络表是电路原理图（SCH）设计与印制电路板（PCB）设计之间的一座桥梁。网络表可以从电路原理图中获得，也可从印制电路板中提取。

3. 印制电路板的设计

印制电路板的设计主要是针对 Protel 软件的另外一个重要部分 PCB 而言的，在这个过程中，可以借助 Protel 软件提供的强大功能实现电路板的版面设计，完成高难度的布线等工作。

印制电路板的具体设计步骤如图 5.4 所示。

4. 电路板设计的前期工作

电路板设计的前期工作主要包括原理图设计和网络表生成。首先利用原理图设计工具（如 Protel 等）绘制原理图，并且生成对应的网络表。在电路比较简单，或者已经有了网络表等情况下，也可以不进行原理图的设计，直接进入印制板设计。在印制板设计系统中，可以直接取用零件封装，人工生成网络表。

5. 规划电路板

可以说，印制电路板的元器件的布局和导线的连接是否正确是决定作品能否成功的一个关键问题。采用相同元器件和参数的电路，由于元器件布局设计和导线电气连接的不同会产生完全不同的结果，

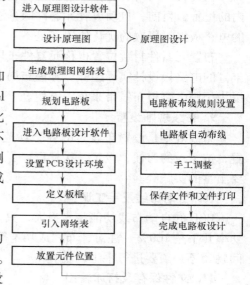

图 5.4 印制电路板的设计过程

其结果可能存在很大的差异。因此，在绘制印制电路板之前，设计者必须对电路板进行初步规划，必须从元器件布局、导线连接和作品整体的工艺结构等方面综合考虑。电路板需要多大的尺寸，采用什么样的连接器，元件采用什么样的封装形式，元件的安装位置等，需要根据 PCB 具体的安装位置综合考虑。对于使用元器件较少的电路，可以采用单面板，所用器件较多的电路通常采用双面板甚至采用多层电路板。注意，在电子设计竞赛中，不要采用多层电路板设计。一个合理的设计既可消除因布线不当而产生的噪声干扰，同时也便于生产中的安装、调试与检修等。

规划电路板是一个十分重要的工作，直接影响后续工作的进行。如果规划不好，会对后面的工作造成很大的麻烦，甚至使整个设计工作无法继续进行。

6. 设置 PCB 设计环境和定义边框

进入 PCB 设计系统后，首先需要设置 PCB 设计环境，包括设置格点大小和类型、光标类型、板层参数、布线参数等。大多数参数都可以采用系统默认值，而且这些参数经过设置之后，符合个人的习惯，以后无需再去修改。在这个步骤里，还要规划好电路板，在绘制印制电路板之前，用户要对电路板有一个初步的规划，比如说电路板采用多大的物理尺寸，采用几层电路板，是单面板还是双面板，各元件采用何种封装形式及其安装位置等。这是一项极其重要的工作，是确定电路板设计的框架。

7. 引入网络表和修改元器件封装

网络表是自动布线的灵魂，也是原理图设计与印制电路板设计的接口，只有将网络表装入后，才能进行印制电路板的自动布线。

在原理图设计的过程中，往往不会涉及元器件的封装问题。因此，在原理图设计时，可能会忘记元器件的封装，在引进网络表时可以根据实际情况来修改或补充元器件的封装。

当然，也可以直接在 PCB 设计系统内人工生成网络表，并且指定元器件封装。

8. 布置元器件位置

正确装入网络表后，系统将自动载入元器件封装，并可以自动优化各个元器件在电路板内的位置。目前，自动放置元器件的算法还是不够理想，即使是对于同一个网络表，在相同的电路板内，每次的优化位置都是不一样的，还需要手工调整各个元件的位置。

布置元器件封装位置也称元器件布局。元器件布局是印制电路板设计的难点，往往需要丰富的电路板设计实际经验。合理布局也是电路板设计的关键点之一，合理的元器件布局可以为印制电路板布线带来很大方便。

9. 布线规则设置

布线规则是设置布线时的各个规范，如安全间距、导线形式等，这个步骤不必每次设置，按个人的习惯，设定一次就可以了。布线规则设置也是印制电路板设计的关键之一，需要丰富的实践经验。

10. 自动布线及手工调整

PCB 的自动布线功能相当强大，只要参数设置合理，元件布局妥当，系统自动布线的成功率几乎是 100%。注意，布线成功不等于布线合理，有时会发现自动布线导线拐弯太多等问题，还必须要进行手工调整。

11. 文件保存及打印输出

最后是文件保存和打印输出，设计工作结束。当然，如果自己制板，可以直接通过 PCB 生成类似数控代码的制板指令。

5.3　印制电路板工艺设计

5.3.1　元器件的布局

虽然 Protel 99 SE 等 EDA 工具提供了功能强大的自动布局功能，但是其布局的结果往往是不尽如人意的，还需要进行手工布局调整。元器件布局是设计 PCB 的第一步，是决定印制板设计是否成功和是否满足使用要求的最重要的环节之一，是印制板设计中最耗费精力的工作，往往要经过若干次布局比较，才能得到一个比较满意的布局结果。

元器件布局是将元器件排放在一定面积的印制板上，应当从机械结构、散热、电磁干扰及布线的方便性等方面综合考虑元器件的布局，可以通过移动、旋转和翻转等方式调整元件的位置，使之满足电路设计要求。一个好的元器件布局，首先要满足电路的技术性能，其次要满足安装尺寸、空间的限制。

1. 元器件布局的一般要求

① 器件优先，首先确定主集成电路、晶体管等器件的位置。

② 单面为主，所有的元件均应布置在印制板的同一面上（顶层）。如果布置不下，那么可以采用贴片电阻、贴片电容、贴片 IC 等布置在底层。

③ 排列整齐，在保证电气性能的前提下，元器件排列要紧凑，放置在栅格上且相互平行或垂直排列，不允许重叠，输入和输出元器件应尽量远离。元器件在整个板面上应分布均匀、疏密一致。

④ 注意电压，某些元器件或导线之间可能存在较高的电位差，应加大它们之间的距离，以免因放电、击穿引起意外短路。带高压的元器件应尽量布置在调试时手不易触及的地方。

⑤ 注意电流，强调注意元器件电流的大小，应保证焊点和导线能够允许该电流流过。

⑥ 留出边缘，元器件不能够顶边布置，离印制板的边缘至少应有两个板厚。

⑦ 注意引脚端方向，对于四个引脚以上的元器件，不可进行翻转操作，否则将导致该元器件安装插件时，引脚端位置不能一一对应。使用 IC 时，一定要特别注意 IC 座上定位槽放置的方位是否正确，并注意各个 IC 脚位是否正确，例如，第 1 脚只能位于 IC 座的右下角线或者左上角，而且紧靠定位槽（从焊接面看）。

2. 核心元件

以电路的核心元件为中心，围绕它，按照信号走向进行布局，应注意：

① 通常以电路的核心元件为中心，按照信号的流向，逐个安排各个单元功能电路核心元件的位置，围绕核心元件进行其他元器件的布局，应尽可能靠近核心元件。

② 一般情况下，信号的流向安排为从左到右或从上到下，输入、输出、电源、开关、显示等元器件的布局应便于信号流通，使信号尽可能保持一致的方向。

3. 屏蔽

印制板的元器件布局应加强屏蔽，防止电磁干扰，一般要求如下：

① 相互远离，对电磁场辐射较强，以及对电磁感应较灵敏的元器件，应加大它们相互之间的距离并加以屏蔽，元器件放置的方向应与相邻的印制导线交叉。

② 避免混杂和交错，电压高低和信号强弱的元器件应尽量避免相互混杂、交错安装在一起。

③ 相互垂直，对于会产生磁场的变压器、扬声器、电感等元器件，在布局时应注意减少磁力线对印制导线的切割，相邻元件的磁场方向应相互垂直，减少彼此间的电磁耦合。

④ 屏蔽干扰源，对干扰源进行屏蔽，屏蔽罩应良好地接地。

⑤ 减少分布参数，在高频电路中，要考虑元器件之间分布参数对性能的影响。

4. 通风散热

印制板的元器件布局时应注意通风散热，抑制热干扰，一般要求如下：

① 对于功率元器件、发热的元器件，应优先安排在利于散热的位置，并与其他元器件隔开一定距离，必要时可以单独设置散热器或小风扇，以降低温度，要注意热空气的流向，以减少对邻近元器件的影响。

② 热敏元件应紧贴被测元件，并远离高温区域和发热元件，以免受到其他发热元器件影响，引起误动作。

③ 双面放置元器件时，底层一般不要放置容易发热的元器件。

5. 机械强度

印制板的元器件布局时应注意印制板的机械强度，一般要求如下：

① 重心平衡与稳定，一些重而大的元器件尽量安置在印制板上靠近固定端的位置，并降低重心，以提高机械强度和耐振、耐冲击能力，以及减少印制板的负荷和变形，保持整个PCB的重心平衡与稳定。

② 对于重量和体积较大的元器件，不能只靠焊盘来固定，应采用支架或卡子、胶粘等方法加以固定。

③ 可以将一些笨重的元件，如变压器、继电器等安装在辅助底板上，并采用支架或卡子、胶粘等将其固定，以缩小体积或提高机械强度。

④ 印制板的最佳形状是矩形（长宽比为 3∶2 或 4∶3），当板面尺寸大于 200mm × 150mm 时，要考虑印制板所能够承受的机械强度，可以采用金属边框加固。

⑤ 要在印制板上留出固定支架、定位螺孔和连接插座所用的位置，在布置接插件时，应有一定的空间使得安装后的插座能方便地与插头连接，而不至于影响其他部分。

6. 可调元器件的布局

对于电位器、可变电容器、可调电感线圈或微动开关等可调元件的布局应考虑整机的结构要求。若为机外调节，则其位置要与调节旋钮在机箱面板上的位置相适应：若为机内调节，则应放置在印制板上能够方便调节的位置。调节方向是：顺时针调节时，升高或者加大：逆时针调节时，降低或者减少。

例如，电位器在调压器中用来调节输出电压，故设计电位器应满足"顺时针调节时，输出电压升高：逆时针调节时，输出电压降低"的原则。在可调恒流充电器中电位器用来调节充电电流的大小，设计电位器时应满足"顺时针调节时，电流增大"的原则。电位器安放位置应当满足整机结构安装及面板布局的要求，因此应尽可能放置在板的边缘，旋转柄朝外。

5.3.2　印制电路板布线

1. PCB 布线工艺设计的一般原则和抗干扰措施

在 PCB 设计中，布线是完成产品设计的重要步骤，PCB 布线有单面布线、双面布线和多层布线。为了避免输入端与输出端的边线相邻平行而产生反射干扰和两相邻布线层互相平行产生寄生耦合等干扰而影响线路的稳定性，甚至在干扰严重时造成电路板根本无法工作，在 PCB 布线工艺设计中一般考虑以下方面：

（1）考虑 PCB 尺寸大小

PCB 尺寸过大时，印制线条长，阻抗增加，抗噪声能力下降，成本也增加；尺寸过小，则散热不好，且邻近线条易受干扰。应根据具体电路需要确定 PCB 尺寸。

（2）确定特殊组件的位置

确定特殊组件的位置是 PCB 布线工艺的一个重要方面，特殊组件的布局应主要注意以下方面：

1）尽可能缩短高频元器件之间的联机，设法减少它们的分布参数和相互间的电磁干扰。易受干扰的元器件不能相互离得太近，输入和输出组件应尽量远离。

2）某些元器件或导线之间可能有较高的电位差，应加大它们之间的距离，以免放电引起意外短路。带高电压的元器件应尽量布置在调试时手不易触及的地方。

3）重量超过 15g 的元器件，应当用支架加以固定，然后焊接。那些又大又重、发热量多的元器件，不宜装在印制板上，而应装在整机的机箱底板上，且应考虑散热问题。热敏组件应远离发热组件。

4）对于电位器、可调电感线圈、可变电容器、微动开关等可调组件的布局应考虑整机的结构要求。若是机内调节，应放在印制板上便于调节的地方；若是机外调节，其位置要与调节旋钮在机箱面板上的位置相适应。应留出印制板定位孔及固定支架所占用的位置。

（3）布局方式

采用交互式布局和自动布局相结合的布局方式。布局的方式有两种：自动布局及交互式布局，在自动布线之前，可以用交互式预先对要求比较严格的线进行布局，完成对特殊组件的布局以后，对全部组件进行布局，主要遵循以下原则：

1）按照电路的流程安排各个功能电路单元的位置，使布局便于信号流通，并使信号尽可能保持一致的方向。

2）以每个功能电路的核心组件为中心，围绕它来进行布局。元器件应均匀、整齐、紧凑地排列在 PCB 上。尽量减少和缩短各元器件之间的引线和连接。

3）在高频下工作的电路，要考虑元器件之间的分布参数。一般电路应尽可能使元器件平行排列。这样，不但美观，而且装焊容易，易于批量生产。

4）位于电路板边缘的元器件，离电路板边缘一般不小于 2mm。电路板的最佳形状为矩形。长宽比为 3:2 或 4:3 。电路板面尺寸大于 200mm × 150mm 时，应考虑电路板所受的机械强度。

（4）电源和接地线处理的基本原则

由于电源、地线的考虑不周到而引起的干扰，会使产品的性能下降，对电源和地的布线采取一些措施降低电源和地线产生的噪声干扰，以保证产品的质量。方法有如下几种：

1）电源、地线之间加上去耦电容。单单一个电源层并不能降低噪声，因为，如果不考虑电流分配，所有系统都可以产生噪声并引起问题，这样额外的滤波是需要的。通常在电源输入的地方放置一个 1 ~ 10μF 的旁路电容，在每一个元器件的电源脚和地线脚之间放置一个 0.01 ~ 0.1μF 的电容。旁路电容起着滤波器的作用，放置在板上电源和地之间的大电容（ 10μF ）是为了滤除板上产生的低频噪声（如 50/60Hz 的工频噪声）。板上工作的元器件产生的噪声通常在 100MHz 或更高的频率范围内产生谐振，所以放置在每一个元器件的电源脚和地线脚之间的旁路电容一般较小（约 0.1μF ）。最好是将电容放在板子的另一面，直接在组件的正下方，如果是表面贴片的电容则更好。

2）尽量加宽电源、地线宽度，最好是地线比电源线宽，它们的关系是：地线宽度 > 电源线宽度 > 信号线宽度，通常信号线宽为：0.2 ~ 0.3mm，最细宽度可达 0.05 ~ 0.07mm，电源线为 1.2 ~ 2.5mm，用大面积铜层作地线用，在印制板上把没被用上的地方都与地相连接作为地线用。做成多层板，电源、地线各占用一层。

3）依据数字地与模拟地分开的原则。若线路板上既有数字逻辑电路，又有模拟线性电路，应使它们尽量分开。低频电路的地应尽量采用单点并联接地，实际布线有困难时可部分串联后再并联接地。高频电路宜采用多点串联接地，地线应短而粗，高频组件周围尽量用栅格状大面积地箔，保证接地线构成死循环路。

（5）导线设计的基本原则

导线设计不能一概用一种模式，不同地方以及不同功能的线应该用不同的方式来布线。应该注意以下两点：

1）印制导线拐弯处一般取圆弧形，而直角或夹角在高频电路中会影响电气性能。此外，尽量避免使用大面积铜箔，否则，长时间受热时易发生铜箔膨胀和脱落现象。必须用大面积铜箔时，最好用栅格状，这样有利于排除铜箔与基板间粘合剂受热产生的挥发性气体。

2）焊盘中心孔要比器件引线直径稍大一些。焊盘太大易形成虚焊。焊盘外径 D 一般不小于 $d+1.2\mathrm{mm}$，其中 d 为引线孔径。对高密度的数字电路，焊盘最小直径可取 $d+1.0\mathrm{mm}$。

2. 印制板布线的一般要求

（1）基本布线方法

采用印制导线将元器件连接起来的过程称为布线，布线可以采用自动布线和手工布线两种方法，自动布线后往往需要采用手工布线进行调整。本节介绍手工布线。

布线和布局密切相关，布局的好坏直接影响着布线的布通率。布线受布局、板层、电路结构、电性能要求等多种因素影响，布线结果又直接影响电路板性能。进行布线时要综合考虑各种因素，才能设计出高质量的印制板。

1）直接布线。

首先把最关键的一根或几根导线从开始点到终点直接布设好，然后把其他次要的导线绕过这些导线布设，常用的技巧是利用元件跨越导线来提高布线效率，布不通的线可以利用顶层飞线（跳线）解决，如图 5.5 所示。飞线（跳线）是单面印制电路板布线常用的一种方法。

2）X-Y 坐标布线。

X-Y 坐标布线是一种双面印制板布线方法。布设在印制板一面的所有导线都与印制电路板的 X 轴平行，而布设在另一面的所有导线都与印制电路板的 Y 轴平行，两面的导线正交，印制板两面导线的相互连接通过孔（金属化孔、导线）实现，如图 5.6 所示。

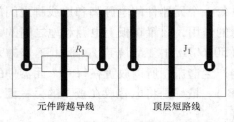

元件跨越导线　　　　顶层短路线

图 5.5　单面板布线处理方法

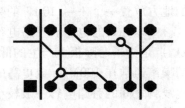

图 5.6　双面板布线

（2）布线板层和方向选择

1）布线板层选择。

印制板布线可以采用单面、双面或多层，电子设计竞赛中一般应首先选用单面印制板，其次是双面印制板。竞赛过程中不能够选用多层板。在训练过程中，为满足设计要求，需选用多层板时，需要找专业厂商加工。

2）布线方向。

设计应按一定顺序方向进行，例如可以按由左往右或由上而下的顺序进行。在满足电路性能及整机安装与面板布局要求的前提下，从焊接面看，元器件的排列方位尽可能保持与原理图相一致，布线方向最好与电路图走线方向相一致，这样做便于电路的检查、调试及检修。

（3）信号线的走线

1）信号线走线。

① 输入、输出端的导线应尽量避免相邻平行，平行信号线之间要尽量留有较大的间隔，最好加线间地线，起到屏蔽的作用。

② 双面印制板两面的导线应互相垂直、斜交或弯曲走线，避免平行，减少寄生耦合。

③ 信号线高电平、低电平悬殊时，要加大导线的间距；在布线密度比较低时，可加粗导线，信号线的间距也可适当加大。

④ 阻抗高的走线尽量短，阻抗低的走线可长一些，因为阻抗高的走线容易发出和吸收信号，引起电路不稳定。电源线、地线、无反馈元器件的基极走线、发射极引线等均属低阻抗走线。

2）地线的布设。

① 一般将公共地线布置在印制板的边缘，便于印制板安装在机架上，也便于与机架地相连接。印制地线与印制板的边缘应留有一定的距离（不小于 2 倍板厚），这不仅便于安装导轨和进行机械加工，而且还可提高绝缘性能。

② 在印制电路板上，应尽可能多地保留铜箔做地线，使传输特性和屏蔽作用得到改善，并且起到减少分布电容的作用。地线（公共线）不能设计成闭合回路，在高频电路中，应采用大面积接地方式。

③ 印制板上若装有大电流器件，如继电器、扬声器等，其地线最好要分开独立布线，以减少地线上的噪声。

④ 模拟电路与数字电路的电源、地线应分开布线，这样可以减小模拟电路与数字电路之间的相互干扰。

⑤ 为避免各级电流通过地线时产生相互间的干扰，特别是末级电流通过地线对第一级的反馈干扰以及数字电路部分电流通过地线对模拟电路产生干扰，通常采用地线割裂法使各级地线自成回路，然后再分别一点接地。即各部分的地是分开的，不直接相连，然后再分别接到公共地的两点上。

同一级电路的接地点应尽量靠近，并且本级电路的电源滤波电容也应接在该级接地点上。

例如，本级晶体管基极、发射极的接地点不能离得太远，否则两个接地点间的铜箔太长会引起干扰与自激，采用"一点接地法"的电路，工作较稳定，不易自激。

⑥ 总地线必须严格按高—中—低逐级按弱电到强电的顺序排列原则，切不可随便乱接，级与级间宁肯接线长，也要遵守这一规定。特别是高频电路的接地线安排要求更为严格，如有不当，就会产生自激，以致无法工作。高频电路常采用大面积包围式地线，以保证有良好的屏蔽效果。

⑦ 公共地线、功放电源引线等强电流导线应尽可能宽，以降低布线电阻及其电压降，可减小寄生耦合而产生的自激。

3）模拟电路的布线。

模拟电路的布线要特别注意弱信号放大电路部分的布线，特别是输入级的输入端是最易受干扰的地方。所有布线要尽量缩短长度，要尽可能地紧挨元器件，电源线、高频电路等尽量不要与弱信号输入线平行布线。

4）数字电路的布线。

频率较低的数字电路布线，采用 X-Y 坐标布线，布通即可，一般不会出现太大的问题。

对于工作频率较高的数字电路如单片机、FPGA 等，时钟工作频率从几十到几百兆赫时，布线时要考虑分布参数的影响。要遵守高速数字电路的布线原则。

5）高频电路的布线

① 在高频电路布线中，高频退耦电容和扼流圈应靠近高频器件安装，以保证电源线不受本级产生的高频信号的干扰。另一方面，也可将外来干扰滤除，防止高频干扰通过空间或电源线等途径传播。

② 高频电路布线要考虑分布参数的影响，引脚之间的引线越短越好，引线层间的过孔越少越好。引线最好采用直线形式，如果需要转折，则可采用 45°折线或圆弧线，可以减少高频信号对外的辐射和相互间的耦合。

6）信号屏蔽。

① 印制板上的元器件屏蔽，可以在元器件外面套上一个屏蔽罩（注意不要与元器件的外壳和引脚端短路），在印制板的另一面对应于元器件的位置再罩上一个扁形屏蔽罩（或屏蔽金属板），将这两个屏蔽罩在电气上连接起来并接地，即可构成一个近似完整的屏蔽盒。

② 印制导线如果需要进行屏蔽，在要求不高时，可采用印制导线屏蔽。对于多层板，一般可以利用电源层和地线层对信号线进行屏蔽，如图 5.7 所示。

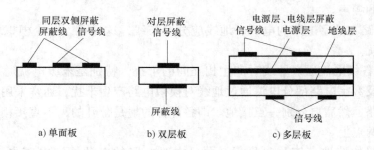

a) 单面板　　　　　b) 双层板　　　　　c) 多层板

图 5.7　印制导线屏蔽方法

（4）导线走向与形状要求

① 印制线的布设要合理运用印制板上的有效面积，尽量保持不连通导线间的最大间距，保证焊盘与不连通导线间等距布设。另外，印制走线要尽量保持自然平滑，避免产生尖角。因为，过尖角处的铜箔容易出现翘起或剥离，从而影响印制电路板的可靠性。在高频电路和布线密度高的情况下，直角和锐角会影响电气性能。拐弯的印制导线一般应取圆弧形。

② 从两个焊盘间穿过的导线尽量均匀分布。一些印制板走线的示例如图 5.8 所示，其中上面为不合理的走线形式，下面为推荐的走线形式。不合理的情况有：图 5.8a 中 3 条走线间距不均匀；图 5.8b 中走线出现锐角；图 5.8c、d 中导线转弯不合理；图 5.8e 中印制导线尺寸大于焊盘直径；图 5.8f 中印制导线分枝；图 5.8g 中印制导线与焊盘不等距。

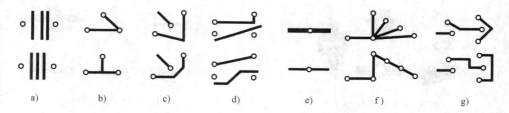

图 5.8 印制电路板导线走向与形状

③ 在印制板板面允许的情况下, 对公共地线尽可能多地保留铜箔, 最好能够使铜箔的宽度保持在 1.5 ~ 2mm。最小也不要小于 1mm。图 5.9 为印制电路板中的公共地线。

④ 如果印制线的宽度大于 3mm, 则应在印制线的中间进行开槽处理, 以防止印制线过宽, 在焊接或温度变化时, 铜箔鼓起或剥落, 如图 5.10 所示。

⑤ 在印制线布设时, 还要根据焊接工艺和实际电路的特点, 充分考虑地线干扰、电磁干扰及电源干扰等情况。

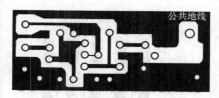

图 5.9 印制电路板中的公共地线

图 5.10 印制线的开槽

(5) 元器件引线焊盘的形状和尺寸

1) 焊盘的形状。

在印制电路板上, 焊盘的形状也具有特殊的意义, 不同形状的焊盘所适应的电路情况也不相同。通常, 焊盘的形状主要有岛形焊盘、圆形焊盘、矩形焊盘、椭圆形焊盘以及不规则焊盘等。

① 岛形焊盘。

如图 5.11 所示, 焊盘与焊盘之间的连线合为一体, 犹如水上小岛, 故称为岛形焊盘。岛形焊盘常用于元件的不规则排列, 特别是当元器件采用立式不规则固定时更为普遍。电视机、收录机等低档民用电器产品中大多采用这种焊盘形式。岛形焊盘适合于元器件密集固定, 并可大量减少印制导线的长度与数量, 能在一定程度上抑制分布参数对电路造成的影响。此外, 焊盘与印制导线合为一体以后, 铜箔的面积加大, 使焊盘和印制导线的抗剥离强度增加, 因而能降低所用的覆铜板的档次, 降低产品成本。

② 圆形焊盘。

圆形焊盘与引线孔是同心圆, 如图 5.12 所示。圆形焊盘的外径一般是孔径的 2 ~ 3 倍。

设计时, 如果板面的密度允许, 特别是在单面板上, 焊盘不宜过小, 因为太小的焊盘在焊接时容易受热脱落。在同一块板上, 除个别大元件需要大孔以外, 一般焊盘的外径应一致, 这样显得美观一些。圆形焊盘多在元件规则排列的方式中使用, 双面印制板也大多采用圆形焊盘。

图 5.11　岛形焊盘

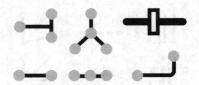

图 5.12　圆形焊盘

③ 矩形焊盘。

矩形焊盘的外形结构如图 5.13 所示。这种焊盘设计精度要求不高，结构形式也比较简单，一般在一些大电流的印制板中采用这种形式可获得较大的载流量。而且，由于其制作方便，非常适合在手工制作的印制板中使用。

④ 椭圆形焊盘。

椭圆形焊盘的外形结构如图 5.14 所示。典型封装的 DIP、SIP 集成电路两引脚之间的距离只有 2.54mm，如此小的间距里还要走线，只好将圆形焊盘拉长，改成椭圆形的长焊盘，这种焊盘已经成为一种标准形式。

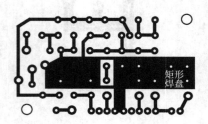

图 5.13　矩形焊盘

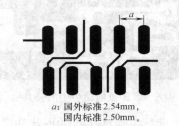

a：国外标准 2.54mm，
国内标准 2.50mm。

图 5.14　椭圆形焊盘

⑤ 不规则焊盘。

在印制电路板的设计中，不必拘泥于一种形式的焊盘，可以根据实际情况灵活变换。由于线条过于密集，焊盘与邻近导线有短路的危险，因此可以通过改变焊盘的形状来确保安全，如图 5.15 所示在布线密度很高的印制板上，椭圆形焊盘之间往往通过 1 条甚至 2 条信号线。

另外，对于特别宽的印制导线和为了减少干扰而采用的大面积覆盖接地上，对焊盘的形状要进行如图 5.16 所示的特殊处理，因为大面积铜箔的热容量大而需要长时间加热，热量散发快而容易造成虚焊，在焊接时受热量过多会引起铜箔鼓胀或翘起。

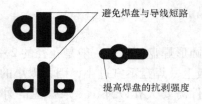

图 5.15　不规则焊盘

图 5.16　大面积导线上的焊盘

2）焊盘的尺寸。

为了保证焊接质量，避免大面积的铜箔存在，双面印制板的焊盘尺寸应遵循下面的最小尺寸原则：

　　① 非过孔最小焊盘尺寸：$D - d = 1.0\text{mm}$。

　　② 过孔最小焊盘尺寸：$D - d = 0.5\text{mm}$。

　　焊盘元件面和焊接面的比值 D/d 应优先选择以下数值：①酚醛纸质印制板非过孔：$D/d = 2.5 \sim 3.0$；②环氧玻璃布印制板非过孔：$D/d = 2.5 \sim 3.0$；③过孔：$D/d = 1.5 \sim 2.0$。其中，D 为焊盘直径，d 为孔直径。

　　元件面和焊接面焊盘最好对称式放置（相对于孔），但非对称式焊盘（或一面焊盘大于另一面）也可接受。

　　（6）器件引线直径

　　器件引线直径与金属化孔配合的直径间隙一般以 $0.2 \sim 0.4\text{mm}$ 为理想，推荐使用的器件引线直径与金属化孔径的配合关系见表 5.3。

表 5.3　推荐使用的器件引线直径与金属化孔径的配合关系

元器件引线直径 d/mm	金属化孔径 D/mm
<0.5	0.8
0.5 ~ 0.6	0.9
0.6 ~ 0.7	1.0
0.7 ~ 0.9	1.2
0.9 ~ 1.1	1.4，1.6

　　（7）表面安装元器件的焊盘形状和尺寸

　　1）表面安装元器件的焊盘形状和尺寸基本要求。

　　表面安装元器件的焊盘形状和尺寸对焊盘的强度及焊接可靠性起着决定性作用。表面安装元器件焊盘的基本要求如下：

　　① 焊盘间的中心距。对于同一元器件的相邻焊盘来说，焊盘间的中心距（中心距离）应等于表面安装元器件的引脚间的中心距离。

　　② 焊盘的宽度。任何一种表面安装元器件，其焊盘宽度都应等于引脚端部焊头的宽度加上一个常数，具体数值的大小可根据实际板上的空间调整确定。

　　③ 焊盘的长度。表面安装元器件所用焊盘的长度，主要取决于元器件引脚端部焊头或引脚端高度和深度。焊盘的长度比其宽度更为重要。

　　2）矩形片状元器件的焊盘形状与尺寸。

　　常见的矩形片状元器件的外形如图 5.17a 所示，对焊盘的要求如图 5.17b 所示。

　　焊盘中各部分尺寸要求如下：$A = W$ 或 $A = W - 3\text{mm}$；$B = H + T \pm 0.3\text{mm}$；$G = L - 2T\text{mm}$。

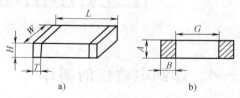

图 5.17　矩形片状器件的外形及其焊盘要求

　　图 5.17b 焊盘结构十分简单，也便于焊接，但焊接质量主要取决于焊盘的长度 B，而不是宽度 A。故在设计 B 时，可根据印制板上的实际空间适当加长一些。

3）圆柱形片状元器件的焊盘形状与尺寸。

常见的圆柱形片状元器件的外形如图 5.18a 所示，其焊盘的要求如图 5.18b 所示，焊盘中各部分尺寸要求如下：

$B = d + T + 0.5 \text{mm}$；$A = d + 0.2 \text{mm}$；$G = L^{+2}_{-0.2} \text{mm}$；$E = 0.4 \text{mm}$。

图 5.18b 焊盘中间有凹槽，故元器件较容易放稳，不会移位，从而使焊接较为方便。

4）翼形引脚 SOP 集成电路的焊盘形状与尺寸。

常见的翼形引脚 SOP 集成电路的外形如图 5.19a 所示，其焊盘形状如图 5.19b 所示，焊盘中各部分尺寸要求如下：

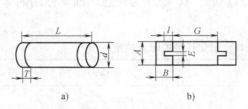
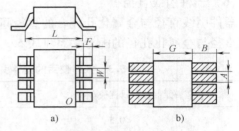

图 5.18　圆柱形片状元器件的外形　　　　　图 5.19　翼形引脚 SOP 集成电路的外形
　　　　　　及其焊盘要求　　　　　　　　　　　　　　　及其焊盘形状

图中，$A = W + 0.2 \text{mm}$；$B = F + 0.6 \text{mm}$；$G = L + 0.4 \text{mm}$。

图 5.19b 焊盘的间距与引脚间距相同，可以采用接焊方式进行焊接。

以上介绍的仅是几种常见表面安装元器件对焊盘的要求，其他类型的表面安装元器件可参考以上方法和要求进行处理。

（8）大面积铜箔的处理

在电源和地线、高频电路等布线中，会使用到大面积的铜箔布线。为防止长时间受热时，铜箔与基板间的粘合剂产生的挥发性气体无法排除，热量不易散发，以致铜箔产生膨胀和脱落现象，需要在大面积的铜箔面上开窗口（镂空），镂空形式如图 5.20 所示，大面积铜箔上的焊盘形式如图 5.21 所示。

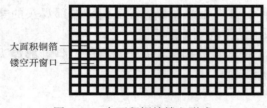
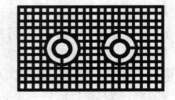

图 5.20　大面积铜箔镂空形式　　　　　　　图 5.21　大面积铜箔上的焊盘形式

5.4　印制电路板的制作

5.4.1　印制电路板制作工艺流程和基本概念

印制电路板的制作是电子设计竞赛设计的必不可少的环节。印制电路板的制作方法有多种，单面、双面和多面板的制作工艺如下：

1. 单面印制板

单面印制板适用于简单的电路制作，其工艺流程如下：

单面覆铜板→下料→刷洗、干燥→网印线路抗蚀刻图形→固化→检查、修板→蚀刻铜→去抗蚀印料、干燥→钻网印及冲压定位孔→刷洗、干燥→网印阻焊图形（常用绿油）、UV 固化→网印字符标注图形、UV 固化→预热、冲孔及外形→电气开、短路测试→刷洗、干燥→预涂助焊防氧化剂（干燥）→检验、包装→成品。

2. 双面印制板

双面印制板适用于比较复杂的电路，是最常见的印制电路板。近年来制造双面金属印制板的典型工艺是图形点电镀法和 SMOBC（图形电镀法再退铅锡）法。在某些特定场合也有使用工艺导线法的。

（1）图形点电镀工艺

图形点电镀工艺流程如下：

覆箔板→下料→冲钻基准孔→数控钻孔→检验→去毛刺→化学镀薄铜→电镀薄铜→检验→刷板→贴膜（或网印）→曝光显影（或固化）→检验修板→图形电镀→去膜→蚀刻→检验修板→插头镀镍镀金→热熔清洗→电气通断检测→清洁处理→网印阻焊图形→固化→网印标记符号→固化→外形加工→清洗干燥→检验→包装→成品。

（2）SMOBC（图形电镀法再退铅锡）工艺

制造 SMOBC 板的方法很多，有标准图形电镀法再退铅锡的 SMOBC 工艺；用镀锡或浸锡等代替电镀铅锡的减去法图形电镀 SMOBC 工艺；堵孔或掩蔽孔法 SMOBC 工艺；加成法 SMOBC 工艺等。下面主要介绍图形电镀法再退铅锡的 SMOBC 工艺和堵孔法 SMOBC 工艺流程。

图形电镀法再退铅锡的 SMOBC 工艺法的流程如下：

双面覆铜箔板→按图形电镀法工艺到蚀刻工序→退铅锡→检查→清洗→阻焊图形→插头镀镍镀金→插头贴胶带→热风整平→清洗→网印标记符号→外形加工→清洗干燥→成品检验→包装→成品。

堵孔法主要工艺流程如下：

双面覆箔孔→钻孔→化学镀铜→整板电镀铜→堵孔→网印成像（正像）→蚀刻→去网印料、去堵孔料→清洗→阻焊图形→插头镀镍、镀金→插头贴胶带→热风整平→清洗→网印标记符号→外形加工→清洗干燥→成品检验→包装→成品。

3. 多面印制板

多层印制板是由三层以上的导电图形层与绝缘材料层交替地经层压粘合而形成的印制板，并达到设计要求规定的层间导电图形互连。它具有装配密度高、体积小、重量轻、可靠性高等特点，是产值最高、发展速度最快的一类 PCB 产品。随着电子技术朝高速、多功能、大容量和便携低耗方向发展，多层印制板的应用越来越广泛，其层数及密度也越来越高，相应的结构也越来越复杂。

多层印制板的主要工艺流程如下：

内层覆铜板双面开料→刷洗→干燥→钻定位孔→贴光致抗蚀干膜或涂覆光致抗蚀剂→曝光→显影→蚀刻、去膜→内层粗化、去氧化→内层检查→外层单面覆铜板线路制作→板材粘结片检查→钻定位孔→层压→钻孔→孔检查→孔前处理与化学镀铜→全板镀薄铜→镀层检查→贴光致耐电镀干膜或涂覆光致耐电镀剂→面层底板曝光→显影、修板→线路图形电镀→电镀锡铝合金或金镀→去膜和蚀刻→检查→网印阻焊图形或光致阻焊图形→热风平整或有机保护膜→数控洗外形→成品检验→包装成品。

5.4.2　用高精度电路板制作仪手工制作电路板

在电子设计竞赛中，需要使用 Create-SEM 等高精度电路板制作仪手工制作电路板，其制作过程主要分为五个步骤：打印菲林、曝光、显影、腐蚀和打孔、双面连接及表面处理。每个环节都关系到制板的成功与否，因此制作过程中必须认真、仔细。

Create-SEM 高精度电路板制作仪线径宽度最小可达 0.1mm（4 mil），是电子设计竞赛理想的印制板制作设备。

在竞赛中，将 PCB 图送到电路板厂制作一般需要 2～3 天的时间，而且需要支付较高的制板费，而采用 Create-SEM 电路板制作仪仅只需 1h，用低廉的费用就可制作出一块高精度的单/双面板，特别是竞赛中当某电路板需要频繁修改试验时，Create-SEM 电路板制作仪将以最低的成本、最快的速度满足需要。

Create-SEM 电路板制作仪标准配置见表 5.4。

表 5.4　Create-SEM 电路板制作仪标准配置

序号	名　　称	数量	主　要　参　数
01	UV 紫外光程控 电子曝光箱	1 台	最大曝光面积为 210mm × 297mm（A4）
02	Create-MPD 高精度专用微钻	1 台	可配各种尺寸的钻头（0～6mm）10000 rad/min
03	Create-AEM 全自动蚀刻机	1 套	含蚀刻槽、防爆加热装置、鼓风装置
04	单面纤维感光电路板	1 块	面积为 203mm × 254mm
05	双面纤维感光电路板	1 块	面积为 203mm × 254mm
06	菲林纸	1 盒	面积为 210mm × 297mm（A4）
07	三氯化铁	1 盒	400g
08	显影粉（20g）	1 包	配 400 ml 水，24h 内有效，显影 1200 cm
09	0.9mm 高碳钢钻头	4 支	普通直插元件脚过孔
10	0.4mm 高碳钢钻头	4 支	过孔钻头
11	1.2mm 高碳钢钻头	2 支	钻沉铜孔专用
12	沉铜环	100 个	用作金属化过孔
13	过孔针	100 个	过孔专用
14	1000 ml 防腐胶罐	1 个	显影药水配置专用
15	防腐冲洗盆	2 个	盛三氯化铁溶液、显影药水
16	工业防腐手套	1 双	显影、腐蚀时专用
17	制板演示光盘	1 片	供使用者学习、观摩整个制板流程用
18	制板说明书	1 本	说明全套制板流程及各注意事宜

1. 打印菲林纸

打印菲林纸是整个电路板制作过程中至关重要的一步，建议用激光打印机打印，以确保打印出的电路图清晰。制作双面板需分两层打印，而单面板只需打印一层。由于单面板比双面板制作简单，下面以打印双面板为例，介绍整个打印过程。

（1）修改 PCB 图

在 PCB 图的顶层和底层分别画上边框，边框尺寸、位置要求相同（即上下层边框重合起来，以替代原来 Keep Outlay 层的边框），以保证曝光时上下层能对准。

为保证电路板的焊盘和引线孔尺寸适中，确保钻孔时引起的孔中心小偏移不影响电路板的电气连接，建议将一般接插器件引线孔外径设置为 72mil（1mil = 0.0254mm）以上，内径设置为 20mil 以下（内径宜小不宜大，电路板实际引线孔的内径大小由钻头决定，此内径适当设置小一点可确保钻头定位更准确）。对于过孔，建议将外径设置为 50mil，内径设置为 20mil 以下。

（2）设置及打印

① 选择正确的打印类型。以 HP1000 打印机为例，首先设置打印机，单击"文件"下拉菜单，选择"设置打印机"项，出现图 5.22 所示的提示框，按图示选择正确的打印类型。

② 单击"选项"按钮，出现图 5.23 所示的提示框，按图示设置好打印尺寸，特别要注意设置成 1:1 的打印方式，"显示导孔"复选框要勾上。

图 5.22　打印机选择

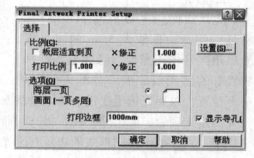

图 5.23　打印机尺寸设置

③ 设置顶层打印，单击"板层"选项卡，出现图 5.24 所示的提示框，按图示设置好。

④ 特别注意顶层需镜像。单击图 5.24 中的"镜像"选项卡，出现如图 5.25 所示的提示框，按图示设置好，然后单击"确定"按钮退出顶层设置，退回到如图 5.22 提示框，单击"打印"按钮，开始打印顶层。

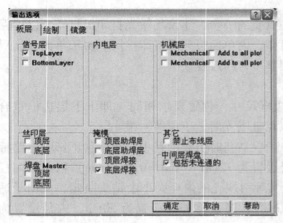

图 5.24　设置顶层打印

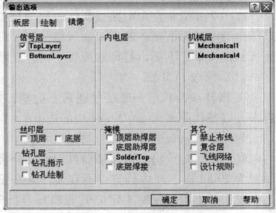

图 5.25　顶层镜像设置

⑤ 设置底层打印，与设置顶层打印一样，单击"板层"选项卡，出现图 5.26 所示的提示框，按图示设置好（注意底层不要镜像），单击"确定"按钮退出底层设置，退回到图 5.22 提示框，单击"打印"按钮，开始打印顶层。

⑥ 打印。为防止浪费菲林纸，可以先用普通打印纸打印测试，待确保打印正确无误后，再用菲林纸打印。

2. 曝光

先从双面感光板上锯下一块比菲林纸电路图边框线大 5mm 的感光板，然后用锉刀将感光板边缘的毛刺锉平，将锉好的感光板放进菲林纸夹层测量一下位置，以感光板覆盖过菲林纸电路图边框线为宜。

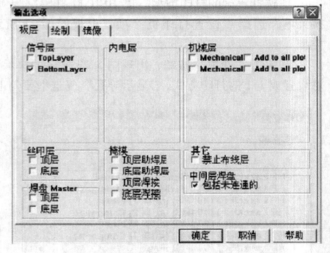

图 5.26　底层打印设置

测量正确后，取出感光板，将其两面的白色保护膜撕掉，然后将感光板放进菲林纸中间夹层中。菲林纸电路图框线周边要有感光板覆盖，以使线路在感光板上完整曝光。

在菲林纸两边空白处需要贴上透明胶，以固定菲林纸和感光板。贴胶纸时一定要贴在板框线外。

打开曝光箱，将要曝光的一面对准光源，曝光时间设为 1min，按下 START 键，开始曝光。

当一面曝光完毕后，打开曝光箱，将感光板翻过来，按下 START 键曝光另一面，同样，设置曝光时间为 1min。

3. 显影

（1）配制显影液

以显像剂与水的比例为 1:20 调制显像液。以 20g /包的显影粉为例，将 1000ml 防腐胶罐装入少量温水（温水以 30～40℃为宜），拆开显影粉的包装，把整包显影粉倒入温水里，将胶盖盖好。上下摇动，使显影粉在温水中均匀溶解。再往胶罐中掺自来水，直到 450 mL 为止，盖好胶盖，摇匀即可。

（2）试板

试板目的是测试感光板的曝光时间是否准确，及显影液的浓度是否适合。将配好的显影液倒入显影盆，并将曝光完毕的小块感光板放进显影液中，感光层向上，如果放进 0.5min 后感光层腐蚀一部分，并呈墨绿色雾状飘浮，2min 后绿色感光层完全腐蚀，证明显影液浓度合适，曝光时间准确；当将曝光好的感光板放进显影液后，线路立刻显现并部分或全部线条消失，则表示显影液浓度偏高，需加点清水，盖好后摇匀再试。反之，如果将曝光好的感光板放进显影液后，几分钟后还不见线路的显现，则表示显影液浓度偏低，需向显影液中加几粒显影粉，摇匀后再试：反复几次，直到显影液浓度适中为止。

（3）显影

取出两面已曝光完毕的感光板，把固定感光板的胶纸撕去，拿出感光板并放进显影液里显影。约 0.5min 后轻轻摇动，可以看到感光层被腐蚀完，并有墨绿色雾状飘浮。当这面显影好后，翻过来看另一面显影情况，直到显影结束，整个过程大约 2min。当两面完全显影好后，可以看到，线路部分圆滑饱满，清晰可见，非线路部分呈现黄色铜箔。最后把感光板放到清水里，清洗干净后拿出，并用纸巾将感光板的水分吸干。

调配好的显影液可根据需要倒出部分使用，但已显像过的显影液不可再加入到原液中。显像液温度控制在 15～30℃。原配显像液的有效使用期为 24h。20g 显像剂约可供 8 片 10cm × 15cm 单面板显像。感光板自制造日期起，每放置 6 个月，显像液浓度则需增加 20%。

4. 腐蚀

腐蚀就是用 $FeCl_3$ 溶液将电路板非线路部分的铜箔腐蚀掉。

首先，把 $FeCl_3$ 包装盒打开，取适量 $FeCl_3$ 放进胶盘里，把热水倒进去，$FeCl_3$ 与水的比例为 1:1，热水的温度越高越好。把胶盘拿起摇晃，让 $FeCl_3$ 尽快溶解在热水中。为防止线路板与胶盘摩擦损坏感光层，避免腐蚀时 $FeCl_3$ 溶液不能充分接触线路板中部，可使用透明胶纸做一个支架，即将透明胶纸粘贴面向外，折成圆柱状贴到电路板四个脚的板框线外，保持电路板平衡。

然后，将贴有胶纸的面向下，把它放进 $FeCl_3$ 溶液里进行腐蚀。因为腐蚀时间跟 $FeCl_3$ 的浓度、温度以及是否经常摇动有很大的关系，因此，要经常摇动，以加快腐蚀。腐蚀过程中可以看到，线路部分在绿色感光层的保护下留了下来，非线路部分的铜箔全部被腐蚀掉。当线路板两面非线路部分铜箔被腐蚀掉后将其拿出来，腐蚀过程全部完成约 20min。

最后将电路板放进清水里，待清洗干净，拿出并用纸巾将其附水吸干。

5. 打孔

首先，选择好合适的钻头，以钻普通接插件孔为例，选择 0.95mm 的钻头，安装好钻头后，将电路板平放在钻床平台上，打开钻床电源，将钻头压杆慢慢往下压，同时调整电路板位置，使钻孔中心点对准钻头，按住电路板不动，压下钻头压杆，这样就打好了一个孔。提起钻头压杆，移动电路板，调整电路板其他钻孔中心位置，以便钻其他孔，注意，此时钻孔为同型号。对于其他型号的孔，更换对应规格的钻头后，按上述同样的方法钻孔。

打孔前，最好不要将感光板上残留的保护膜去掉，以防止电路板被氧化。不需用沉铜环的孔选用 0.95mm 的钻头，需用沉铜环的孔用 1.2mm 的钻头，过孔需用 0.4mm 钻头。

6. 穿孔

穿孔有两种方法，可使用穿孔线，也可使用过孔针。使用穿孔线时，将金属线穿入过孔中，在电路板正面用焊锡焊好，并将剩余的金属线剪断，接着穿另一个过孔，待所有过孔都穿完，正面都焊好后，翻过电路板，把背面的金属线也焊好。

使用过孔针更简单，只需从正面将过孔针插入过孔，在正面用焊锡焊好，待所有过孔都插好过孔针并焊好后，再反过来将背面焊好。

7. 沉铜

穿孔也可以采用沉铜技术。沉铜技术成功地解决了普通电路板制板设备不能制作双面板的问题。沉铜技术替代了金属化孔这一复杂的工艺流程，使得能够成功地手工制作双面板。

沉铜时，先用尖镊子插入沉铜环带头的一端，再将其从电路板正面插入电路板插孔中，用同样的方法将所有插孔都插好沉铜环；然后从正面将沉铜环边沿与插孔周边铜箔焊接好，注意，不要把焊锡弄到铜孔内，这样将正面沉铜环都焊好后，整个电路板就做好了，背面铜环边沿留在焊接器件时焊接。

8. 表面处理

在完成电路板的过孔及沉铜后，需要进行印制电路板表面处理。具体做法如下：

① 用天那水洗掉感光板残留的感光保护膜，再用纸巾擦干，以方便元器件的焊接。

② 在焊接元器件前，先用松节油清洗一遍电路板。

③ 在焊接完元器件后，可用光油将电路板裸露的线路部分用光油覆盖，以防氧化。

最后晾干固化，完成整个制板流程。

思考与练习

1. 简述印刷电路板的类型及特点。

2. 什么是焊盘？焊盘的作用是什么？

3. 简要说明印刷电路板的设计步骤。

4. 印刷电路板中，元器件布局的一般要求是什么？

5. 印刷电路板布线的基本要求是什么？

6. 焊盘的形状有哪些？

7. 表面安装元器件的焊盘形状和尺寸基本要求有哪些？

第6章 调试工艺、整机检验和防护

6.1 调试的目的、内容与步骤

调试是指利用各种电子测量仪器对安装好的电路或电子装置进行调整和测量，以保证电路或装置正常工作。同时判别其性能的好坏，各项指标是否符合要求等。

电子产品的整机质量在很大程度上取决于调试工艺水平，调试是电子产品生产过程中不可缺少的一个环节。

6.1.1 调试的目的

1. 调试的含义

调试技术包括调整和测试（检验）两部分内容。

调整：主要是对电路参数的调整。一般是对电路中可调元器件进行调整，使电路达到预定的功能和性能要求。

测试：主要是对电路的各项技术指标和功能进行测量和试验，并同设计的性能指标进行比较，以确定电路是否合格。

2. 调试的目的

调试的目的主要有两个：

1）发现设计的缺陷和安装的错误，并予以改进与纠正，或提出改进建议。

2）通过调整电路参数，避免因元器件参数或装配工艺不一致，而造成电路性能的不一致或功能和技术指标达不到设计要求的情况发生，确保产品的各项功能和性能指标均达到设计要求。

6.1.2 调试的内容和步骤

调试的过程分为通电前的检查、通电调试和整机调试。

通常在通电调试前，先做通电前的检查，在没有发现异常现象后再做通电调试。

1. 通电前的检查

1）用万用表的"Ω"档，测量电源的正、负极之间的正、反向电阻值，以判断是否存在严重的短路现象。电源线、地线是否接触可靠。

2）元器件的型号（参数）是否有误、引脚之间有无短路现象。有极性的元器件，其极性或方向是否正确。

3）连接导线有无接错、漏接、断线等现象。

4）电路板各焊接点有无漏焊、桥接短路等现象。

2. 通电调试

通电调试一般包括通电观察、静态调试和动态调试等几方面。调试的步骤如下：

先通电观察，然后进行静态调试，最后进行动态调试。

对于较复杂的电路，通常采用先分块调试，然后进行总调试的办法；有时还要进行静态和动态的反复交替调试，才能达到设计要求。

3. 整机调试

整机调试是在单元部件调试的基础上进行的。各单元部件的综合调试合格后，装配成整机或系统。

整机调试的过程包括：外观检查、结构调试、通电检查、电源调试、整机统调、整机技术指标综合测试及例行试验等。

6.2 整机调试的准备工作和工艺流程

6.2.1 调试前的准备工作

在电子产品调试之前，应做好调试之前的准备工作，如场地布置、测试仪器仪表的合理选择、制定调试方案、对整机或单元部件进行外观检查等。

6.2.2 整机调试的工艺流程

整机调试的工艺流程分为样机调试和整机产品调试两种不同的形式。

1. 样机调试的工艺流程

样机调试包括样机测试、调整、故障排除以及产品的技术改进等，如图 6.1 所示。

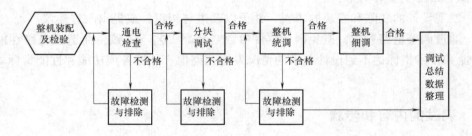

图 6.1 样机调试的工艺流程

2. 整机产品调试的工艺流程

整机产品调试是指对已定型投入正规生产的整机产品的调试。这种调试应完全按照产品生产流水线的工艺过程进行，调试检测出的不合格品，交其他工序处理。

整机调试的工艺流程如图 6.2 所示，它主要包括：

外观检查→结构调试→通电前检查→通电后检查→电源调试→整机统调、整机技术指标测试→老化→整机技术指标复测→例行试验。

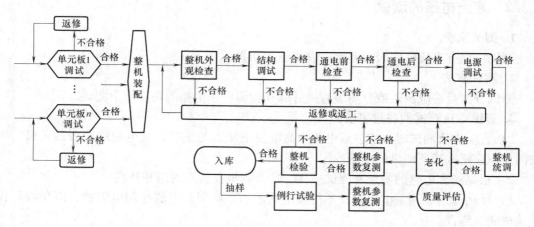

图 6.2　整机调试的工艺流程

6.3　静态的测试与调整

6.3.1　直流电流的测试

1. 测试仪表

测试仪表有直流电流表、万用表（直流电流档）。

2. 测试方法

测试方法包括直接测试法和间接测试法，如图 6.3 和图 6.4 所示。

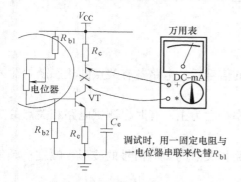

图 6.3　直接测试法示意图

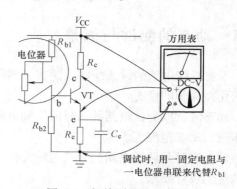

图 6.4　间接测试法示意图

3. 直流电流测试的注意事项

1）直接测试法测试电流时，必须断开电路将测试仪表串入电路，并使电流从电流表的正极流入，负极流出。

2）合理选择电流表的量程。电流表的量程应略大于测试电流。

3）根据被测电路的特点和测试精度要求选择测试仪表的内阻和精度。

4）间接测试法测试电流会使测量产生误差。

6.3.2　直流电压的测试

1. 测试仪表

测试仪表有直流电压表、万用表（直流电压档）。

2. 测试方法

测试方法是将电压表或万用表直接并联在待测电压电路的两端点上测试。

3. 直流电压测试的注意事项

1）直流电压测试时，应注意电路中高电位端接表的正极，低电位端接表的负极；电压表的量程应略大于所测试的电压。

2）根据被测电路的特点和测试精度，选择测试仪表的内阻和精度。

3）使用万用表测量电压时，不得误用其他档，特别是电流档和电阻档，以免损坏仪表或造成测试错误。

4）在工程中，一般情况下，"某点电压"均指该点对电路公共参考点（地端）的电位。

6.3.3　电路静态的调整方法

电路静态的调整是在测试的基础上进行的。调整前，对测试结果进行分析，找出静态调整的方法及步骤。

1）熟悉电路的结构组成和工作原理，了解电路的功能、性能指标要求。

2）分析电路的直流通路，熟悉电路中各元器件的作用，特别是电路中可调元件的作用和对电路参数的影响情况。

3）当发现测试结果有偏差时，要找出纠正偏差最有效、最方便调整且对电路其他参数影响最小的元器件对电路的静态工作点进行调试。

6.4　动态的测试与调整

动态是指电路的输入端接入适当频率和幅度的信号后，电路各有关点的状态随着输入信号变化而变化的情况。

动态测试以测试电路的信号波形和电路的频率特性为主，有时也测试电路相关点的交流电压值、动态范围等。

动态调整是调整电路的交流通路元件，使电路相关点的交流信号的波形、幅度、频率等参数达到设计要求。

由于电路的静态工作点对其动态特性有较大的影响，所以，有时还需要对电路的静态工作点进行微调，以改善电路的动态性能。

6.4.1　波形的测试与调整

1. 波形的测试

波形测试是动态测试中最常用的手段之一。

（1）波形测试仪器

测试波形一般用示波器。

（2）测试方法

测试的波形有电压波形和电流波形两种。

1）电压波形的测试。对电压波形测试时，只需把示波器电压探头直接与被测试电压电路并联，即可在示波器荧光屏上观测波形，并对电压波形进行分析。

2）电流波形的测试。电流波形的测试方法有两种：直接测试法和间接测试法。

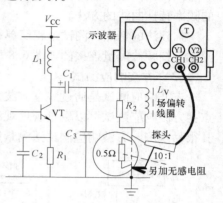

① 直接测试法。将示波器并接分流电阻改装为电流表的形式。然后用电流探头将示波器串联到被测电路中即可观察到电流波形。

② 间接测试法。在被测回路串入一无感小电阻，将电流变换成电压进行测量的方法，即间接测试法，如图6.5 所示。

2. 波形的调整

电路的波形调整是在波形测试的基础上进行的。在测试的波形参数没有达到设计要求的情况下，需要调整电路的参数，使波形达到要求。

图 6.5　间接法测试电流波形

实际工程中，波形调整多采用调整反馈深度或耦合电容、旁路电容等来纠正波形的偏差。电路的静态工作点对电路的波形也有一定的影响，故有时还需要对静态工作点进行微调。

6.4.2　频率特性的测试与调整

对于谐振电路和高频电路，一般进行频率特性的测试和调整，很少进行波形调整。

频率特性常指幅频特性，是指信号的幅度随频率的变化关系，它是电路重要的动态特性之一，常用频率特性曲线来表达，如图6.6 所示。

1. 频率特性的测试

频率特性测试的常用方法包括以下几种：

（1）点频法

点频法是用一般的信号源（常用正弦波信号源），向被测电路提供所需的等幅、变频的输入电压信号，用电子电压表监测被测电路的输入电压和输出电压，并在频率-电压坐标上逐点标出测量值，最后用一条光滑的曲线连接各测试点。点频法测量连接图如图6.7 所示。

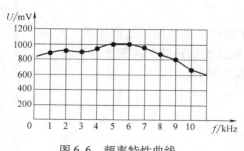

图 6.6　频率特性曲线

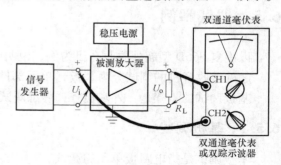

图 6.7　点频法测量连接图

点频法的特点：测试设备使用简单，测试原理简单，但测试时间长，测试误差较大，即费时、费力且准确度不高。这种方法多用于低频电路的频率响应测试，如音频放大器、收录机等。

（2）扫频测试法（扫频法）

扫频测试法是使用专用的频率特性测试仪（又叫扫频仪），直接测量并显示出被测电路的频率特性曲线的方法。

扫频法的特点：测试过程简单、快捷，测试的准确度高。高频电路一般采用扫频法进行测试。扫频法测量连接图如图6.8所示。

（3）方波响应测试

方波响应测试是通过观察方波信号通过电路后的波形，来观测被测电路的频率响应。特点：方波响应测试可以更直观地观测被测电路的频率响应，因为方波信号形状规则，出现失真很易观测。方波响应测试法测量连接图如图6.9所示。

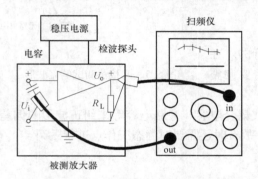

图6.8　扫频法测量连接图

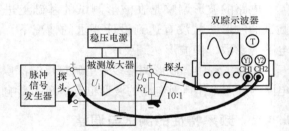

图6.9　方波响应测试法测量连接图

2. 频率特性的调整

通过对电路参数的调整，使其频率特性曲线符合设计要求的过程，就是频率特性的调整。只有在测到的频率特性曲线没有达到设计要求的情况下，才需要调整电路的参数，使频率特性曲线达到要求。

调整的思路和方法：频率特性的调整是在规定的频率范围内，对各频率进行调整，使信号幅度都要达到要求。而电路中某些参数的改变，既会影响高频段，也会影响低频段，故应先粗调，后反复细调。

6.5　调试举例

以中夏S66D型超外差收音机为例，说明电子整机产品的调试过程和调试方法。

超外差收音机的调试分为基板（单元部件）调试和整机调试两部分。

基板调试的步骤是：外观检查，静态调试，动态调试。

6.5.1　基板调试

基板调试是指电路板单元的调试。

1. 外观检查

外观检查是用目视法，检查电路板各元件的安装是否正确，焊点有无漏焊、虚焊和桥接。

安装的正确性包括各级的晶体管是否按设计要求配套选用，输入回路的磁棒线圈是否套反，中频变压器（俗称中周）的位置、输入、输出变压器是否装错，各焊点有无虚焊、漏焊、桥接等现象，多股线有无断股或散开现象，元器件裸线是否相碰，机内是否有锡珠、线头等异物。

2. 静态调试

收音机的静态调试主要是指对各晶体管的静态集电极电流 I_c 的调整。一般先将双连调至无电台的位置或将天线线圈的一次侧或二次侧两端点短路，来保证电路工作于静态。静态调试电路如图 6.10 所示。

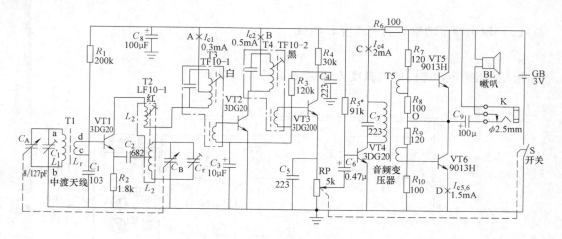

图 6.10　静态调试电路

3. 动态调试

收音机的动态调试包括：波形的调试（包括低频放大部分的最大输出功率、额定输出功率、总增益、失真度等）和幅频特性（中频调整等项目）的调试。

（1）低频放大部分的最大输出功率的调试（见图 6.11）

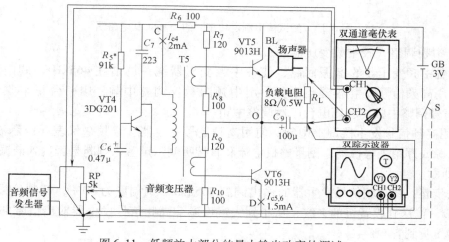

图 6.11　低频放大部分的最大输出功率的调试

测试公式如下：

$$P_{omax} = \frac{U_{omax}^2}{R}$$

（2）额定输出功率情况下电压增益的测试

如图6.11所示，测试时，将音频信号发生器的输出频率调为1kHz，调节音频信号发生器的输出信号幅度，使收音机输出端（即扬声器或电阻负载两端）的输出电压U_o为0.98V，同时用毫伏表测出此时被测电路输入端（也就是音频信号发生器输出端）输入的信号电压U_i，则电压增益A_{uo}为

$$A_{uo} = \frac{U_o}{U_i}$$

（3）输出额定功率时的失真度D测试

$$D = \sqrt{D_o^2 - D_i^2}$$

测试输出额定功率时的失真度D电路图如图6.12所示。

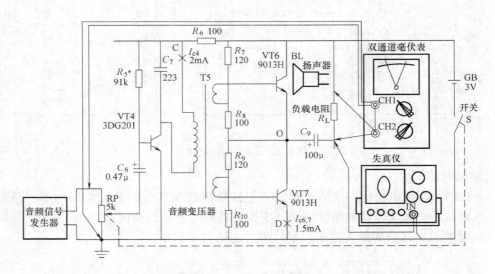

图6.12　测试输出额定功率时的失真度D电路图

（4）中频调整（校中频变压器）

调整各中频变压器的谐振回路，使各中频变压器统一调谐在465kHz。调中频的方法有四种：用高频信号发生器调整中频，用中频图示仪调整中频，用一台正常收音机代替465kHz信号调整中频，利用电台广播调整中频。

1）用高频信号发生器调整中频。使用高频信号发生器、音频毫伏表（或示波器）、直流稳压电源或万用表等仪器，测量整机电流和直接听喇叭声音来判断是否达到谐振峰点，如图6.13所示。

方法步骤：将高频信号发生器的输出调到465kHz，调制度为30%，调制信号选400Hz或1000Hz，输送到收音机的天线，从小到大慢慢调节高频信号发生器输出信号的幅度，直至扬声器里听到音频声。

用无感取子按从后级到前级的次序旋转中频变压器的磁帽，使收音机的输出最大（扬

声器声音最大、毫伏表指示最大或示波器波形幅度最大）。

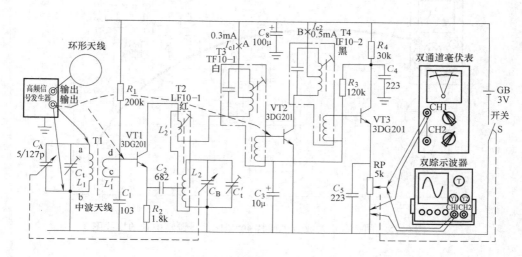

图 6.13 用高频信号发生器调整中频的接线图

2）用中频图示仪调整中频。中频图示仪用于测试中频电路的幅频特性曲线。调整中频变压器的磁心，使幅频特性曲线的峰点对应的频率为 465kHz，如图 6.14 所示。

这种方法能直观地看到被测电路的谐振频率，使调整更有目的性，能快速、准确地调准中频。特别对已调乱中频的电路或中频变压器的槽路频率偏移太大的情况，更加有效。

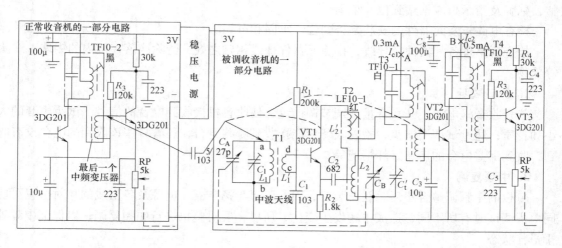

图 6.14 用中频图示仪调整中频的接线图

3）用一台正常收音机代替 465kHz 信号调整中频。如图 6.15 所示，在没有高频信号发生器的情况下，可以用一台正常的收音机，使其收到某一电台的信号，在收音机最后一个中频变压器的二次侧通过一个 0.01μF 的电容器，接到被调收音机的输入端（两收音机的地线应相连），然后调整中频变压器使输出声音最大。

4）利用电台广播调整中频。在没有高频信号发生器的情况下，可以用中波段低频端某广播电台的信号代替高频信号发生器辐射的中频信号，来调整中频。

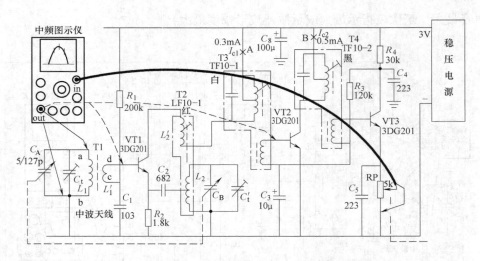

图 6.15　用一台正常收音机代替 465kHz 信号调整中频的接线图

6.5.2　整机调试

收音机整机调试步骤如下：

外观检查→开口试听→中频复调→外差跟踪统调（校准频率刻度和调整补偿）。

1. 外观检查

用目视法观察外壳表面，应完好无损，不应有划痕、磨伤，印刷的图案、字迹应清晰完整，标牌及指示板应粘贴到位、牢固。

检查电路板及元器件的安装是否到位、牢固和可靠。

检查、整理各元器件及导线，排除元器件裸线相碰之处，清除滴落在机内的锡珠、线头等异物。

2. 开口试听

打开收音机电源，开大音量，调节调谐盘，使收音机接收到电台的信号，试听声音的大小和音质；通过试调调谐盘，检查收音机能接收到哪些电台，还有哪些该收到的电台没有收到，收到那些电台的声音好坏情况等。

3. 中频复调

单板的中频调整合格后，在总装时，因电路板与扬声器、电源及各引线的相对位置可能同单板调试时有所不同，造成中频发生变化，所以，要对整机进行中频复调，以保证中频处于最佳状态。

复调的方法同单板调试的中频调试。

4. 外差跟踪统调（校准频率刻度和调整补偿）

外差跟踪统调是使本振频率始终比输入回路频率高 465kHz。

外差跟踪统调包括校准频率刻度（频率范围调整）和调整补偿两个方面。一般把这两种调整统称为统调外差跟踪。

校准频率刻度的目的：使收音机在整个波段范围内都能正常收听各电台，指针所指出的频率刻度也和接收到的电台频率一致。

校准频率刻度的实质是校准本振频率和中频频率之差。校准频率刻度时，低端应调整振荡线圈的磁心，高端应调整振荡回路的微调电容。频率调整时，频率中段误差不大，但高、低端是会相互影响的，故高、低端频率刻度校准要反复两到三次，才能保证高、低端频率刻度同时校准合格。

调整补偿的目的：使天线调谐回路适应本振回路的跟踪点，从而使整机接收灵敏度均匀性以及选择性达到最佳。

当收音机基本上能收听，中频已调准时就可以开始统调。

统调的方法：用高频信号发生器进行统调，利用接收外来广播台进行统调，利用专门发射的调幅信号进行统调以及利用统调仪进行统调。

统调时应注意以下几点：

① 输入信号要小，整机要装配齐备，特别是扬声器应装在设计位置上。

② 中波统调点定为 600kHz、1000kHz、1500kHz。利用接收外来电台信号进行统调时，选这三点频率附近的已知电台，以保证整机灵敏度的均匀性。短波的两端统调点为刻度线始端和终端 10% 、20% 处。

6.5.3　整机全性能测试

收音机装配调试完毕之后，还要对它的各项电性能和声性能参数进行测量，才能定量地评价其质量如何。中夏 S66D 型超外差收音机需进行下列项目的电参数测量：

中频频率：（465 ±4） kHz。

频率范围：不狭于 523 ~ 1620kHz。

噪限灵敏度：26dB（600kHz、1000kHz、1400kHz），优于 4.5mV/m。

单信号选择性：优于 12dB。

最大有用功率：90mW。

以上电参数的测量方法按 GB/T 2846—2011 标准规定进行，测试应在屏蔽室进行。

6.6　整机调试中的故障查找及处理

6.6.1　故障特点和故障现象

1. 故障特点

调试过程所遇到的故障以焊接和装配故障为主；一般都是机内故障，基本上不出现机外及使用不当造成的人为故障，更不会有元器件老化故障。

对于新产品样机，则可能存在特有的设计缺陷或元器件参数不合理的故障。

2. 故障现象

整机调试过程中，故障多出现在元器件、线路和装配工艺三方面，常见的故障有：

1）焊接故障。如漏焊、虚焊、错焊、桥接等故障现象。

2）装配故障。如机械安装位置不当、错位、卡死，电气连线错误、遗漏、断线等。

3）元器件安装错误。

4）元器件失效。如集成电路损坏、晶体管击穿或元器件参数达不到要求等。

5）连接导线的故障。如导线错焊、漏焊，导线烫伤，多股芯线部分折断等。

6）样机特有的故障。电路设计不当或元器件参数不合理造成电路达不到设计要求的故障。

6.6.2 故障处理步骤

故障处理一般可分为以下四个步骤：先观察故障现象，然后进行测试分析、判断出故障位置，再进行故障的排除，最后是电路功能与性能检验等。

1. 观察

首先对被检查电路表面状况进行直接观察，可在不通电和通电两种情况下进行。

对于不能正常工作的电路，应在不通电情况下观察被检修电路的表面，也可借助万用表进行检查。可能会发现变压器、电阻烧焦，晶体管断极，电容器漏油，元器件脱焊，插件接触不良或断线等现象。

在不通电观察时未发现问题，可进行通电观察。采取看、听、摸、摇的方法进行查找。

看：电路有无打火、冒烟、放电现象；

听：有无爆破声、打火声；

摸：集成块、晶体管、电阻、变压器等有无过热表现；

摇：电路板、接插件或元器件等有无接触不良表现；并闻有无焦味、放电臭氧味；等等。若有异常现象，应记住故障点并马上关断电源。

2. 测试分析与判断故障

通过观察可能直接找出一些故障点，但许多故障点的表面现象下面可能隐藏着深一层的原因，必须根据故障现象，结合电路原理进行仔细分析和测试再分析，才能找出故障的根本原因和真正的故障点。

3. 排除故障

排除故障不能只求功能恢复，还要求全部的性能都达到技术要求；更不能不加分析，不把故障的根源找出来，而盲目更换元器件，只排除表面的故障，不完全彻底地排除故障，使产品隐藏着故障出厂。

4. 功能和性能检验

故障排除后，一定要对其各项功能和性能进行全部的检验。

调试和检验的项目和要求与新装配出的产品相同，不能认为有些项目检修前已经调试和检验过了，不需重调再检。

6.6.3 故障查找方法

1. 观察法

观察法是通过人体感觉发现电子线路故障的方法。这是一种最简单最安全的方法，也是各种电子设备通用的检测过程的第一步。

观察法可分为静态观察法（不通电观察法）和动态观察法（通电观察法）两种。

2. 测量法

测量法是使用测量仪器测试电路的相关电参数，与产品技术文件提供的参数作比较，判断故障的一种方法。测量法是故障查找中使用最广泛、最有效的方法。

根据测量的电参数特性又可分为电阻法、电压法、电流法、逻辑状态法和波形法。

3. 信号法

信号传输电路，包括信号获取（信号产生）、信号处理（信号放大、转换、滤波、隔离等）以及信号执行电路，在现代电子电路中占有很大比例。对这类电路的检测，关键是跟踪信号的传输环节。

信号法在具体应用中，分为信号注入法和信号寻迹法两种形式。信号注入法：就是从信号处理电路的各级输入端，输入已知的外加测试信号，通过终端指示器（例如指示仪表、扬声器、显示器等）或检测仪器来判断电路工作状态，从而找出电路故障，如图 6.16 所示。

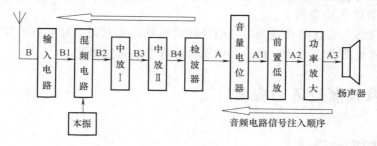

图 6.16 超外差收音机信号注入法检测框图

信号寻迹法是信号注入法的逆方法，是针对信号产生和处理电路的信号流向寻找信号踪迹的检测方法。该方法是从电路的输入端加入一符合要求的信号，然后通过终端指示器或检测仪器从前向后级，或从后向前级探测在哪一级没有信号，经分析来判断故障部位，如图 6.17 所示。

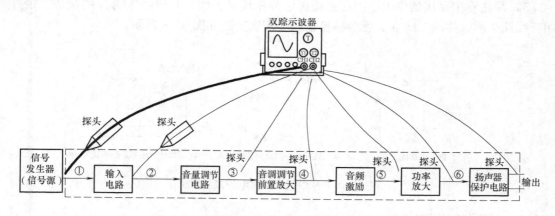

图 6.17 用示波器检测音频功率放大器示意图

4. 比较法

常用的比较法有整机比较、调整比较、旁路比较及排除比较四种方法。

5. 替换法

替换法是用规格性能相同的正常元器件、电路或部件，代替电路中被怀疑的相应部分，从而判断故障所在的一种检测方法。它是电路调试、检修中最常用、最有效的方法之一。

实际应用中，按替换的对象不同，可有三种方式，即元器件替换法、单元电路替换法和部件替换法。

6. 加热与冷却法

（1）加热法

加热法是用电烙铁对被怀疑的元器件进行加热，使故障提前出现，来判断故障的原因与部位的方法。它特别适合于刚开机工作正常，需工作一段时间后才出现故障的整机检修。

（2）冷却法

冷却法与加热法相反，是用酒精对被怀疑的元器件进行冷却降温，使故障消失，来判断故障的原因与部位的方法。它特别适合于刚开机工作正常，只需工作很短一段时间（几十秒或几分钟）就出现故障的整机检修。

7. 计算机智能自动检测

利用计算机强大的数据处理能力并结合现代传感器技术完成对电路的自动检测方法。目前常见的计算机检测方法有开机自检、检测诊断程序和智能监测。

6.7　调试及仪器设备的安全

6.7.1　调试的安全措施

1）装配供电保护装置。在调试检测场所，应安装总电源开关、漏电保护开关和过载保护装置。

2）采用隔离变压器供电。可以保证调试检测人员的人身安全，还可防止检测仪器设备故障与电网之间相互影响。

3）采用自耦调压器供电。要注意正确区分相线（火线）L 与中性线 N 的接法。最好采用三线插头座，使用二线插头座容易接错线。接线方法如图 6.18 所示。

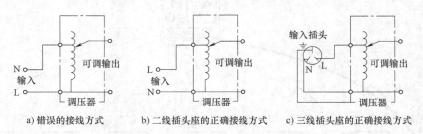

a) 错误的接线方式　　　b) 二线插头座的正确接线方式　　　c) 三线插头座的正确接线方式

图 6.18　自耦调压器供电的接线方法

6.7.2　调试的操作安全

1）操作环境要保持整洁。工作台及工作场地应铺绝缘胶垫；调试检测高压电路时，工作人员应穿绝缘鞋。

2）高压电路或大型电路或产品通电检测时，必须有 2 人以上才能进行。发现冒烟、打火、放电等异常现象，应立即断电检查。

3）安全操作的注意事项：

① 断开电源开关不等于断开了电源，如图 6.19 所示。

② 不通电不等于不带电。

③ 电气设备和材料的安全工作寿命是有限的。

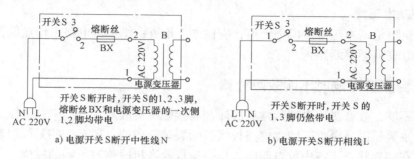

a) 电源开关 S 断开中性线 N　　　　　　　b) 电源开关 S 断开相线 L

图 6.19　电源开关断开后电路部分带电示意图

6.7.3　仪器设备安全

1）所用的测试仪器设备要定期检查，仪器外壳及可触及的部分不应带电。

2）各种仪器设备必须使用三线插头座，电源线采用双重绝缘的三芯专用线，长度一般不超过 2m。若是金属外壳，必须保证外壳良好接地。

3）更换仪器设备的熔丝时，必须完全断开电源线，更换的熔丝必须与原熔丝同规格。

4）带有风扇的仪器设备，如通电后风扇不转或有故障，应停止使用。

5）电源及信号源等输出信号的仪器，在工作时，其输出端不能短路。输出端所接负载不能长时间过载。发生输出电压明显下跌时，应立即断开负载。对于指示类仪器，如示波器、电压表、频率计等输入信号的仪器，其输入端输入信号的幅度不能超过其量限，否则容易损坏仪器。

6）功耗较大（ > 500W）的仪器设备在断电后，不得立即再通电，应冷却一段时间（一般 3 ~ 10min）后再开机。

6.8　故障检修举例

6.8.1　完全无声的故障检修

晶体管收音机的一些常见故障有：完全无声，声小，灵敏度低，声音失真，时响时不响和啸叫声等。

收音机完全无声是一种最常见故障。所涉及的原因较多，可以直观检查出电池变质、扬声器断线、开关失灵、电池簧生锈等许多原因造成完全无声故障，也可以用万用表的电流档串接在电源的供电回路中测试整机电流来检查完全无声的故障。

正常收音机的静态电流一般为 10 ~ 15mA。

1. 无电流

整机电流为零时，是电源没接通的情况。首先检查电池电压是否达到正常值，电池簧是否生锈腐蚀，有无电池接反的情况。

2. 电流大

当整机电流大于 100mA 时，说明电路中有短路现象，应先关断电源，用万用表查出短路的地方。

3. 电流基本正常

如果整机电流基本正常，但仍无声，应做如下检查：①中放电路工作点低否；②本机振荡起振否；③交流通路断路否。

6.8.2 电台声音时响时不响故障检修

时响时不响是收音机中典型的常见故障，属接触不良故障。

故障的主要原因是虚焊、印制电路板线条断裂等造成的。还有一些其他因素，如变频级晶体管工作在临界状态，或中放自激时，也会造成收音机时响时不响的故障。

时响时不响故障的解决方法是，去除锈斑，将松动的焊点、虚假焊的焊点重新焊牢；线路板用棉花球擦洗后，镀一层薄薄的锡，即要消除虚焊、接触不良的现象。

6.8.3 本机振荡电路故障检修

本机振荡不振荡时，收音机收不到电台信号。可通过测试振荡器的集电极电流来判断其是否振荡，正常时应在 0.3~0.8mA，集电极电流过小即停振。

本振不起振的可能原因有：

① 双联的振荡联短路。

② 振荡线圈至发射极的耦合电容器漏电或开路。

③ 印制电路板上的焊锡将相邻线条短路。

④ 中、短波波段开关接触不良，接触电阻太大。

⑤ 垫整电容器开路。

6.9　整机检验

6.9.1 检验的概念和分类

产品检验是现代电子企业生产中必不可少的质量监控手段，主要起到对产品生产的过程控制、质量把关、判定产品的合格性等作用。

产品的检验应执行自检、互检和专职检验相结合的"三检"制度。

1. 检验的概念

检验是通过观察和判断，适当地结合测量、试验对电子产品进行的符合性评价。整机检验就是按整机技术要求规定的内容进行观察、测量、试验，并将得到的结果与规定的要求进行比较，以确定整机各项指标的合格情况。

2. 检验的分类

整机产品的检验过程分为全检和抽检。

1）全检，是指对所有产品 100% 进行逐个检验。根据检验结果对被检的单件产品作出合格与否的判定。

全检的主要优点是，能够最大限度地减少产品的不合格率。

2）抽检，是从交验批中抽出部分样品进行检验，根据检验结果，判定整批产品的质量水平，从而得出该产品是否合格的结论。

3. 检验的过程

检验一般可分为三个阶段：

1）装配器材的检验，主要指元器件、零部件、外协件及材料等入库前的检验。一般采取抽检的检验方式。

2）过程检验，是对生产过程中的一个或多个工序，或对半成品、成品的检验，主要包括焊接检验、单元电路板调试检验、整机组装后系统联调检验等。过程检验一般采取全检的检验方式。

3）电子产品的整机检验，采取多级、多重复检的方式进行。一般入库采取全检，出库多采取抽检的方式。

6.9.2　外观检验

外观检验是指用目视检查法对整机的外观、包装、附件等进行检验的过程。

1）外观：要求外观无损伤、无污染，标志清晰；机械装配符合技术要求。

2）包装：要求包装完好无损伤、无污染；各标志清晰完好。

3）附件：附件、连接件等齐全、完好且符合要求。

6.9.3　性能检验

性能检验是指对整机的电气性能、安全性能和机械性能等方面进行测试检查。

1. 电气性能检验

对整机的各项电气性能参数进行测试，并将测试的结果与规定的参数比较，从而确定被检整机是否合格。

2. 安全性能检验

主要包括：电涌试验、湿热处理、绝缘电阻和抗电强度等。安检应该采用全检的方式。

3. 机械性能检验

主要包括：面板操作机构及旋钮按键等操作的灵活性、可靠性，整机机械结构及零部件的安装紧固性。

6.10　整机产品的防护

6.10.1　防护的意义与技术要求

1. 电子整机产品采取防护措施的意义

为了减少电子产品受外界环境因素的影响，提高设备的工作可靠性，延长设备的工作寿命，对电子产品进行必要的防护是非常重要的。

2. 影响电子产品的因素

影响电子产品的主要外界环境因素是温度、湿度、霉菌、盐雾等。

（1）温度的影响

环境温度的变化会造成材料的物理性能的变化、元器件电参数的变化、电子产品整机性能的变化等。

（2）湿度的影响

潮湿会降低材料的机械强度和耐压强度，从而造成元器件性能的变化（电阻值下降等），甚至造成漏电和短路故障。

（3）霉菌的影响

霉菌会降低和破坏材料的绝缘电阻、耐压强度和机械强度，严重时可使材料腐烂脆裂。破坏元件和电子整机的外观，对人身造成毒害等。

（4）盐雾的影响

盐雾的危害主要包括：对金属和金属镀层产生强烈的腐蚀，使其表面产生锈腐现象，造成电子产品内部的零部件、元器件表面上形成固体结晶盐粒，导致其绝缘强度下降，出现短路、漏电的现象；细小的盐粒破坏产品的机械性能，加速机械磨损，减少使用寿命。

3. 电子整机产品防护的技术要求

为了提高电子整机设备的防护能力，在产品设计及生产过程中应注意下列几项要求：

1）尽量采取整体防护结构。

2）金属零件均应进行表面处理。

3）非金属材料应尽量采用热固性和低吸湿性的塑料。

4）保持生产过程中的清洁。

6.10.2 防护工艺

1. 喷涂防护工艺

喷涂防护漆是一种对金属和非金属材料进行防腐保护和装饰的最简便的方法。

喷涂防护工艺主要用于电子整机和印制电路板组装件的表面防护，它可以提高产品的抗湿热、抗霉菌的能力。

2. 灌封工艺

在元器件本身、元器件与外壳之间的空隙或引线孔中，注入加热熔化的有机绝缘材料，冷却后自行固化封闭，这种工艺称为灌封或灌注。

灌封工艺主要用于小型电子设备和电子部件，以提高密封、防潮、防振等防护能力。

思考与练习

1. 调试技术包含哪些内容？

2. 调试的目的是什么？

3. 调试的内容和步骤有哪些？

4. 简述整机调试的工艺流程。

5. 如何进行直流电流的测试？

6. 如何进行直流电压测试？直流电压测试的注意事项有哪些？

7. 如何进行电路的动态测试与调整？

8. 如何进行基板调试？

9. 举例说明整体调试步骤？

第7章　电子产品技术文件

技术文件是电子产品研究、设计、试制与生产实践经验积累所形成的一种技术资料，也是产品生产、使用和维修的基本依据。电子产品技术文件按工作性质和要求不同，形成专业制造和普通应用两类不同的应用领域。在电子产品规模生产和制造过程中，产品技术文件具有生产法规的效力，必须执行统一的标准，实行严格的规范管理，不允许生产者有个人的随意性。生产部门按照工艺图样进行生产，技术管理部门分工明确，各司其职。按制造业中的技术来分，技术文件可分为设计文件和工艺文件两大类。

7.1　电子产品设计文件

7.1.1　设计文件的分类

电子产品设计文件是由企业设计部门制定的产品技术文件，它规定了产品的组成、结构、原理，以及产品制造、调试、验收、储运全过程所需的技术资料，也包括产品使用和维修资料。

设计文件按表达内容可分为图样（以投影关系绘制的图）、简图（图形符号为主）和文字表格；按使用特征可分为草图、原图和底图；而底图又可分为基本底图、副底图和复制底图。

7.1.2　常用设计文件简介

1. 框图

框图是一种使用非常广泛的说明性图形，它用简单的"方框"代表一组元器件、一个部件或一个功能块。用它们之间的连线表达信号通过电路的途径或电路的动作顺序。框图具有简单明确、一目了然的特点。图7.1是普通超外差式收音机的框图，它能让人们一眼就看出电路的全貌、主要组成部分及各级电路的功能。

框图对于了解电路的工作原理非常有用。一般比较复杂的电路原理图都附有框图作为说明。

绘制框图，要在方框内使用文字

图7.1　超外差式收音机框图

或图形注明该方框所代表电路的内容或功能，方框之间一般用带有箭头的连线表示信号的流向。在框图中，也可以用一些符号代表某些元器件，例如天线、扬声器等。

框图往往也和其他图组合起来，表达一些特定的内容。

2. 电原理图

电原理图是详细说明产品元件或单元间电气工作原理及其相互间连接关系的略图，是设计、编制接线图和研究产品性能的原始资料。在装接、检查、试验、调整和使用产品时，电原理图与接线图一起使用，如图 7.2 所示。

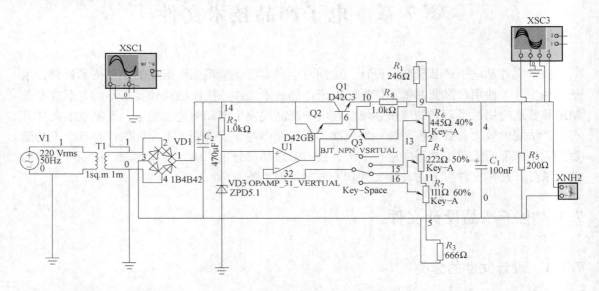

图 7.2 串联型直流稳压电源电原理图

3. 接线图

接线图是以电路图为依据编制的。为了清晰地表示各个连接点的相对位置或提供必要的位置信息以便于布线或布缆，接线图可近似地按照项目所在的实际位置无需按比例布局进行绘制。图 7.3 是一个稳压电源的实体接线图。图中设备的前、后面板，采用从左到右连续展开的图形，便于表示各部件的相互连线。这是个简单的图例，复杂的产品布线图可以依此类推。

4. 零件图

零件图表示电子产品所用零件的材料、形状、尺寸和偏差、表面粗糙、涂覆、热处理及其他技术要求的图样。零件图在零件的制造中是不可缺少的技术文件。

5. 印制板装配图

印制板装配图是用来表示元器件及零部件、整件与印制电路板连接关系的图样，它主要用于指导印制板部件的装配生产。运用印制板装配图和零件图，再结合电路原理图，可以方便对线路进行检查维护和故障查找，如图 7.4 所示。

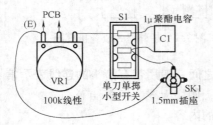

图 7.3 实体接线图

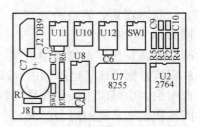

图 7.4 印制板装配图

6. 技术条件

技术条件是对产品质量、规格及其检验方法所作的技术规定，是产品生产和使用的技术依据。技术条件实际上是企业产品标准的一种类型，这是实施企业产品标准的保证。在某些技术性能和参数指标方面，技术条件可以比企业产品标准要求得更高、更严、更细。

技术条件的内容一般包括：产品的型号及主要参数、技术要求、验收规则、试验方法、包装和标志、运输和储存要求等。

7. 技术说明书和使用说明书

技术说明书是对产品的主要用途和适用范围、结构特征、工作原理、技术性能、参数指标、安装调试、使用维修等的技术文件，供使用、维修和研究本产品之用。

使用说明书是用以传递产品信息和说明有关问题的一种设计文件。产品使用说明书有两种：一种是工业产品使用说明书；另一种是消费产品使用说明书。

8. 元器件明细表

对于非生产用图样，将元器件的型号、规格等参数标注在电原理图中，并加以适当的说明即可。而对于生产工程图样来说，就需要另外附加供采购及计划人员使用的元器件明细表。必须注意的是，因为这些表的使用者并不明确设计者的思路，他们只是照单采购，所以明细表应当尽量详细。明细表应该包括：

1）元器件的名称及型号。

2）元器件的规格和档次。

3）使用数量。

4）有无代用型号及规格。

5）备注，例如，是否指定生产厂家，是否有样品等。表 7.1 是一个元器件明细表的实例。

表 7.1　元器件明细表

序号	名称	型号规格	位　号	数量	备　注
1	电阻	RJ1 - 0.25-5k6 ± 5%	R1，R5，R9	3	
2	电容	CL21 - 160V - 47n	C5，C6	2	
3	晶体管	3DG12B	V3，V4，V5	3	可用 9013 代替
4	集成电路	MAX4012	A1	1	MAXIM 公司

7.2　电子产品工艺文件

7.2.1　工艺文件概述

工艺文件是具体指导和规定生产过程的技术文件。它是企业实施产品生产、产品经济核算、质量控制和生产者加工产品的技术依据。

1. 工艺文件的定义

通常，工艺是将原材料或半成品加工成产品的过程和方法，是人类在实践中积累的经验总结。将这些经验总结以图形设计表述出来用于指导实践，就形成工艺文件。也就是说，工艺文件是将设计文件转化为能指导生产的相关文件图表，是联系设计与生产的关键桥梁。

2. 工艺文件的分类

工艺文件分为工艺管理文件和工艺规程两大类。工艺管理文件包括：工艺路线表、材料消耗工艺定额表、专用及标准工艺装备表和配套明细表等。工艺规程，按使用性质又分为专用工艺、通用工艺、标准工艺等；按专业技术可分为机械加工工艺卡、电器装配工艺卡、扎线接线工艺卡、绕线工艺卡等。

3. 工艺文件的作用

1）为生产准备、提供必要的资料。如为原材料、外购件提供供应计划，为能源准备必要的资料，以及为工装、设备的配备等提供第一手资料。

2）为生产部门提供工艺方法和流程，确保经济、高效地生产出合格产品。

3）为质量控制部门提供保证产品质量的检测方法和计量检测仪器及设备。

4）为企业操作人员的培训提供依据，以满足生产的需要。

5）是建立和调整生产环境，保证安全生产的指导文件。

6）是企业进行成本核算的重要材料。

7）是加强定额管理，对企业职工进行考核的重要依据。

7.2.2 工艺文件的编制原则、方法和要求

1. 工艺文件的编制原则

工艺文件的编制原则，应以优质、低耗、高产为宗旨，结合企业的实际情况，做到以下几点：

1）根据产品的批量、性能指标和复杂程度编制相应的工艺文件。对于简单产品可编写某些关键工序的工艺文件；对于一次性生产的产品，可视具体情况编写临时工艺文件或参照同类产品的工艺文件。

2）根据车间的组织形式、工艺装备和工人的技能水平等情况编制工艺文件，确保工艺文件的可操作性。

3）对未定型的产品，可编写临时工艺文件或编写部分必要的工艺文件。

4）工艺文件应以图为主，力求做到通俗易读、便于操作。必要时可加注简要说明。

5）凡属装调工应知应会的基本工艺规程内容，可不再编入工艺文件。

2. 工艺文件的编制方法

1）仔细分析设计文件的技术条件、技术说明、原理图、安装图、接线图、线扎图及有关零部件图。参照样机，将这些图中的焊接要求与装配关系逐一分析清楚。

2）根据实际情况，确定生产方案，明确工艺流程、工艺路线。

3）编制准备工序的工艺文件。凡不适合在流水线上安装的元器件、零部件，都应安排到准备工序完成。

4）编制总装流水线工序的工艺文件。先根据日产量确定每道工序的工时，然后由产品的复杂程度确定所需的工序数。在音频视频类电子产品的批量生产中，每道工序的工时数一般安排1min左右。编制流水线工艺文件时，应充分考虑各工序的均衡性、操作的顺序性，最好按局部分片的方法分工，避免上下翻动机器、前后焊装等不良操作。并将安装与焊接工序尽量分开，以简化工人的操作。

3. 工艺文件的编制要求

1）工艺文件要有统一的格式、统一的幅面，图幅大小应符合有关规定，并装订成册，配齐成套。

2）工艺文件的字体要规范，书写应清楚，图形要正确。

3）工艺文件中使用的名称、编号、图号、符号、材料和元器件代号等，应与设计文件保持一致。

4）工艺附图应按比例准确绘制。

5）编制工艺文件时应尽量采用部颁通用技术条件、工艺细则或企业标准工艺规程，并有效地使用工装具或专用工具、测试仪器和仪表。

6）工艺文件中应列出工序所需的仪器、设备和辅助材料等。对于调试检验工序，应标出技术指标、功能要求、测试方法及仪器的量程和档位。

7）装接图中的装接部位要清楚，接点应明确。内部接线可采用假想移出展开的方法。

8）工艺文件应执行审核、会签、批准等手续。

7.2.3　工艺文件的格式及填写方法

工艺文件格式是按照工艺技术和管理要求规定的工艺文件栏目的形式编排的。为保证产品生产的顺利进行，应该保证工艺文件的成套性。现将常用的工艺文件的格式及填写方法简介如下。

1. 工艺文件封面

工艺文件封面用于工艺文件的装订成册，其格式如图 7.5 所示。简单产品的工艺文件可按整机装订成册，复杂产品可按分机单元装订成若干册。各栏目的填写方法如下："共 X 册"填写工艺文件的总册数；"第 X 册"、"共 X 页"填写该册在全套工艺文件中的序号和该册的总页数；"型号"、"名称"、"图号"分别填写产品型号、名称、图号；最后要填写

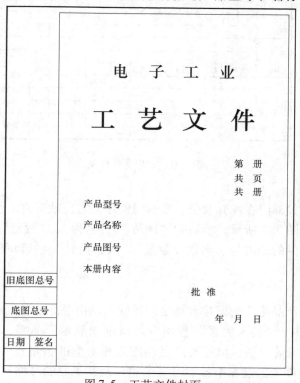

图 7.5　工艺文件封面

批准日期，执行批准手续等。

2. 工艺文件目录

工艺文件目录供工艺文件装订成册用，是文件配齐成套归档的依据，其格式如图 7.6 所示。填写时，"产品名称或型号"、"产品图号"应与封面的内容保持一致；"更改"栏填写更改事项；"文件代号"填写文件的简号；"拟制"、"审核"栏由有关职能人员签署；其余栏目按有关标题、内容填写。

				工艺文件目录		产品名称或型号		产品图号
	序号	文件代号		零部件、整件图号		零部件、整件名称	页数	备注
	1	2		3		4	5	6
使用性								
旧底图总号								
底图总号	更改标记	数量	文件号	签名	日期	签名	日期	第　页
						拟制		
						审核		共　页
日期	签名							
								第　册第　页

图 7.6　工艺文件目录

3. 配套明细表

配套明细表供有关部门在配套及领、发料时使用。它反映部件、整件装配时所需用的各种材料及其数量。如图 7.7 所示，填写时"图号"、"名称"、"数量"栏填写相应设计文件明细表的内容或外购件的标准号、名称和数量，"来自何处"栏填写材料的来源处；辅助材料填写在顺序的末尾。

4. 工艺路线表

工艺路线表用于产品生产的安排和调度，反映产品由毛胚准备到成品包装的整个工艺过程，见表 7.2。填写时，"装入关系"栏用方向指示线显示产品零、部、整件的装配关系；"部件用量"、"整件用量"栏，填写与产品明细表相对应的数量；"工艺路线表内容"栏，填写零件、部件、整件加工过程中各部门（车间）及其工序的名称和代号。

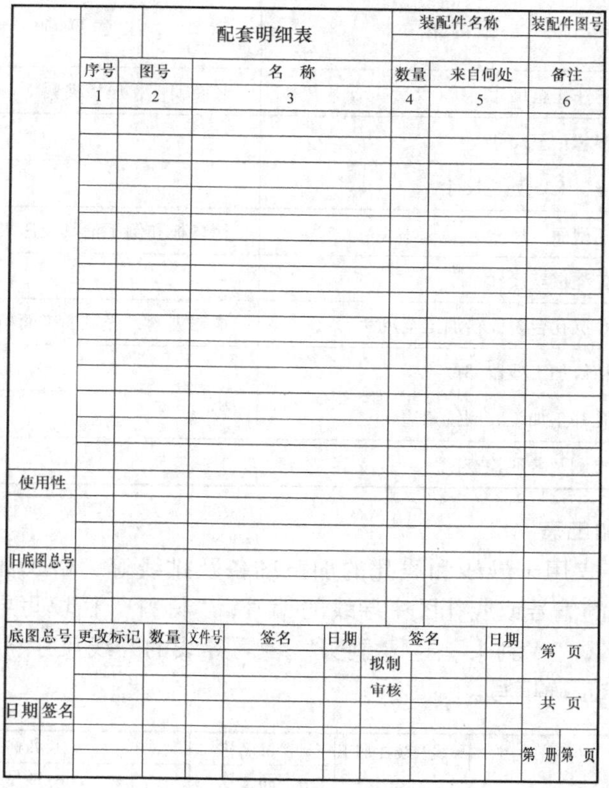

配套明细表			装配件名称		装配件图号
序号	图号	名　称	数量	来自何处	备注
1	2	3	4	5	6
使用性					
旧底图总号					

底图总号	更改标记	数量	文件号	签名	日期	签名	日期	第　页
						拟制		
						审核		共　页
日期	签名							第　册第　页

图 7.7　配套明细表

表 7.2　工艺路线表

工序	工艺	工作内容	注意事项	指导工时/min	
				人工	机器
1	检	检查六面材各面加工余量，确保底面留 0.5mm 余量	当线切割穿线孔未加工时，需转人工补加工	20	
		螺纹止通规检查底面 M16 螺纹孔，检查螺纹孔深度尺寸			
2	立加	底面型芯孔台阶沉孔直径加工至尺寸，沉孔深度留 0.5mm 余量	底面朝上，虎钳夹紧 钳口需低于工件5mm 以上	110	140
3	立加	型面，溢流槽，浇道粗加工，留 0.5mm 余量	底面朝下，虎钳夹紧	120	210
4	检	检查型芯沉孔位置及直径是否至尺寸		20	
5	热	淬火处理 45～50HRC			
6	平磨	先磨底面，去除 0.5mm 余量	详见加工面指示资料	60	150
		其次磨两侧基准面见光为止			
		再次磨两侧基准相反面至尺寸			

（续）

工序	工艺	工 作 内 容	注 意 事 项	指导工时/min	
				人工	机器
7	线割	切割推杆孔至尺寸	底面朝下，压板夹紧	110	220
		切割型芯孔至尺寸			
		切割浇口 R35 处至尺寸			
8	卧加	精加工型面至尺寸	用弯板和倒 T 治具及压板夹紧	60	300
		精加工浇道至尺寸			
9	立加	型芯孔沉孔台阶面精加工至尺寸	虎钳夹紧，详见加工面指示资料	200	20
10	钳	钳工精修加工残留部位		60	
11	钳	螺纹孔补正加工，倒锐角边		30	
12	检	程序检测及普通检查		60	

5. 导线及线扎加工表

导线及线扎加工表用于导线和线扎的加工准备及排线等，格式如图 7.8 所示。填写时"线号"栏填写导线的编号或线扎图中导线的编号；"材料"栏填写导线所用材料的名称规格、颜色；"L 全长"、"A 剥头"、"B 剥头"填写导线的开线尺寸、导线端头的修剥长度；其他栏目也应按要求正确填写。

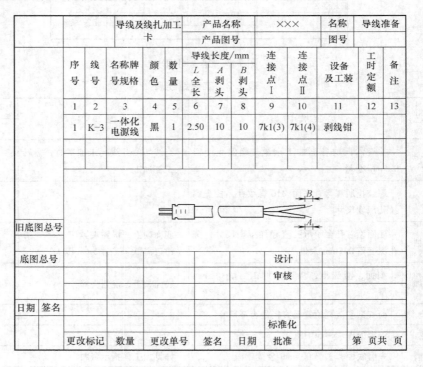

图 7.8　导线及线扎加工表

6. 装配工艺过程卡

装配工艺过程卡（又称工艺作业指导卡）用于整机装配的准备、装联、调试、检验、包装入库等装配全过程，一般直接用在流水线上，以指导工人操作，其格式如图 7.9 所示。填写时"装入件及辅助材料"栏填写本工序所使用的图号代号、名称和数量；"工序内容及要求"栏填写本工序加工的内容和要求；辅助材料填在各道工序之后；空白栏供绘制加工装配工序图用。

	装配工艺过程卡		产品名称				名称	装显像管和偏转线圈
			产品图号				图号	
	装入件及辅助材料		工作地	工序号	工种	工序(步)内容及要求	设备及工装	工时定额
序号	代号、名称、规格	数量						
1	2	3	4	5	6	7	8	9
1	8-735-551-01 ① 显像管 CRT(SD-125)	1			1	如图所示,在CRT上绕上布胶带		
2	② 偏转线圈(DY) 1-451-230-11	1			2	将CRT放入前框相应位置处		
3	7-651-320-25 ③ 布胶带(尺寸为宽19mm×长120mm)	1			3	将偏转线圈套在CRT颈上		

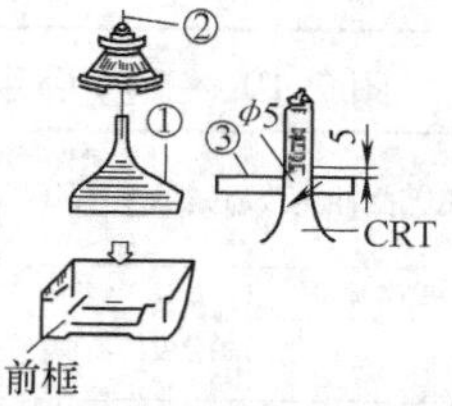

旧底图总号								
底图总号						设计		
						审核		
日期	签名							
						标准化		
	更改标记	数量	更改单号	签名	日期	批准		第 页共 页

图 7.9　显像管和偏转线圈装配工艺过程卡表

7. 工艺说明及简图卡

工艺说明及简图卡用于编制重要、复杂的或在其他格式上难以表述清楚的工艺，格式如图 7.10 所示。它用简图、流程图、表格及文字形式进行说明，可用来编写调试说明、检验要求和各种典型工艺文件等。操作人员必须认真阅读工艺文件，在熟悉操作要点和要求后才能进行操作，要遵守工艺纪律，确保技术文件的正确实施。

在电子产品的加工过程，若发现工艺文件存在问题，操作者应及时向生产线上的技术人员反映，但无权自主改动。变更生产工艺必须依据技术部门的更改通知单进行。凡属操作工人应知应会的基本工艺规程内容，可不再编入工艺文件。工艺文件更改通知单如图 7.11 所示。

		名　称	编号或图号
	工艺说明及简图		
		工序名称	工序编号

| 使用性 | | | |
| 旧底图总号 | | | |

底图总号	更改标记	数量	文件号	签名	日期	签名	日期	第 页
						拟制		
						审核		共 页
日期	签名							
								第 册第 页

图 7.10　工艺说明及简图卡表

更改单号	工艺文件更改通知单		产品名称或型号	零、部、整件名称	图　号	第 页
						共 页
生效日期	更 改 原 因	通知单的分发			处理意见	
更改标记	更　改　前		更改标记	更　改　后		

拟制		日期		审核		日期		标准化		日期		批准		日期	

图 7.11　工艺文件更改通知单

7.3　产品质量和可靠性

7.3.1　质量

根据 ISO 8402—1994，质量被定义为"反映实体（Entity）满足明确或隐含需要的能力的特性总和。"从这个定义中可以看出，质量就其本质来说是一种客观实物具有某种能力的属性。电子产品的质量，主要可以分为功能、可靠性和有效度三个方面。

1. 电子产品的功能

这里所说的功能，是指产品的技术指标，它包括以下五个方面的内容。

1）性能指标：电子产品实际能够完成的物理性能或化学性能，以及相应的电气参数。

2）操作功能：产品在操作时是否方便，使用是否安全。

3）结构功能：产品的整体结构是否轻巧，维修、互换是否方便。

4）外观：整机的造型、色泽和包装。

5）经济性：产品的工作效率、制作成本使用费用、原料消耗等。

2. 电子产品的可靠性

电子产品的可靠性是与时间有关的技术指标，它是对电子系统、整机和元器件长期可靠而有效的工作能力总的认识。可靠性又可以分为固有可靠性、使用可靠性和环境适应性三个内容。

1）固有可靠性。产品在使用之前，由确定设计方案、选择元器件及材料、制作工艺过程所决定的可靠性因素，是"先天"决定的。

2）使用可靠性。产品在使用中会逐渐老化，寿命会逐渐减少。使用可靠性是指操作、使用、维护、保养等因素对其寿命的影响。

3）环境适应性。电子产品的使用环境，与其在制造时的生产环境有很大差别。环境适应性是指产品对各种温度、湿度、振动、灰尘、酸碱等环境因素的适应能力。

3. 有效度

电子产品的有效度，表示产品能够工作的时间与其寿命（产品能够工作和不能工作的时间之和）的比值。它反映了产品能够有效地工作的效率。

用一个最通俗的例子来说，"三天打鱼，两天晒网"，这张渔网的有效度就是 60%。假如某种电子产品的有效度只能达到这样的水平，它肯定是不受欢迎的。

7.3.2　可靠性

通俗地说，电子产品的可靠性是指它的有效工作寿命。不能完成产品设计功能的产品，就谈不上质量；同样，可靠性差、经常损坏的产品，也是不受欢迎的。

1. 寿命

电子产品的寿命，是指它能够完成某一特定功能的时间，是有一定规律的。在日常生活中，电子产品的寿命可以从三个角度来认识。

第一，产品的期望寿命，它与产品的设计和生产过程有关。原理方案的选择、材料的利用、加工的工艺水平，决定了产品在出厂时可能达到的期望寿命。例如，电路保护系统的设计、品质优良的元器件、严谨的生产加工和缜密的工艺管理，都能使产品的期望寿命加长；反之，会缩短它的期望寿命。

第二，产品的使用寿命，它与产品的使用条件、用户的使用习惯和是否规范操作有关。使用寿命的长短，往往与某些意外情况是否发生有关。例如，产品在使用的时候，供电系统出现意外情况，产品受到不能承受的振动和冲击，用户的错误操作，都可能突然损坏产品，使其使用寿命结束。这些意外情况的发生是不可预知的，也是产品在设计阶段不予考虑的因素。

第三，产品的技术寿命。IT 行业是技术更新换代最快的行业。新技术的出现使老产品被淘汰，即使老产品在物理上没有损坏、电气性能上没有任何毛病，也失去了存在的意义和使用的价值。例如，十几年前生产的计算机，也许没有损坏，但其系统结构和配置已经不能运行今天的软件。IT 行业公认的摩尔（Gordon Moore）定律是成立的，它决定了产品的技术寿命。

2. 失效率

对于电子元器件来说，把寿命结束称为失效。电子元器件在任一时刻具有正常功能的概率用可靠度函数 $R(t)$ 来描述，即

$$R(t) = \mathrm{e}^{-\int \lambda(t)\mathrm{d}t}$$

式中，$\lambda(t)$ 是电子元器件的失效率函数。

假设电子整机产品在生产以前，已经对所有元器件进行了使用筛选，元器件的失效率是一个小常数 λ，则它的可靠度为

$$R(t) = \mathrm{e}^{-\lambda t}$$

其预期的寿命计算公式为

$$F(t) = \int R(t)\mathrm{d}t = \int \mathrm{e}^{-\lambda t}\mathrm{d}t = 1/\lambda$$

电子元器件的失效一般还可以分成两类：一类是元器件的电气参数消失，如二极管被击穿短路，电阻因超载而烧断等，这种失效引起的整机故障一般叫做"硬故障"；另一类是随着时间的推移或工作环境的变化，元器件的规格参数发生改变，如电阻器的阻值发生变化，电容器的容量减小等，这类失效引起的整机故障一般称为"软故障"。软故障是比较难以排除的整机故障。

3. 电子整机的可靠性结构

电子整机产品是由许多元器件按照一定的电路结构组成的。同样，整机的可靠性取决于元器件的寿命及其可靠性结构。

最常见的可靠性结构有串联结构和并联结构。

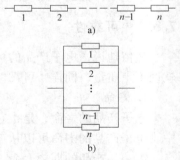

串联结构：系统由 n 个元器件所组成，任一个元器件的失效都会引起整个系统的失效，这样的结构叫做串联结构，如图 7.12a 所示。

并联结构：系统由 n 个元器件组成，当 n 个元器件全部失效后，整个系统才失效，这样的结构叫做并联结构，如图 7.12b 所示。

需要注意的是，可靠性结构的串、并联与电路中的串、并联不同。以 LC 并联谐振回路为例（见图 7.13），它的可

图 7.12　可靠性结构

靠性结构应该是一个串联结构，只要 *LC* 之中任一个元器件失效，电路就会停止工作。电子元器件的特点是，并联会使参数发生改变，其中任一个元器件失效，电路的外部特性都会发生变化。所以，电子产品的可靠性并联结构一般是指整机的并联，多用于军事系统或有很高可靠性要求的系统中。

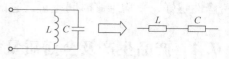

图 7.13　*LC* 并联谐振回路

对于一般民用电子产品，它的可靠性结构是一个全部元器件的串联系统。

4. 平均无故障工作时间（MTBF）

电子整机产品的可靠性，用平均无故障工作时间（Mean Time of Between Failures，MTBF）来定量评价。民用消费类电子产品的 MTBF，一般表示从产品出厂到第一次发生故障的平均工作时间；工业电子产品的 MTBF，一般表示在两次故障之间的平均工作时间。对于电子元器件来说，发生故障（失效）就意味着它的生命结束。所以，电子元器件的 MTBF 就是它的生命周期。现在，国内外电子行业都已经把 MTBF 作为定量评价产品质量的主要标准之一。

电子产品的可靠性，可以在设计初期就提出来作为设计指标，并根据这个指标来选定电路方案、元器件及工艺条件。对于可靠性结构是串联系统的电子整机，其 MTBF 与元器件的失效率之间有如下关系：

因为

$$R(t) = R_1(t)R_2(t)\cdots R_n(t)$$
$$= e^{-(\lambda_1+\lambda_2+\cdots+\lambda_n)t}$$

所以

$$MTBF = \int R(t)\,dt$$
$$= \int e^{-(\lambda_1+\lambda_2+\cdots+\lambda_n)t}\,dt$$
$$= \frac{1}{\lambda_1+\lambda_2+\cdots+\lambda_n}$$

其中，λ_n 表示各个元器件的失效率。不同种类、不同厂家生产的元器件，λ_n 的数值不同；n 是整机所用的元器件的总数。根据上面的这个公式，得出如下结论：

1）由于 λ_n 总是正数（元器件不可能永远不损坏，不可能越用越好），因此，所使用的元器件数目越多（n 越大），整机的可靠性就越低，MTBF 就越短。因此，应尽可能采用集成化的元器件，减少整机中元器件的数目，简化电路结构。

2）为了提高整机的 MTBF 指标，要尽量选用失效率比较低的元器件，虽然具体的 λ_n 数值很难得到，但选用符合国家质量标准的元器件显然会更好一些。在研制电子产品时，要尽量避免使用非标准的或自制的元器件。

3）由于制造工艺过程，特别是生产印制电路板和装配焊接的过程都难免出现失误，通常也设定了这些工艺过程的失效率。因此，焊点的数目越多，焊接的技术越差，则整机的MTBF 就必然变差。

除了 MTBF 之外，考察工业电子产品质量的另一个参数是有效度，这就涉及它的可维修性。可维修性是指每次发生故障后所用的平均维修时间，显然，整机结构优良的产品，可维修性越好，平均维修时间越短，它的有效度就越高。

7.4　产品生产及全面质量管理

电子工业飞速发展，近几年电子产品更新换代的速度之快有目共睹。企业要生存、发展，只有不断采用新技术，推出新产品并保持其高质量、高可靠性，才能使产品具有竞争力。要做到这一点，企业在产品的整个生产过程中必须推行全面质量管理。

7.4.1　全面质量管理概述

质量（Quality）：一组固有特性满足要求的程度（ISO 9000—2000 质量管理体系基础与术语）。具体地说，全面质量管理就是企业以质量为中心，全体职工及有关部门积极参与，把专业技术、经营管理、数理统计和思想教育结合起来，建立起产品的研究、设计、生产（作业）、服务等产品质量形成全过程（质量环）的质量体系，从而有效地利用人力、物力、财力、信息等资源，以最经济的手段生产出顾客满意的产品，使企业及其全体成员以及社会均能受益，从而使企业获得成功与发展。

7.4.2　电子产品生产过程中的几个阶段

电子产品生产是指产品从研制、开发到商品售出的全过程。该过程应包括设计、试制、批量生产三个主要阶段，而每一阶段又有不同的内容。

（1）设计

生产出适销对路的产品是每个生产者的愿望。因此，产品设计应从市场调查开始，通过调查了解，分析用户心理和市场信息，掌握用户对产品的质量性能需求。经市场调查后，应尽快制订出产品的设计方案，对设计方案进行可行性论证，找出技术关键及技术难点，并对设计方案进行原理试验，在试验基础上修改设计方案并进行样机设计。

（2）试制

产品设计完成后，进入产品试制阶段。试制阶段应包括样机试制、产品的定型设计和小批量试生产三个步骤。即根据样机设计资料进行样机试制，实现产品的设计性能指标，验证产品的工艺设计，制定产品的生产工艺技术资料，进行小批量生产，同时修改和完善工艺技术资料。

（3）批量生产

开发产品的最终目的是达到批量生产，生产批量越大，生产成本越低，经济效益也越高。在批量生产的过程中，应根据全套工艺技术资料进行生产组织。生产组织工作包括原材料的供应、组织零部件的外协加工、工具装备的准备、生产场地的布置、插件、焊接、装配调试生产的流水线、进行各类生产人员的技术培训、设置各工序工种的质量检验、制定产品试验项目及包装运输规则、开展产品宣传与销售工作、组织售后服务与维修等。

7.4.3　电子产品生产过程的质量管理

在全面质量管理中，应着力于生产过程中的质量管理，主要反映在下述各个阶段。

产品设计是产品质量产生和形成的起点，设计人员应着力设计完成具有高性价比的产品，并根据企业本身具有的生产技术水平来编制合理的生产工艺技术资料，使今后的批量生产得到有力保证。产品设计阶段的质量管理为今后制造出优质、可靠的产品打下了良好的基础，它应该包括如下内容：

　　1）广泛收集整理国内外同类产品或相似产品的技术资料，了解其质量情况与生产技术水平；对市场进行调查，了解用户需求以及对产品质量的要求。

　　2）根据市场调查资料，进行综合分析后制订产品质量目标并设计实施方案。产品的设计方案和质量标准应充分考虑用户需求，尽量替用户考虑，并对产品的性能指标、可靠性、价格定位、使用方法、维修手段以及批量生产中的质量保证等进行全面综合的策划，尽可能从提出的多种方案中选择出最佳设计方案。

　　3）对所选设计方案中的技术难点认真分析，组织技术力量进行攻关，解决关键技术问题，初步确定设计方案。

　　4）把经过试验的设计方案，按照适用可靠、经济合理、用户满意的原则进行产品样机设计，并对设计方案作进一步综合审查，研究生产中可能出现的问题，最终确定合理的样机设计方案。

7.5　产品试制与质量管理

　　产品试制过程包括完成样机试制、产品设计定型、小批量试生产三个步骤。产品试制过程的质量管理应包括如下内容：

　　1）制订周密的样机试制计划，一般情况下，不宜采用边设计、边试制、边生产的突击方式。

　　2）对样机进行反复试验并及时反馈存在的问题，对设计与工艺方案作进一步调整。

　　3）组织有关专家和单位对样机进行技术鉴定，审查其各项技术指标是否符合国家有关规定。

　　4）样机通过技术鉴定以后，可组织产品的小批量试生产。通过试生产、验证工艺、分析生产质量和验证工装设备、工艺操作、产品结构、原材料、环境条件、生产组织等工作能否达到要求，考察产品质量能否达到预定的设计质量要求，并进一步进行修正和完善。

　　5）按照产品定型条件，组织有关专家进行产品定型鉴定。

　　6）制订产品技术标准、技术文件，健全产品质量检测手段，取得产品质量监督检查机关的鉴定合格证。

7.6　产品制造与质量管理

　　产品制造过程的质量管理是产品质量能否稳定地达到设计标准的关键性因素，其质量管理的内容如下：

　　1）各道工序、每个工种及产品制造中的每个环节都需要设置质量检验人员，严把质量关。严格做到不合格的原材料不投放到生产线上，不合格的零部件不转下道工序，不合格的成品不出厂。

　　2）统一计量标准，并对各类测量工具、仪器、仪表定期进行计量检验，保证产品的技术参数和精度指标。

3）严格执行生产工艺文件和操作程序。

4）加强操作人员的素质培养。

5）加强其他生产辅助部门的管理。

上述内容只是企业全面质量管理中的一部分，由于产品质量是企业各项工作的综合反映，涉及企业的每一个部门，这里不再详述。

7.7　生产过程的可靠性保证

产品可靠性高低是衡量产品质量的一个重要标志。随着电子技术的发展和电子产品电路及结构的日趋复杂，对电子产品可靠性要求也越来越高。以前，对可靠性研究的主要内容是如何设计和制造出故障少、不易损坏的产品；而今，可靠性技术已形成一门综合性技术，日益受到企业的重视，其内容已发展到情报技术、管理技术以及维护性技术三个方面。

生产过程的可靠性是可靠性技术的一个重要方面。它对提高产品的可靠性起着非常重要的作用。下面将分别介绍产品设计、产品试制、产品制造等方面的可靠性保证。

1. 产品设计的可靠性保证

1）进行方案设计时应综合考虑产品的性能、可靠性、价格三方面的因素。不可过分追求高指标的技术性能，也不可因低成本而牺牲可靠性，同时应充分考虑产品维修与使用条件的变化。

2）进行样机方案设计时，应该做到：

① 最大限度地减少零件数量，尽量使用集成电路、组合电路等先进元器件，简化实现电路原理的手段，力求最简单的结构。

② 对整机中可靠性较低的元器件和零部件部位，可采用将电子元器件降额使用，提高安全系数；而机械零部件采用多余度使用，使零部件在整机中多重结合，当其中一个损坏以后，另一个仍能维持工作等技术手段提高可靠性。

③ 尽量采用成熟的标准电路、标准零部件等，避免使用自制或非标准元器件、零部件。

④ 对设计方案反复进行审查。

2. 产品生产中的可靠性保证

一个精良的产品设计，若缺乏高品质的元器件和原材料，缺乏先进的生产方式和工艺，或缺乏一流技术水平的生产工人和工程技术人员等，都可能使产品的可靠性下降。在生产过程中必须采取强有力的可靠性保证体系，使生产可靠性得到保证。生产过程的可靠性保证应从人员、材料、方法、机器等方面获得。

1）人员的可靠性。人员是获得高可靠性产品的基本保证，因此操作人员应具有熟练的操作技能和兢兢业业的敬业精神。生产企业应对各岗位上的人员持证上岗，不具备条件者，不能上岗。

2）材料的可靠性。对材料供货单位必须经严格考查比较后才能进行选择。生产元器件、零部件的厂家必须经过质量认证，未经鉴别、试用，不得轻易更换供货单位。所供材料必须进行测试、筛选，关键材料应进行老化筛选及早剔除那些早期失效的元器件。

3）外协单位的可靠性。许多整机生产企业的零部件是通过外协加工完成的。整机生产企业应对协作单位进行实地考察，了解其人员素质、工艺技术水平、设备工装等。必要时可派专人对协作单位进行质量监督与现场指导。

4）生产设备的可靠性。生产线上的工具、检测设备，必须具备满足产品要求的精度，并有专门部门和人员负责定期检查、维护。

5）生产方法的可靠性。生产线上尽可能使用自动化专用设备，尽量避免手工操作；严格执行工艺路线，不能随意更改生产工艺；坚持文明生产，保持工作场地整齐、清洁、宽敞、明亮、温度适宜、噪声小；严格遵守生产进度计划，避免加班加点突击任务；在生产过程中，要严格推行质量管理。

7.8　ISO9000 系列国际质量标准简介

随着我国社会主义市场经济体制的建立和完善，企业有了平等竞争的机会，同时，改革开放使我国与其他国家间的贸易得到迅猛发展。良好的国内和国际环境为我们的企业提供了发展的机遇，也带来挑战。开放加剧了企业间的竞争，竞争的结果是顾客对质量的要求越来越高，企业间的竞争由价格竞争，逐步转化为质量竞争。因此，提高质量已成为我国改革开放的战略性任务。企业要使自己的产品和服务赢得客户的信任，除了自身要加强全面质量管理之外，还必须使客户相信自己的质量保证能力。同时，客户为保护自身的利益不受损失，也要对企业提出质量保证要求。在这种情况下，第三方对企业的质量体系进行客观地认证成为一种需求，ISO9000 系列标准应运而生。

1979 年，国际标准化组织（ISO）成立了"质量管理和质量保证技术委员会"（TC176），开始着手制定质量管理和质量保证方面的国际标准。经过多年的研究和酝酿，在总结世界各国实行全面质量管理和质量保证经验的基础上，于 1986 年 6 月 15 日正式颁布了 ISO8402 标准，并于 1987 年 3 月正式颁布了 ISO9000 系列标准。

7.8.1　ISO9000 系列标准的构成

ISO9000 系列标准，是第一套管理性质的国际标准。它是各国质量管理与标准化专家在先进的国际标准的基础上，对科学管理实践的总结和提高。它既系统、全面、完善，又简洁、扼要，为开展质量保证和企业建立健全的质量体系提供了有力的指导。按照 1994 年 7 月 1 日正式公布的 1994 年版的新标准，ISO9000 系列标准的核心内容包括：

1）ISO9000-1 质量管理和质量保证标准。第一部分：选择和使用指南。

2）ISO9001 质量体系——设计/开发、生产、安装和服务的质量保证模式。

3）ISO9002 质量体系——生产、安装和服务的质量保证模式。

4）ISO9003 质量体系——最终检验和试验的质量保证模式。

5）ISO9004-1 质量管理和质量体系要素。第一部分：指南。其中，ISO9000-1 是 ISO9000 族中的总体标准，适用于质量管理和质量保证两个方面，它阐明了与质量有关的基本概念，并提供了 ISO9000 族的选择和使用指南。

ISO9004-1 是组织内部使用的标准，为组织建设一个完善的质量体系，从识别需要到最后满足顾客要求的所有阶段，对影响质量的管理、技术和人的因素都提供了控制要求。

ISO9001 ~ ISO9003 是外部质量保证所使用的有关质量体系的要求标准，它分别代表了 3

种不同的质量保证模式，用于供方证明其能力以及外部对其能力的评定。企业可以根据其生产经营的范围不同来选择应用。

7.8.2　ISO9000 族标准

ISO/TC176 颁布的 ISO9000 系列国际标准已经发展成为一个大家族，称为 ISO9000 族标准。

ISO9000-1 中明确定义，ISO9000 族是国际标准化组织质量管理和质量保证技术委员会制定的所有国际标准。截至 1996 年 10 月已经正式颁布的有 19 个，其他正在制定过程中。ISO9000 系列国际标准共分为核心标准、质量保证技术指南标准、质量管理补充标准、技术支持标准和术语标准共五个部分。

1) 核心标准——ISO9000 系列标准。

2) 质量保证技术指南标准——ISO9000-* 部分标准。

除 ISO9000-1 外，还包括 ISO9000-2：1993《质量管理和质量保证标准第二部分：ISO9001、ISO9002、ISO9003 的事实指南》，该标准为质量保证标准中各条款的实施提供指南；ISO9000-3：1991《质量管理和质量保证标准第三部分：ISO9001 在软件开发、供应和维护中的使用指南》，该标准为承担软件开发、供应和维护的组织采用 ISO9001 提供使用指南；以及 ISO9000-4：1993《质量管理和质量保证标准第四部分：可信性大纲管理指南》，该标准在供方需要提供产品的可信性保证时选用。

3) 质量管理补充标准——ISO9004-* 部分标准。

除 ISO9004-1 外，还包括 ISO9004-2：1991《质量管理和质量保证标准第二部分：服务指南》，该标准描述了适用于所有形式提供的服务的概念、原理和质量体系要素；ISO9004-3：1993《质量管理和质量体系要素第三部分：流程性材料指南》，该标准对从事流程生产的组织所必需的过程控制、过程能力、设备控制和维护以及文件等方面提供指南；ISO9004-4：1993《质量管理和质量体系要素第四部分：质量改进指南》，该标准描述了质量改进的基本概念、原理、管理指南和方法。

4) 技术支持标准——ISO10001 ~ ISO10020 的所有标准。

这类标准主要是实施 ISO9000 族标准的技术指南。目前正式颁布的有以下几项标准：ISO10005：1995《质量管理：计划指南》；ISO10007：1995《质量管理：技术状态管理指南》；ISO10011-1：1990《质量体系审核指南第一部分：审核》；ISO10011-2：1991《质量体系审核指南第二部分：审核员的资格条件》；ISO10011-3：1991《质量体系审核指南第三部分：审核工作管理》；ISO10012-1：1991《测量设备的质量保证要求第一部分：测量、试验设备的管理》；ISO10013：1995《质量手册编制指南》。

5) 术语标准——ISO8402。

该标准为 ISO8402：1994《质量管理和质量保证：术语》，该标准主要介绍有关质量、质量体系、质量保证、质量管理等概念和术语，共有 67 条。

7.8.3　实施 GB/T 19000—ISO9000 标准系列的意义

1. 提高质量管理水平

GB/T 19000—ISO9000 标准系列，吸收和采纳了世界经济发达国家质量管理和质量保证的实践经验，是在全国范围内实施质量管理和质量保证的科学标准。企业通过实施 GB/T 19000—ISO9000 标准系列，建立健全质量体系，对提高企业的质量管理水平有着积极的推动作用。

（1）促进企业的系统化质量管理

GB/T 19000—ISO9000 标准系列，对产品质量形成过程中的技术、管理和人员因素提出全面控制的要求，企业对照 GB/T 19000—ISO9000 标准系列的要求，可以对企业原有质量管理体系进行全面的审视、检查和补充，发现质量管理中的薄弱环节，尤其可以协调企业部门之间、工序之间、各项质量活动之间的衔接，使企业的质量管理体系更为科学与完善。

（2）促进企业的超前管理

通过建立健全质量管理体系，企业可以发现目前存在的和潜在的质量问题，并采取相应的监控手段，使各项质量活动按照预定目标进行。企业的质量体系，应包括质量手册、程序文件、质量计划和质量记录等质量体系的整套文件，使各项质量活动按规律有序开展，让企业员工在实施质量活动时有章可循、有法可依，减少质量管理工作中的盲目性。所以企业建立健全质量体系，就可以把影响质量的各方面因素组织成一个有机的整体，实施超前管理，保证企业长期、稳定地生产合格的产品。

（3）促进企业的动态管理

为使质量体系充分发挥作用，企业在全面贯彻实施质量体系文件的基础上，还应定期开展质量体系的审核与评估工作，以便及时发现质量体系和产品质量的不足之处，进一步改进和完善企业的质量体系。审核与评估工作还可以发现因经营环境的变化、企业组织的变更、产品品种的更新等情况，对企业的质量体系提出新的要求，使之适应变化了的环境和条件。这些都需要企业及时协调、监控，进行动态管理，才能保证质量体系的适用性和有效性。

2. 使质量管理与国际规范接轨

ISO9000 标准系列被世界上许多国家所采用，成为各国在贸易交往中质量保证能力的评价依据，或者作为第三方对企业的技术管理能力认证的依据。所以，世界各国按照 ISO9000 质量标准系列的要求建立相应的质量体系，积极开展第三方的质量认证，已成为全球企业的共同认识和全球性的趋势。因此，国内企业大力实施 GB/T 19000—ISO9000 标准，建立健全质量体系，积极开展第三方质量认证，使我国质量管理与国际规范接轨，对提高我国的企业管理水平和产品的竞争能力，具有极其重要的战略意义。

3. 提高产品的竞争能力

企业的技术能力和企业的管理水平，决定了该企业产品质量的提高。倘若企业的产品和质量体系通过了国际上公认机构的认证，则可以在其产品上粘贴国际认证标志，在广告中宣传本企业的管理水平和技术水平。所以，产品的认证标志和质量体系的注册证书，将成为企业最有说服力的形象广告，经过认证的产品必然成为消费者争先选购的对象。通过认证的企业名称将出现在认证机构的有关资料中，必将使企业的国际知名度大大提高，使国外购货机构对被认证的企业的技术、质量和管理能力产生信任，对产品予以优先选购。有些国家还对经过权威机构认证的产品给予免检、减免税率等优厚待遇，因而大大提高了产品在国际市场上的竞争能力。

4. 使用户的合法权益得到保护

用户的合法权益、社会与国家的安全等，同企业的技术水平和管理能力息息相关。即使产品按照企业的技术规范进行生产，但当企业技术规范本身不完善或生产企业的质量体系不健全时，产品也就无法达到规定的或潜在的需要，发生质量事故的可能性很大。因此，贯彻GB/T 19000—ISO9000 标准系列，企业建立相应的质量体系，稳定地生产满足需要的产品，无疑是对用户利益的一种切实的保护。

思考与练习

1. 什么是电子产品的技术文件？
2. 常用设计文件包含哪些内容？
3. 什么是电子产品的工艺文件？工艺文件有什么作用？
4. 工艺文件的编制原则、方法和要求是什么？
5. 工艺文件的格式是什么？如何填写？
6. 最常见的可靠性结构是什么？
7. 电子产品生产过程中分几个阶段？
8. 产品试制的步骤有哪些？
9. 产品试制过程的质量管理包括哪些内容？

第 8 章　Protel DXP 电路原理图与 PCB 设计

8.1　印制电路板（PCB）简介

8.1.1　PCB 简介

印制电路板（Printed Circuit Board，PCB）亦称为印制板，是电子产品中的基本部件，几乎出现在每一种电子设备中。PCB 可以提供集成电路等各种电子元器件固定装配的机械支撑、实现集成电路等各种电子元器件之间的布线和电气连接或电绝缘、提供所要求的电气特性，如特性阻抗等；PCB 也可以为元器件的插装、检查和维修提供识别字符及图形；此外，可以直接使用 PCB 制作元件，如天线等。

PCB 的实际制造是在 PCB 工厂里完成的，工厂是不管设计的，设计师一般只需要将设计好的 PCB 图交给专门的工厂，由工厂将其制作成现实中的实物板。这里简单介绍 PCB 的结构，便于读者更好地认识和设计 PCB。

PCB 的原始物料是覆铜基板，简称基板，也称为覆铜板。基板通常是两面有铜的树脂板，最常用的板材代号是 FR-4，主要用于计算机、通信设备等档次的电子产品。选择 PCB 基板时主要考虑三个要求：耐燃性、玻璃态转化温度（T_g 点）和介电常数。铜箔是在基板上形成导线的导体，铜箔厚度一般在 $0.3 \sim 3.0 mil$（$100 mil = 2.54 mm$）之间，常用的 PCB 厚 $2 mil$（$0.05 mm$）。通常是通过对基板进行蚀刻来制作所需的 PCB。

除焊接点外，PCB 的表面通常要涂抹阻焊油。阻焊油也称为防焊漆、绿油，常用的阻焊油为绿色，有少数采用黄色、黑色、蓝色等。我们通常见到的 PCB 的颜色实际上就是阻焊油的颜色。阻焊油起着防止波峰焊时产生桥接现象、提高焊接质量和节约钎料等的作用，同时也成为印制板的永久性保护层，起到防潮、防腐蚀、防霉和机械擦伤等作用。

单面有印制电路图的称为单面印制电路板。双面有印制电路图，再通过孔的金属化进行双面互连形成的印制电路板，称其为双面板。而多个层印制电路图的，称为多层

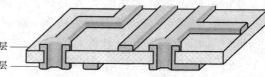

顶层——
底层——

图 8.1　双面板示意图

板，其中夹在内部的是内层，露在外面可以焊接各种配件的叫做外层。图 8.1 和图 8.2 分别是双面板和六层板的示意图。常见的多层板有四层板、六层板和八层板，现在已有超过 100 层的实用印制电路板了。PCB 的层数越多，造价就越高。对于同学们来说，一般的电路可以使用单面板和双面板，其价格比较便宜。

对于 PCB 来说，每一层都是由导线、过孔（VIA）和焊盘（PAD）组成的。导线就是起导通作用的铜线。过孔（VIA）是多层 PCB 的重要组成部分之一，属于导通孔（Plating hole，PT），通常是用电镀工艺在孔壁上电镀上铜作为导电介质，可以起到不同层间的电器

连接作用。焊盘是用来焊接元件的，包括通孔元件的焊盘（也可以看作一个 VIA 及一个表面贴焊盘的组合）和表面贴元件的焊盘（没有孔）两种，焊盘上不需要涂阻焊油。当然，PCB 上也会有一些不导通孔（None Plating hole，NPT），主要是固定板卡的机械孔等，其特点是孔壁无铜。

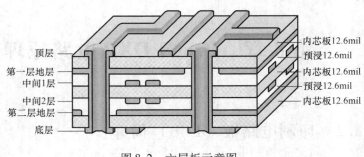

内芯板12.6mil
预浸12.6mil
内芯板12.6mil
预浸12.6mil
内芯板12.6mil

顶层
第一层地层
中间1层
中间2层
第二层地层
底层

图 8.2　六层板示意图

8.1.2　Protel DXP 简介

Protel DXP 在前一版本 Protel 99 SE 的基础上增加了许多新的功能。新的可定制设计环境功能包括双显示器支持，可固定、浮动以及弹出面板，强大的过滤和对象定位功能及增强的用户界面等。新的项目管理和设计合成功能包括项目级双向同步、强大的项目级设计验证和调试、强大的错误检查功能、文件对比功能等。新的设计输入功能包括电路图和 FPGA 应用程序的设计输入，为 Xilinx 和 Altera 设备族提供完全的巨集和基元库，直接从电路图产生 EDIF 文件、电路图信号、PCB 轨迹、Spice 模型和信号集成模型等元器件集成库。新的工程分析与验证功能包括同时可显示 4 个所测得图像的集成波形观察仪，在板卡最终设计和布线完成之前可从源电路图上运行初步阻抗和反应模拟等。新的输出设置和发生功能包括输出文件的项目级定义、制造文件（Fabrication files），包括 Gerber、Nc Drill、ODB ++ 和输入输出到 ODB ++ 或 Gerber 等。

Protel DXP 是将所有设计工具集成于一身的板级设计系统，电子设计者从最初的项目模块规划到最终形成生产数据都可以按照自己的设计方式实现。Protel DXP 运行在优化的设计浏览器平台上，并且具备当今所有先进的设计特点，能够处理各种复杂的 PCB 设计过程。通过设计输入仿真、PCB 绘制编辑、拓扑自动布线、信号完整性分析和设计输出等技术的融合，Protel DXP 提供了全面的设计解决方案。

Protel DXP 的强大功能大大提高了电路板设计、制作的效率，它的"方便、易学、实用、快速"的特点，以及其友好的 Windows 风格界面，使其成为广大电子线路设计者首选的计算机辅助电路板设计软件。

Protel DXP 软件运行的推荐配置：

操作系统：Windows XP；

CPU 主频：Pentium 1.2GHz 以上；

内存：512MB RAM；

硬盘空间：大于 620MB 硬盘空间；

显示器：最低分辨率为 1280 × 1024 像素，32 位真彩色；

显卡：32MB 显卡。

8.1.3　Protel DXP 的文件组织结构

不同于 Protel 99 SE 的设计数据库（.ddb），Protel DXP 引入了工程项目组（＊.PrjGrp

为扩展名）的概念。设计数据库包含了所有的设计数据文件，如原理图文件、印制电路板文件以及各种文本文件和仿真波形文件等，有时就显得比较大，而 Protel DXP 的设计是面向一个工程项目组的，一个工程项目组可以由多个项目工程文件组成，这样就使通过项目工程组管理进行设计变得更加方便、简洁。

用户可以把所有的文件都包含在项目工程文件中，其中主要有印制电路板文件等，可以建立多层子目录。以 ＊.PrjGrp（项目工程组）、＊.PrjPCB（PCB 设计工程）、＊.PrjFpg（FPGA 设计工程）等为扩展名的项目工程中，所有的电路设计文件都接受项目工程组的管理和组织，用户打开项目工程组后，Protel DXP 会自动识别这些文件。相关的项目工程文件可以存放在一个项目工程组中以便于管理。

当然，用户也可以不建立项目工程文件，而直接建立一个原理图文件、PCB 文件或者其他单独的、不属于任何工程文件的自由文件，这在以前版本的 Protel 中是无法实现的。如果愿意，也可以将那些自由文件添加到期望的项目工程文件中，从而使得文件管理更加灵活、便捷。

在 Protel DXP 中支持的部分文件所表示的含义，见表 8.1。

表 8.1　Protel DXP 中支持的部分文件所表示的含义

扩展名	文 件 类 型	扩展名	文 件 类 型
SchDoc	电路原理图文件	PrjPCB	PCB 工程文件
PcbDoc	印制电路板文件	PrjFpg	FPGA 工程文件
SchLib	原理图库文件	THG	跟踪结果文件
PcbLib	PCB 元器件库文件	HTML	网页格式文件
IntLib	系统提供集成式元器件库文件	XLS	Excel 表格式文件
NET	网络表文件	CSV	字符串形式文件
REP	网络表比较结果文件	SDF	仿真输出波形文件
XRP	元器件交叉参考表文件	NSX	原理图 SPICE 模式表示文件

8.2　Protel DXP 原理图的设计

8.2.1　印制电路板设计的一般步骤

印制电路板设计是从绘制电路原理图开始的，一般而言，设计印制电路板最基本的过程可以分为 4 个步骤。

1. 原理图的设计

原理图的设计主要是利用 Protel DXP 的原理图设计环境来绘制一张正确、美观、清晰的电路原理图，该图不但可以准确表达电路设计者的设计思想，同时还为印制电路板的设计工作打好基础。

2. 生成网络表

网络表是原理图设计与印制电路板设计之间的一座桥梁。网络表可以从原理图中生成，也可以从印制电路板中获取。但是在 Protel DXP 系统中，网络表的作用不像 Protel 99 SE 那样显式表现，用户可参考后面介绍的生成网络表的部分。

3. 印制电路板的设计

印制电路板的设计主要是针对 Protel DXP 的另外一个重要部分 PCB 设计而言的。在这个过程中，可以借助 Protel DXP 提供的强大功能，实现电路板的板面设计，完成高难度布线工作。

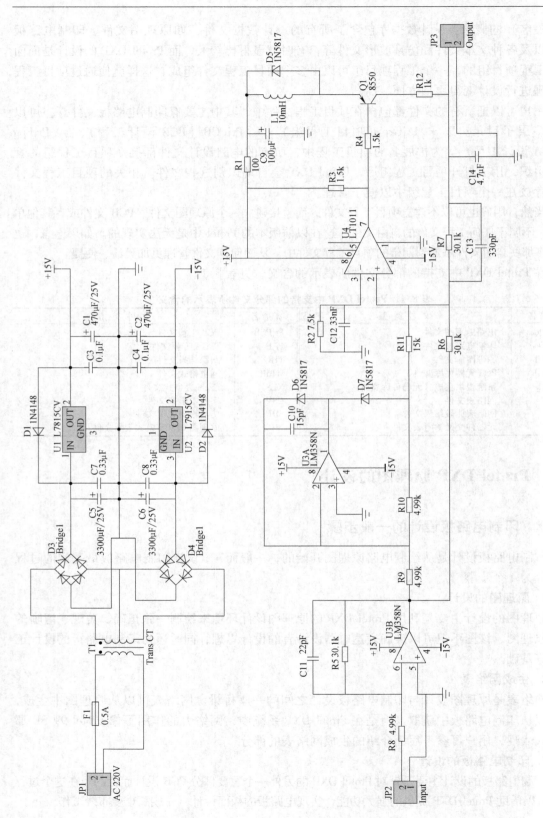

图8.3　具有60dB动态范围的音量单位表原理图

4. 生成印制电路板报表并送生产厂家加工

设计印制电路板后，还需要生成印制电路板的有关报表，并打印印制电路板图，最后送电路板厂家加工生产，这样印制电路板的设计就告一段落。

整个电路板的设计过程首先是设计编辑原理图，然后通过内部编辑生成的网络表将原理图文件转换成 PCB 文件，最后根据元器件的网络特性连接 PCB 的布线工作。这里以图 8.3 的电路为例，首先介绍原理图设计。

8.2.2　启动 Protel DXP 原理图编辑器

用户首先必须启动原理图编辑器，创建一个空白的、新的原理图，如图 8.4 所示。选择菜单命令 "File" → "New" → "PCB Project" 创建一个项目工程，制版相关的文件全部可以在工程中建立及管理，执行菜单命令 "File" → "New" → "Schematic"，创建一个空白的原理图设计图纸。保存原理图文件 "File" → "Save As…" 为 "D：\ Protel \ Volume. SchDoc"，保存工程文件 "File" → "Save Project As…" 为 "D：\ Protel \ Volume. PCBPrj"。对原理图图样的各种信息可以进行设置，可以根据实际电路的复杂度、个人的绘图习惯、公司单位的标准化要求以及图样可能的大小，设置原理图图纸的大小、方向、标题栏的外观参数等，如可设置原理图图纸为 A4 尺寸，通过选择菜单命令 "Design" → "Document Options" → "Sheet Options" → "Standard Style" → "A4" 就可实现。

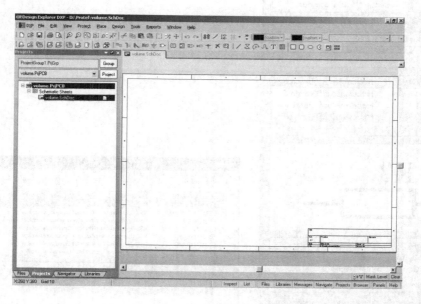

图 8.4　原理图编辑界面

8.2.3　装载元器件库及放置元器件

Protel DXP 拥有当前众多芯片厂商提供的种类齐全的元器件库，但不是每一个元器件库在用户进行电路设计时都必须进行。装载设计过程中所需元器件库到当前系统中，以便在绘图时可以简单、快捷地查找和使用库中的元器件，提高设计的工作效率。

用户在向原理图中放置元器件之前，首先必须确保放置的元器件所在的元器件库已经装载到 Protel DXP 的当前设计环境中。如果 Protel DXP 系统中一次装入的元器件库太多，将会占用过多的系统资源，影响系统的运行效率。一般来说，用户只需载入设计原理图时必需且常用的元器件库即可，其他特殊的元器件库在需要使用时再载入。

用鼠标单击窗口右下侧的工作区面板按钮 Libraries 项（见图 8.5），将显示 Libraries 控制面板，选择"Design"→"Add Remove Libraries..."，系统会自动弹出载入/移除元器件库对话框，通过单击"Add Library..."按钮，加入"Altium \ Library"中的 Miscellaneous Connectors. IntLib 和 Miscellaneous Devices. IntLib。

Protel DXP 提供了大量可供使用的元器件库，在全部元器件库中有时很难找到自己需要的元器件，Libraries 控制面板为用户提供了查找元器件的功能，单击"Search..."按钮或"Tools"→"Find Component"，可以通过"Search Libraries"对话框对所需的元器件进行搜索。查找对象名称支持通配符"＊"，在设置搜索名称时尽量加入通配符，因为很多元器件在库中采用全名的方式，如搜索运放"LM741"，需要将搜索名称设为"LM741＊"，否则不能搜索到所需元器件。在找到元器件后，系统自动将结果显示在对话框中，包括元器件名、所在库名称以及对该元器件的描述（见图 8.6），单击"Install Library"按钮即可完成该元器件库的装载；单击"Select"按钮则只使用该元件而不装载其所在的元器件库。

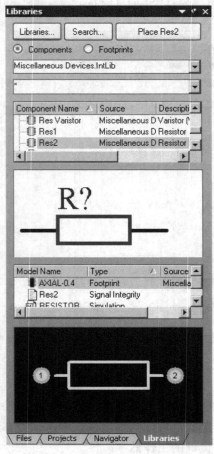

图 8.5　Libraries 控制面板

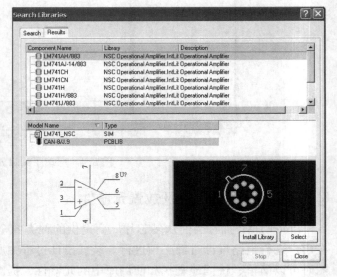

图 8.6　库搜索结果

在装载了合适的元器件库以后，就可以在原理图上放置元器件进行绘图工作了。执行命令菜单 "Place" → "Part. . ."，在 "Lib Ref" 编辑框中输入电阻元器件的名称 "res2"，"Designator" 编辑框中输入元器件的流水号 "R1"，"Comment" 编辑框中输入放置元器件的注释，在 "Footprint" 编辑框中输入元器件的封装 "AXIAL − 0. 4"，最后单击 "OK" 按钮，光标将变成十字形，图样上将会出现一个能随鼠标移动的元器件符号图形标号，将其移动到适当的位置，单击左键，完成元器件的放置。元器件放在原理图上后，光标保持元器件放置状态，可以放置许多相同型号的元器件。放置完了所有的元器件，单击鼠标右键或按 Esc 退出元器件放置状态。

另外，通过 "Libraries" 控制面板可以选择元器件，单击该面板的第一个下拉列表，从中选择 "Miscellaneous Devices. IntLib" 元器件库为当前库，使用 Filter 过滤器快速定位需要的元器件，默认通配符（＊）将显示出在当前的元器件库中找到的所有元器件；从中选取元器件后双击，将元器件放入原理图。

对于一些常用的元器件，如电阻、电容、门电路、寄存器等，可以选中 "View" → "Toolbars" → "Digital Objects"，来通过 "Digital Objects" 工具条来选取放置，单击工具条上所要选取的元器件后，即可出现元器件。

下面就可以在图 8.3 所示原理图上安装相应的元器件，具体的元器件名称见表 8.2。在放置双运放 LM358 时，需要分别放置一个器件的 A、B 两个部分，在放置结束后会发现，在现有的库中没有器件 LT1011，虽然 DXP 最终提供了大量的元器件库，但由于某些原因，在所提供的元器件库中可能找不到所需要的元器件，比如新开发出的新产品以及一些有特殊要求的元器件等。这时用户就必须要自己动手制作元器件和建立元器件库。

表 8.2　常用的元器件名称及封装

元　器　件	名　　称	封　　装	所　属　库
电阻	Res2	AXIAL0. 4 0805	
电容	Cap	RAD − 0. 3 0805	
电解电容	Cap Pol1	RB. 1/. 2　RB. 2/4 RB. 3/. 6（RB7.6/15）	
电位器	RPot1	VR5	
电感	Inductor	AXIAL − 0. 7	
二极管	Diode	DIODE − 0. 7	
肖特基二极管	D Schottky	DIODE − 0. 7	
晶体管	NPN，2N3904 PNP，2N3906	BCY − W3	Miscellaneous Devices. IntLib
场效应晶体管	MOSFET − N MOSFET − P	BCY − W3/H0. 8	
LED	LED1	LED1	
变压器（一路输出）	Trans Ideal	TRF_ 4	
变压器（两路输出）	Trans CT	TRF_ 5	
整流桥	Bridge1	E − BIP − 4/D10	
光耦合器	Optoisolator1	DIP − 4	
熔断器	Fuse1	PIN − W2/E2. 8	

（续）

元　器　件	名　　称	封　　装	所　属　库
接插件	Header N	HDR1×N	Miscellaneous Connectors. IntLib
	Header 2×N	HDR2×N	
7815	L7815CV	SFM－T3/E10.4V	ST Power Mgt Voltage Regulator. IntLib
7915	L7915CV	SFM－T3/E10.4V	
uA741	UA741CN	DIP－8	ST OperationalAmplifier. IntLib
LM358	LM358N	DIP－8	NSC Operational Amplifier. IntLib
LM324	LM324N	DIP－14/D19.7	
LM555	LM555CN	DIP－8	NSC Analog Timer Circuit. IntLib
ADC0804	ADC0804LCN	DIP－20/E5.3	NSC Converter Analog to Digital. IntLib
74系列门	SN74XX	DIP－XX	TI Logic Gate 1. IntLib

8.2.4　制作元器件和建立元器件库

在项目工程文件编辑环境下，执行"File"→"New"→"Schematic Library"，则系统在当前设计管理器中建立了一个新的元器件库文件，执行命令"File"→"Save as..."将其保存为"volume. SchLib"。用鼠标单击下侧工作面板中的"SCH Library"按钮，可得到对库中元器件管理器控制面板，其有四个区域：Components（元器件）区域、Aliases（别名）区域、Pins（引脚）区域和 Model（元器件模式）区域。

通过 LT1011 的数据手册可得到其引脚分布及定义（见图8.7），执行"Tools"→"New Component"生成库中新元器件，在"New Component Name"对话框中命名为"LT1011"，执行"Place"→"Line"绘制出如图8.8所示的图形，执行"Place"→"Pins"放置芯片的8个引脚（图8.9），用鼠标双击所要编辑的元器件引脚的属性，在引脚属性对话框中分别对"Display Name"、"Designator"和"Electrical Type"进行设置，其中引脚名不要选择"Visible"。原理图库中的元器件要和其对应的 PCB 封装或者仿真用的仿真以及信号完整性分析模型集成在一起，下面我们为"LT1011"添加 PCB 封装。执行"Tools"→"Component Properties"命令，系统弹出"LT1011"元器件属性编辑对话框。在"Properties"→"Default Designator"编辑框中设为"U?"，单击"Models for LT1011"中的"Add..."按钮，系统显示"Add New Model"对话框，在下拉列表中选取"Footprint"元器件封装模型，单击"OK"后，弹出"PCB Model"对话框（见图8.10），在"Footprint Model"→"Name"中输入"DIP－8"（见图8.11）即可。保存库文件回到工程中的原理图中，在"Libraries"控

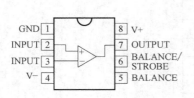

图8.7　LT1011 的引脚定义

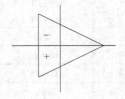

图8.8　画一个三角形

制面板中选择"volume. SchLib"，可以看到元器件"LT1011"，将其放入原理图中，接下来进行元器件的位置调整和布线。

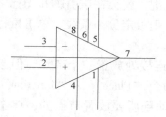

图 8.9　绘制好的 LT1011

Pins	Name	Type
3	INPUT	Input
2	INPUT	Input
8	V+	Power
4	V-	Passive
1	GND	Power
7	OUTPUT	Output
6	BALANCE	Passive
5	BALANCE	Passive

图 8.10　LT1011 的引脚设置

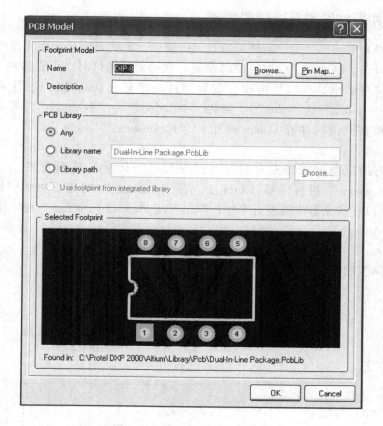

图 8.11　为元器件添加封装

8.2.5　元器件的位置调整和布线

要对原理图上的元器件进行各种操作，首先要选中该对象。可以有两种方法实现以上操作：其一，在图纸的合适位置按住鼠标左键，光标变成十字形状，拖动光标至合适的位置放开鼠标，矩形区域内的元器件均被选中；其二，按住键盘上的 Shift 键不放，同时鼠标单击元器件即可完成元器件对象的选取。

用鼠标单击所选中的任一元器件，即可对选中的全部元器件进行移动、旋转、删除、剪贴等操作，操作快捷键见 8.4 节。

在放置完元器件和电源后，就对电路进行连线。执行菜单命令"Place"→"Wire"启动连线操作，这时光标变成十字形状，将光标移动到所需连接线路的起点，当起点为元器件引脚时，则在该处出现一个红色的叉线点，单击鼠标左键，就会在该引脚和光标之间出现一条预拉线，将线拉到所要设置的位置后单击鼠标左键，则可定位一条线。单击鼠标右键，完成一条连接线路。

在 DXP 中，当连线为 T 形连接时，系统会自动在连接处放置一个节点，但当十字交叉时，系统不会自动放置节点，而必须手动放置。执行命令"Place"→"Junction"可启动放置节点操作，这时鼠标将会变成十字光标，将光标移动到所要放置节点处，单击鼠标左键即可。

8.2.6 元器件属性设置及原理图编译

在 Protel DXP 中，每一个元器件都有自己的属性，有些属性只能在元器件库中进行编辑设置，而有些可在绘制原理图中进行编辑设置。在选中元器件时，可直接按下"Tab"键来打开元器件属性对话框，在这里可以设置元器件的序号（Designator）、注释（Comment）、器件值（"Parameters"→"Value"）、封装（"Models"→"Footprint"）等属性。电阻、电容、电感等元件将其值标注在 Comment 中，"Parameters"→"Value"不要选择"Visible"。

如果绘制好的原理图部分没有对元器件序号进行标注（见图 8.12），可以执行命令"Tools"→"Annotate"进行序号自动标注。在"Annotate"对话框中的"Proposed Change List"列表中可以看到元器件的现有序号，单击"Update Change List"按钮生成自动排序的序号，单击"Accept Changes"按钮，在"Engineering Change Order"对话框里先后单击"Validate Changes"和"Execute Change"完成对元器件序号的自动生成（如图 8.13）。绘制完成的完整电路图如图 8.3 所示。

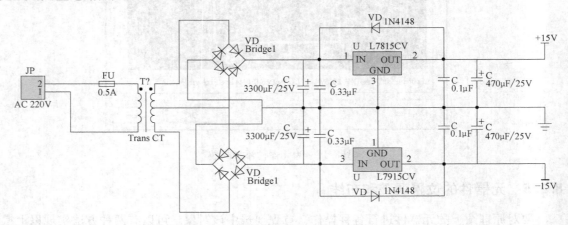

图 8.12　未标注序号的电路

为了保证设计电路图的正确性，Protel DXP 在进行下一步 PCB 制版之前，必须应用软件测试用户设计的电路原理图，及执行电路规则检查（Electrical Rule Check，ERC），以便找出人为的疏忽。执行完测试后，系统在原理图中有错误的地方做好标记，以便用户分析和修改错误。

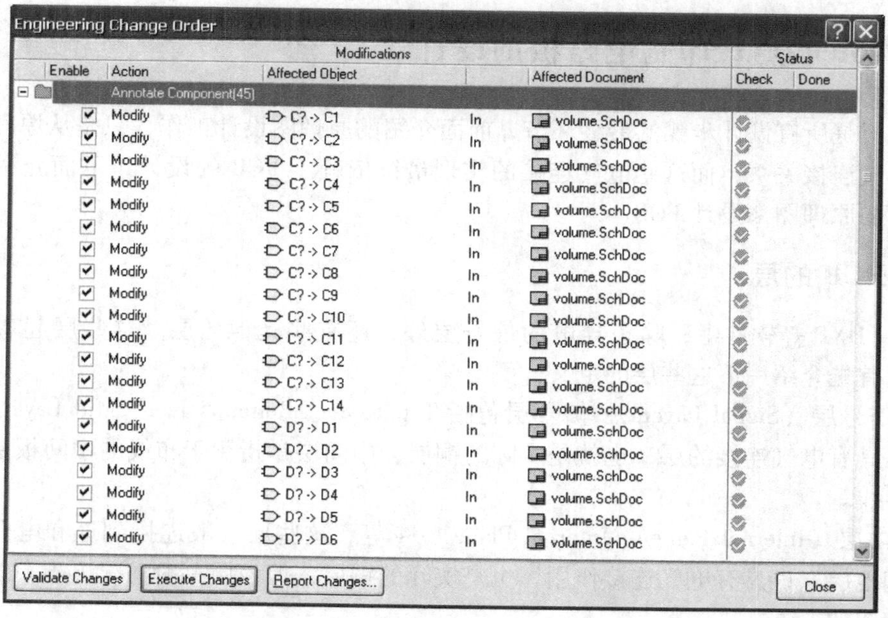

图 8.13　执行自动序号标注对话框

　　ERC 可用于检查电路连接匹配的正确性。例如，某个集成电路的输出引脚连到另一个输出引脚就会产生信号冲突，未连接完整的网络标号会造成信号断线，重复的序号会使原理图设计软件无法区分出不同的元器件等。以上不合理的电路冲突现象，ERC 会按照用户的设置以及问题的严重程度分别以不报告（No Report）、警告（Warning）、错误（Error）或严重错误（Fatal Error）信息来提醒用户注意，以修改不合理的电路部分。ERC 的相关设置在"Project"→"Project Options"中的"Error Reporting"、"Connection Matrix"两项中。

　　执行菜单命令"Project"→"Compile PCB Project"，系统自动进行 ERC 检查并生成相应的错误检查报告，相关错误信息显示在设计窗口下部的 Message 面板中；系统在发生错误的位置放置徽号，提示错误的位置。例如，将原理图中的"R3"改为"R1"，编译时会显示如图 8.14 所示的错误报告信息，用户可以按照报告提供的信息找到错误的位置，双击错误提示列表，定位到错误位置，修改"R3"为"R2"后，重新进行编译通过。

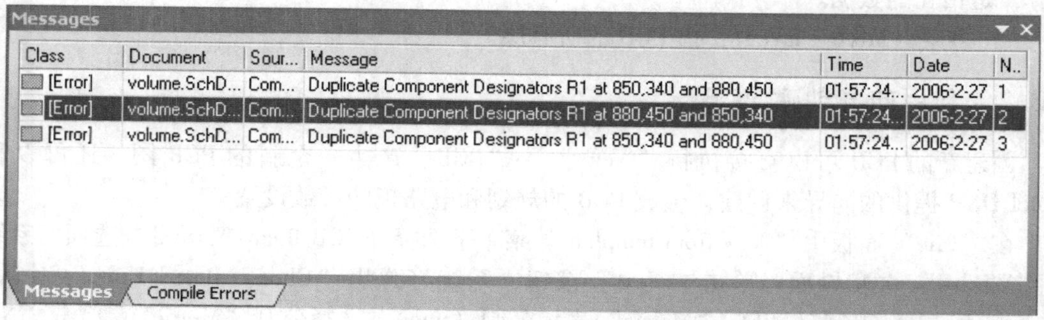

图 8.14　ERC 错误警告

8.3 Protel DXP 印制电路板的设计

电路板是所有设计步骤的最终环节，前面介绍的原理图设计工作，只是从原理上给出元器件的电气连接关系，而这些电气连接的实现最终依赖于 PCB 的设计，下面介绍如何使用前面绘制的原理图来设计 PCB。

8.3.1 PCB 的层

Protel DXP 等软件中，除了导电的信号层外，还有些其他的层。这些层起着不同的作用，这里首先介绍一下这些层的定义：

1）信号层（Signal Layers）：信号层包括 Top Layer、Bottom Layer、Mid Layer1…31，这些层都是具有电气连接的层，也就是实际的铜层，中间层是指用于布线的中间板层，该层中布的是导线。

2）内层（Internal Plane）：Internal Plane1…4 等，这些层一般连接到地和电源上，成为电源层和地层，也具有电气连接作用，也是实际的铜层，但该层一般情况下不布线，是由整片铜膜构成的。

3）丝印层（Silkscreen）：包括顶层丝印层（Top overlay）和底层丝印层（Bottom overlay）。定义顶层和底的丝印字符，就是一般在板上看到的元件编号和一些字符。

4）锡膏层（Paste Mask）：包括顶层锡膏层（Top paste）和底层锡膏层（Bottom paste），指我们可以看到的露在外面的表面贴焊盘，也就是在焊接前需要涂焊膏的部分。所以，这一层在焊盘进行热风正平和制作焊接钢网时也有用。

5）阻焊层（Solder Mask）：包括顶层阻焊层（Top solder）和底层阻焊层（Bottom solder），其作用与焊膏层相反，指的是要盖绿油的层。

6）机械层（Mechanical Layers）：定义整个板的外观，即整个板的外形结构。

7）Keep Out Layer（禁布层）：定义在布电气特性的铜一侧的边界。也就是说先定义了禁止布线层后，在以后的布线过程中，所布的具有电气特性的线不可以超出禁止布线层的边界。

8）钻孔层（Drill Layer）：包括过孔引导层（Drill guide）和过孔钻孔层（Drill drawing），是钻孔的数据。

9）多层（Multi – layer）：指 PCB 的所有层。

8.3.2 利用向导创建 PCB

创建新的 PCB 可以直接执行"New"→"PCB"产生一个新的 PCB 图，还可以利用 Protel DXP 提供的向导来创建，生成 PCB 的规划和电路板的参数设置。

在"File"面板中"New from template"菜单下选择"PCB Board Wizard"选项，系统弹出"Wizard"欢迎界面；单击"Next"按钮，系统将弹出"Choose Board Units"对话框，"Imperial"表示英制（Mil），"Metric"表示公制（mm），选择公制"Metric"；单击"Next"按钮，系统将弹出"Choose Board Profiles"对话框，要求用户选择 PCB 的标准，选择"Custom"（自定义）；单击"Next"按钮，系统将弹出"Choose Board Details"对话框，在

"Board Size"（板尺寸）中，设置"Width"为150mm，"Height"为100mm，"Keep Out Distance From Board Edge"（禁布层）设置为5mm；单击"Next"按钮，系统将弹出"Choose Board Layers"对话框，将"Power Planes"设置为0；单击"Next"按钮，系统将弹出"Choose Via Style"对话框，选择"Thruhole Vias only"（PCB 只有通孔）；单击"Next"按钮，系统将弹出"Choose Component and Routing Technologies"对话框，选择"Through – hole components"和"One Track"；单击"Next"按钮，系统将弹出"Choose Default Track and Via sizes"对话框；单击"Next"按钮，在"Board Wizard is Complete"对话框中单击"Finish"结束 PCB 向导。此时可以看到图 8.15 所示的 PCB 图了。选择"File"→"Save"将文件保存为"volume. PcbDoc"。

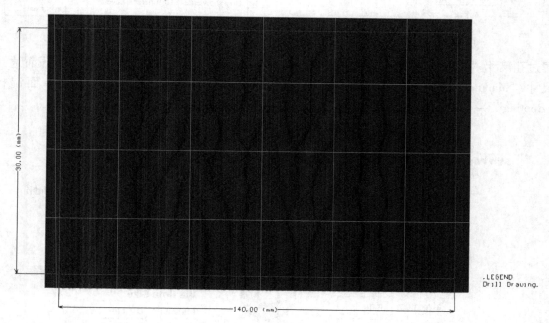

图 8.15　利用向导生成的 PCB

8.3.3　装入元器件及基本设置

从"Project"面板中打开"volum. SchDoc"，执行命令"Update PCB volume. PcbDoc"，单击"Validate Changes"按钮，在单击"Execute Changes"按钮后，可以看到元器件已经装入到 volume. PcbDoc 中了。

PCB 布线之前，先要进行一些相关参数的设置。执行命令"Design"→"Board Options"，设置"Board Options"对话框如图 8.16 所示；执行命令"Design"→"Board Layers and Colors"，设置"Board Layers and Colors"对话框如图 8.17 所示。

PCB 设计中的规则设置是最重要的，一般的 Protel DXP 用户进行 PCB 设计时的设计规则很多，其中绝大部分都可以采用系统默认设置，而用户真正需要设置的设计规则并不多。下面介绍绘制图 8.3 的 PCB 时的设置，执行命令"Design"→"Rules..."，在"PCB Rules and Constraints Editor"对话框中，设置线宽"Routing"→"Width"→"Width"如图 8.18；设

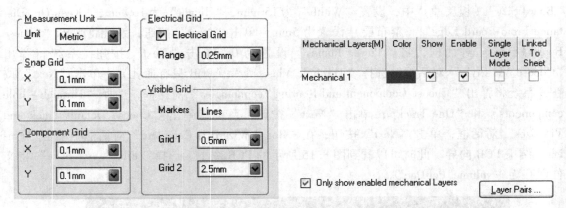

图 8.16　PCB 参数设置　　　　　　　　　　图 8.17　只选中机械层 1

置过孔尺寸"Routing"→"Routing Via Style"→"RoutingVias"如图 8.19 即可；设置通孔尺寸"Manufacturing"→"Hole Size"→"Hole Size"如图 8.20 即可；设置单面制板"Routing"→"Routing Layers"→"Routing Layers"如图 8.21 即可。

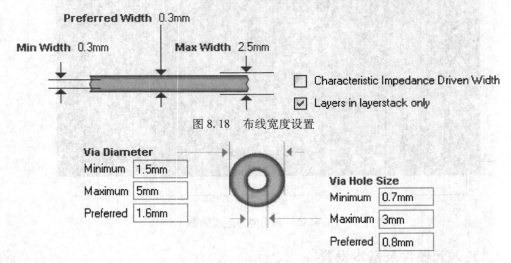

图 8.18　布线宽度设置

图 8.19　过孔尺寸设置

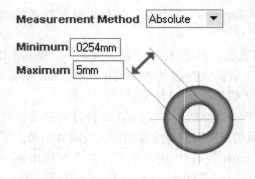

图 8.20　通孔尺寸设置

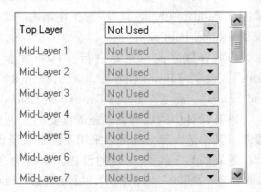

图 8.21　设置单面布线

在对 PCB 布局、布线之前，先放置安装定位孔，执行命令"Edit"→"Origin"→"Set"设置 PCB 原点于右下角（见图 8.22）。执行命令"Place"→"Pad"放置四个焊盘，在放置第一个焊盘时按"Tab"键，改变焊盘的尺寸如图 8.23 所示，四个焊盘中心原点位置分别为（5，5）（5，95）（95，145）（5，145）。

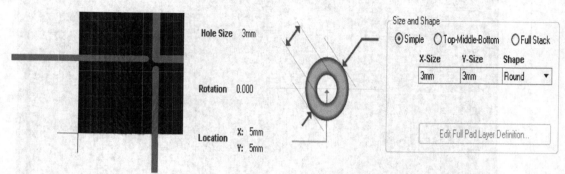

图 8.22　设置 PCB 原点　　　　　　　　　图 8.23　改变焊盘尺寸为 3mm

8.3.4　PCB 布局

经过上面的步骤，就可以对 PCB 进行布局和布线了。执行命令"Tools"→"Auto Placement"→"Auto Palce..."显示"Auto Place"对话框（见图 8.24），通过此对话框可以设置两种自动布局的方式"Cluster Placer"和"Statistical Placer"。Cluster Placer：组群方式布局，它是以布局面积最小为标准，同时可以将元器件名称和序号隐藏。它还有一个加速布局的选项，即"Quick Component Placement"。Statical Placer：统计方式布局，它是以使得飞线的长度最短为标准，"Group Components"表示将当前的网络中连接密切的元器件规为一组，在排列时将改组的元器件作为群体而不是个体来考虑。"Rotate Components"表示将根据网络连接和排列的需要，适当旋转和移动元器件封装。"Automatic PCB Update"表示选中此项则自动进行 PCB 图的更新。"Power Nets"和"Ground Nets"分别用于定义电源和地网络名称。"Grid Size"设置元器件自动布局时栅格的大小。图 8.25 和图 8.26 为"Cluster Placer"和"Statistical Placer"的自动布局板图。

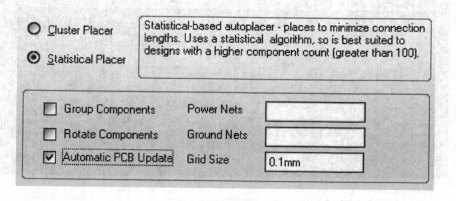

图 8.24　自动布局设置

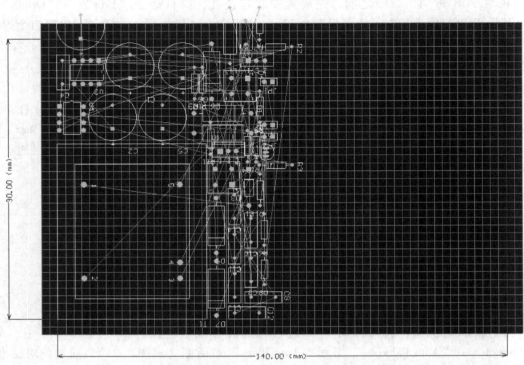

图 8.25　Cluster Placer 自动布局板图

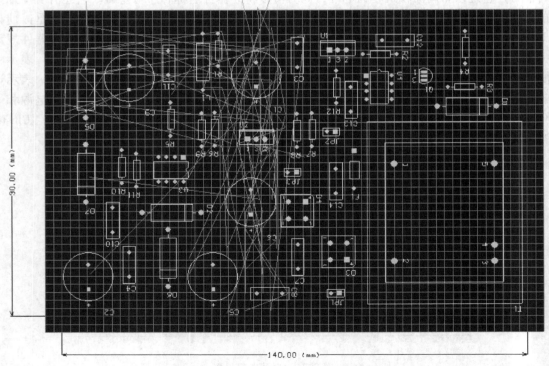

图 8.26　Statistical Placer 的自动布局板图

对于 PCB 布线是在布局的基础之上，所以系统中提供的自动布局往往不太理想，还需要进行手工调整布局，手工调整布局就是对元器件的封装及序号进行排列、移动和旋转等操作，手工调整布局后如图 8.27 所示。

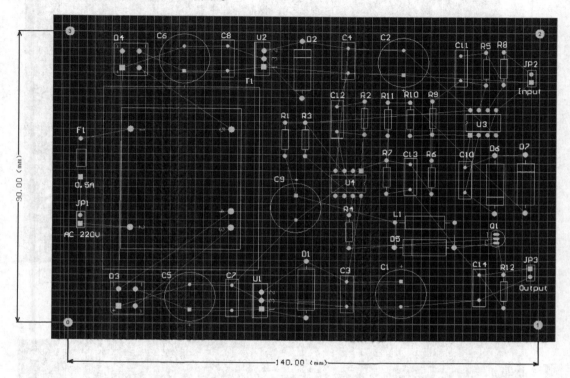

图 8.27　采用手工布局板图

8.3.5　PCB 布线

现在可以对布局结束后的 PCB 进行布线了。Protel DXP 可以支持自动布线，用户先根据电路板的布线要求设计布线规则，布线设计规则设定得是否合理直接影响布线的质量和成功率。在前面设计中已经设置了设计规则，执行命令 "Auto Route" → "All"，在 "Strategy" 对话框中选择 "Default 2 Layer Board"，单击按钮 "Route All" 开始自动布线，图 8.28 为自动布线生成的 PCB。

和自动布局一样，系统提供的自动功能往往不能满足要求，还需要手工布线进行调整。手动布线其实就是按照飞线的连接来放置导线，选择 "Bottom Layer"，设置线宽为 1mm，采用命令 "Place" → "Interactive Routing" 来绘制导线，手动布线的 PCB 板如图 8.29 所示。

接下来可以对电路板进行敷铜，即将电路板中空白的地方铺满铜膜，主要目的是提高电路板的抗干扰能力，通常将铜膜接地。先设置 GND 与其他网络的安全间距为 0.5mm，执行命令 "Place" → "Polygon Plane"，将出现 "Polygon Plane" 对话框，线宽设置为 1mm，连接到 GND 网络，具体设置如图 8.30 所示，单击 OK 开始绘制敷铜的区域，敷铜后 PCB 如图 8.31 所示。

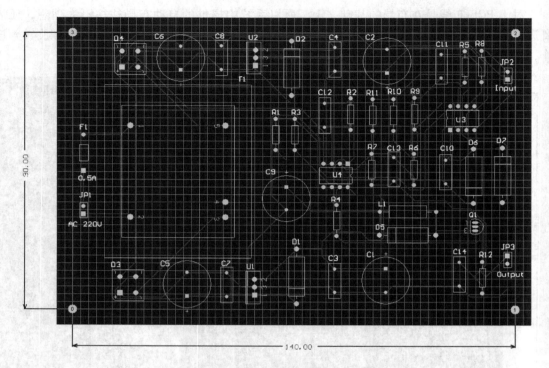

图 8.28　采用自动布线板图

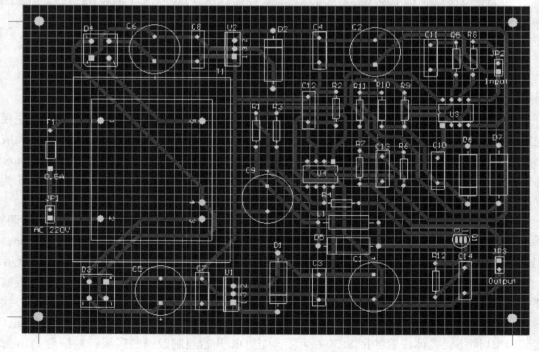

图 8.29　采用手动布线板图

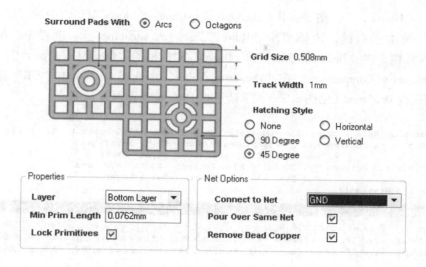

图 8.30　敷铜参数设置

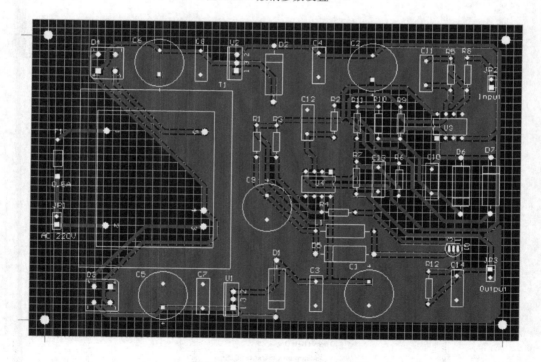

图 8.31　最终 PCB 布局

8.3.6　设计规则检查（DRC）

已经绘制好的 PCB 图，必须进行 DRC 检查以检查电路板中有无违反前面介绍的设计规则。执行命令"Tools"→"Design Rule Check..."，在出现的"Design Rule Checker"对话框中单击"Run Design Rule Check..."按钮开始 DRC 检查，检查结果会报告 Q1 的 1－2、2－3引脚安全间距不够（见图 8.32），通过增加设计规则可以避免此警告。执行命令

"Design" → "Rules...", 在 "PCB Rules and Constraints Editor" 对话框中的 "Electrical" → "Clearance" 项单击右键, 选择 "New Rule...", 进入 Clearance_ 1 设置中, 单击 "Query Builder..." 按钮, 在 "Building Query from Board" 对话框的 "Condition Type / Operator" 列表中选择 "Belongs to Component", 在 "Condition Value" 中选择 Q1, 单击 "OK" 退出对话框, 设置安全间距为 0.25mm (见图 8.33), 重新进行 DRC 检查即可。

```
Processing Rule : Clearance Constraint (Gap=0.3mm) ((InComponent('Q1'))),(All)
    Violation between Pad Q1-2(129.8mm,28.9mm)   Multi-Layer and
                      Pad Q1-1(131.07mm,28.9mm)  Multi-Layer
    Violation between Pad Q1-3(128.53mm,28.9mm)  Multi-Layer and
                      Pad Q1-2(129.8mm,28.9mm)   Multi-Layer
Rule Violations :2
```

Class	Document	Sour...	Message	Time	Date	N..
[Cleara...	volume_2.Pc...	Adva...	Between Pad Q1-2(129.8mm,28.9mm) Multi-Layer and Pad Q1-1(1...	04:08:09...	2006-3-1	1
[Cleara...	volume_2.Pc...	Adva...	Between Pad Q1-3(128.53mm,28.9mm) Multi-Layer and Pad Q1-2(...	04:08:09...	2006-3-1	2

图 8.32   DRC 错误显示

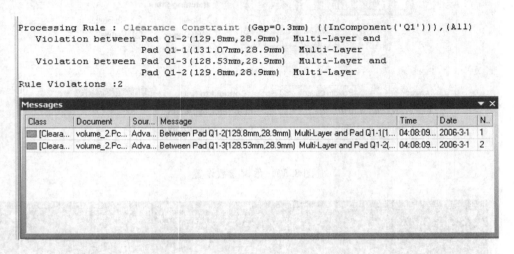

图 8.33   增加安全间距设置

　　Protel DXP 系统提供了三维效果显示功能，增强了 PCB 图设计的立体感，该功能可以清晰地显示 PCB 图的三维效果。执行命令 "View" → "Board in 3D"，系统自动完成 PCB 图到三维效果图的转换，并切换到三维效果显示工作窗口，图 8.34、图 8.35 分别为顶面和底面的三维显示效果。

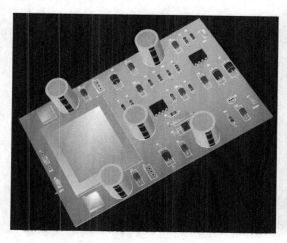

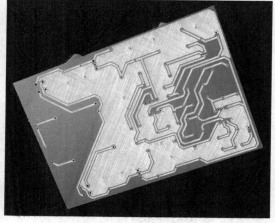

图 8.34　顶面的三维显示效果　　　　　　图 8.35　底面的三维显示效果

8.3.7　PCB 制版

　　现在完整的 PCB 设计已经结束了，可以将设计的 PCB 版图交给工厂进行生产了。可以提交给工厂的文件有两种方式：一是直接提交 PCBDOC 文件；二执行命令 "File" → "Fabrication Outputs" → "Gerber files" 生成 "Gerber"（底片）文件。在交送文件时，提出生产要求，如本例为板厚 1.8mm、单面板（底层）、顶层丝印、板尺寸 150mm×100mm、底层阻焊等即可。

8.4　PCB 设计的一般原则

　　用户按照自己的设计思想规划设计电路板，设计原理正确，逻辑合理，有时并不一定能生产出合格、高质量的电子产品。这就要求在进行电路板设计时，必须要考虑有关电路板的尺寸、元器件布局、布线以及接地处理等一系列实际应用中必须注意的问题，否则设计出的电子产品质量将达不到期望的效果。

1. 常用的元器件名称及封装

常用的元器件名称及封装见表 8.2。

2. 常用快捷键

（1）普通快捷键

Tab：调节属性；

PgUp：放大；

PgDn：缩小；

Delete：删除；

Ctrl + C：复制；

Ctrl + V：粘贴；

Ctrl + X：剪贴；

Ctrl + Z：撤销；

Ctrl + Y：取消撤销；

Ctrl + F：查找；

Ctrl + H：查找并替换；

Space：元器件逆时针旋转 90°；

X：元器件左右对调；

Y：元器件上下对调；

V→F：适合全部元器件显示；

E→D：删除选中元器件；

E→S→A：选取全部的元器件；

E→E→A：取消全部选取的元器件。

（2）SCH 编辑快捷键

P→W：放置连线；

P→P：放置元器件；

P→N：放置网络标号；

P→J：放置节点；

P→T：放置文字。

（3）PCB 编辑快捷键

＊：顶层和底层切换；

L：板层及颜色设置；

L：选中元器件时为板层切换；

P→L：放置线；

P→P：放置焊盘；

P→V：放置过孔；

P→S：放置文字；

P→C：放置器件；

J→C：跳到元器件；

J→N：跳到网络；

J→P：跳到焊盘。

3. 一些常用术语

孔化孔（Plated Through Hole）：经过金属化处理的孔，能导电。

非孔化孔（Nu-Plated Through Hole）：没有经过金属化处理的孔，不能导电，通常为装配孔。

导通孔：孔化的，但一般不装配器件，通常为过孔（Via）。

异形孔：形状部位圆形，如为椭圆形，正方形的孔。

装配孔：用于装配器件，或固定印制板的孔。

定位孔：放置在板边缘上的用于电路板生产的非孔化孔。

光学定位孔：满足电路板自动化生产需要，放置在板上用于元件贴装和测试定位的特殊焊盘。

负片（Negative）：指一个区域，在计算机和胶片中看来是透明的地方代表有物质（如铜箔、阻焊等）。负片主要用于内层，当有大面积的敷铜时，使用正片将产生非常大的数据，导致无法绘制，因此采用负片。

正片（Positive）：与负片相反。

回流焊（Reflow Soldering）：一种焊接工艺，即熔化已放在焊点上的钎料，形成焊点。它主要用于表面贴装元件的焊接。

波峰焊（Wave Solder）：一种能焊接大量焊点的工艺，即在熔化钎料形成的波峰上，通过印制板，形成焊点。它主要用于插脚元件的焊接。

PCB（Print Circuit Board）：印制电路板。

PBA（Printed Board Assembly）：装配元器件后的电路板。

思考与练习

1. 什么是 PCB 板？PCB 每一层都是由什么构成？
2. Protel DXP 比前一版本 Protel 99 SE 都增加了什么功能？
3. Protel DXP 设计中，印制电路板设计的一般步骤是什么？
4. 如何使用 Protel DXP 设计中绘制的原理图来设计 PCB 板？
5. PCB 的层有哪些？分别是什么作用？
6. PCB 板设计的一般原则是什么？
7. PCB 板设计中的常用术语有哪些？试举三例说明？

第9章 电子小制作

9.1 JC803型20s语音录音设备

对于自然的语音，人们想了很多办法来留存它们，这样可以重复播放出来。这种保留原声的媒介曾有磁带、唱片等。

现在，可以采用数码电子技术去完成语音信号的存储和还原，这样一类经过存储而还原播放的语言、声音，称为数码语音，或语音 IC。

9.1.1 20s语音录音电路的工作原理

20s 语音录音电路如图 9.1 所示，采用的是美国 ISD 公司生产的 8～20s 单段语音录放电路 ISD1820P，它采用 CMOS 技术，其基本结构是内含振荡器，传声器前置放大，自动增益控制，防混淆滤波器，扬声器驱动等。具有高质量、自然语音还原技术，10000 次语音录音周期，自动节电，不耗电信息保存 100 年，工作电压是 3～5V。

集成电路 ISD1820P 的引脚功能是：11 脚是电源正极（VCC）；8、14 脚接电源负极（VSS）；1 脚是录音端（REC），高电平有效，只要 REC 变高时芯片即开始录音；2 脚是边沿触发放音端（PLAYE），此端出现高电平时，芯

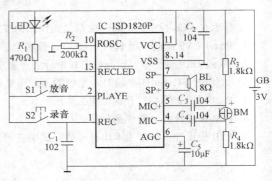

图 9.1 JC803 电原理图

片开始放音，开始放音后，可以释放 PLAYE；13 脚是录音指示端（RECLED），处于录音状态时，此端为低，可驱动 LED；4、5 脚接传声器输入端（MIC）；6 脚接自动增益控制（AGC）端，AGC 动态调整前置增益以补偿传声器输入电平的宽幅变化，使得录制变化很大的音量（从耳语到喧嚣声）时失真都能保持最小；7、9 脚接扬声器输出（SP－，SP＋），可直接驱动 8Ω 以上的扬声器；10 脚接振荡电阻（ROSC），此端接振荡电阻至 VSS。

元器件清单见表 9.1，JC803 电路板 A、B 面分别如图 9.2 和图 9.3 所示。

表 9.1 元器件清单

序号	代号与名称		规格	数量	检查
1	电阻	R_1	470Ω	1	
2		R_2	200kΩ	1	
3		R_3	1.8kΩ	1	
4		R_4	1.8kΩ	1	

（续）

序号	代号与名称		规格	数量	检查
5	电容	瓷介电容器 C_1	102	1	
6		瓷介电容器 C_2	104	1	
7		瓷介电容器 C_3	104	1	
8		瓷介电容器 C_4	104	1	
9		电解电容器 C_5	$10\mu F/16V$	1	
10	微动开关	S1		2	
		S2			
11	集成电路 IC	ISD1820P		1	
12	发光二极管	LED		1	
13	传声器	BM		1	
14	扬声器	BL	$8\Omega/0.5W$	1	
15	电池片			2	
16	导线			4 根	
17	前、后盖			各 1 个	
18	自攻螺钉			2 粒	
19	弹簧片			2	

图 9.2　JC803 电路板 A 面

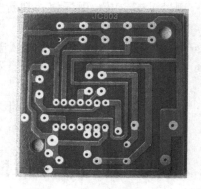

图 9.3　JC803 电路板 B 面

9.1.2　20s 语音录音电路的制作过程

1）焊接电阻器。

2）焊接瓷介电容器。

3）焊接电解电容器（电解电容器要卧式安装）。

4）焊接微动开关（微动开关插装时要紧贴电路板）。

5）焊接集成电路。

6）焊接发光二极管（长脚为正）。

7）焊接传声器（可利用焊接电阻后多余的导线连成脚，传声器插装时尽量紧贴电路板）。

8）扬声器、电池片的上锡。

9）扬声器、电池片上导线的焊接。

10）扬声器、电池片分别固定在后盖和前盖中。

11）扬声器、电池片与电路板的连接（弹簧适当拉长，保证电池能可靠地放置）。

12）电路板放置在外壳中。

13）电池放入壳中。

焊接效果图如图 9.4 所示。

a) 电路板放置在外壳中　　　　　b) 电池放入壳中　　　　　c) 成品

图 9.4　焊接效果图

9.1.3　20s 语音录音电路的调试过程

1）测量 VSS、VCC 电压值，判断电路能否正常工作。

2）按下录音按键，观察 LED 灯，LED 灯亮时处于录音状态，集成电路 ISD1820P 的 13 脚是录音指示端（RECLED），此时测量该脚应为低电平。

3）录音状态下，加入输入信号，示波器观察集成电路 ISD1820P 的 4、5 脚传声器输入端 MIC。

4）按下放音按键，开始放音时，示波器观察集成电路 ISD1820P 的 7、9 脚 SP +、SP -。

9.2　ZX2039 型多功能防盗报警器

9.2.1　工作原理

本电路的核心元件是 IC1（NE555）和 IC2（GL9561），当按下电源开关 S1 时整个电路的电源接通，假设这时水银开关 S2 处于断开状态，IC1 的 2 脚处于高电平，3 脚处于低电平，无电压供给 IC2，使得执行机构扬声器不能发出声音；当振动或使水银开关 S2 接通时（然后断开），IC1 的 2 脚接地处于低电平，这时 IC1 的 3 脚处于高电平，也就是直接将电源电压供给 IC2，通过 IC2 内部集成电路的处理发出报警信号，这个报警信号很微弱，不足以推动扬声器发出声音，这个微弱的信号送给晶体管 VT 进行功率放大才能使扬声器发出响亮的报警声，通过调节 R_3 的阻值使得声音的音调有所变化，直到达到满意的效果。经过实验，该电阻 R_3 取 $100 \sim 270 \mathrm{k\Omega}$ 比较好，这里电阻 R_2 和 C_1 起到延时断开 IC1 第 3 脚的电压作

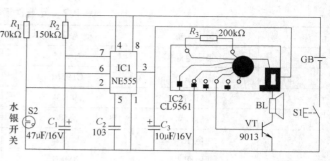

图 9.5 电气原理图

用，使得报警声响一段时间后自动停止报警，这里水银开关的安装角度决定报警器的灵敏度，当未振动时 S2 是开路的，当振动时 S2 触发接通使报警器发出声音，然后马上断开，这样报警器一段时间（由 C_1 和 C_2 决定）后便自动停止报警，这里 C_3 是报警器的滤波电容，C_2 是 IC1 的旁路电容，R_1 提供 IC1 的信号工作点，IC1 的 4、8 脚为电源电压输入端，1 脚接地。电气原理图如图 9.5 所示。

9.2.2 装配说明

拿到本套件后认真阅读本套件的工作原理，再根据元器件清单详细清点，然后用万用表测试一下各个元器件的参数、质量好坏，做到心中有数。

请重点检查电路板与图样有没有不同之处，看有没有短路或断路，若一切正常再开始安装元件，R_1、R_2、R_3 均为卧式安装，特别注意两只电容 C_1 和 C_3 以及水银开关 S2 焊接时引脚稍留长一点以便弯曲，采用卧式安装，如是立式安装，电路板安装在机壳上将受到影响，IC1 用集成电路插座安装，IC2 应对准电路板字符的各个孔位并紧贴电路板，将晶体管 VT 相对应的脚位和电阻 R_3 穿过报警片插在电路板上焊接好，R_3 只焊接报警片这一面，晶体管 VT 则应双面（报警面和铜箔面）脚焊接，另外别忘了 4 点也应双面焊接，它是报警片的电源，安装电源开关 S1 时也要小心，当开关按钮按下时开关导通，当松开按钮时开关断开，不要装反了。安装 S2 时应将引脚稍留长一些焊接安装在电路板的铜箔面，使开关既可以任意调整角度（即调灵敏度）又不影响后盖的安装。

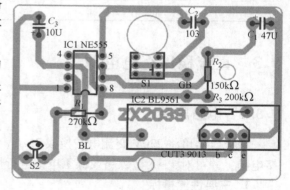

图 9.6 电路印制板图

安装时焊接速度尽量快一些，特别是 IC2 怕热的报警芯片，当一次焊不成功时，请稍微冷却一下后再进行下一次焊接，当完全焊接完毕后再检查一下有没有元件插错了，有没有虚焊、短路、断路等，确实没有错误时再通电，将水银开关 S2 接通即可报警，否则需检查 IC1、IC2、9013 等元件，装配图如图 9.6 所示。元器件清单见表 9.2。

表 9.2　元器件清单

序　号	名　　称	型号规格	位　号	数　量
1	集成电路	NE555		1 块
2	音乐系统	GL9561		1 片
3	晶体管	9013		1 支
4	扬声器	φ58		1 个
5	电阻	150kΩ		1 支
6	电阻	200kΩ		1 支
7	电阻	270kΩ		1 支
8	瓷介电容	103		1 支
9	电解电容	47μF		1 支
10	电解电容	10μF		1 支
11	电路板	40mm×60mm		1 块
12	电源开关	7×7		1 个
13	水银开关		S2	1 个
14	导线			4 根
15	正负极簧片			各 1 片
16	左右连体片			各 1 片
17	前、后盖			各 1 个
18	电池盒			1 个
19	塑料按钮			1 个
20	自攻螺钉	φ3×8		1 粒
21	自攻螺钉	φ3×10		1 粒
22	图样			1 份

9.3　直流稳压充电电源

9.3.1　电路原理

该充电器可将 220V 交流电转换成 3～6V 直流稳压电源，可作为收音机等小型电器的外接电源，并可对 1～5 节镍镉或镍氢电池进行恒流充电，具有较高的性价比和可靠性。

1. 主要性能指标

1）输入电压：AC 220V。

2）输出电压（直流稳压）：分三档（即 3V、4.5V、6V），各档误差为 ±10%。

3）输出电流（直流）：额定值 150mA，最大 300mA。

4）过载、短路保护，故障消除后自动恢复。

5）充电稳定电流：60mA（±10%）。

2. 工作原理

直流稳压充电电源主要包括电源变压器、整流电路、滤波电路和稳压电路及显示四个基本部分。

（1）变压器

电网提供的交流电其相电压为 220V，而各种电子设备所需要直流电压的幅值却各不相同。因此，常常需要将电网电压先经过电源变压器进行电压变换，使变压器二次电压的有效值与所需要的直流电压接近，以便进行整流、滤波和稳压等后续处理。

（2）整流电路

整流电路的作用是利用具有单向导电性能的整流元器件（如整流二极管、晶闸管），将正弦交流电变换成单向脉动的直流电。

（3）滤波电路

滤波电路由电容、电感等储能元件组成。它的作用是尽可能地将单向脉动电压中的脉动成分滤掉，使输出电压成为比较平滑的直流稳压。图 9.7 中变压器 T、二极管 V1 ~ V4、电容 C_1 构成全波整流滤波电路。

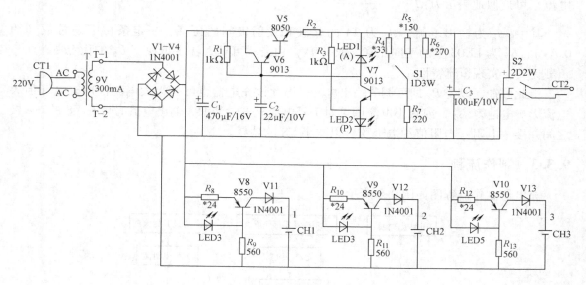

图 9.7　充电器电气原理图

（4）稳压电路及显示

由图 9.7 可见，此电路若去掉 R_1 及 LED1，则是典型的稳压型电路。其原理为，当电网电压升高引到 U_i 增加（或负载电阻增大）时，使输出电压 U_o 升高，V7 的基极电位升高，V7 管的 U_{be1} 增大，基极电流增加，集电极电流上升，则 R_1 上压降增大，进而使 V6 的基极电流下降，从而使 V5 的 U_{ce} 增大，从而使 U_o 相应减小。其实串联稳压电路是一种电压串联负反馈电路。

V5、V6、R_2 及 LED1 组成简单过载及短路保护电路，LED1 兼做过载指示灯。输出过载（输出电流不再增大，限制了输出电流的增加，起到限流保护作用。此电路采用复合管 V5、V6 可增大输出电流。其中 LED2 兼做电源指示灯及稳压管作用，当流经该发光二极管的电流变化不大时其正向电压降较为稳定（为 1.9V 左右，但也会因为发光管规格不同而有所不同，对同一种 LED 则变化不大），因此可作为低电压稳压管来使用。

9.3.2 充电原理

当放上电池 CH1 后，电路 V8、R_8、V11 导通，则 V8 基极电位较低，可使二极管 LED3 导通发光，而且给电池充电的电流经滤波、整流后变为直流，再对电池进行充电。

充电器电气原理图如 9.7 所示，图中变压器 T、二极管 V1 ~ V4、电容 C_1 构成全波整流滤波电路，后面电路若去掉 R_1 及 LED1，则是典型的串联稳压电路。其中 LED2 兼做电源指示及稳压管用，当流经该发光二极管的电流变化不大时其正向压降较为稳定（为 1.9V 左右），因此可作为低压稳压管来使用。R_2 及 LED1 组成简单过载及短路保护电路，LED1 兼做过载指示。输出过载（输出电流增大）时 R_2 上压降不再增大，当增大到一定数值（约 0.8mA）后 LED1 导通，使调整管 V5、V6 的基极电流不再增大，限制了输出电流的增加，起到限流保护的作用。

S1 为输出电压选择开关，S2 为输出电压极性变换开关。

V8、V9、V10 及相应元器件组成三路完全相同的恒流源电源，以 V8 单元为例，LED3 在该处兼做稳压及充电指示双重作用，V11 可防止电池极性接错。通过 R_8 的电流（即输出电流）可近似地表示为：$I_o = \dfrac{U_z - U_{be}}{R_8}$

其中，I_o 为输出电流；U_{be} 为 T4 的基极和发射极间的压降，一定条件下是常数（约 0.7V）；U_z 为 LED3 上的正向压降，取 1.9V。由公式可见 I_o 主要取决于 U_z 的稳定性，而与负载无关，实现恒流特性。

由此可知，改变 R_8 即可调节输出电流，因此该充电器也可改为大电流快速充电（但大电流影响电池寿命），或减小电流即可对 7 号电池充电。当增大输出电流时可在 V8 的 c-e 极之间并接一电阻（电阻值约数十欧）以减小 V8 的功耗。

9.3.3 制作流程

充电器制作流程图如图 9.8 所示。

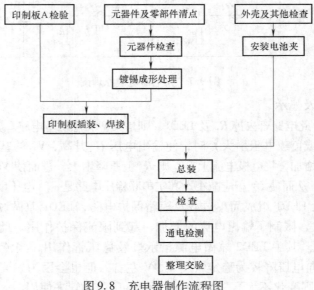

图 9.8 充电器制作流程图

印制电路板 A、B 如图 9.9 和图 9.10 所示。

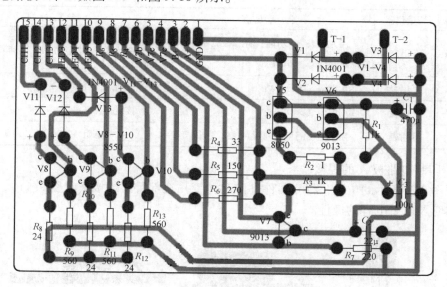

图 9.9　印制电路板 A

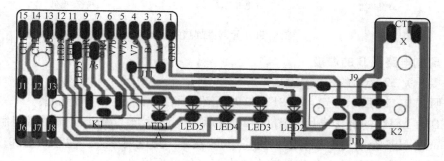

图 9.10　印制电路板 B

1. 印制板的安装焊接

（1）元器件测试

全部元器件安装前必须进行测试，见表 9.3。

表 9.3　元器件测试表

元器件名称	测量仪器	测试方法	合格标准
二极管	万用表	万用表二极管档位测量	正向导通，反向截止 正向电阻、极性标志是否正确（注：有色环的一边为负极性）
晶体管	万用表	用万用表 h_{FE} 功能，将其插入晶体管测量空位	8050、9013 为 NPN 型，8550 为 PNP 型 β 值大于 50
电解电容	万用表	将万用表调至电阻档，充放电过程，看漏电电流	是否电流过大，极性是否正确
电阻	万用表	万用表电阻档	阻值是否合格

（续）

元器件名称	测量仪器	测 试 方 法	合 格 标 准
发光二极管	万用表	用万用表 h_{FE} 功能，将二极管插入晶体管测量孔的 c、e 孔测量	极性（长引脚为正极）是否点亮
开关	万用表	用电阻（×Ω）档	通断是否可靠
插头及软线	万用表	用电阻（×Ω）档	接线是否可靠
变压器	万用表	用电阻档测量，判断一、二次侧电阻	一次侧电阻≥1400Ω；二次侧电阻≤5Ω

（2）印制电路板 A 的焊接

按照图 9.9 所示的位置，将元器件（除晶体管）全部卧式焊接（见图 9.11），注意二极管、晶体管及电解电容的极性。

a) 晶体管　　　　　　　　b) 电解电容　　　　　　　　c) 二极管、电阻

图 9.11　元器件焊接示意图

（3）印制电路板 B 的焊接

①焊接开关 S2 旁边的短接线 J9。

②按照图 9.12a 所示位置，将 S1、S2 从元器件面插入，且必须装到底。

③LED1 ~ LED5 的焊接高度如图 9.12a 所示，要求发光二极管顶部距离印制板高度为 13.5 ~ 14mm。让 5 个发光二极管露出机壳 2mm 左右，且排列整齐。注意颜色和极性。也可以先不焊 LED，待 LED 插入 B 板后装入机壳调好位置再焊接。

④将 15 线排线 B 端（见图 9.12b）与印制板 1 ~ 15 焊盘依次顺序焊接。排线两端必须镀锡处理后方可焊接，长度如图 9.12b 所示，A 端左右两边各 5 根线（即 1 ~ 5、11 ~ 15）分别依次剪成均匀递减（参见图 9.12b 中所标长度）的形状。再按照图将排线中的所有线段分开至两条水平虚线处，并将 15 根线的两头剥去线皮约 2 ~ 3mm，然后把每个线头的多股线芯绞合后镀锡（不能有毛刺，如图 9.12b 所示）。

⑤焊接十字接头线 CT2，注意：十字插头有白色标记的线焊在有 X 标记的焊盘上。

以上全部焊接完成后，按图检查正确无误，以备整机安装。

2. 整机装配

（1）装接电池夹正极片和负极弹簧

①正极片焊点应先镀锡。

②正极片凸面向下，如图 9.13 所示，将 J1、J2、J3、J4、J5 五根导线分别焊接在正极片凹面焊接点上。

③安装负极弹簧（即塔簧），在距塔簧第一圈起始点 5mm 处镀锡。分别将 J6、J7、J8 三根导线与塔簧焊接。

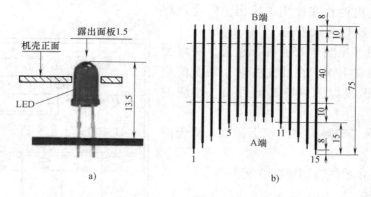

图 9.12　LED 灯及 15 线排线焊接示意图

提示：正、负极片焊接极易虚焊，务必可靠镀锡。

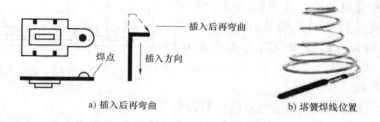

图 9.13　装接电池夹正极片和负极弹簧示意图

（2）电源线连接

把电源线 CT1 焊接至变压器交流 220V 输入端（见图 9.14）。

提示：务必区分变压器的一次侧和二次侧，阻值大的（约 1.5kΩ）为一次侧。

注意：两接点用热缩套管绝缘，热缩套管套上后须加热两端，使其收缩固定。

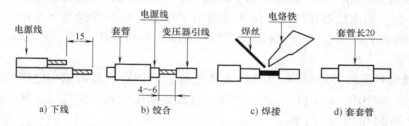

图 9.14　电源线连接示意图

（3）焊接 A 板与 B 板以及变压器的所有连线

①变压器二次侧引出线焊至 A 板 T-1、T-2。

②B 板与 A 板用 15 线排线对号按顺序焊接。

（4）焊接印制板 B 与电池片间的连线

按图 9.15 将 J1、J2、J3、J6、J7、J8 分别焊接在 B 板的相应点上。

（5）装入机壳

上述安装完成后，检查安装的正确性和可靠性，然后按下述步骤装入机壳。

①将焊好的正极片先插入机壳的正极片插槽内，然后将其弯曲 90°（见图 9.13a）。

注：为防止电池片在使用中掉出，应注意焊线牢固，最好一次性插入机壳。

②按装配图（见图9.15）所示位置，将塔簧插入槽内，焊点在上面。在插左右两个塔簧前应先将J4、J5两根线焊接在塔簧上后插入相应的槽内。

③将变压器二次侧引出线朝上，放入机壳的固定槽内。

④用 M2.5 自攻螺钉固定在 B 板两端。

3. 检测调试

（1）目视检验

总装完毕，按原理图及工艺要求检查整机安装情况，着重检查电源线，变压器连线，输出连线及 A、B 两块印制板的连线是否正确、可靠，连线与印制板相邻导线及焊点有无短路及其他缺陷。

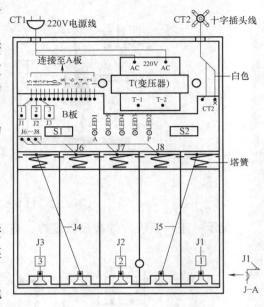

图9.15　整机装配图

（2）通电检测

注意：通电前测量插头两端电阻应在 1.5kΩ 左右。

1）电压可调：在十字头输出端测输出电压（注意电压表极性），所测电压值与面板指示相对应。拨动开关 S1，输出电压相应变化（与面板标称值误差在 ±10% 为正常）。并记录该值。

2）极性转换：按面板所示开关 S2 位置，检查电源输出电压极性能否转换，应与面板所示位置相吻合。

3）负载能力：用一个 47Ω/2W 以上的电位器作为负载，接到直流电压输出端，串联万用表 500mA 档。调电位器使输出电流为额定值 150mA；用连接线替下万用表，测此时输出电压（注意换成电压档）。将所测电压与 1）条检测中所测值比较，各档电压下降均应小于 0.3V。

4）过载保护：将万用表 DC 500mA 串入电源负载回路，逐渐减小电位器阻值，面板指示灯 A（即原理图中的 LED1）应逐渐变亮，电流逐渐增大到一定数（＜500mA）后不再增大（保护电路起作用）。当增大阻值后 A 指示灯熄灭，恢复正常供电。

注意：过载时间不可过长，以免电位器烧坏。

5）充电检测：用万用表 DC 250mA（或者数字表 200mA）档作为充电负载代替电池（见图 9.16）LED3 ～ LED5 应按面板指示位置相应

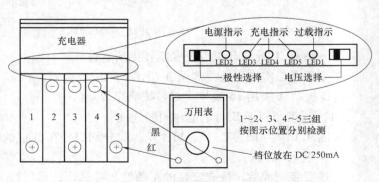

图9.16　充电器检测调试示意图

点亮，电流值应为60mA（误差为±10%），注意表笔不可接反，也不得接错位置，否则没有电流。

（3）故障检测

常见故障现象及分析见表9.4。

表9.4 常见故障现象及分析

序号	故障现象	可能原因/故障分析
1	CH1、CH2、CH3 三个通道电流大大超过标准电流（60mA）	1）LED3～LED5 坏 2）LED3～LED5 装错 3）电阻 R_8、R_{10}、R_{12} 阻值错（偏小） 4）有短路的地方
2	检测 CH1 的电流时，LED3 不亮，而 LED4 或 LED5 亮了	15 根排线有错位之处
3	拨动极性开关，电压极性不变	J9 短接线未接
4	电源指示（绿色）发光管与过载指示灯同时亮	1）R_2（1）阻值错 2）输出线或电路板短路
5	CH1 或 CH2 或 CH3 的电流偏小（<45mA）	1）LED3 或 LED4 或 LED5 正向压降小（正常值应大于1.8V） 2）电阻 R_8、R_{10}、R_{12} 阻值错
6	LED3～LED5 通电后全亮，但三通道电流很小	电阻 R_8、R_{10}、R_{12}（24Ω）阻值错
7	三档输出 3V、4.5V、6V，位置电压均为9V以上	1）V5 或 V6 坏 2）LED2 坏
8	充电器使用一段时间后，突然 LED1、LED2 同时亮	可能 V5（8050）坏

4. 材料清单（见表9.5）

表9.5 材料清单

序号	代号	名称	规格及型号	数量	备注	检查
1	V1～V4 V11～V13	二极管	1N4001（1A/50V）	7	A	
2	V5	晶体管	8050（NPN）	1	A	
3	V6、V7	晶体管	9013（NPN）	2	A	
4	V8、V9、V10	晶体管	8550（PNP）	3	A	
5	$LED_{1、3、4、5}$		$\phi3$ 红色	4	B	
6	LED2	发光二极管	$\phi3$ 绿色	1	B	
7	C_1	电解电容	470μF/16V	1	A	
8	C_2	电解电容	22μF/10V	1	A	
9	C_3	电解电容	100μF/10V	1	A	
10	R_1、R_3	电阻	1kΩ（1/8W）	2	A	
11	R_2	电阻	1Ω（1/8W）	1	A	

（续）

序号	代号	名称	规格及型号	数量	备注	检查
12	R_4	电阻	33Ω（1/8W）	1	A	
13	R_5	电阻	150Ω（1/8W）	1	A	
14	R_6	电阻	270Ω（1/8W）	1	A	
15	R_7	电阻	220Ω（1/8W）	1	A	
16	R_8、R_{10}、R_{12}	电阻	24Ω（1/8W）	3	A	
17	R_9、R_{11}、R_{13}	电阻	560Ω（1/8W）	3	A	
18	S1	拨动开关	1D3W	1	B	
19	S2	拨动开关	2D2W	1	B	
20	CT1	电源插头线	2A 220V	1	接变压器 AC－AC 端	
21	CT2	十字插头线		1	B	
22	T	电源变压器	3W，7.5V	1	JK	
23	A	印制电路板 A	大板	1	JK	
24	B	印制电路板 B	小板	1	JK	
25	JK	机壳、后盖、上盖	套	1		
26	TH	塔簧		5	JK	
27	ZJ	正极片		5	JK	
28		自攻螺钉	M2.5	2	固定印制电路板小板 B	
29		自攻螺钉	M3	3	固定机壳后盖	
30	PX	排线（15P）	75mm	1	A 板与 B 板间的连接线	
31	JX 接线		J1　150mm	1		
			J2　120mm	1		
			J3　90mm	1		
			J4、J5　80mm	2		
			J6　35mm	1		
			J7　55mm	1		
			J8　75mm	1		
32	短接线	J9	螺线	1	可采用元器件腿	
33		热缩套管	30mm	2	用于电源线与变压器引出导线间接点处的绝缘	

注：备注栏中的"A"表示安装在大板 A 上，"B"表示该元件安装在小板 B 上，"JK"表示该零件安装到机壳中。检查栏用于同学自检记录。

9.4　超外差式六管 AM 收音机

9.4.1　装焊工艺步骤

1）按材料清单清点全套零件，并负责保管。

2）元器件的测试。

①电阻：将万用表打到电阻档，用两表笔直接放到电阻两端，可检测好坏也可测其阻值。

②二极管：将万用表打到测二极管档，将万用表的表笔接到二极管两端，观察万用表的示数再将两表笔对调放到二极管两端，这两次测量结果中，若一次万用表读数溢出，一次为几百，则此二极管是好的（有色环一边是负极性）。

③晶体管：将万用表打到 h_{FE}，将红表笔放在晶体管的中间那端，将黑表笔分别放到另外两端，测得阻值大的那端为发射极。

3）印制电路板的焊接。

①对元器件引线或引脚进行镀锡处理，注意镀锡层未氧化（焊接性好）时可以不再处理。

②检查印制板的铜箔线条是否完好，有无断线及短路，特别注意边缘。

③元器件检查完毕后，可进行焊接。所有元器件高度不得高于中频变压器的高度，并且要注意二极管、晶体管的极性。

④为防止变压器一次侧与二次侧之间短路，请测量一次侧与二次侧之间的电阻。

⑤若输出、输入变压器用颜色不好区分，可通过测量线圈内阻来区分。

4）元器件的安装顺序及要点。

①安装 T2、T3、T4，中频变压器要求安装到底。外壳固定支脚内弯 90°，要求焊上。

②安装 T5、T6，安装到底后焊上。

③安装晶体管，注意色标、极性及安装高度。

④安装全部电阻，色环方向保持一致，注意安装高度。

⑤安装全部电容，注意极性和安装高度。

⑥安装双联电容、电位器及磁棒架，磁棒架装在印制板和双联之间。

9.4.2 简介

该收音机为六管中波段袖珍式半导体管收音机，体积小巧、外形美观，音质清晰、洪亮，噪声低，携带使用方便，采用可靠的全硅管线路，具有机内磁性天线，收音效果良好，并设有外接耳机插口。

1. 主要性能指标

1）频率范围：5251 ~ 1605kHz。

2）输出功率：50mW（不失真），150mW（最大）。

3）灵敏度较高（相对）。

4）音质清晰、洪亮、噪声低。

5）电源：3V（两节五号电池）。

6）体积：宽 122mm × 高 65mm × 厚 25mm。

7）重量：约 175g（不带电池）。

2. 电气原理图

收音机电气原理图如图 9.17 所示，电路原理框图如图 9.18 所示，元器件装配图如图 9.19 所示。

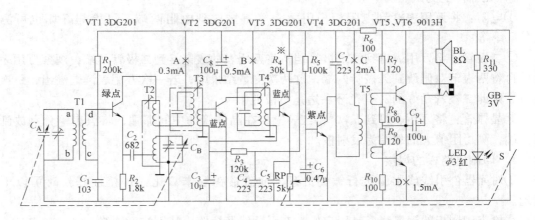

图 9.17　电气原理图

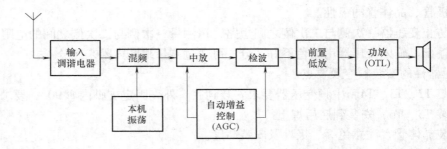

图 9.18　电路原理框图

图 9.19　元器件装配图

（1）输入调谐电路

输入调谐电路由双联可变电容器的 C_A 和 T1 的一次绕组 L_{ab} 组成，是一并联谐振电路，T1 是磁性天线线圈，从天线接收进来的高频信号，通过输入调谐电路的谐振选出需要的电台信号，电台信号频率是 $f = \dfrac{1}{2\pi L_{ab} C_A}$，当改变 C_A 时，就能收到不同频率的电台信号。

（2）变频电路

本机振荡和混频合起来称为变频电路。变频电路是以 VT1 为中心，它的作用是把通过输入调谐电路收到的不同频率电台信号（高频信号）变换成固定的 465kHz 的中频信号。

VT1、T2、C_B 等元器件组成本机振荡电路，它的任务是产生一个比输入信号频率高 465kHz 的等幅高频振荡信号。由于 C_1 对高频信号相当于短路，T1 的二次绕组 L_{cd} 的电感量又很小，对高频信号提供了通路，所以本机振荡电路是共基极电路，振荡频率由 T2、C_B 控制，C_B 是双联电容器的另一联，调节它以改变本机振荡频率。T2 是振荡线圈，其一次侧绕在同一磁心上，它们把 VT1 的等电极输出的放大了的振荡信号以正反馈的形式耦合到振荡回路，本机振荡的电压由 T2 一次侧的抽头引出，通过 C_2 耦合到 VT1 的发射极上。

混频电路由 VT1、T3 的一次绕组等组成，是共发射极电路。其工作过程如下：

（磁性天线接收的电台信号）通过输入调谐电路接收到的电台信号，通过 T1 的二次绕组 L_{cd} 送到 VT1 的基极，本机振荡信号又通过 C_2 送到 VT1 和发射极，两种频率的信号在 T1 中进行混频，由于晶体管的非线性作用，混合的结果产生各种频率的信号，其中有一种是本机振荡频率和电台频率的差等于 465kHz 的信号，这就是中频信号。混频电路的负载是中频变压器、T3 的一次绕组和内部电容组成的并联谐振电路，它的谐振频率是 465kHz，可以把 465kHz 的中频信号从多种频率的信号中选择出来，并通过 T3 的二次绕组耦合到下一级去，而其他信号几乎被滤掉。

（3）中频放大电路

它主要是由 VT2、VT3 组成的两级中频放大器。第一级放大电路中的 VT2 的负载由中频变压器 T4 和内部电容组成，它们构成并联谐振电路，谐振频率是 465kHz，与前面介绍的直放式收音机相比，超外差式收音机灵敏度和选择性都提高了许多，主要原因是有了中频放大电路，它比高频信号更容易调谐和放大。

（4）检波和自动增益控制电路

中频信号经一级中频放大器充分放大后由 T4 耦合到检波管 VT3，VT3 既起放大作用，又是检波管，VT3 构成晶体管检波电路，这种电路检波效率高，有较强的自动增益控制（AGC）作用。AGC 控制电压通过 R_3 加到 VT2 的基极，其控制过程如下：

外信号电压 $\uparrow \rightarrow U_{b3} \uparrow - I_{b3} \uparrow \rightarrow I_{c3} \uparrow \rightarrow U_{c3} \downarrow$

通过 R_3，$U_{b2} \downarrow \rightarrow I_{b2} \downarrow \rightarrow I_{c2} \downarrow \rightarrow$ 外信号电压 $\downarrow$

检波级的主要任务是把中频调幅信号还原成音频信号，C_4、C_5 起滤去残余的中频成分的作用。

（5）前置低放电路

检波滤波后的音频信号由电位器 RP 送到前置低放管 VT4，经过低放可将音频信号电压放大几十到几百倍，但是音频信号经过放大后带负载能力还很差，不能直接推动扬声器工作，还需进行功率放大。旋转电位器 RP 可以改变 VT4 的基极对地的信号电压的大小，可达到控制音量的目的。

9.4.3 检测调试

AM 收音机调试流程如图 9.20 所示。

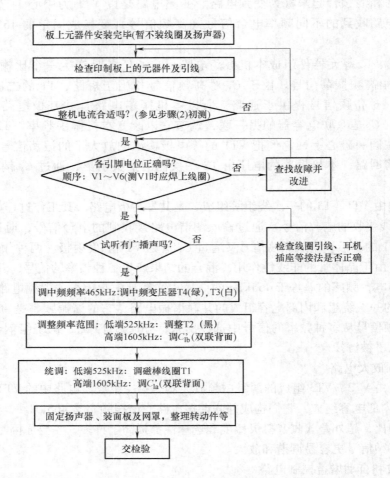

图 9.20　AM 收音机调试流程

1．检测

（1）通电前的准备

1）自检、互检，使得焊接及印制板质量达到要求，特别注意各电阻阻值是否与图样相同，各晶体管、二极管是否有极性焊错，位置装错以及电路板线条断线或短路，焊接时有无造成电路短路现象。

2）接入电源前必须检查电源有无输出电压（3V）和引出线正负极是否正确。

（2）初测

接入电源（注意正负极），将频率盘拨到 530kHz 无台区，在收音机开关不打开的情况下首先测量整机静态工作总电流"I_0"，然后将收音机开关打开，分别测量晶体管的发射极、基极、集电极对地的电压值（也叫静态工作点），测量时注意防止表笔要测量的点与其相邻点短接。

注意：该项工作非常重要，在收音机开始正式调试前该工作必须要做。表 9.6 给出了参考测量值（测量单位：V）。

表 9.6　静态工作点参考测量值

工作电压：$E_c = 3V$				工作电流：$I_o = 10mA$	
晶体管	V1	V2	V3	V4	V5	V6
e	1	0	0.056	0	0	0
b	1.54	0.63	0.63	0.65	0.62	0.62
c	2.4	2.4	1.65	1.85	3	3

如果 $I_o > 15mA$ 应立即停止通电，检查故障原因。I_o 过大或过小都表示装配中有问题，应该重新仔细检查。

（3）试听

如果各元器件完好，安装正确，初测也正确，即可试听。接通电源，慢慢转动调谐盘，应能听到广播声，否则应重复（1）要求的各项检查内容，找出故障并改正，注意在此过程中不要调中频变压器及微调电容。

2. 调试

经过通电检查并正常发生后，可进行调试工作。

（1）调中频频率（俗称调中频变压器）

目的：将中频变压器（俗称中周）的谐振频率都调整到固定的中频频率"465kHz"这一点上。

1）将信号发生器（TPE—DX）的频率指针放在 465kHz 位置上。

2）打开收音机开关，频率盘放在最低位置（530kHz），将收音机靠近信号发生器。

3）用螺钉旋具按顺序微微调整 T4、T3，这样反复调 T4、T3（2～3 次），使收音机信号最强，确认信号最强有两种方法：一是使扬声器发出的声音（1kHz）达到最响为止；二是测量电位器 RP 两端或 R_8 对地的"直流电压"，指示值最大为止（此时可把音量调到最小），后面两项调整同样可使用此法。

（2）调整频率范围（通常叫调复盖或对刻度）

目的：使双联电容全部旋入到全部旋出，所接收的频率范围恰好是整个中波波段，即 525～1605kHz。

1）低端调整：信号发生器调至 525kHz，收音机调至 530kHz 位置上，此时调整 T2 使收音机信号声出现并最强。

2）高端调整：再将信号发生器调到 1600kHz，收音机调到高端 1600kHz，调 C_{1b} 使信号声出现并最强。

3）反复上述 1）、2）两项调整 2～3 次，使信号最强。

（3）统调（调灵敏度，跟踪调整）

目的：使本机振荡频率始终比输入回路的谐振频率高出一个固定的中频频率"465kHz"。

方法：低端：信号发生器调至 600kHz，调整线圈 T1 在磁棒上的位置使信号最强，（一般线圈位置应靠近磁棒的右端）。

高端：信号发生器调至 1500kHz，收音机高端调至 1500kHz，调 C_{1a}'，使高端信号最强。

高低端反复 2~3 次，调完后即可用蜡将线圈固定在磁棒上。

注意：1）上述调试过程应通过耳机监听。

2）如果信号过强，调整作用不明显，可逐渐增加收音机与信号发生器之间的距离，使调整作用更明显。

9.4.4　故障检修

1. 判断故障位置

故障在低放之前还是之中（包括功放）的方法：

1）接通电源开关将音量电位器开至最大，扬声器中没有任何响声。可以判定低放部分肯定有故障。

2）判断低放之前的电路是否正常的方法如下：将音量调小，万用表拨至直流 0.5V 档，两表笔并接在音量电位器非中心端的另两端上，一边从低端到高端拨动调谐盘，一边观看电表指针，若发现指针摆动，且在正常播出一句话时指针摆动次数在数十次左右，即可断定低放之前电路工作是正常的。若无摆动，则说明低放之前的电路中也有故障，这时应先解决低放中的问题，然后再解决低放之前的问题。

2. 完全无声故障检修

将音量开大，用万用表直流电压 10V 档，黑表笔接地，红表笔分别碰触电位器中心端或非接地端（相当于输入干扰信号），可能出现三种情况：

1）碰触非接地端扬声器中无"咯咯"声，碰中心端时扬声器有声。这是由于电位器内部接触不良，可更换或修理排除故障。

2）碰非接地端和中心端均无声，这时用万用表 $R \times 10$ 档，两表笔并接碰触扬声器引线，碰触时扬声器若有"咯咯"声，说明扬声器完好。然后用万用表电阻档点触 T6 二次侧两端，扬声器中如无"咯咯"声，说明耳机插孔接触不良，或者扬声器的导线已断；若有"咯咯"声，则把表笔接到 T6 一次侧两组线圈两侧，这时若无"咯咯"声，就是 T6 一次侧有断线。

①将 T6 一次侧中心抽头处断开，测量集电极电流：

电流正常：说明 V5 和 V6 正常工作，T5 二次侧无断线。

电流为 0：则可能是 R_7 短路或阻值变大；V7 短路；T5 二次侧断线；V5 和 V6 损坏（同时损坏情况较少）。

电流比正常情况大：则可能是 R_7 阻值变小；V7 损坏；V5 或 V6 有漏电；T5 一、二次侧有短路；C_9 或 C_{10} 有漏电或短路。

②测量 V4 的直流工作状态，若无集电极电压，则 T5 一次侧断线；若无基极电压，则 R_5 开路；C_8 和 C_{11} 同时短路的情况较少，C_8 短路而电位器刚好处于最小音量时，会造成基极对地短路。若红表笔碰触电位器中心端无声，碰触 V4 基极有声，说明 C_8 开路或失效。

3）用干扰法碰触电位器的中心端或非接地端，扬声器中均有声，则说明低放工作正常。

3. 无台故障检修

无声指将音量开大，扬声器中有轻微的"沙沙"声，但谐调时收不到电台。

1）测量 V3 的集电极电压：若无，则 R_4 开路或 C_6 短路；若电压不正常，检查 R_4 是否良好。测量 V3 的基极电压，若无，则可能 R_3 开路（这时 V2 基极也无电压），或 T4 二次侧断线，或 C_4 短路。注意此管工作在近似截止的工作状态，所以它的发射极电压很小，集电极电流也很小。

2）测量 V2 的集电极电压。若无电压，则是 T4 一次侧断线；电压正常而干扰信号的注入使扬声器中不能发出声音，说明 T4 一次绕组或二次绕组有短路，或槽路电容（200pF）短路。电压正常时扬声器发声（槽路电容装在中频变压器内）。

3）测量 V2 的基极电压：无电压，系 T3 二次侧断线或脱焊；电压正常但干扰信号不能在扬声器中引起声响，是 V2 损坏；电压正常，扬声器有声。

4）测量 V1 的集电极电压。无电压，是 T2 二次绕组，T3 一次绕组有断线。电压正常，扬声器中无"咯咯"声，为 T3 一次绕组或二次绕组有短路，或槽路电容短路。如果中频变压器内部线圈有短路故障，由于匝数较少，所以较难测量，可采用替代法加以证实。

5）测量 V1 的基极电压。无电压，可能是 R_1 或 T1 二次侧开路，或 C_2 短路；电压高于正常值，系 V1 发射极开路；电压正常，但无声，是 V1 损坏。

6）至此如仍收不到电台，则进行下面检查：将万用表拨至直流电压 10V 档，两表笔并接到 R_2 两端，用镊子将 T2 一次侧短路一下，看表针指示是否减少（一般减少 0.2～0.3V），如电压不减少，说明本机振荡没有起振，振荡耦合电容 C_3 失效或开路，C_2 短路（V1 发射极无电压），T2 一次绕组内部断路或短路，双联质量不好。如电压减小很少，说明本机振荡太弱，或 T2 受潮。印制板受潮，或双联漏电，或微调电容不好，或 V1 质量不好，此法同时可检测 V1 偏流是否合适。电压减小正常，断定故障在输入回路。查双联有无短路，电容质量如何，磁棒 T1 一次侧是否断线。

到此收音机应能听到电台播音，可以进入调试。

正常时各级晶体管的静态工作电压和电流见表 9.7（供参考）。

表 9.7 各级晶体管的静态工作电压和电流

测试点	发射极电压/V	基极电压/V	集电极电压/V	集电极电流/mA	备注
V1	1.1～1.3	1.4～1.9	2.5	0.4 左右	
V2	0	0.7	2.5	0.1～0.2	
V3	0.05	0.7	1.7	0.2 左右	该管近似截止状态
V4	0	0.7	1.9	1.5 左右	
V5	0	0.65	3	1～2.5	
V6	0	0.65	3	1～2.5	
V7				2.5～3	二极管

9.4.5 AM 收音机材料清单（超外差式六管收音机）

AM 收音机材料清单（超外差式六管收音机）见表 9.8。

表 9.8　AM 收音机材料清单（超外差式六管收音机）

序号	代号与名称		规格	数量	序号	代号与名称	规格	数量
1	电阻	R_1	91kΩ 或 82kΩ	1	27	T1　天线线圈		1
2		R_2	2.7kΩ	1	28	T2　本振线圈（黑）		1
3		R_3	150kΩ 或 120kΩ	1	29	T3　中频变压器（白）		1
4		R_4	30kΩ	1	30	T4　中频变压器（绿）		1
5		R_5	91kΩ	1	31	T5　输入变压器（绿）		1
6		R_6	100Ω	1	32	T6　输出变压器（黄）		1
7		R_7	620Ω	1	33	带开关电位器	4.7kΩ	1
8		R_8	510Ω	1	34	耳机插座（GK）	φ2.5mm	1
9	电容	C_1	双联电容	1	35	磁棒	55mm×13mm×5mm	1
10		C_2	瓷介 223（0.022μF）	1	36	磁棒架		1
11		C_3	瓷介 103（0.01μF）	1	37	频率盘	φ37mm	1
12		C_4	电解 4.7~10μF	1	38	拎带	黑色	1
13		C_5	瓷介 103（0.01μF）	1	39	透镜（刻度盘）		1
14		C_6	瓷介 333（0.033μF）	1	40	电位器盘	φ20mm	1
15		C_7	电解 47~100μF	1	41	导线		6 根
16		C_8	电解 4.7~10μF	1	42	正、负极片		各2个
17		C_9	瓷介 223（0.022μF）	1	43	负极片弹簧		2
18		C_{10}	瓷介 223（0.022μF）	1	44	螺钉　固定电位器盘	M1.6×4	1
19		C_{11}	涤纶 103（0.01μF）	1	45	固定双联	M2.5×4	2
20	二极管	V7	1N4148	1	46	固定频率盘	M2.5×5	1
21	晶体管	V1	9018（β 值最小）	1	47	固定线路板	M2×5	1
22		V2	9018（β 值比 V1 大）	1	48	印制电路板		1
23		V3	9018（β 值比 V2 大）	1	49	金属网罩		1
24		V4	3DG201（β 值比 V3 大）	1	50	前壳		1
25		V5	9013（同 V6 的 β 值差 ±20%）	1	51	后盖		1
26		V6	9013（β 超 ±20%，可相互调换）	1	52	扬声器	8Ω	1

思考与练习

1. 简述 20s 语音录音电路的工作原理。
2. 直流稳压充电电源主要包括哪些部分？试述各部分功能。
3. 简述超外差式六管 AM 收音机装焊的工艺步骤。
4. 如何进行超外差式六管 AM 收音机的无台故障检修？

附　　录

附录 A　常用电子元器件规格型号及性能参数

1. 常用二极管参数（见表 A-1 ~ 表 A-5）

表 A-1　部分半导体二极管的参数

类型	型号（参数）	最大整流电流/mA	正向电流/mA	正向压降（在左栏电流值下）/V	反向击穿电压/V	最高反向工作电压/V	反向电流/μA	零偏压电容/pF	反向恢复时间/ns
普通检波二极管	2AP9		≥2.5		≥40	20	≤250	≤1	f_H/MHz = 150
	2AP7	≤16	≥5	≤1	≥150	100			
	2AP11	≤25	≥10			≤10	≤250	≤1	f_H/MHz = 40
	2AP17	≤15	≥10	≤1		≤100			
锗开关二极管	2AK1		≥150	≤1	30	10		≤3	≤200
	2AK2				40	20			
	2AK5		≥200	≤0.9	60	40		≤2	≤150
	2AK10		≥10	≤1	70	50			
	2AK13		≥250	≤0.7	60	40		≤2	≤150
	2AK14				70	50			
硅开关二极管	2CK70A ~ E		≥10	≤0.8	A≥30	A≥20		≤1.5	≤3
	2CK71A ~ E		≥20		B≥45	B≥30			≤4
	2CK72A ~ E		≥30		C≥60	C≥40			
	2CK73A ~ E		≥50		D≥75	D≥50			
	2CK74A ~ D		≥100	≤1	E≥90	E≥60		≤1	≤5
	2CK75A ~ D		≥150						
	2CK76A ~ D		≥200						
整流二极管	2CZ52B ~ H	2	0.1	≤1		25 ~ 600			同 2AP 普通二极管
	2CZ53B ~ M	6	0.3	≤1		50 ~ 1000			
	2CZ54B ~ M	10	0.5	≤1		50 ~ 1000			
	2CZ55B ~ M	20	1	≤1		50 ~ 1000			
	2CZ56B ~ M	65	3	≤0.8		25 ~ 1000			
	1N4001 ~ 4007	30	1	1.1		50 ~ 1000	5		
	1N5391 ~ 5399	50	1.5	1.4		50 ~ 1000	10		
	1N5400 ~ 5408	200	3	1.2		50 ~ 1000	10		

表 A-2 几种单相桥式整流器的参数

参数 型号	不重复正向浪涌电流 /A	整流电流 /A	正向电压降 /V	反向漏电流 /μA	反向工作电压 /V	最高工作结温/℃
QL1	1	0.05				
QL2	2	0.1		≤10	常见的分档为:25,50,100,200,400,500,600,700,800,900,1000	130
QL4	6	0.3				
QL5	10	0.5	≤1.2			
QL6	20	1				
QL7	40	2		≤15		
QL8	60	3				

表 A-3 常用稳压二极管的主要参数

测试条件和参数 型号	工作电流为稳定电流 稳定电压/V	稳定电压下 稳定电流/mA	环境温度<50℃ 最大稳定电流/mA	反向漏电流/mA	稳定电流下 动态电阻/Ω	稳定电流下 电压温度系数×10⁻⁴/℃	环境温度<10℃ 最大耗散功率/W
2CW51	2.5~3.5		71	≤5	≤60	≥ -9	
2CW52	3.2~4.5		55	≤2	≤70	≥ -8	
2CW53	4~5.8		41	≤1	≤50	-6~4	
2CW54	5.5~6.5	10	38		≤30	-3~5	
2CW56	7~8.8		27		≤15	≤7	0.25
2CW57	8.5~9.8		26	≤0.5	≤20	≤8	
2CW59	10~11.8		20		≤30	≤9	
2CW60	11.5~12.5	5	19		≤40	≤9	
2CW103	4~5.8	50	165	≤1	≤20	-6~4	
2CW110	11.5~12.5	20	76	≤0.5	≤20	≤9	1
2CW113	16~19	10	52	≤0.5	≤40	≤11	
2CW1A	5	30	240		≤20		1
2CW6C	15	30	70		≤8		1
2CW7C	6.0~6.5	10	30		≤10	0.05	0.2

表 A-4 几种常用红色发光二极管的参数

型号	极限参数			电参数				光参数		
	最大功率 P_M/mW	最大正向电流/mA	反向击穿电压/V	正向电流 I_F/mA	正向电压 U_F/V	反向电流 I_R/μA	结电容/pF	发光主波波长/Å	带宽 $\Delta\lambda$/Å	光强分布角 θ/(°)
FG112001	100	50		10						
FG112102	100	50	≥5	20	≤2	≤100	≤100	6500	200	15
FG112104	30	20		5						
FG112105	100	70		10						

表 A-5　几种光敏二极管的参数

参数和测试条件 型号	最高工作电压 U_{RM}/V	暗电流 /μA 无光照 $U = U_{RM}$	光电流 /μA $100I_X$ $U = U_{RM}$	灵敏度 /μA/μW 波长 0.9μm $U = U_{RM}$	峰值响应 波长/μm	响应时间 / ns		结电容 / pF $U = U_{RM}$ $f = 5MHz$
						t_r $R_L = 500\Omega$ $U = 100V$ $f = 300Hz$	t_f	
2CU1A	10	≤0.2	≥80					
2CU1B ~ 1E	20 ~ 50							
2CU2A	10	≤0.1	≥30	≥0.5	0.88	≤5	≤50	8
2CU2B ~ 2E	20 ~ 50							
2CU5	12	≤0.1	≥5					
2CUL1		<5		≥0.5	1.06	≤1	≤1	≤4

2. 常用半导体晶体管的主要参数

（1）3AX51（3AX31）型 PNP 型锗低频小功率晶体管（见表 A-6）。

表 A-6　3AX51（3AX31）型半导体晶体管的参数

原 型 号		3AX31				测 试 条 件
新 型 号		3AX51A	3AX51B	3AX51C	3AX51D	
极限 参数	P_{CM}/mW	100	100	100	100	$T_a = 25℃$
	I_{CM}/mA	100	100	100	100	
	T_{jM}/℃	75	75	75	75	
	BV_{CBO}/V	≥30	≥30	≥30	≥30	$I_C = 1mA$
	BV_{CEO}/V	≥12	≥12	≥18	≥24	$I_C = 1mA$
直流 参数	I_{CBO}/μA	≤12	≤12	≤12	≤12	$U_{CB} = -10V$
	I_{CEO}/μA	≤500	≤500	≤300	≤300	$U_{CE} = -6V$
	I_{EBO}/μA	≤12	≤12	≤12	≤12	$U_{EB} = -6V$
	h_{FE}	40 ~ 150	40 ~ 150	30 ~ 100	25 ~ 70	$U_{CE} = -1V$　$I_C = 50mA$
	f_α/kHz	≥500	≥500	≥500	≥500	$U_{CB} = -6V$　$I_E = 1mA$
交流 参数	N_F/dB	—	≤8	—	—	$U_{CB} = -2V$　$I_E = 0.5mA$　$f = 1kHz$
	h_{ie}/kΩ	0.6 ~ 4.5	0.6 ~ 4.5	0.6 ~ 4.5	0.6 ~ 4.5	$U_{CB} = -6V$　$I_E = 1mA$　$f = 1kHz$
	h_{re}/ × 10	≤2.2	≤2.2	≤2.2	≤2.2	
	h_{oe}/μs	≤80	≤80	≤80	≤80	
	h_{fe}	—	—	—	—	
h_{FE}色标分档		（红）25 ~ 60；（绿）50 ~ 100；（蓝）90 ~ 150				
引脚						

（2）3AX81 型 PNP 型锗低频小功率晶体管（见表 A-7）

表 A-7　3AX81 型 PNP 型锗低频小功率晶体管的参数

	型　号	3AX81A	3AX81B	测 试 条 件
极限参数	P_{CM}/mW	200	200	
	I_{CM}/mA	200	200	
	$T_{jM}/℃$	75	75	
	BV_{CBO}/V	−20	−30	$I_C = 4mA$
	BV_{CEO}/V	−10	−15	$I_C = 4mA$
	BV_{EBO}/V	−7	−10	$I_E = 4mA$
直流参数	$I_{CBO}/\mu A$	≤30	≤15	$U_{CB} = -6V$
	$I_{CEO}/\mu A$	≤1000	≤700	$U_{CE} = -6V$
	$I_{EBO}/\mu A$	≤30	≤15	$U_{EB} = -6V$
	U_{BES}/V	≤0.6	≤0.6	$U_{CE} = -1V$　$I_C = 175mA$
	U_{CES}/V	≤0.65	≤0.65	$U_{CE} = U_{BE}$　$U_{CB} = 0$　$I_C = 200mA$
	h_{FE}	40~270	40~270	$U_{CE} = -1V$　$I_C = 175mA$
交流参数	f_β/kHz	≥6	≥8	$U_{CB} = -6V$　$I_E = 10mA$
h_{FE} 色标分档		（黄）40~55（绿）55~80（蓝）80~120（紫）120~180（灰）180~270（白）270~400		
引脚				

（3）3BX31 型 NPN 型锗低频小功率晶体管（见表 A-8）

表 A-8　3BX31 型 NPN 型锗低频小功率晶体管的参数

	型　号	3BX31M	3BX31A	3BX31B	3BX31C	测 试 条 件
极限参数	P_{CM}/mW	125	125	125	125	$T_a = 25℃$
	I_{CM}/mA	125	125	125	125	
	$T_{jM}/℃$	75	75	75	75	
	BV_{CBO}/V	−15	−20	−30	−40	$I_C = 1mA$
	BV_{CEO}/V	−6	−12	−18	−24	$I_C = 2mA$
	BV_{EBO}/V	−6	−10	−10	−10	$I_E = 1mA$
直流参数	$I_{CBO}/\mu A$	≤25	≤20	≤12	≤6	$U_{CB} = 6V$
	$I_{CEO}/\mu A$	≤1000	≤800	≤600	≤400	$U_{CE} = 6V$
	$I_{EBO}/\mu A$	≤25	≤20	≤12	≤6	$U_{EB} = 6V$
	U_{BES}/V	≤0.6	≤0.6	≤0.6	≤0.6	$U_{CE} = 6V$　$I_C = 100mA$
	U_{CES}/V	≤0.65	≤0.65	≤0.65	≤0.65	$U_{CE} = U_{BE}$　$U_{CB} = 0$　$I_C = 125mA$
	h_{FE}	80~400	40~180	40~180	40~180	$U_{CE} = 1V$　$I_C = 100mA$
交流参数	f_β/kHz	—	—	≥8	$f_\alpha ≥ 465$	$U_{CB} = -6V$　$I_E = 10mA$
h_{FE} 色标分档		（黄）40~55（绿）55~80（蓝）80~120（紫）120~180（灰）180~270（白）270~400				
引脚						

（4）3DG100（3DG6）型 NPN 型硅高频小功率晶体管（见表 A-9）

表 A-9　3DG100（3DG6）型 NPN 型硅高频小功率晶体管的参数

	原型号	3DG6				测试条件
	新型号	3DG100A	3DG100B	3DG100C	3DG100D	
极限参数	P_{CM}/mW	100	100	100	100	
	I_{CM}/mA	20	20	20	20	
	BV_{CBO}/V	≥30	≥40	≥30	≥40	$I_C=100\mu A$
	BV_{CEO}/V	≥20	≥30	≥20	≥30	$I_C=100\mu A$
	BV_{EBO}/V	≥4	≥4	≥4	≥4	$I_E=100\mu A$
直流参数	$I_{CBO}/\mu A$	≤0.01	≤0.01	≤0.01	≤0.01	$U_{CB}=10V$
	$I_{CEO}/\mu A$	≤0.1	≤0.1	≤0.1	≤0.1	$U_{CE}=10V$
	$I_{EBO}/\mu A$	≤0.01	≤0.01	≤0.01	≤0.01	$U_{EB}=1.5V$
	V_{BES}/V	≤1	≤1	≤1	≤1	$I_C=10mA$　$I_B=1mA$
	V_{CES}/V	≤1	≤1	≤1	≤1	$I_C=10mA$　$I_B=1mA$
	h_{FE}	≥30	≥30	≥30	≥30	$U_{CE}=10V$　$I_C=3mA$
交流参数	f_T/MHz	≥150	≥150	≥300	≥300	$U_{CB}=10V$　$I_E=3mA$　$f=100MHz$　$R_L=5\Omega$
	K_P/dB	≥7	≥7	≥7	≥7	$U_{CB}=-6V$　$I_E=3mA$　$f=100MHz$
	C_{ob}/pF	≤4	≤4	≤4	≤4	$U_{CB}=10V$　$I_E=0$
h_{FE} 色标分档		（红）30~60　　（绿）50~110　　（蓝）90~160　　（白）>150				
引脚						

（5）3DG130（3DG12）型 NPN 型硅高频小功率晶体管（见表 A-10）

表 A-10　3DG130（3DG12）型 NPN 型硅高频小功率晶体管的参数

	原型号	3DG12				测试条件
	新型号	3DG130A	3DG130B	3DG130C	3DG130D	
极限参数	P_{CM}/mW	700	700	700	700	
	I_{CM}/mA	300	300	300	300	
	BV_{CBO}/V	≥40	≥60	≥40	≥60	$I_C=100\mu A$
	BV_{CEO}/V	≥30	≥45	≥30	≥45	$I_C=100\mu A$
	BV_{EBO}/V	≥4	≥4	≥4	≥4	$I_E=100\mu A$
直流参数	$I_{CBO}/\mu A$	≤0.5	≤0.5	≤0.5	≤0.5	$U_{CB}=10V$
	$I_{CEO}/\mu A$	≤1	≤1	≤1	≤1	$U_{CE}=10V$
	$I_{EBO}/\mu A$	≤0.5	≤0.5	≤0.5	≤0.5	$U_{EB}=1.5V$
	U_{BES}/V	≤1	≤1	≤1	≤1	$I_C=100mA$　$I_B=10mA$
	U_{CES}/V	≤0.6	≤0.6	≤0.6	≤0.6	$I_C=100mA$　$I_B=10mA$
	h_{FE}	≥30	≥30	≥30	≥30	$U_{CE}=10V$　$I_C=50mA$

（续）

原型号		3DG12				测试条件
新型号		3DG130A	3DG130B	3DG130C	3DG130D	测试条件
交流参数	f_T/MHz	$\geqslant 150$	$\geqslant 150$	$\geqslant 300$	$\geqslant 300$	$U_{CB}=10\mathrm{V}$　$I_E=50\mathrm{mA}$　$f=100\mathrm{MHz}$　$R_L=5\Omega$
	K_P/dB	$\geqslant 6$	$\geqslant 6$	$\geqslant 6$	$\geqslant 6$	$U_{CB}=-10\mathrm{V}$　$I_E=50\mathrm{mA}$　$f=100\mathrm{MHz}$
	C_{ob}/pF	$\leqslant 10$	$\leqslant 10$	$\leqslant 10$	$\leqslant 10$	$U_{CB}=10\mathrm{V}$　$I_E=0$
h_{FE} 色标分档		（红）30~60　　（绿）50~110　　（蓝）90~160　　（白）>150				
引脚						

（6）9011~9018 塑封硅晶体管（见表 A-11）

表 A-11　9011~9018 塑封硅晶体管的参数

型号		(3DG) 9011	(3CX) 9012	(3DX) 9013	(3DG) 9014	(3CG) 9015	(3DG) 9016	(3DG) 9018
极限参数	P_{CM}/mW	200	300	300	300	300	200	200
	I_{CM}/mA	20	300	300	100	100	25	20
	BV_{CBO}/V	20	20	20	25	25	25	30
	BV_{CEO}/V	18	18	18	20	20	20	20
	BV_{EBO}/V	5	5	5	4	4	4	4
直流参数	$I_{CBO}/\mu\mathrm{A}$	0.01	0.5	0.5	0.05	0.05	0.05	0.05
	$I_{CEO}/\mu\mathrm{A}$	0.1	1	1	0.5	0.5	0.5	0.5
	$I_{EBO}/\mu\mathrm{A}$	0.01	0.5	0.5	0.05	0.05	0.05	0.05
	U_{CES}/V	0.5	0.5	0.5	0.5	0.5	0.5	0.35
	U_{BES}/V		1	1	1	1	1	1
	h_{FE}	30	30	30	30	30	30	30
交流参数	f_T/MHz	100			80	80	500	600
	C_{ob}/pF	3.5			2.5	4	1.6	4
	K_P/dB							10
h_{FE} 色标分档		（红）30~60　　（绿）50~110　　（蓝）90~160　　（白）>150						
引脚								

（7）国产光敏晶体管（见表 A-12）

表 A-12　部分国产光敏晶体管的参数

参数和测试条件 型号	允许功耗 / mW	最高工作电压 U_{CEM}/V $I_{CE} = I_D$	暗电流 I_D /μA $U_{CE} = U_{CEM}$	光电流 /mA $1000I_X$ $U_{CE} = 10V$	峰值响应波长 /μm
3DU11	70	≥10			
3DU12	50	≥30	≤0.3	0.5 ~ 1	
3DU13	100	≥50			
3DU14	100	≥100	≤0.2	0.5 ~ 1	
3DU21	30	≥10			
3DU22	50	≥30	≤0.3	1 ~ 2	0.88
3DU23	100	≥50			
3DU31	70	≥10			
3DU32	50	≥30	≤0.3	≥2	
3DU33	100	≥50			
3DU 51	30	≥10	≤0.2	≥0.5	

3. 部分模拟集成电路主要参数

（1）μA741 运算放大器的主要参数（见表 A-13）

表 A-13　μA741 的性能参数

参 数 名 称	参 数 值	参 数 名 称	参 数 值
电源电压 U_{CC} $-U_{EE}$	3 ~ 18V，典型值 15V $-18 ~ -3V$，　$-15V$	工作频率	10kHz
输入失调电压 U_{IO}	2mV	单位增益带宽积 $A_u \cdot BW$	1MHz
输入失调电流 I_{IO}	20nA	转换速率 S_R	0.5V/μs
开环电压增益 A_{uo}	106dB	共模抑制比 $CMRR$	90dB
输入电阻 R_i	2MΩ	功率消耗	50mW
输出电阻 R_o	75Ω	输入电压范围	±3V

（2）LA4100、LA4102 音频功率放大器的主要参数（见表 A-14）

表 A-14　LA4100 ~ LA4102 的典型参数

参数名称/单位	条件	典型值	
		LA4100	LA4102
耗散电流/mA	静态	30.0	26.1
电压增益/dB	$R_{NF} = 220Ω$，$f = 1kHz$	45.4	44.4
输出功率/W	$THD = 10\%$，$f = 1kHz$	1.9	4.0
总谐波失真×100	$P_0 = 0.5W$，$f = 1kHz$	0.28	0.19
输出噪声电压/mV	$R_g = 0$，$U_G = 45dB$	0.24	0.21

注：$U_{CC} = 6V$（LA4100）+ $U_{CC} = 9V$（LA4102），　$R_L = 8Ω$。

（3）CW7805、CW7812、CW7912、CW317 集成稳压器的主要参数（见表 A-15）

表 A-15　CW78××，CW79××，CW317 参数

参数名称/单位	CW7805	CW7812	CW7912	CW317
输入电压/V	10	19	-19	$\leqslant 40$
输出电压范围/V	$4.75 \sim 5.25$	$11.4 \sim 12.6$	$-12.6 \sim -11.4$	$1.2 \sim 37$
最小输入电压/V	7	14	-14	$3 \leqslant U_i - U_o \leqslant 40$
电压调整率/mV	3	3	3	$0.02\%/V$
最大输出电流/A	加散热片可达 1A			1.5

4. 常用场效应晶体管的主要参数（见表 A-16）

表 A-16　常用场效应晶体管的主要参数

参数名称	N 沟道结型				MOS 型 N 沟道耗尽型		
	3DJ2	3DJ4	3DJ6	3DJ7	3D01	3D02	3D04
	D ~ H	D ~ H	D ~ H	D ~ H	D ~ H	D ~ H	D ~ H
饱和漏源电流 I_{DSS}/mA	$0.3 \sim 10$	$0.3 \sim 10$	$0.3 \sim 10$	$0.35 \sim 1.8$	$0.35 \sim 10$	$0.35 \sim 25$	$0.35 \sim 10.5$
夹断电压 U_{GS}/V	$<\mid 1 \sim 9 \mid$	$<\mid 1 \sim 9 \mid$	$<\mid 1 \sim 9 \mid$	$<\mid 1 \sim 9 \mid$	$\leqslant\mid 1 \sim 9 \mid$	$\leqslant\mid 1 \sim 9 \mid$	$\leqslant\mid 1 \sim 9 \mid$
正向跨导 g_m/μV	>2000	>2000	>1000	>3000	$\geqslant 1000$	$\geqslant 4000$	$\geqslant 2000$
最大漏源电压 BV_{DS}/V	>20	>20	>20	>20	>20	$>12 \sim 20$	>20
最大耗散功率 P_{DNI}/mW	100	100	100	100	100	$25 \sim 100$	100
栅源绝缘电阻 r_{GS}/Ω	$\geqslant 10^8$	$\geqslant 10^8$	$\geqslant 10^8$	$\geqslant 10^8$	$\geqslant 10^8$	$\geqslant 10^8 \sim 10^9$	$\geqslant 100$
引脚							

5. 常用数码管参数（见表 A-17）

表 A-17　几种 LED 数码管的参数

型号	启辉电流/mA	亮度/（cd/m²）	正向电压/V	反向耐压/V	波长范围/Å	极限电流/ mA	材料
5EF31A	$\leqslant 1$	$\geqslant 1500$				15	
5EF31B	$\leqslant 1$	$\geqslant 3000$	$\leqslant 2$	$\geqslant 5$	$6600 \sim 6800$	15	$G_a A_S Ai$
5EF32A	$\leqslant 1.5$	$\geqslant 1500$				30	
5EF32B	$\leqslant 1.5$	$\geqslant 3000$				30	
测试条件		$I_F = 1.5mA$	$I_F = 1.0mA$	$I_R = 50\mu F$	$I_F = 1.5mA$	每段	

6. 模拟集成电路命名方法（国产）（见表 A-18）

表 A-18　器件型号的组成

第0部分		第一部分		第二部分	第三部分		第四部分	
用字母表示器件符合国家标准		用字母表示器件的类型		用阿拉伯数字表示器件的系列和品种代号	用字母表示器件的工作温度范围		用字母表示器件的封装	
符号	意义	符号	意义		符号	意义	符号	意义
		T	TTL		C	$0\sim70℃$	W	陶瓷扁平
		H	HTL		E	$-40\sim85℃$	B	塑料扁平
		E	ECL		R	$-55\sim85℃$	F	全封闭扁平
		C	CMOS				D	陶瓷直插
C	中国制造	F	线性放大器				P	塑料直插
		D	音响、电视电路		M	$-55\sim125℃$	J	黑陶瓷直插
		W	稳压器				K	金属菱形
		J	接口电路				T	金属圆形

例：

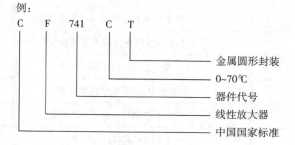

```
C  F  741  C  T
                 └── 金属圆形封装
              └── 0~70℃
        └── 器件代号
     └── 线性放大器
  └── 中国国家标准
```

7. 国外部分公司及产品代号（见表 A-19）

表 A-19　国外部分公司及产品代号

公司名称	代号	公司名称	代号
美国无线电公司（BCA）	CA	美国悉克尼特公司（SIC）	NE
美国国家半导体公司（NSC）	LM	日本电气工业公司（NEC）	μPC
美国摩托拉公司（MOTA）	MC	日本日立公司（HIT）	RA
美国仙童公司（PSC）	μA	日本东芝公司（TOS）	TA
美国德克萨斯公司（TII）	TL	日本三洋公司（SANYO）	LA，LB
美国模拟器件公司（ANA）	AD	日本松下公司	AN
美国英特希尔公司（INL）	IC	日本三菱公司	M

8. 常用门电路类型（见表 A-20）

表 A-20　常用门电路类型

系列名称对照		门电路类型
74 系列 TTL 集成电路	CMOS4000 系列集成电路（CC、CD 或 TC 系列）	
LS00	4011	2 输入端 4 与非门
LS02	4001	2 输入端 4 或非门
LS04	4069	6 反相器
LS08	4081	2 输入端 4 与门
LS32	4071	2 输入端 4 或门
LS86	4070	2 输入端 4 异或门

9. 常用的组合集成电路类型（见表 A-21）

表 A-21　常用组合集成电路类型

集成电路型号代码	组合集成电路名称
74LS138	3 线-8 线译码器（多路分配器）
74LS151	8 选 1 数据选择器（多路转换器）
74LS153	双 4 线-1 线数据选择器（多路转换器）
74LS147	10 线-4 线数据选择器（多路转换器）
74LS90	异步二-五-十进制计数器
74SL163	8 位串入/并出移位寄存器
74LS192	同步十进制双时钟可逆计数器
74LS194	4 位双向移位寄存器
74LS161	4 位二进制同步计数器
74LS183	双全加器
74LS47、74LS48	4 线-七段译码器/驱动器

10. 几种光敏元器件参数（见表 A-22 ~ 表 A-25）

表 A-22　几种 CdS 光敏电阻的参数

型号参数	光谱响应范围 /μm	峰值波长 /μm	允许功耗 /mW	最高工作电压 /V	响应时间		光电特性		电阻温度系数 /（%/℃）（−20~60℃）
					t_τ/ms	t_f/ms	暗电阻 /MΩ	光电阻 /kΩ（100lx）	
UR-74A	0.4 ~ 0.8	0.54	50	100	40	30	1	0.7 ~ 1.2	−0.2
UR-74B	0.4 ~ 0.8	0.54	30	50	20	15	10	1.2 ~ 4	−0.2
UR-74C	0.5 ~ 0.9	0.57	50	100	6	4	100	0.5 ~ 2	− 0.5

表 A-23　部分光耦合器的参数（输入部分为发光二极管、光敏二极管型）

参数和测试条件 型号		输入部分			输出部分			传输特性		隔离特性	
		正向压降 U_F/V	$I_R/\mu A$	I_{FM}/mA	暗电流 $I_D/\mu A$	最大反相工作 电压 U_{BM}/V	U_{BR}/V	传输比 $CYR\%$	响应时间 t_r/ns	隔离阻抗 $/\Omega$	输入输出 耐压
		$I_F=10mA$	$U_R=5V$		$U=U_R$	$I=0.1\mu A$	$I=1\mu A$	$I_F=10mA$ $U=U_R$	$U_R=10V$ $R_L=50$ $f=300Hz$	$U_R=10V$	直流/V
二极管	CH201A	≤1.3	≤20	50	≤0.1	80	≥100	0.2 ~ 0.5	≤5 ≤50	10^{10}	1000
	CH201B							0.5 ~ 1			
	CH201C							1 ~ 2			
	CH201D							2 ~ 3			

表 A-24　部分光耦合器的参数（输入部分为发光二极管、光敏晶体管型）

参数和测试条件 型号		输入部分			输出部分			传输特性		隔离特性	
		正向压降 U_F/V	$I_R/\mu A$	I_{FM}/mA	暗电流 I_{CEO} $/\mu A$	击穿电压 $U_{BM(SAT)}$ $/V$	饱和压降 $U_{CE(SAT)}$ $/V$	响应时间 t_r/ns		隔离 阻抗 $/\Omega$	输入 输出 耐压
		$I_F=10mA$	$U_R=5V$		$U_{CE}=10V$	$I_{CE}=1\mu A$	$I_F=20mA$ $I_C=1mA$	$U_{CE}=10V$　$R_L=50\Omega$ $I_F=25mA$　$f=100Hz$		$U_R=10V$	直流/V
光敏 晶体管	GH301	≤1.3	≤20	50	≤0.1	≥15	≤0.4	≤3μs	≤3μs	≥10^{10}	1000
	GH302				≤0.1	≥30	≤0.4				
	GH303				≤0.1	≥50	≤0.4				

表 A-25　部分光耦合器的参数（输入部分为发光二极管、达林顿型）

参数和测试条件 型号		输入部分			输出部分			传输特性		隔离特性		
		正向压降 U_F/V	$I_R/\mu A$	I_{FM}/mA	暗电流 I_{CEO} $/\mu A$	$U_{BM(SAT)}$ $/V$	$U_{CE(SAT)}$ $/V$	传输比 $CYR\%$	响应 时间 t_r/ns	隔离 阻抗 $/\Omega$	输入 输出 耐压 /V	输入 输出 电容 /pF
		$I_F=10mA$	$U_R=5V$		$U_{CE}=5V$	$I_{CE}=50\mu A$	$I_F=10mA$ $I_C=10mA$	$I_F=5mA$ $U_C=5V$	≤5ms	$U_R=10V$	直流 /V	$f=1MHz$ /pF
达林顿型	GH331A	≤1.3	≤20	40	≤1	≥15		≤1.5	100~500	≤50μs	10^{10}	1000	≤1
	GH331B					≥15							
	GH332A					≥30							
	GH332B					≥30							

11．电磁继电器参数（见表 A-26）

表 A-26　　列出几种电磁式继电器的参数

继电器型号	JRC-19F 型 超小型小功率继电器	JRC-21 型 超小型小功率继电器	JRX-13F 小型小功率继电器	JZC-21F 超小型中功率继电器
特点	1. 双列直插式 2. 有塑封型	1. 体积小，价格低 2. 有塑封型	1. 灵敏度高 2. 规格品种多	1. 塑封型 2. 高品质
线圈电压：DC（V）	3，5，6，9，12，24，48	3，6，9，12，24	6，9，12，18，24，48	3，5，6，9，12，24，48
线圈消耗功率：直流	0.05W	0.36W	0.4W	0.36W
触点形式	2Z	1Z	2Z	1H，1Z，1D
寿命	1A×28V（DC） 1×10^5次	1A×24V（DC） 1×10^5次	1A×28V（DC） 1×10^6次	3A×28V（DC） 1×10^5次
重量	<6g	<3g	<25g	<16g
外形尺寸 /（mm×mm×mm）	21×10.5×12	15×10×10.2	26×20×28	22×16×24

附录 B　常用集成电路引脚排列

1．部分模拟集成电路引脚排列（见图 B-1 ~ 图 B-5）

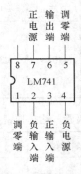

图 B-1　运算放大器

图 B-2　音频功率放大器

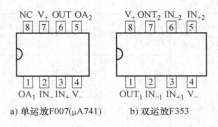

a）单运放F007(μA741)　　b）双运放F353

图 B-3　运算放大器

图 B-4　555 时基电路

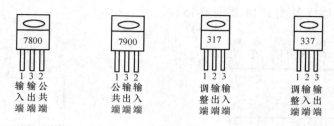

图 B-5　集成稳压器

2. 集成运算放大器（见图 B-6～图 B-9）

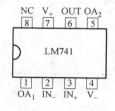

图 B-6　LM741

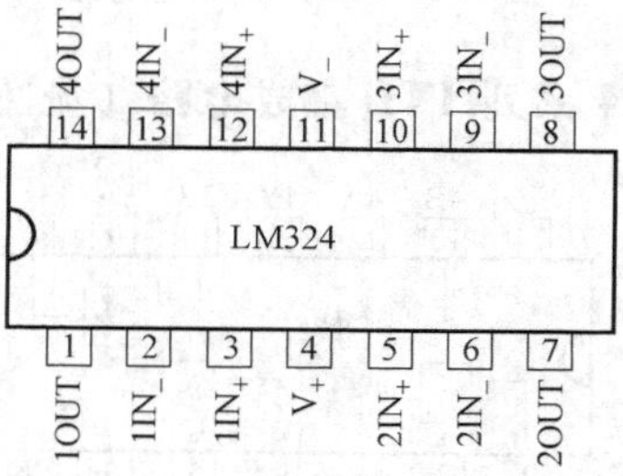

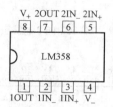

图 B-8　LM358

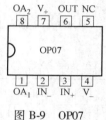

图 B-7　LM324

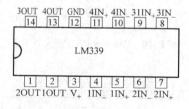

图 B-9　OP07

3. 集成比较器（见图 B-10 和图 B-11）

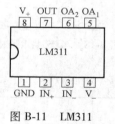

图 B-10　LM339

图 B-11　LM311

4. 集成功率放大器（见图 B-12 和图 B-13）

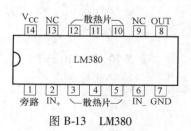

图 B-12　LM386

图 B-13　LM380

5. 555 时基电路（见图 B-14 和图 B-15）

图 B-14 556 双时基电路

图 B-15 555 时基电路

6. 74 系列 TTL 集成电路（见图 B-16 ~ 图 B-37）

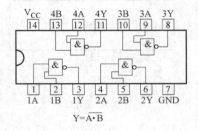

$Y = \overline{A \cdot B}$

图 B-16 74LS00 四 2 输入正与非门

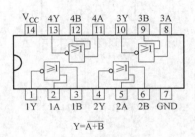

$Y = \overline{A + B}$

图 B-17 74LS02 四 2 输入正或非门

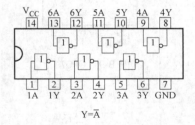

$Y = \overline{A}$

图 B-18 74LS04 六反相器

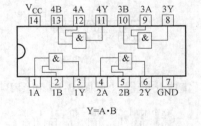

$Y = A \cdot B$

图 B-19 74LS08 四 2 输入正与门

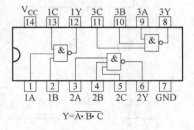

$Y = \overline{A \cdot B \cdot C}$

图 B-20 74LS10 三 3
输入正与非门

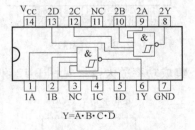

$Y = \overline{A \cdot B \cdot C \cdot D}$

图 B-21 74LS13 双 4
输入正与非门（有施密特触发器）

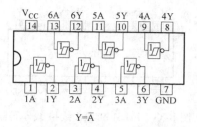

Y=Ā

图 B-22 74LS14 六反相器施密特触发器

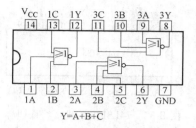

Y=Ā+B+C

图 B-23 74LS27 三输入正或门

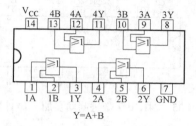

Y=A+B

图 B-24 74LS32 四 2 输入正或门

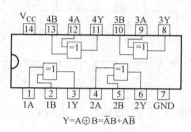

Y=A⊕B=ĀB+AB̄

图 B-25 74LS86 四异或门

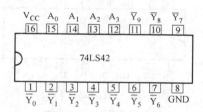

图 B-26 74LS42、74145
4 线-10 线 译码器

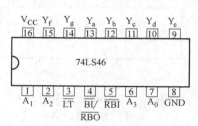

图 B-27 74LS 46、47、48、247、248
249 BCD 七段 译码器／驱动器

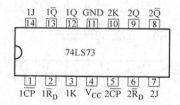

图 B-28 74LS73 双下降沿 JK 触发器

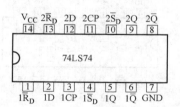

图 B-29 74LS74 双上升沿 D 触发器

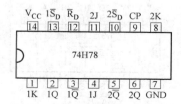

图 B-30 74H78 双主从 JK 触发器
（公共时钟、公共清除）

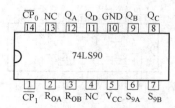

图 B-31 74LS90 十进制异步计数器

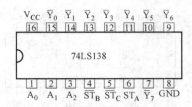

图 B-32　74LS138 3 线-8 线译码器

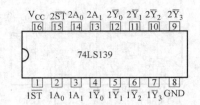

图 B-33　74LS139 双 2 线-4 线译码器

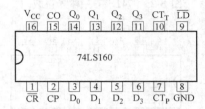

图 B-34　74LS160 十进制同步计数器

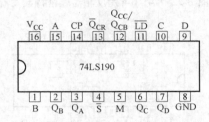

图 B-35　74LS190 十进制同步加／减计数器

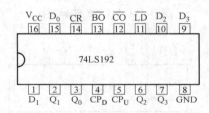

图 B-36　74LS192 十进制同步加/
减计数器（双时钟）

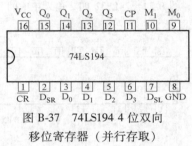

图 B-37　74LS194 4 位双向
移位寄存器（并行存取）

7. 其他集成电路引脚排列（见图 B-38 ~ 图 B-59）

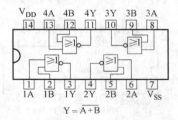

$Y = \overline{A+B}$

图 B-38　4001 四 2 输入正或非门

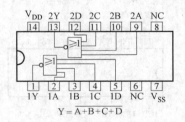

$Y = \overline{A+B+C+D}$

图 B-39　4002 双 4 输入正或非门

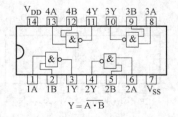

$Y = \overline{A \cdot B}$

图 B-40　4011 四 2 输入正与非门

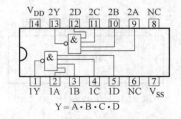

$Y = \overline{A \cdot B \cdot C \cdot D}$

图 B-41　4012 双 4 输入正与非门

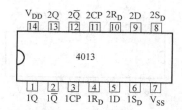

图 B-42　4013 双主从型 D 触发器

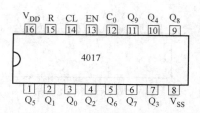

图 B-43　4017 十进制计数/脉冲分配器

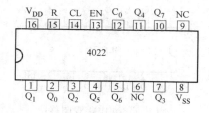

图 B-44　4022 八进制计数/脉冲分配器

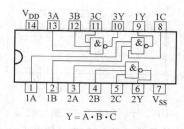

$Y=\overline{A \cdot B \cdot C}$

图 B-45　4023 三 3 输入正与非门

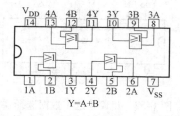

$Y=A+B$

图 B-46　4071 四输入正或门

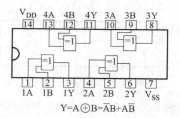

$Y=A \oplus B=\overline{A}B+A\overline{B}$

图 B-47　4070 四异或门

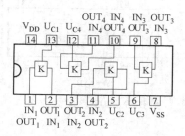

图 B-48　4066 四双向模拟开关

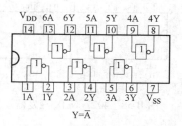

$Y=\overline{A}$

图 B-49　4069 六反相器

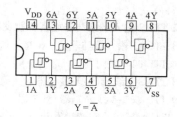

$Y=\overline{A}$

图 B-50　40106 六施密特触发器

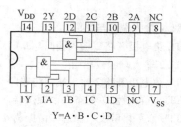

$Y=A \cdot B \cdot C \cdot D$

图 B-51　4082 双 4 输入正与门

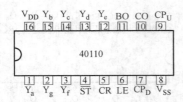

图 B-52　40110　计数／锁存／七段译码／驱动器

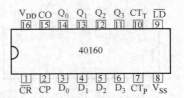

图 B-53　40160　十进制同步计数器

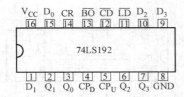

图 B-54　40192 十进制同步加/减计数器（双时钟）
和 40193 四位二进制加/减计数器（双时钟）

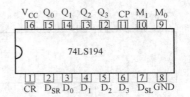

图 B-55　40194 双向移位
寄存器（并行存取）

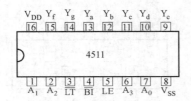

图 B-56　4511　二进制七段译码器

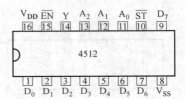

图 B-57　4512 8 选 1 数据选择器

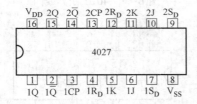

图 B-58　4027 双 JK 触发器

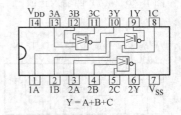

图 B-59　4025 3 输入或非门

附录 C　常用 74LS 系列集成电路封装

74LS00 TTL 2 输入端四与非门
74LS01 TTL 集电极开路 2 输入端四与非门
74LS02 TTL 2 输入端四或非门
74LS03 TTL 集电极开路 2 输入端四与非门
74LS122 TTL 可再触发单稳态多谐振荡器
74LS123 TTL 双可再触发单稳态多谐振荡器
74LS125 TTL 三态输出高有效四总线缓冲门
74LS126 TTL 三态输出低有效四总线缓冲门
74LS13 TTL 4 输入端双与非施密特触发器

74LS132 TTL 2 输入端四与非施密特触发器
74LS133 TTL 13 输入端与非门
74LS136 TTL 四异或门
74LS138 TTL 3-8 线译码器/复工器
74LS139 TTL 双 2-4 线译码器/复工器
74LS14 TTL 六反相施密特触发器
74LS145 TTL BCD-十进制译码/驱动器
74LS15 TTL 开路输出 3 输入端三与门
74LS150 TTL 16 选 1 数据选择/多路开关

74LS151 TTL 8 选 1 数据选择器

74LS153 TTL 双 4 选 1 数据选择器

74LS154 TTL 4 线-16 线译码器

74LS155 TTL 图腾柱输出译码器/分配器

74LS156 TTL 开路输出译码器/分配器

74LS157 TTL 同相输出四 2 选 1 数据选择器

74LS158 TTL 反相输出四 2 选 1 数据选择器

74LS16 TTL 开路输出六反相缓冲/驱动器

74LS160 TTL 可预置 BCD 异步清除计数器

74LS161 TTL 可预置四位二进制异步清除计数器

74LS162 TTL 可预置 BCD 同步清除计数器

74LS163 TTL 可预置四位二进制同步清除计数器

74LS164 TTL 八位串入/并出移位寄存器

74LS165 TTL 八位并入/串出移位寄存器

74LS166 TTL 八位并入/串出移位寄存器

74LS169 TTL 二进制四位加/减同步计数器

74LS17 TTL 开路输出六同相缓冲/驱动器

74LS170 TTL 开路输出 4×4 寄存器堆

74LS173 TTL 三态输出四位 D 型寄存器

74LS174 TTL 带公共时钟和复位六 D 触发器

74LS175 TTL 带公共时钟和复位四 D 触发器

74LS180 TTL 9 位奇数/偶数发生器/校验器

74LS181 TTL 算术逻辑单元/函数发生器

74LS185 TTL 二进制-BCD 代码转换器

74LS190 TTL BCD 同步加/减计数器

74LS191 TTL 二进制同步可逆计数器

74LS192 TTL 可预置 BCD 双时钟可逆计数器

74LS193 TTL 可预置四位二进制双时钟可逆计数器

74LS194 TTL 四位双向通用移位寄存器

74LS195 TTL 四位并行通道移位寄存器

74LS196 TTL 十进制/二-十进制可预置计数锁存器

74LS197 TTL 二进制可预置锁存器/计数器

74LS20 TTL 4 输入端双与非门

74LS21 TTL 4 输入端双与门

74LS22 TTL 开路输出 4 输入端双与非门

74LS221 TTL 双/单稳态多谐振荡器

74LS240 TTL 八反相三态缓冲器/线驱动器

74LS241 TTL 八同相三态缓冲器/线驱动器

74LS243 TTL 四同相三态总线收发器

74LS244 TTL 八同相三态缓冲器/线驱动器

74LS245 TTL 八同相三态总线收发器

74LS247 TTL BCD-7 段 15V 输出译码/驱动器

74LS248 TTL BCD-7 段译码/升压输出驱动器

74LS249 TTL BCD-7 段译码/开路输出驱动器

74LS251 TTL 三态输出 8 选 1 数据选择器/复工器

74LS253 TTL 三态输出双 4 选 1 数据选择器/复工器

74LS256 TTL 双四位可寻址锁存器

74LS257 TTL 三态原码四 2 选 1 数据选择器/复工器

74LS258 TTL 三态反码四 2 选 1 数据选择器/复工器

74LS259 TTL 八位可寻址锁存器/3-8 线译码器

74LS26 TTL 2 输入端高压接口四与非门

74LS260 TTL 5 输入端双或非门

74LS266 TTL 2 输入端四异或非门

74LS27 TTL 3 输入端三或非门

74LS273 TTL 带公共时钟复位八 D 触发器

74LS279 TTL 四图腾柱输出 S-R 锁存器

74LS28 TTL 2 输入端四或非门缓冲器

74LS283 TTL 4 位二进制全加器

74LS290 TTL 二/五分频十进制计数器

74LS293 TTL 二/八分频四位二进制计数器

74LS295 TTL 四位双向通用移位寄存器

74LS298 TTL 四 2 输入多路带存储开关

74LS299 TTL 三态输出八位通用移位寄存器

74LS30 TTL 8 输入端与非门

74LS32 TTL 2 输入端四或门

74LS322 TTL 带符号扩展端八位移位寄存器

74LS323 TTL 三态输出八位双向移位/存储寄存器

74LS33 TTL 开路输出 2 输入端四或非缓冲器

74LS347 TTL BCD-7 段译码器/驱动器

74LS352 TTL 双 4 选 1 数据选择器/复工器

74LS353 TTL 三态输出双 4 选 1 数据选择器/复工器

74LS365 TTL 门使能输入三态输出六同相线驱动器

74LS365 TTL 门使能输入三态输出六同相线驱动器

74LS366 TTL 门使能输入三态输出六反相线驱动器

74LS367 TTL 4/2 线使能输入三态六同相线驱动器

74LS368 TTL 4/2 线使能输入三态六反相线驱动器

74LS37 TTL 开路输出 2 输入端四与非缓冲器

74LS373 TTL 三态同相八 D 锁存器

74LS374 TTL 三态反相八 D 锁存器

74LS375 TTL 4 位双稳态锁存器

74LS377 TTL 单边输出公共使能八 D 锁存器

74LS378 TTL 单边输出公共使能六 D 锁存器

74LS379 TTL 双边输出公共使能四 D 锁存器

74LS38 TTL 开路输出 2 输入端四与非缓冲器

74LS380 TTL 多功能八进制寄存器

74LS39 TTL 开路输出 2 输入端四与非缓冲器

74LS390 TTL 双十进制计数器

74LS393 TTL 双四位二进制计数器

74LS40 TTL 4 输入端双与非缓冲器

74LS42 TTL BCD-十进制代码转换器

74LS352 TTL 双 4 选 1 数据选择器/复工器

74LS353 TTL 三态输出双 4 选 1 数据选择器/复工器

74LS365 TTL 门使能输入三态输出六同相线驱动器

74LS366 TTL 门使能输入三态输出六反相线驱动器

74LS367 TTL 4/2 线使能输入三态六同相线驱动器

74LS368 TTL 4/2 线使能输入三态六反相线驱动器

74LS37 TTL 开路输出 2 输入端四与非缓冲器

74LS373 TTL 三态同相八 D 锁存器

74LS374 TTL 三态反相八 D 锁存器

74LS375 TTL 4 位双稳态锁存器

74LS377 TTL 单边输出公共使能八 D 锁存器

74LS378 TTL 单边输出公共使能六 D 锁存器

74LS379 TTL 双边输出公共使能四 D 锁存器

74LS38 TTL 开路输出 2 输入端四与非缓冲器

74LS380 TTL 多功能八进制寄存器

74LS39 TTL 开路输出 2 输入端四与非缓冲器

74LS390 TTL 双十进制计数器

74LS393 TTL 双四位二进制计数器

74LS40 TTL 4 输入端双与非缓冲器

74LS42 TTL BCD-十进制代码转换器

74LS447 TTL BCD-7 段译码器/驱动器

74LS45 TTL BCD-十进制代码转换/驱动器

74LS450 TTL 16：1 多路转接复用器多工器

74LS451 TTL 双 8：1 多路转接复用器多工器

74LS453 TTL 四 4：1 多路转接复用器多工器

74LS46 TTL BCD-7 段低有效译码/驱动器

74LS460 TTL 十位比较器

74LS461 TTL 八进制计数器

74LS465 TTL 三态同相 2 与使能端八总线缓冲器

74LS466 TTL 三态反相 2 与使能端八总线缓冲器

74LS467 TTL 三态同相 2 使能端八总线缓冲器

74LS468 TTL 三态反相 2 使能端八总线缓冲器

74LS469 TTL 八位双向计数器

74LS47 TTL BCD-7 段高有效译码/驱动器

74LS48 TTL BCD-7 段译码器/内部上拉输出驱动

74LS490 TTL 双十进制计数器

74LS491 TTL 十位计数器

74LS498 TTL 八进制移位寄存器

74LS50 TTL 2-3/2-2 输入端双与或非门

74LS502 TTL 八位逐次逼近寄存器

74LS503 TTL 八位逐次逼近寄存器

74LS51 TTL 2-3/2-2 输入端双与或非门

74LS533 TTL 三态反相八 D 锁存器

74LS534 TTL 三态反相八 D 锁存器

74LS54 TTL 四路输入与或非门

74LS540 TTL 八位三态反相输出总线缓冲器

74LS55 TTL 4 输入端二路输入与或非门

74LS563 TTL 八位三态反相输出触发器

74LS564 TTL 八位三态反相输出 D 触发器

74LS573 TTL 八位三态输出触发器

74LS574 TTL 八位三态输出 D 触发器

74LS645 TTL 三态输出八同相总线传送接收器

74LS670 TTL 三态输出 4×4 寄存器堆

74LS73 TTL 带清除负触发双 JK 触发器

74LS74 TTL 带置位复位正触发双 D 触发器

74LS76 TTL 带预置清除双 JK 触发器

74LS83 TTL 四位二进制快速进位全加器

74LS85 TTL 四位数字比较器

74LS86 TTL 2 输入端四异或门

74LS90 TTL 可二/五分频十进制计数器

74LS93 TTL 可二/八分频二进制计数器

74LS95 TTL 四位并行输入/输出移位寄存器

74LS97 TTL 6 位同步二进制乘法器

参 考 文 献

［1］王孔良，等．用电管理［M］.3 版．北京：中国电力出版社，2007.

［2］蔡杏山．电子元器件识别、检测与应用［M］．北京：化学工业出版社，2012.

［3］门宏．怎样识读电子电路图［M］．北京：人民邮电出版社，2010.

［4］孟贵华．电子技术工艺基础［M］．北京：电子工业出版社.2010.

［5］王天曦．电子技术工艺基础［M］.2 版．北京：清华大学出版社，2009.

［6］刘宏．电子工艺实习［M］．广州：华南理工大学出版社，2009.

［7］宁铎，马令坤，郝鹏飞，等．电子工艺实训教程［M］.2 版．西安：西安电子科技大学出版社，2010.

［8］邓文英．金属工艺学［M］．北京：高等教育出版社，2000.

［9］才家刚．电工工具和仪器仪表的使用［M］．北京：化学工业出版社，2011.

［10］李刚，王艳林，孙江宏，等．Protel DXP 电路设计标准教程［M］．北京：清华大学出版社，2005.